3.1.4 制作圣诞树装饰

3.2.3 制作光晕效果

3.3 课后习题 更换天空背景

4.2.2 清除照片中的杂物

4.2.4 去除眼部皱纹

4.3.3 制作汽车插画

4.3.5 制作描边效果

4.4 课后习题 绘制时尚装饰画

5.4.1 修正偏色的照片

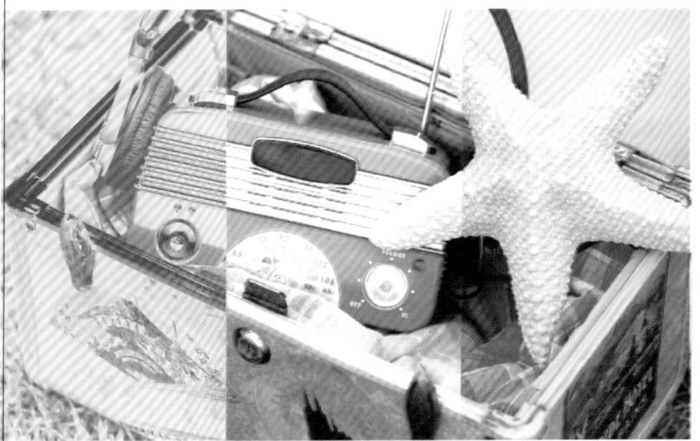

5.8.3 制作艺术化照片

5.10.1 调整曝光不足的照片

5.13 课后习题 制作偏色风景图片

6.2.3 霓虹灯效果

6.3.8 添加异型边框

6.5.3 为头发染色

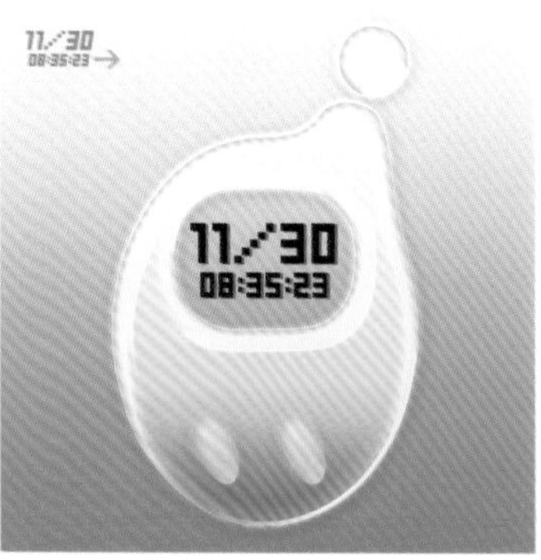

6.6 课后习题 制作时间按钮

7.4.1 制作多彩童年

7.5.2 制作魅力女孩

7.6 课后习题 制作电视剧海报

8.1.7 制作大头贴

8.3.8 制作文字特效

8.4 课后习题 制作布纹图案

9.3.7 变换婚纱照背景

9.5.2 制作合成图像

9.6 制作艺术照片效果

10.2.6 制作素描图像效果

10.2.11 制作拼图效果

10.2.14 制作淡彩钢笔画效果

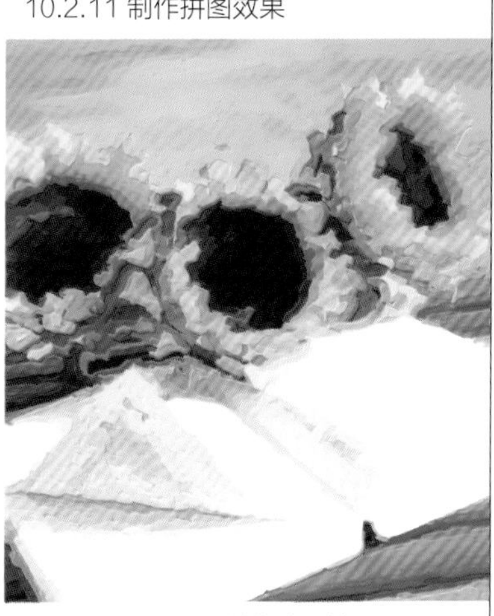

10.2.16 制作油画效果

10.3 课后习题 制作水墨画效果

11.1 修复倾斜照片

11.2 拼接全景照片

11.4 透视裁切照片

11.5 使用钢笔工具更换图像

11.6 使用快速蒙版更换背景

11.7 抠出整体人物

11.8 抠出人物头发

11.9 课堂练习 抠出边缘复杂的物体

11.10 课后习题 为黑白照片上色

11.10 课后习题 显示夜景中隐藏的物体

12.1 曝光过度照片的处理

12.2 调整景物变化色彩

12.3 使雾景变清晰

12.4 调整照片为单色

12.5 黑白照片翻新

12.6 处理图片色彩

12.7 使用渐变填充调整色调

12.8 制作怀旧图像

13.1 眼睛变大

13.2 美白牙齿

13.3 修复红眼

13.4 去除老年斑

13.5 添加头发光泽

13.6 为人物化妆

13.7 添加纹身

13.8 更换人物脸庞

13.9 课堂练习 美化肌肤

13.10 课后习题 修整身材

14.1 去除噪点

14.2 锐化照片

14.5 图层柔化图像

14.6 增强灯光效果

14.7 为照片添加光效

14.8 季节变化

14.9 课堂练习 色调变化效果

14.10 课后习题 增强照片的层次感

15.1 老照片效果

15.2 制作肖像印章

15.3 绚彩效果

15.4 栅格特效

15.5 彩色铅笔效果

15.7 铅笔素描效果

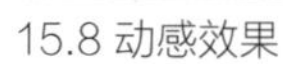

15.8 动感效果

15.6 小景深效果

15.10 课后习题 彩虹效果

16.1 浪漫心情

16.5 柔情时刻

16.6 雅致新娘

16.7 幸福岁月

16.8 温馨时刻

16.9 课堂练习 超酷年代

16.10 课后习题 花丛公主

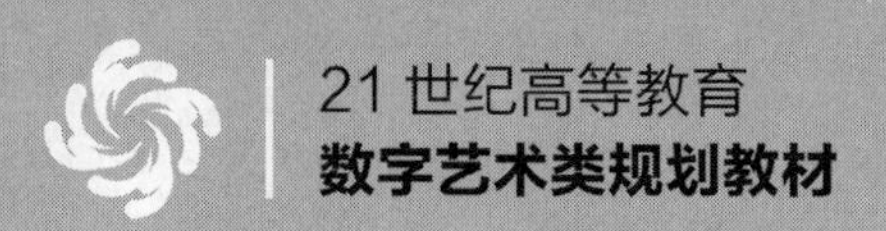

21世纪高等教育
数字艺术类规划教材

图形图像处理基础与应用教程（Photoshop CS5）

邢冰冰 林雯 ◎ 主编
林闽 齐立磊 ◎ 副主编

人 民 邮 电 出 版 社
北 京

图书在版编目（CIP）数据

图形图像处理基础与应用教程 ： Photoshop CS5 / 邢冰冰，林雯主编. -- 北京 ： 人民邮电出版社，2013.5（2019.9重印）
21世纪高等教育数字艺术类规划教材
ISBN 978-7-115-31221-1

Ⅰ. ①图… Ⅱ. ①邢… ②林… Ⅲ. ①图象处理软件－高等学校－教材 Ⅳ. ①TP391.41

中国版本图书馆CIP数据核字(2013)第066280号

内容提要

Photoshop 是功能强大的图形图像处理软件之一。本书对 Photoshop CS5 的基本操作方法、图形图像的处理技巧以及对数码照片的不同处理方法进行了全面细致的讲解。

本书共分为上下两篇。上篇基础篇中介绍了软件的基本操作、图像处理基础知识、绘制和编辑选区的方法、绘制和修饰图像的方法、图像色彩与色调的调整方法、图层与文字的应用、图形与路径的绘制方法、通道与滤镜的使用技巧。下篇应用篇中介绍了 Photoshop 对数码照片的处理方法和技巧，包括照片的基本处理技巧、照片的色彩调整技巧、人物照片的美化、风光照片的精修、照片的艺术特效和影楼的后期艺术处理技巧。

本书适合作为高等院校艺术设计类专业“Photoshop”课程的教材，也可供相关人员自学参考。

◆ 主　　编　邢冰冰 林　雯
副 主 编　林　闽 齐立磊
责任编辑　李海涛

◆ 人民邮电出版社出版发行　　北京市丰台区成寿寺路 11 号
邮编　100164　　电子邮件　315@ptpress.com.cn
网址　http://www.ptpress.com.cn
大厂聚鑫印刷有限责任公司印刷

◆ 开本：787×1092　1/16　　彩插：4
印张：19　　2013 年 5 月第 1 版
字数：558 千字　　2019 年 9 月河北第12次印刷

ISBN 978-7-115-31221-1

定价：49.80 元（附光盘）

读者服务热线：(010)81055256　印装质量热线：(010)81055316
反盗版热线：(010)81055315
广告经营许可证：京东工商广登字 20170147 号

前言

PREFACE

Photoshop 是由 Adobe 公司开发的图形图像处理和编辑软件。它功能强大、易学易用，已经成为数码照片处理领域最流行的软件之一。目前，我国很多本科院校的艺术类专业，都将 Photoshop 作为一门重要的专业课程。为了帮助本科院校的教师全面、系统地讲授这门课程，使学生能够熟练地使用 Photoshop 来进行数码照片的处理，我们几位长期在本科院校从事 Photoshop 教学的教师和专业平面设计公司经验丰富的设计师，共同编写了本书。

本书具有完善的知识结构体系。在基础篇中，按照“软件功能解析－课堂案例－课堂练习－课后习题”这一思路进行编排，通过软件功能解析，使学生快速熟悉软件功能和特色；通过课堂案例演练，使学生深入学习软件功能和照片处理的技巧；通过课堂练习和课后习题，拓展学生的实际应用能力。在应用篇中，根据 Photoshop 对数码照片不同的处理方法和技巧，精心安排了专业设计公司的 60 个精彩实例，通过对这些案例进行全面的分析和详细的讲解，使学生更加贴近实际工作，艺术创意思维更加开阔，实际设计制作水平不断提升。在内容编写方面，我们力求细致全面、重点突出；在文字叙述方面，我们注重言简意赅、通俗易懂；在案例选取方面，我们强调案例的针对性和实用性。

本书配套光盘中包含了书中所有案例的素材及效果文件。另外，为方便教师教学，本书配备了详尽的课堂练习和课后习题的操作步骤以及 PPT 课件、教学大纲等丰富的教学资源，任课教师可到人民邮电出版社教学服务与资源网（www.ptpedu.com.cn）免费下载使用。本书的参考课时为 66 学时，其中实训环节为 22 学时，各章的参考学时参见下面的学时分配表。

章　节	课程内容	学时分配	
		讲　授	实　训
第 1 章	初识 Photoshop CS5	1	
第 2 章	图像处理基础知识	2	
第 3 章	绘制和编辑选区	2	1
第 4 章	绘制和修饰图像	3	2
第 5 章	调整图像的色彩和色调	3	2
第 6 章	图层的应用	4	2
第 7 章	文字的使用	3	2
第 8 章	图形与路径	4	2
第 9 章	通道的应用	4	2
第 10 章	滤镜效果	4	2
第 11 章	照片的基本处理技巧	2	1
第 12 章	照片的色彩调整技巧	2	1
第 13 章	人物照片的美化	2	1
第 14 章	风光照片的精修	2	1
第 15 章	照片的艺术特效	2	1
第 16 章	影楼后期艺术处理	4	2
课时总计		44	22

由于编写时间仓促，加之水平有限，书中难免存在错误和不妥之处，敬请广大读者批评指正。

编　者
2013 年 4 月

图形图像处理基础与应用教程（Photoshop CS5）

目录 CONTANTS

上篇 基础篇 Part One

下篇 应用篇 Part Two

Photoshop CS5

图形图像处理基础与应用教程

（Photoshop CS5）

Part One

上篇

基础篇

Photoshop CS5

Chapter 1

第 1 章
初识 Photoshop CS5

本章将详细讲解 Photoshop CS5 的基础知识和基本操作。读者通过学习将对 Photoshop CS5 有初步的认识和了解，并能够掌握软件的基本操作方法，为以后的学习打下坚实的基础。

【教学目标】

- 工作界面的介绍
- 如何新建和打开图像
- 如何保存和关闭图像
- 图像的显示效果
- 设置绘图颜色
- 了解图层的含义
- 恢复操作的应用

1.1 工作界面的介绍

使用工作界面是学习 Photoshop CS5 的基础，熟练掌握工作界面的内容，有助于广大初学者日后得心应手地使用 Photoshop CS5。

Photoshop CS5 的工作界面主要由“标题栏”、“菜单栏”、“属性栏”、“工具箱”、“控制面板”和“状态栏”组成，如图 1-1 所示。

图 1-1

标题栏：标题栏左侧是当前运行程序的名称，右侧是控制窗口的按钮。

菜单栏：菜单栏中共包含 10 个菜单命令。利用菜单命令可以完成对图像的编辑、调整色彩、添加滤镜效果等操作。

工具箱：工具箱中包含了多个工具。利用不同的工具可以完成对图像的绘制、观察、测量等操作。

属性栏：属性栏是工具箱中各个工具的功能扩展。通过在属性栏中设置不同的选项，可以快速完成多样化的操作。

控制面板：控制面板是 Photoshop CS5 的重要组成部分。通过不同的功能面板，可以完成图像中填充颜色、设置图层、添加样式等操作。

状态栏：状态栏可以提供当前文件的显示比例、文档大小、当前工具、暂存盘大小等提示信息。

1.2 如何新建和打开图像

如果要在一个空白图像上绘图，就要在 Photoshop CS5 中新建一个图像文件；如果要对照片或对图片进行修改和处理，就要在 Photoshop CS5 中打开需要处理的图像。

1.2.1 新建图像

新建图像是使用 Photoshop CS5 进行设计的第一步。

选择“文件 > 新建”命令，或按 Ctrl+N 组合键，弹出“新建”对话框，如图 1-2 所示。

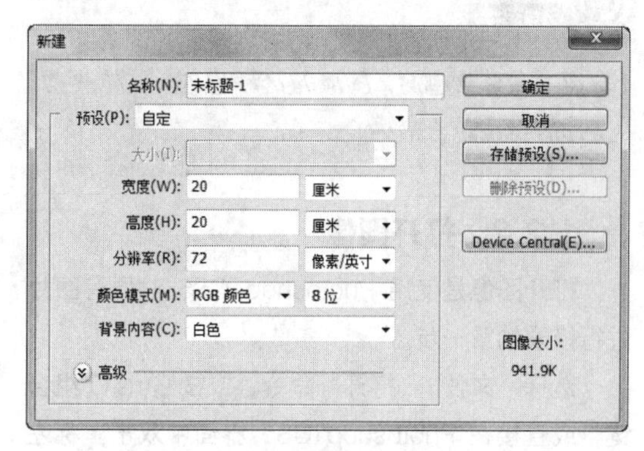

图 1-2

在对话框中，“名称”选项的文本框用于输入新建图像的文件名；“预设”选项的下拉列表用于自定义或选择其他固定格式文件的大小；“宽度”和“高度”选项的数值框用于输入需要设置的宽度和高度的数值；“分辨率”选项的数值框用于输入需要设置的分辨率的数值；“颜色模式”选项的下拉列表用于选择颜色模式；“背景内容”选项的下拉列表用于设定图像的背景颜色。

单击“高级”按钮，弹出新选项，“颜色配置文件”选项的下拉列表可以设置文件的色彩配置方式；“像素长宽比”选项的下拉列表可以设置文件中像素比的方式；信息栏中“图像大小”下面显示的是当前文件的大小。设置好后，单击“确定”按钮，即可完成新建图像的任务，如图1-3所示。

图 1-3

提 示

每英寸像素数越高，图像的文件也越大。应根据工作需要设定合适的分辨率。

1.2.2 打开图像

打开图像是使用 Photoshop CS5 对原有图片进行修改的第一步。

选择“文件 > 打开”命令，或按 Ctrl+O 组合键，或直接在 Photoshop CS5 界面中双击鼠标左键，弹出“打开”对话框，如图 1-4 所示。在对话框中搜索路径和文件，确认文件类型和名称，通过 Photoshop CS5 提供的预览缩略图选择文件，然后单击“打开”按钮，或直接双击文件，即可打开指定的图像文件，如图 1-5 所示。

图 1-4

图 1-5

提 示

在“打开”对话框中，也可以同时打开多个文件，只要在文件列表中将所需的多个文件选中，单击“打开”按钮，Photoshop CS5 就会按先后次序逐个打开这些文件，以免多次反复调用“打开”对话框。在“打开”对话框中，按住 Ctrl 键的同时，用鼠标单击可以选择不连续的文件；按住 Shift 键，用鼠标单击可以选择连续的文件。

1.3 如何保存和关闭图像

对图像的编辑和制作完成后，就需要对图像进行保存。对于暂时不用的图像，进行保存后就可以将它关闭。

1.3.1 保存图像

编辑和制作完图像后，就需要对图像进行保存。以便于下次打开继续操作。

选择“文件 > 存储”命令，或按 Ctrl+S 组合键，当对设计好的作品进行第一次存储时，启用“存储”命令，系统将弹出“存储为”对话框，如图 1-6 所示，在对话框中，输入文件名并选择文件格式，单击“保存”按钮，即可将图像保存。

图 1-6

提 示

当对图像文件进行了各种编辑操作后，选择“存储”命令，系统不会弹出“存储为”对话框，计算机直接保留最终确认的结果，并覆盖原始文件。因此，在未确定要放弃原始文件之前，应慎用此命令。

若既要保留修改过的文件，又不想放弃原文件，则可以使用“存储为”命令。

选择“文件 > 存储为”命令，或按 Shift+Ctrl+S 组合键，弹出“存储为”对话框，在对话框中，可以为更改过的文件重新命名、选择路径和设定格式，然后进行保存。原文件保留不变。

“存储选项”选项组中一些选项的功能如下。

选中“作为副本”复选框时，可将处理的文件保存成该文件的副本。选中“Alpha 通道”复选框时，可保存带有 Alpha 通道的文件。选中“图层”复选框时，可将图层和文件同时保存。选中“批注”复选框时，可将带有批注的文件保存。选中“专色”复选框时，可将带有专色通道的文件保存。选中“使用小写扩展名”复选框时，使用小写的扩展名保存文件；不选中该复选框时，使用大写的扩展名保存文件。

1.3.2 关闭图像

将图像进行保存后，就可以将图像关闭了。

选择“文件 > 关闭”命令，或按 Ctrl+W 组合键，或单击图像窗口右上方的“关闭”按钮，可关闭文件。关闭图像时，若当前文件被修改过或是新建的文件，则系统会弹出一个提示框，如图 1-7 所示，询问用户是否进行保存，若单击“是”按钮则保存图像。

图 1-7

如果要将打开的图像全部关闭，可以选择“文件 > 关闭全部”命令。

1.4 图像的显示效果

使用 Photoshop CS5 编辑和处理图像时，可以通过改变图像的显示比例来使工作变得更加便捷高效。

1.4.1 100%显示图像

100%显示图像，如图 1-8 所示。在此状态下可以对文件进行精确的编辑。

图 1-8

1.4.2 放大显示图像

放大显示图像有利于观察图像的局部细节并更准确地编辑图像。放大显示图像，有以下几种方法。

使用“缩放”工具：选择工具箱中的“缩放”工具，图像中光标变为放大工具，每单击一次鼠标，图像就会增加原图的一倍。例如，图像以 100% 的比例显示在屏幕上，单击放大工具一次，则变成 200%，再单击一次，则变成 300%，如图 1-9 和图 1-10 所示。

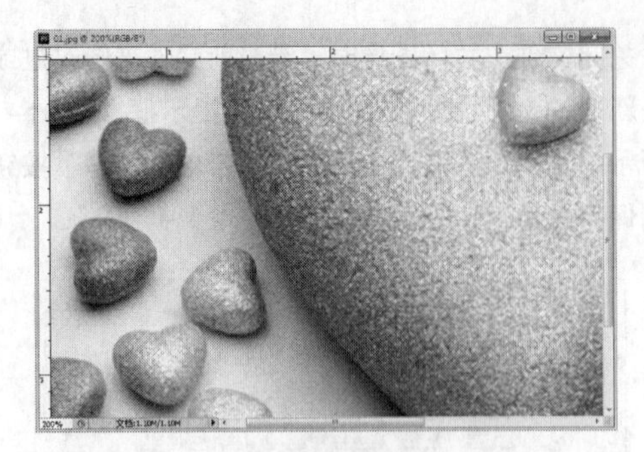

图 1-9

图 1-10

要放大一个指定的区域时，先选择放大工具，然后把放大工具定位在要放大的区域，按住鼠标左键并拖动鼠标，使画出的矩形框圈选住所需的区域，然后松开鼠标左键，这个区域就会放大显示并填满图像窗口，如图 1-11 和图 1-12 所示。

图 1-11

图 1-12

使用快捷键：按 Ctrl ++ 组合键，可逐次放大图像。

使用属性栏：如果希望将图像的窗口放大填满整个屏幕，可以在缩放工具的属性栏中单击“适合屏幕”按钮，再选中“调整窗口大小以满屏显示”选项，如图 1-13 所示。这样在放大图像时，窗口就会和屏幕的尺寸相适应；单击“实际像素”按钮，图像以实际像素比例显示；单击“打印尺寸”按钮，图像以打印分辨率显示。

图 1-13

提 示

选择工具箱中的“抓手”工具，图像中光标变为抓手，在放大的图像中拖曳，可以观察图像的每个部分。双击“抓手”工具，可以把整个图像放大到“满画布显示”效果。当正在使用工具箱中的其他工具时，按住 Ctrl+Spacebar（空格）组合键，可以快速调用放大工具，进行放大显示的操作。

1.4.3 缩小显示图像

缩小显示，可使图像变小，这样一方面可以用有限的屏幕空间显示出更多的图像，另一方面可以看到图像的全貌。缩小显示图像，有以下几种方法。

使用“缩放”工具：选择工具箱中的“缩放”工具，图像中光标变为放大工具图标，按住 Alt 键，则屏幕上的缩放工具图标变为缩小工具图标。每单击一次鼠标，图像将缩小显示一级，如图 1-14 所示。

图 1-14

图 1-14（续）

使用属性栏：在“缩放”工具的属性栏中单击缩小工具按钮，如图 1-15 所示，则屏幕上的缩放工具图标变为缩小工具图标，每单击一次鼠标，图像将缩小显示一级。

图 1-15

使用快捷键：按 Ctrl +–组合键，可逐次缩小图像。

提 示

当正在使用工具箱中的其他工具时，按住 Alt+Spacebar（空格）组合键，可以快速选择缩小工具，进行缩小显示的操作。

1.5 设置绘图颜色

在 Photoshop CS5 中，可以根据设计和绘图的需要设置多种不同的颜色。

1.5.1 使用“色彩”控制工具设置颜色

工具箱中的色彩控制工具可以用于设定前景色和背景色。单击前景或背景色控制框，系统将弹出如图 1-16 所示的色彩“拾色器”对话框，可以在此选取颜色。单击切换标志或按 X 键可以互换前景色和背景色。单击初始化图标，可以使前景色和背景色恢复到初始状态，前景色为黑色、背景色为白色。

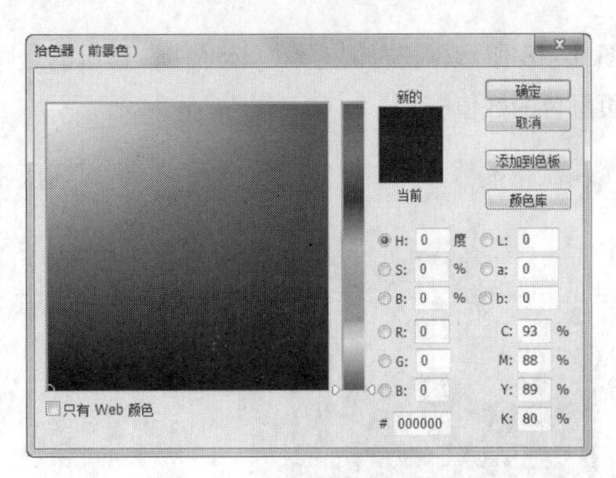

图 1-16

在“拾色器”对话框中设置颜色，有以下几种方法。

使用颜色滑块和颜色选择区：用鼠标在颜色色相区域内单击或拖曳两侧的三角形滑块，如图 1-17 所示，都可以使颜色的色相产生变化。

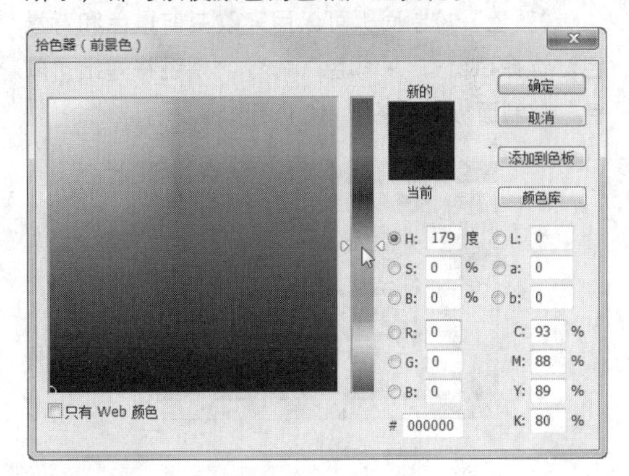

图 1-17

在“拾色器”对话框左侧的颜色选择区中，可以选择颜色的明度和饱和度，垂直方向表示的是明度的变化，水平方向表示的是饱和度的变化。

当选择好颜色后，在对话框右侧上方的颜色框中会显示所选择的颜色，右侧下方是所选择颜色的 HSB、RGB、CMYK、Lab 值，选择好颜色后，单击“确定”按钮，所选择的颜色将变为工具箱中的前景色或背景色。

通过输入数值选择颜色：在“拾色器”对话框中，右侧下方的 HSB、RGB、CMYK、Lab 色彩模式后面，都有可以输入数值的数值框，在其中输入所需颜色的数值也可以得到希望的颜色。

勾选对话框左下方的“只有 Web 颜色”复选框，颜色选择区中将出现供网页使用的颜色，如

图 1-18 所示，在右侧的# 33cccc 中，显示的是网页颜色的数值。

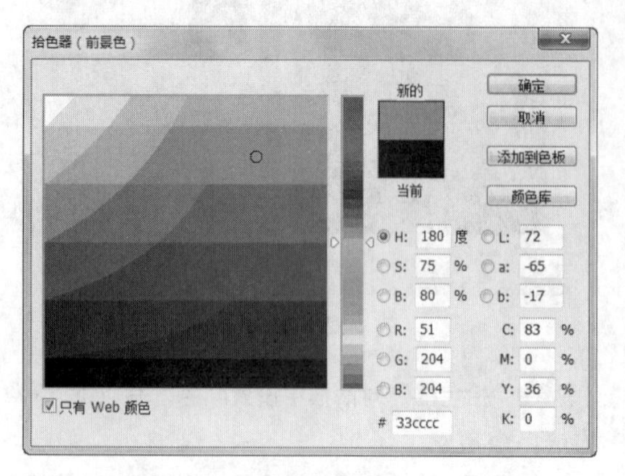

图 1-18

1.5.2 使用“颜色”控制面板设置颜色

“颜色”控制面板可以用来改变前景色和背景色。选择“窗口 > 颜色”命令，系统将弹出“颜色”控制面板，如图 1-19 所示。

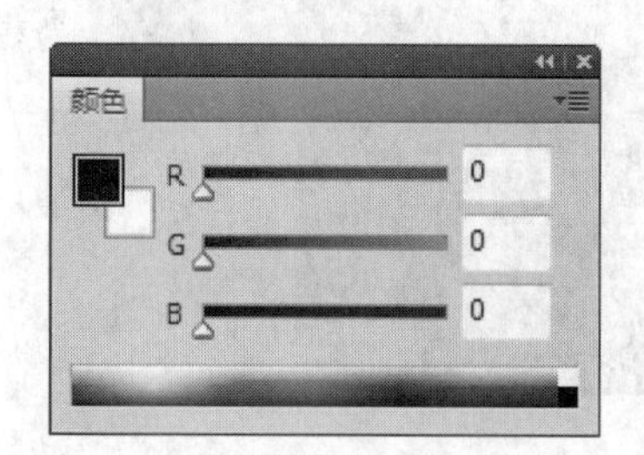

图 1-19

在控制面板中，可先单击左侧的前景色或背景色按钮以确定所调整的是前景色还是背景色，然后拖曳三角滑块或在颜色栏中选择所需的颜色，或直接在颜色的数值框中输入数值调整颜色。

单击控制面板右上方的图标，系统将弹出“颜色”控制面板的下拉命令菜单，此菜单用于设定控制面板中显示的颜色模式，可以在不同的颜色模式中调整颜色。

1.5.3 使用“色板”控制面板设置颜色

“色板”控制面板可以用来选取一种颜色以改变前景色或背景色。选择“窗口 > 色板”命令，系统将弹出“色板”控制面板，如图 1-20 所示。此外，单击控制面板右上方的图标，系统将弹出“色板”控制面板的下拉命令菜单，如图 1-21 所示。

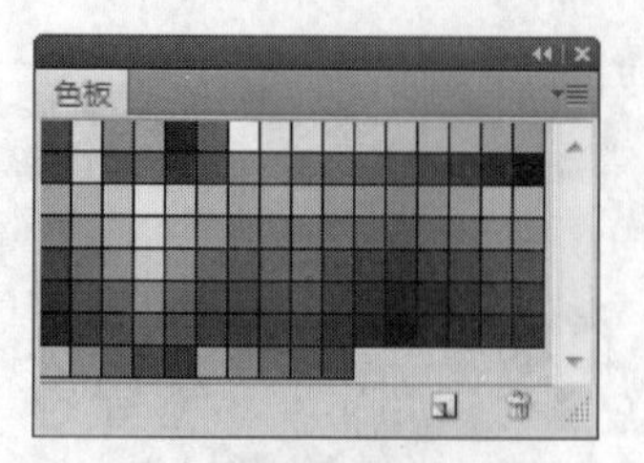

图 1-20

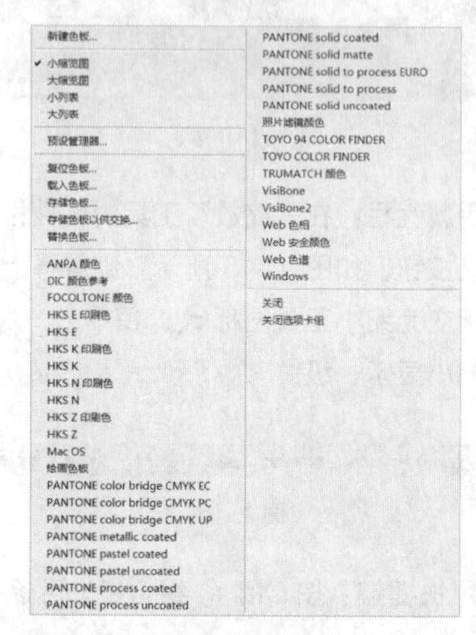

图 1-21

“新建色板”命令用于新建一个色板。“小缩览图”命令可使控制面板显示为小图标方式。“小列表”命令可使控制面板显示为小列表方式。“预设管理器”命令用于对色板中的颜色进行管理。“复位色板”命令用于恢复系统的初始设置状态。“载入色板”命令用于向“色板”控制面板中增加色板文件。“存储色板”命令用于保存当前“色板”控制面板中的色板文件。“替换色板”命令用于替换“色板”控制面板中现有的色板文件。“ANPA 颜色”以下都是配置的颜色库。

在工具箱的前景色中设置需要的颜色，在“色板”控制面板中，如果将鼠标指针移到空白处，指针会变为油漆桶图标，如图 1-22 所示。此时单击鼠标，系统将弹出“色板名称”对话框，如图 1-23 所示。单击“确定”按钮，就可将前景色添加到“色板”控制面板中了，如图 1-24 所示。

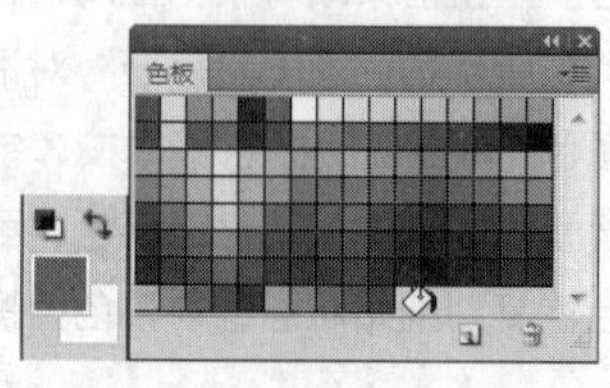

图 1-22

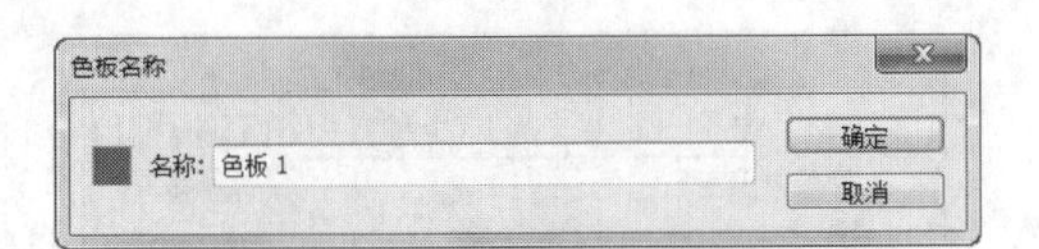

图 1–23

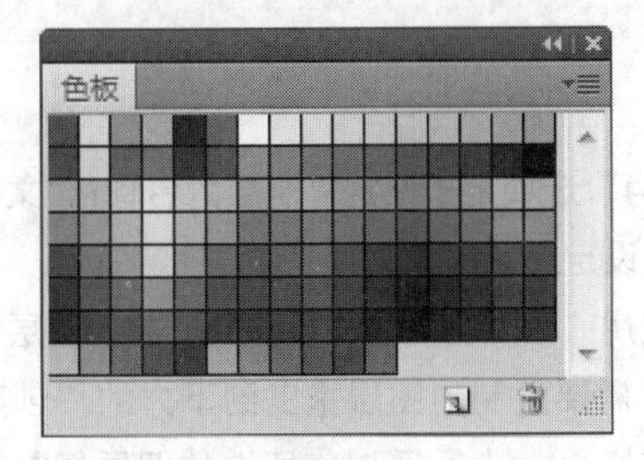

图 1–24

在“色板”控制面板中，如果将鼠标指针移到颜色处，指针会变为吸管图标，如图 1–25 所示。此时单击鼠标，将设置吸取的颜色为前景色，如图 1–26 所示。

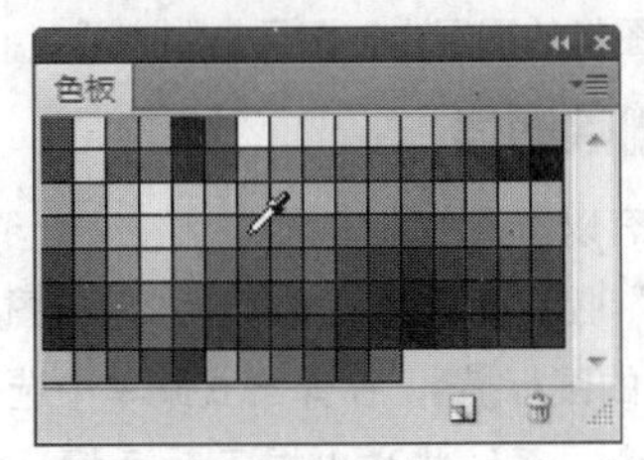

图 1–25

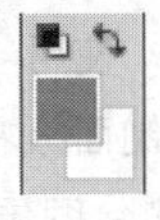

图 1–26

提　示

在“色板”控制面板中，如果按住 Alt 键并将鼠标指针移到颜色处，指针会变为剪刀图标，此时单击鼠标，将删除该颜色。

1.6 了解图层的含义

在 Photoshop CS5 中，图层有着非常重要的作用，要对图像进行编辑就离不开图层。

选择“文件 > 打开”命令，弹出“打开”对话框，选择需要的文件，如图 1–27 所示，单击“打开”按钮，将图像文件在 Photoshop CS5 中打开，效果如图 1–28 所示。

图 1–27

图 1–28

打开文件后，选择“窗口 > 图层”命令，或按 F7 键，系统将弹出“图层”控制面板，如图 1–29 所示。在“图层”控制面板中已经有了多个图层，在每个图层上都有一个小的缩略图像。如果只想看到背景层上的图像，用鼠标左键依次在其他层的眼睛图标上单击，其他层将被隐藏，如图 1–30 所示。图像窗口中只显示背景层中的图像效果，如图 1–31 所示。

图 1–29

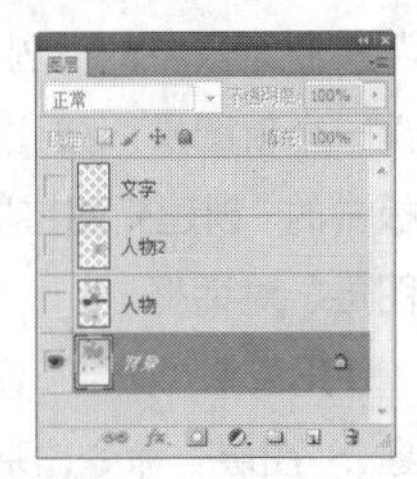

图 1–30

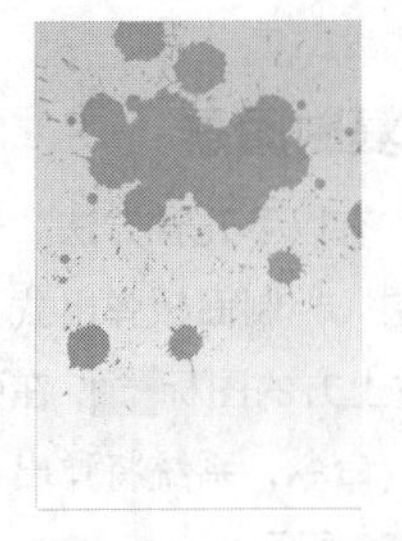

图 1–31

在“图层”控制面板中，上面图层中的图像会以一定的方式覆盖在下面图层中的图像上面，这些图层重叠在一起并显示在图像视窗中，就会形成一幅完整的图像。Photoshop CS5 中的图层最底部是背景层，往上都是透明层，在每一层中可以放置不同的图像，上面的图层将影响下面的图层，修改其中某一图层不会改动其他图层。

1.6.1 新建图层

新建图层，有以下几种方法。

使用“图层”控制面板弹出式菜单：单击“图层”控制面板右上方的图标，在弹出式菜单中选择“新建图层”命令，系统将弹出“新建图层”对话框，如图 1–32 所示。

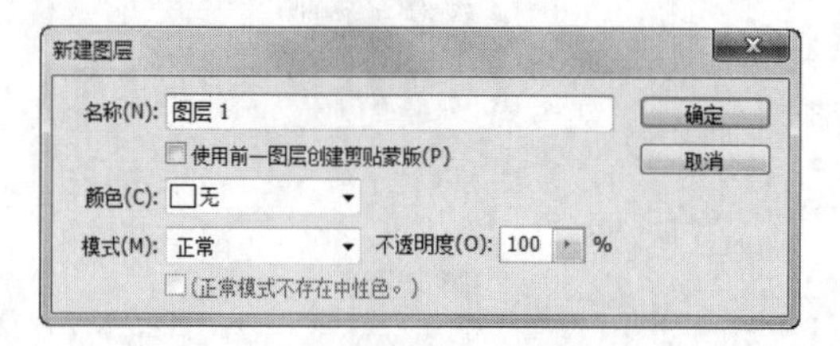

图 1–32

“名称”选项用于设定新图层的名称，可以选择与前一图层编组。“颜色”选项可以设定新图层的颜色。“模式”选项用于设定当前层的合成模式。“不透明度”选项用于设定当前层的不透明度值。

使用“图层”控制面板按钮或快捷键：单击“图层”控制面板中的“创建新图层”按钮，可以创建一个新图层。按住 Alt 键，单击“图层”控制面板中的“创建新图层”按钮，系统将弹出“新建图层”对话框。

使用菜单“图层”命令或快捷键：选择“图层 > 新建 > 图层”命令，系统将弹出“新建图层”对话框。按 Shift+Ctrl+N 组合键，系统也可以弹出“新建图层”对话框。

1.6.2 复制图层

复制图层，有以下几种方法。

使用“图层”控制面板弹出式菜单：单击“图层”控制面板右上方的图标，在弹出式菜单中选择“复制图层”命令，系统将弹出“复制图层”对话框，如图 1–33 所示。

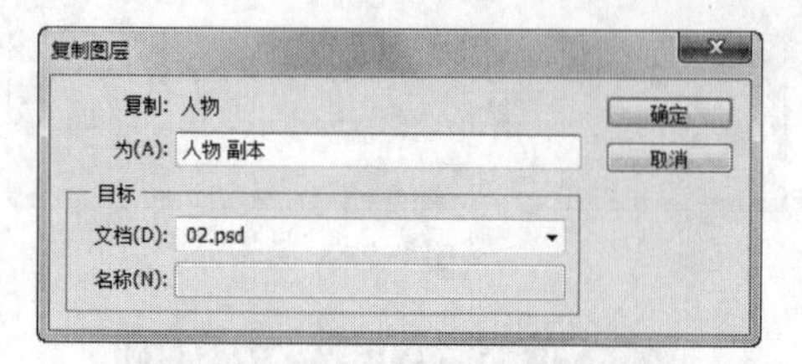

图 1–33

“为”选项用于设定复制层的名称；“文档”选项用于设定复制层的文件来源。

使用“图层”控制面板按钮：将“图层”控制面板中需要复制的图层拖曳到下方的“创建新图层”按钮上，可以将所选的图层复制为一个新图层。

使用“图层”菜单命令：选择“图层 > 复制图层”命令，系统将弹出“复制图层”对话框。

使用鼠标拖曳的方法复制不同图像之间的图层：打开目标图像和需要复制的图像。将需要复制图像的图层拖曳到目标图像的图层中，图层复制完成。

1.6.3 删除图层

删除图层，有以下几种方法。

使用“图层”控制面板弹出式菜单：单击图层控制面板右上方的图标，在弹出式菜单中选择“删除图层”命令，系统将弹出提示对话框，如图 1–34 所示。

图 1–34

使用“图层”控制面板按钮：单击“图层”控制面板中的“删除图层”按钮，系统将弹出提示对话框，单击“是”按钮，即可删除图层。或将需要删除的图层拖曳到“删除图层”按钮上进行删除。

使用“图层”菜单命令：选择“图层 > 删除 > 图层”命令，系统将弹出提示对话框，单击“是”按钮，即可删除图层。

选择“图层 > 删除 > 隐藏图层”命令，系统将弹出提示对话框，单击“是”按钮，可以将隐藏的图层删除。

1.6.4　图层的属性

图层属性命令用于设置图层的名称以及颜色。单击“图层”控制面板右上方的图标，在弹出式菜单中选择“图层属性”命令，系统将弹出“图层属性”对话框，如图 1-35 所示。

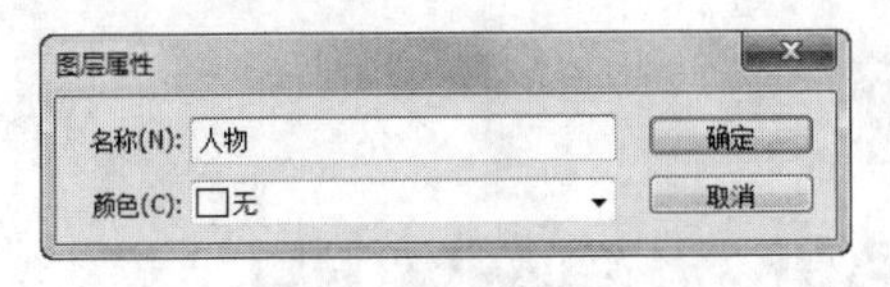

图 1-35

“名称”选项用于设定图层的名称；“颜色”选项用于设定图层的显示颜色。

1.7 恢复操作的应用

在绘制和编辑图像的过程中，经常会错误地执行一个步骤或对制作的一系列效果不满意。当希望恢复到前一步或原来的图像效果时，就要用到恢复操作命令。

1.7.1　恢复到上一步的操作

在编辑图像的过程中可以随时将操作返回到上一步，也可以还原图像到恢复前的效果。

选择“编辑 > 还原”命令，或按 Ctrl+Z 组合键，可以恢复到图像的上一步操作。如果想还原图像到恢复前的效果，再次按 Ctrl+Z 组合键即可。

1.7.2　恢复到操作过程的任意步骤

在绘制和编辑图像的过程中，有时需要将操作恢复到某一个阶段。

“历史记录”控制面板可以将进行过多次处理操作的图像恢复到任一步操作前的状态，即所谓的“多次恢复功能”。其系统默认值为恢复 20 次及 20 次以内的所有操作，但如果计算机的内存足够大的话，还可以将此值设置得更大一些。选择“窗口 > 历史记录”命令，系统将弹出“历史记录”控制面板，如图 1-36 所示。

在控制面板下方的按钮由左至右依次为“从当前状态创建新文档”按钮、“创建新快照”按钮和“删除当前状态”按钮。

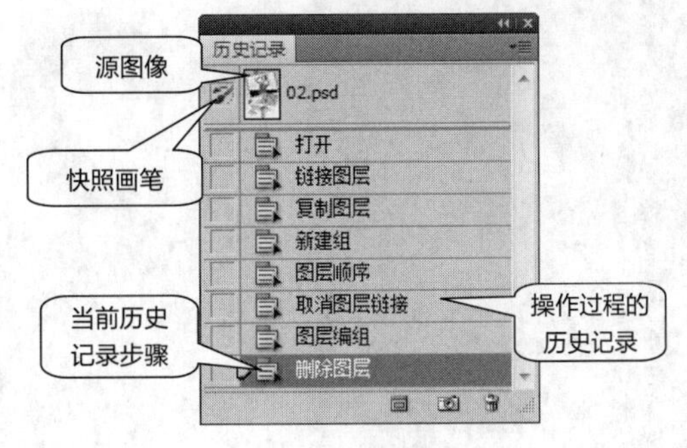

图 1-36

此外，单击控制面板右上方的图标，系统将弹出“历史记录”控制面板的下拉命令菜单，如图 1-37 所示。

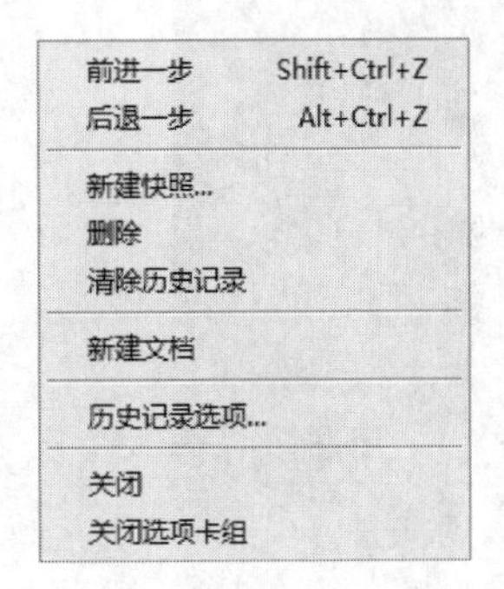

图 1-37

应用快照可以在“历史记录”控制面板中恢复被清除的历史记录。

在“历史记录”控制面板中单击记录过程中的任意一个操作步骤，图像就会恢复到该画面的效果。选择“历史记录”控制面板下拉菜单中的“前进一步”命令或按 Ctrl+Shift+Z 组合键，可以向下移动一个操作步骤，选择“后退一步”命令或按 Ctrl+Alt+Z 组合键，可以向上移动一个操作步骤。

在“历史记录”控制面板中选择“创建新快照”按钮，可以将当前的图像保存为新快照，新快照可以在“历史记录”控制面板中的历史记录被清除后对图像进行恢复。在“历史记录”控制面板中选择“从当前状态创建新文档”按钮，可以为当前状态的图像或快照复制一个新的图像文件。在“历史记录”控制面板中选择“删除当前状态”按钮，可以对当前状态的图像或快照进行删除。

在“历史记录”控制面板的默认状态下，当选择中间的操作步骤后进行图像的新操作，那么中间操作步骤后的所有记录步骤都会被删除。

Photoshop CS5

Chapter 2

第 2 章 图像处理基础知识

本章将详细讲解使用 Photoshop CS5 处理图像时，需要掌握的一些基础知识。读者要重点掌握图像文件的模式、格式等知识。

【教学目标】

- 像素的概念
- 位图和矢量图
- 分辨率
- 图像的色彩模式
- 常用的图像文件格式
- 图像的基本操作

2.1 像素的概念

在 Photoshop CS5 中，像素是图像的基本单位。图像是由许多个小方块组成的，每一个小方块就是一个像素，每一个像素只显示一种颜色。它们都有自己明确的位置和色彩数值，这些小方块的颜色和位置就决定了该图像所呈现的样子；文件包含的像素越多，文件容量就越大，图像品质就越好，效果分别如图 2-1 和图 2-2 所示。

图 2-1

图 2-2

2.2 位图和矢量图

图像文件可以分为两大类：位图图像和矢量图图像。在绘图或处理图像过程中，这两种类型的图像可以相互交叉使用。

2.2.1 位图

位图是由许多不同颜色的小方块组成的，每一个小方块称为像素，每一个像素有一个明确的颜色。

由于位图采取了点阵的方式，使每个像素都能够记录图像的色彩信息，因而可以精确地表现色彩丰富的图像。但图像的色彩越丰富，图像的像素就越多，文件也就越大。因此，处理位图图像时，对计算机硬盘和内存的要求也比较高。

位图图像与分辨率有关，如果以较大的倍数放大显示图像，或以过低的分辨率打印图像，图像就会出现锯齿状的边缘，并且会丢失细节，效果分别如图 2-3 和图 2-4 所示。

图 2-3

图 2-4

2.2.2 矢量图

矢量图是以数学的矢量方式来记录图像内容的。矢量图像中的图形元素称为对象，每个对象都是独立的，具有各自的属性。矢量图是由各种线条、曲线或是文字组合而成，Illustrator、CorelDRAW 等绘图软件制作的图形都是矢量图。

矢量图图像与分辨率无关，可以将它缩放到任意大小，其清晰度不变，也不会出现锯齿状的边缘。在任何分辨率下显示或打印，都不会损失细节，效果分别如图 2-5 和图 2-6 所示。矢量图的文件所占的容量较少，但这种图像的缺点是不易制作色调丰富的图像，而且绘制出来的图形无法像位图那样精确地描绘各种绚丽的景象。

图 2-5

图 2-6

2.3 分辨率

分辨率是用于描述图像文件信息的术语。在 Photoshop CS5 中，图像上每单位长度所能显示的像素数目，称为图像的分辨率，其单位为像素/英寸或是像素/厘米。

2.3.1 图像分辨率

图像分辨率是图像中每单位长度所含有的像素数的多少。高分辨率的图像比相同尺寸的低分辨率的图像包含的像素多。图像中的像素点越小越密，越能表现出图像色调的细节变化。如图 2–7 和图 2–8 所示。

图 2–7

图 2–8

2.3.2 屏幕分辨率

屏幕分辨率是显示器上每单位长度显示的像素或点的数目。屏幕分辨率取决于显示器大小与其像素设置。PC 显示器的分辨率一般约为 96dpi，Mac 显示器的分辨率一般约为 72dpi。在 Photoshop CS5 中，图像像素被直接转换成显示器像素，当图像分辨率高于显示器分辨率时，屏幕中显示出的图像比实际尺寸大。

2.3.3 输出分辨率

输出分辨率是照排机或激光打印机等输出设备产生的每英寸的油墨点数（dpi）。为获得好的效果，使用的图像分辨率应与打印机分辨率成正比。

2.4 图像的色彩模式

Photoshop CS5 提供了多种色彩模式，这些色彩模式正是作品能够在屏幕和印刷品上成功表现的重要保障。在这些色彩模式中，经常使用到的有 CMYK 模式、RGB 模式、Lab 模式以及 HSB 模式。另外，还有索引模式、灰度模式、位图模式、双色调模式、多通道模式等。这些模式都可以在模式菜单下选取，每种色彩模式都有不同的色域，并且各个模式之间可以互相转换。下面，将介绍主要的色彩模式。

2.4.1 CMYK 模式

CMYK 代表了印刷上用的 4 种油墨色：C 代表青色，M 代表洋红色，Y 代表黄色，K 代表黑色。CMYK 颜色控制面板如图 2–9 所示。

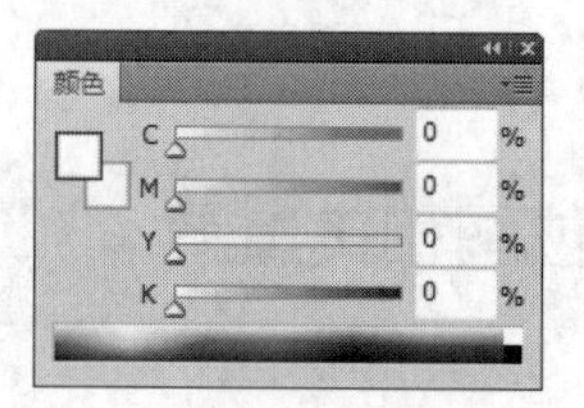

图 2–9

CMYK 模式在印刷时应用了色彩学中的减法混合原理，即减色色彩模式，它是图片、插图和其他 Photoshop CS5 作品中最常用的一种印刷方式。这是因为在印刷中通常都要进行四色分色，出四色胶片，然后再进行印刷。

2.4.2 RGB 模式

与 CMYK 模式不同的是，RGB 模式是一种加色模式，它通过红、绿、蓝 3 种色光相叠加而形成更多的颜色。RGB 是色光的彩色模式，一幅 24bit 的 RGB 模式图像有 3 个色彩信息的通道：红色（R）、绿色（G）和蓝色（B）。RGB 颜色控制面板如图 2-10 所示。

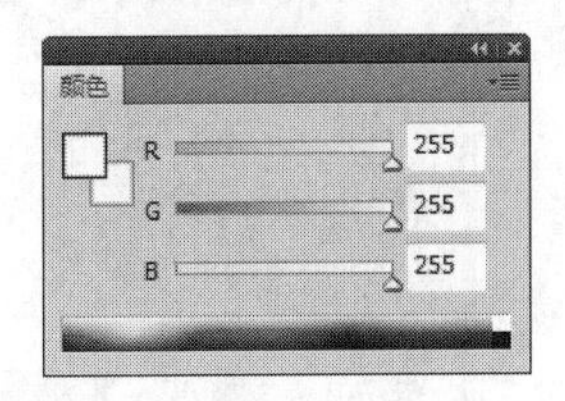

图 2-10

每个通道都有 8 bit 的色彩信息——一个 0 到 255 的亮度值色域。也就是说，每一种色彩都有 256 个亮度水平级。3 种色彩相叠加，可以有 256×256×256=1670 万种可能的颜色。这 1670 万种颜色足以表现出绚丽多彩的世界。在 Photoshop CS5 中编辑图像时，RGB 色彩模式应是最佳的选择。

2.4.3　Lab 模式

Lab 是 Photoshop CS5 中的一种国际色彩标准模式，它由 3 个通道组成：一个通道是透明度，即 L；其他两个是色彩通道，即色相和饱和度，用 a 和 b 表示。a 通道包括的颜色值从深绿到灰，再到亮粉红色；b 通道是从亮蓝色到灰，再到焦黄色。这种颜色混合后将产生明亮的色彩。

2.4.4　索引模式

在索引颜色模式下，最多只能存储一个 8 位色彩深度的文件，即最多 256 种颜色。这 256 种颜色存储在可以查看的色彩对照表中，当你打开图像文件时，色彩对照表也一同被读入 Photoshop CS5 中，Photoshop CS5 在色彩对照表中找出最终的色彩值。

2.4.5　灰度模式

灰度模式，每个像素用 8 个二进制位表示，能产生 2 的 8 次方即 256 级灰色调。当一个彩色文件被转换为灰度模式文件时，所有的颜色信息都将从文件中丢失。尽管 Photoshop CS5 允许将一个灰度文件转换为彩色模式文件，但不可能将原来的颜色完全还原。所以，当要转换为灰度模式时，应先做好图像的备份。

像黑白照片一样，一个灰度模式的图像只有明暗值，没有色相和饱和度这两种颜色信息。0%代表白，100%代表黑。其中的 K 值用于衡量黑色油墨用量。颜色控制面板如图 2-11 所示。将彩色模式转换为双色调模式或位图模式时，必须先转换为灰度模式，然后由灰度模式转换为双色调模式或位图模式。

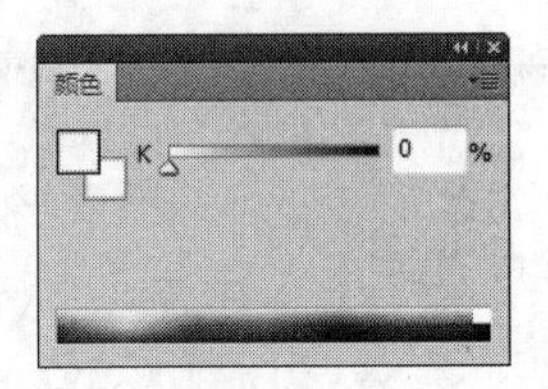

图 2-11

2.4.6　位图模式

位图模式为黑白位图模式。黑白位图模式是由黑白两种像素组成的图像，它通过组合不同大小的点，产生一定的灰度级阴影。使用位图模式可以更好地设定网点的大小、形状和角度，更完善地控制灰度图像的打印。

2.5　常用的图像文件格式

用 Photoshop CS5 制作或处理好一幅图像后，就要进行保存。这时，选择一种合适的文件格式就显得十分重要。Photoshop CS5 中有多种文件格式可供选择。在这些文件格式中，既有 Photoshop CS5 的专用格式，也有用于应用程序交换的文件格式，还有一些比较特殊的格式。

2.5.1　PSD 格式和 PDD 格式

PSD 格式和 PDD 格式是 Photoshop CS5 软件自身的专用文件格式，能够支持从线图到 CMYK 的所有图像类型，但由于在一些图形程序中没有得到很好的支持，所以其通用性不强。PSD 格式和 PDD 格式能够保存图像数据的细节部分，如图层、附加的遮膜通道等 Photoshop CS5 对图像进行特殊处理的信息。在没有最终决定图像存储的格式前，最好先以这两种格式存储。另外，Photoshop CS5 打开和保存这两种格式的文件较其他格式更快。但是这两种格式也有缺点，就是它们所存储的图像文件特别大，占用磁盘空间较多。

2.5.2 TIF 格式（TIFF）

TIF 是标签图像格式。TIF 格式对于色彩通道图像来说是最有用的格式，具有很强的可移植性，它可以用于 PC 机、Macintosh 以及 UNIX 工作站三大平台，是这三大平台上使用最广泛的绘图格式。保存时可在如图 2-12 所示的对话框中进行选择。

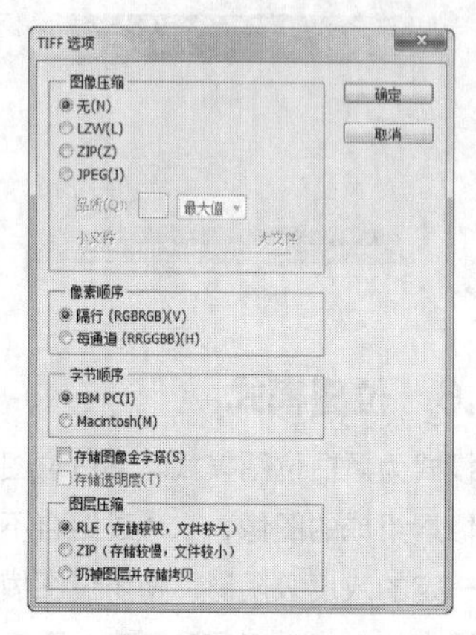

图 2-12

用 TIF 格式存储时应考虑文件的大小，因为 TIF 格式的结构要比其他格式更大更复杂。但 TIF 格式支持 24 个通道，能存储多于 4 个通道的文件格式。TIF 格式还允许使用 Photoshop CS5 中的复杂工具和滤镜特效。TIF 格式非常适合于印刷和输出。

2.5.3 TGA 格式

TGA 格式与 TIF 格式相同，都可用来处理高质量的色彩通道图像。TGA 格式存储选择对话框如图 2-13 所示。TGA 格式支持 32 位图像，它吸收了广播电视标准的优点，包括 8 位 Alpha 通道。另外，这种格式使 Photoshop CS5 软件和 UNIX 工作站相互交换图像文件成为可能。

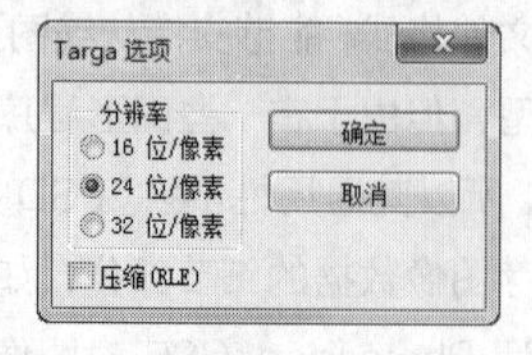

图 2-13

TGA、TIF、PSD 和 PDD 格式是存储包含通道信息的 RGB 图像最常用的文件格式。

2.5.4 BMP 格式

BMP 是 Windows Bitmap 的缩写。它可以用于绝大多数 Windows 下的应用程序。BMP 格式存储选择对话框如图 2-14 所示。

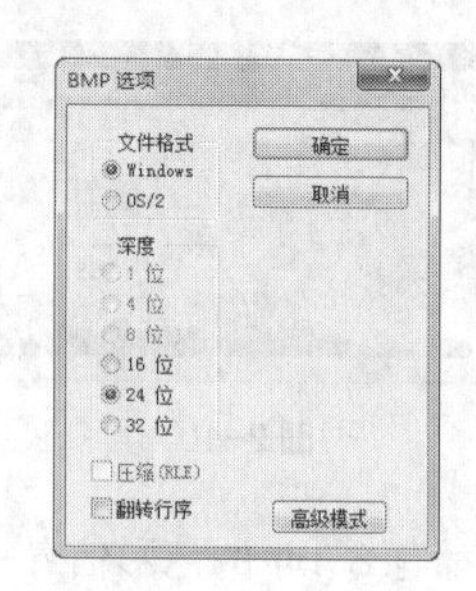

图 2-14

BMP 格式使用索引色彩，它的图像具有极其丰富的色彩，并可以使用 16MB 色彩渲染图像。BMP 格式能够存储黑白图、灰度图和 16MB 色彩的 RGB 图像等。此格式一般在多媒体演示、视频输出等情况下使用，但不能在 Macintosh 程序中使用。在存储 BMP 格式的图像文件时，还可以进行无损失压缩，能节省磁盘空间。

2.5.5 GIF 格式

GIF 文件比较小，它是一种压缩的 8 位图像文件。正因为这样，一般用这种格式的文件来缩短图形的加载时间。如果在网络中传送图像文件，GIF 格式的图像文件要比其他格式的图像文件快得多。

2.5.6 JPEG 格式

JPEG 格式既是 Photoshop CS5 支持的一种文件格式，也是一种压缩方案。它是 Macintosh 上常用的一种存储类型。JPEG 格式是压缩格式中的“佼佼者”，与 TIF 文件格式采用的 LIW 无损失压缩相比，它的压缩比例更大，但它使用的有损失压缩会丢失部分数据。用户可以在存储前选择图像的最后质量，这样就能控制数据的损失程度了。JPEG 格式存储选择对话框如图 2-15 所示。

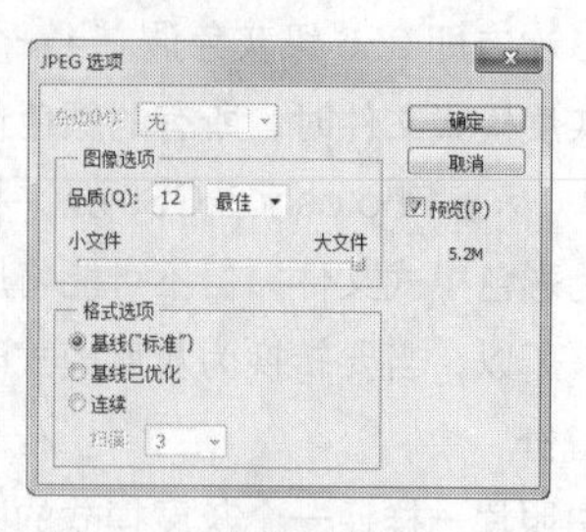

图 2-15

在图 2-15 所示的对话框中，单击“品质”选项的下拉列表按钮，可以选择从低、中、高到最佳四种图像压缩品质。以高质量保存图像比其他质量的保存形式占用更大的磁盘空间；而选择低质量保存图像则会损失较多的数据，但占用的磁盘空间较少。

2.5.7　EPS 格式

EPS 格式是 Illustrator 和 Photoshop CS5 之间可交换的文件格式。Illustrator 软件制作出来的流动曲线、简单图形和专业图像一般都存储为 EPS 文件格式。Photoshop CS5 可以获取这种格式的文件。在 Photoshop CS5 中，也可以把其他图形文件存储为 EPS 格式，供给如排版类的 PageMaker 和绘图类的 Illustrator 等其他软件使用。EPS 格式存储选择对话框如图 2-16 所示。

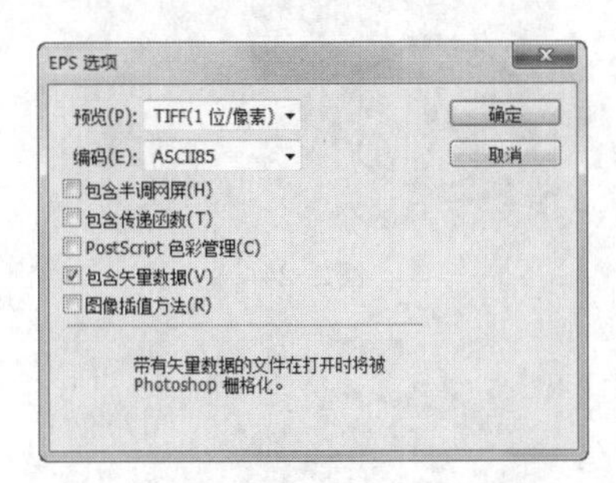

图 2-16

2.5.8　选择合适的图像文件存储格式

可以根据工作任务的需要对图像文件进行保存，下面就根据图像的不同用途介绍一下它们应该存储的格式。

用于印刷：TIFF、EPS；出版物：PDF；Internet 图像：GIF、JPEG、PNG；用于 Photoshop CS5 工作：PSD、PDD、TIFF。

2.6　图像的基本操作

在 Photoshop CS5 中，可以非常便捷地移动、复制、裁剪、变换和删除图像。下面，将具体讲解这些方法。

2.6.1　图像的移动

要想在操作过程中随时按需要移动图像，就必须掌握移动图像的方法。

1. 移动工具

移动工具可以将图层中的整幅图像或选定区域中的图像移动到指定位置。启用“移动”工具有以下几种方法。

选择“移动”工具，或按 V 键，其属性栏状态如图 2-17 所示。

图 2-17

在移动工具属性栏中，“自动选择”选项用于自动选择光标所在的图像层；“显示变换控件”选项用于对选取的图层进行各种变换。属性栏中还提供了几种图层排列和分布方式的按钮。

2. 移动图像

在移动图像前，要选择移动的图像区域，如果不选择图像区域，将移动整个图像。移动图像，有以下几种方法。

使用移动工具移动图像：打开一幅图像，使用“矩形选框”工具绘制出要移动的图像区域，效果如图 2-18 所示。选择“移动”工具，将光标放在选区中，光标变为图标，效果如图 2-19 所示。单击并按住鼠标左键，拖曳鼠标到适当的位置，选区内的图像被移动，原来的选区位置被背景色填充，效果如图 2-20 所示。按 Ctrl+D 组合键，取消选区，移动完成。

图 2-18

图 2-19

图 2-20

使用菜单命令移动图像：打开一幅图像，使用“椭圆选框”工具绘制出要移动的图像区域，效果如图 2-21 所示。选择“编辑 > 剪切”命令或按 Ctrl+X 组合键，选区被背景色填充，效果如图 2-22 所示。

图 2-21

图 2-22

选择“编辑 > 粘贴”命令或按 Ctrl+V 组合键，将选区内的图像粘贴在图像的新图层中，使用“移动”工具可以移动新图层中的图像，效果如图 2-23 所示。

使用快捷键移动图像：打开一幅图像，使用“椭圆选框”工具绘制出要移动的图像区域，效果如图 2-24 所示。选择“移动”工具，按 Ctrl+方向组合键，可以将选区内的图像沿移动方向移动 1 像素，效果如图 2-25 所示；按 Shift+方向组合键，可以将选区内的图像沿移动方向移动 10 像素，效果如图 2-26 所示。

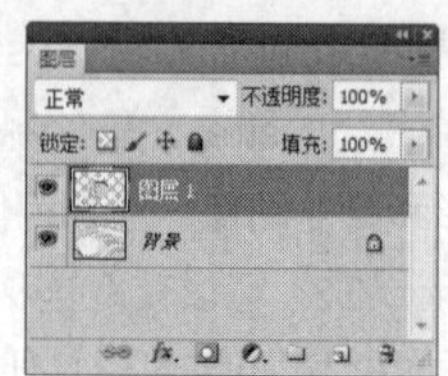

图 2-23

图 2-24

图 2-25

图 2-26

如果想将当前图像中选区内的图像移动到另一幅图像中，只要使用“移动”工具将选区内的图像拖曳到另一幅图像中即可。用相同的方法也可以将当前图像拖曳到另一幅图像中。

2.6.2 图像的复制

要想在操作过程中随时按需要复制图像，就必须掌握复制图像的方法。在复制图像前，要选择需要复制的图像区域，如果不选择图像区域，将不能复制图像。复制图像，有以下几种方法。

使用移动工具复制图像：打开一幅图像，使用“椭圆选框”工具绘制出要复制的图像区域，效果如图 2-27 所示。选择“移动”工具，将光标放在选区中，光标变为图标，如图 2-28 所示。按住 Alt 键，光标变为图标，如图 2-29 所示。单击并按住鼠标左键，拖曳选区内的图像到适当的位置，松开鼠标左键和 Alt 键，图像复制完成。按 Ctrl+D 组合键，取消选区，效果如图 2-30 所示。

图 2-27

图 2-28

图 2-29

图 2-30

使用菜单命令复制图像：打开一幅图像，使用“椭圆选框”工具绘制出要复制的图像区域，效果如图 2-31 所示，选择“编辑 > 拷贝”命令或按 Ctrl+C 组合键，将选区内的图像复制。这时屏幕上的图像并没有变化，但系统已将复制的图像粘贴到剪贴板中。

选择“编辑 > 粘贴”命令或按 Ctrl+V 组合键，将选区内的图像粘贴在生成的新图层中，这样复制的图像就在原图的上面一层了，使用“移动”工具移动复制的图像，如图 2-32 所示。

图 2-31

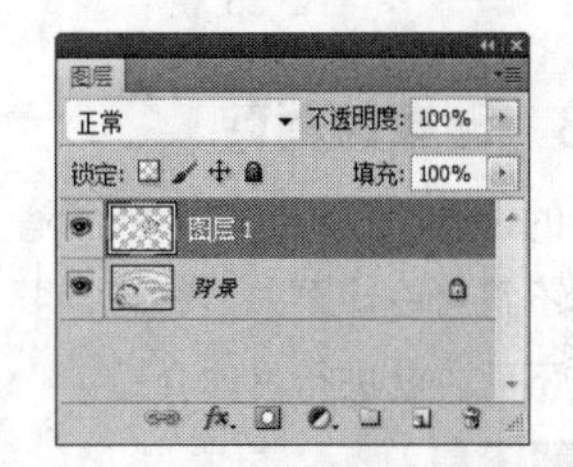

图 2-32

使用快捷键复制图像：打开一幅图像，使用“椭圆选框”工具绘制出要复制的图像区域，效果如图 2-33 所示。按住 Ctrl+Alt 组合键，光标变为图标，效果如图 2-34 所示。同时单击并按住鼠标左键，拖曳选区内的图像到适当的位置，松开鼠标左键、Ctrl 和 Alt 键，图像复制完成。按 Ctrl+D 组合键，取消选区，效果如图 2-35 所示。

图 2-33

图 2-34

图 2-35

2.6.3 图像的裁剪

在实际的设计制作工作中，经常有一些图片的构图和比例不符合设计要求，这就需要对这些图片进行裁剪。下面，就进行具体介绍。

1. 裁剪工具

裁剪工具可以在图像或图层中剪裁所选定的区域。图像区域选定后，在选区边缘将出现 8 个控制手柄，用于改变选区的大小，还可以用鼠标旋转选区。选区确定之后，双击选区或单击工具箱中的其他任意一个工具，然后在弹出的裁剪提示框中单击“裁剪”按钮确定即可完成裁剪。

启用“裁剪”工具，有以下几种方法。

选择“裁剪”工具，或按 C 键，其属性栏状态如图 2-36 所示。

图 2-36

在裁剪工具属性栏中，“宽度”和“高度”选项用来设定裁剪宽度和高度；“高度和宽度互换”按钮可以互换高度和宽度的数值；“分辨率”选项用于设定裁剪下来的图像的分辨率；“前面的图像”选项用于记录前面图像的裁剪数值；“清除”按钮用于清除所有设定。

当绘制好裁剪区域后，裁剪工具属性栏状态如图 2-37 所示。

图 2-37

“屏蔽”选项用于设定是否区别显示裁剪与非裁剪的区域；“颜色”选项用于设定非裁剪区的显示颜色；“不透明度”选项用于设定非裁剪区颜色的不透明度；“透视”选项用于设定图像或裁剪区的中心点。

2. 裁剪图像

使用裁剪工具裁剪图像：打开一幅图像，使用“裁剪”工具，在图像中单击并按住鼠标左键，拖曳鼠标到适当的位置，松开鼠标，绘制出矩形裁剪框，效果如图 2-38 所示。在矩形裁剪框内双击或按 Enter 键，都可以完成图像的裁剪，效果如图 2-39 所示。

图 2-38

图 2-39

对已经绘制出的矩形裁剪框可以进行移动，将光标放在裁剪框内，光标变为小箭头图标▶，单击并按住鼠标左键拖曳裁剪框，可以移动裁剪框，松开鼠标左键，效果如图 2-40 所示。

图 2-40

对已经绘制出的矩形裁剪框可以调整大小，将光标放在裁剪框 4 个角的控制手柄上，光标会变为双向箭头图标，单击并按住鼠标左键拖曳控制手柄，可以调整裁剪框的大小，效果如图 2-41 和图 2-42 所示。

图 2-41

图 2-42

对已经绘制出的矩形裁剪框可以进行旋转，将光标放在裁剪框 4 个角的控制手柄外边，光标会变为旋转图标，单击并按住鼠标左键旋转裁剪框，效果如图 2-43 所示。单击并按住鼠标左键拖曳旋转裁剪框的中心点，可以移动旋转中心点。通过移动旋转中心点可以改变裁剪框的旋转方式，效果如图 2-44 所示。按 Esc 键，可以取消绘制出的裁剪框。按 Enter 键，可以裁剪旋转裁剪框内的图像，效果如图 2-45 所示。

图 2-43

图 2-44

图 2-45

使用菜单命令裁剪图像：使用“矩形选框”工具，在图像中绘制出要裁剪的图像区域，如图 2-46 所示。选择“图像 > 裁剪”命令，图像按选区进行裁剪，按 Ctrl+D 组合键，取消选区，效果如图 2-47 所示。

图 2-46

图 2-47

2.6.4　图像的变换

1. 画布的变换

要想根据设计制作的需要改变画布的大小。就必须掌握图像画布的变换方法。

图像画布的变换将对整个图像起作用。选择“图像 > 图像旋转”命令的下拉菜单，如图 2-48 所示，可以对整个图像进行编辑。

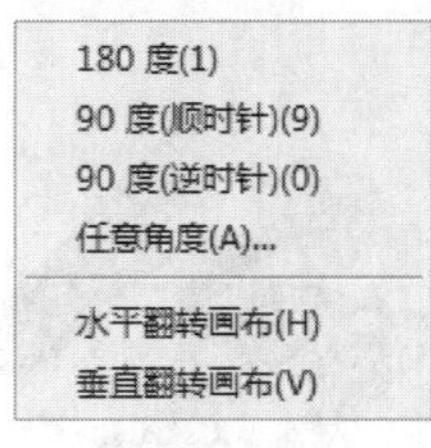

图 2-48

画布旋转固定角度后的效果，如图 2-49 所示。

原图像

图 2-49

180 度效果

90 度（顺时针）

90 度（逆时针）

图 2-49（续）

选择“任意角度”命令，弹出“旋转画布”对话框，如图 2-50 所示，设定任意角度后的画布旋转效果如图 2-51 所示。

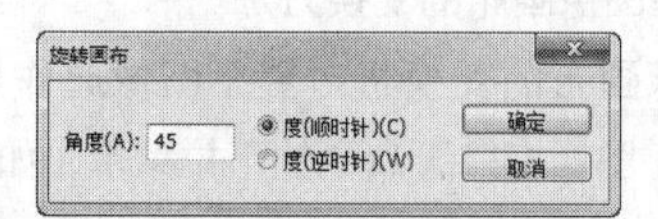

图 2-50

图 2-51

画布水平翻转、垂直翻转后的效果，分别如图 2-52 和图 2-53 所示。

图 2-52

图 2-53

2. 选区图像的变换

在操作过程中可以根据设计和制作需要变换已经绘制好的选区。下面，就进行具体介绍。

在图像中绘制好选区，选择“编辑 > 自由变换”或“变换”命令，可以对图像的选区进行各种变换。“变换”命令的下拉菜单如图 2-54 所示。

再次(A)　Shift+Ctrl+T
缩放(S)
旋转(R)
斜切(K)
扭曲(D)
透视(P)
变形(W)
旋转 180 度(1)
旋转 90 度(顺时针)(9)
旋转 90 度(逆时针)(0)
水平翻转(H)
垂直翻转(V)

图 2-54

图像选区的变换，有以下几种方法。

使用菜单命令变换图像的选区：打开一幅图像，使用“椭圆选框”工具绘制出选区，如图 2-55 所示。选择“编辑 > 变换 > 缩放”命令，拖曳变换框的控制手柄，可以对图像选区进行自由的缩放，如图 2-56 所示。

图 2-55

选择“编辑 > 变换 > 旋转”命令，拖曳变换框，可以对图像选区进行自由的旋转，如图 2-57 所示。

图 2-56

图 2-57

选择“编辑 > 变换 > 斜切”命令，拖曳变换框的控制手柄，可以对图像选区进行斜切调整，如图 2-58 所示。

图 2-58

选择“编辑 > 变换 > 扭曲”命令，拖曳变换框的控制手柄，可以对图像选区进行扭曲调整，如图 2-59 所示。

图 2-59

选择“编辑 > 变换 > 透视”命令，拖曳变换框的控制手柄，可以对图像选区进行透视调整，如图 2-60 所示。

图 2-60

选择“编辑 > 变换 > 变形”命令，拖曳变换框的控制手柄，可以对图像选区进行变形调整，如图 2-61 所示。

图 2-61

选择“编辑 > 变换 > 缩放”命令，再选择旋转 180 度、旋转 90 度（顺时针）、旋转 90 度（逆时针）菜单命令，可以直接对图像选区进行角度的调整，如图 2-62 所示。

旋转 180 度

旋转 90 度（顺时针）

图 2-62

旋转 90 度（逆时针）

图 2-62（续）

选择“编辑 > 变换 > 缩放”命令，再选择“水平翻转”和“垂直翻转”命令，可以直接对图像选区进行翻转的调整，如图 2-63 和图 2-64 所示。

图 2-63

图 2-64

使用快捷键变换图像的选区：打开一幅图像，使用“椭圆选框”工具绘制出选区。按 Ctrl+T 组合键，拖曳变换框的控制手柄，可以对图像选区进行自由的缩放。按住 Shift 键，拖曳变换框的控制手柄，可以等比例缩放图像。

如果在变换后仍要保留原图像的内容，按 Ctrl+Alt+T 组合键的同时，拖曳变换框的控制手柄，原图像的内容会保留下来，效果如图 2-65 所示。

打开一幅图像，使用“椭圆选框”工具绘制出选区。按 Ctrl+T 组合键，将光标放在变换框的控制手柄外边，光标变为旋转图标，拖曳鼠标可以旋转图像，效果如图 2-66 所示。

图 2-65

图 2-66

用鼠标拖曳旋转中心可以将其放到其他位置，旋转中心的调整会改变旋转图像的效果，如图 2-67 所示。

图 2-67

按住 Ctrl 键的同时，分别拖曳变换框的 4 个控制手柄，可以使图像任意变形，效果如图 2-68 所示。

图 2-68

按住 Alt 键的同时，分别拖曳变换框的 4 个控制手柄，可以使图像对称变形，效果如图 2-69 所示。

图 2-69

按住 Ctrl+Shift 组合键的同时，拖曳变换框的中间控制手柄，可以使图像斜切变形，效果如图 2-70 所示。

图 2-70

按住 Ctrl+Shift+Alt 组合键的同时，拖曳变换框的 4 个控制手柄，可以使图像透视变形，效果如图 2-71 所示。

图 2-71

2.6.5 图像的删除

要想在操作过程中随时按需要删除图像，就必须掌握删除图像的方法。在删除图像前，要选择需要删除的图像区域，如果不选择图像区域，将不能删除图像。删除图像，有以下几种方法。

使用菜单命令删除图像：打开一幅图像，使用“椭圆选框”工具 绘制出要删除的图像区域，效果如图 2-72 所示，选择“编辑 > 清除”命令，将选区内的图像删除。按 Ctrl+D 组合键，取消选区，效果如图 2-73 所示。

图 2-72

图 2-73

提 示

删除后的图像区域由背景色填充。如果是在图层中，删除后的图像区域将显示下面一层的图像。

使用快捷键删除图像：在需要删除的图像上绘制选区，按 Delete 键或 Backspace 键，可以将选区中的图像删除。按 Alt+Delete 组合键或 Alt+Backspace 组合键，也可将选区中的图像删除，删除后的图像区域由前景色填充。

Photoshop CS5

3 Chapter

第 3 章 绘制和编辑选区

本章将详细讲解 Photoshop CS5 的绘制和编辑选区功能。对各种选择工具的使用方法和使用技巧进行更细致的说明。读者通过学习要能够熟练应用 Photoshop CS5 的选择工具绘制需要的选区，并能应用好选区的操作技巧编辑选区。

【教学目标】

- 选择工具的使用
- 选区的操作技巧

3.1 选择工具的使用

要想对图像进行编辑，首先要进行选择图像的操作。能够快捷精确地选择图像，是提高处理图像效率的关键。

3.1.1　选框工具的使用

选框工具可以在图像或图层中绘制规则的选区，选取规则的图像。下面，将具体介绍选框工具的使用方法和操作技巧。

1. 矩形选框工具

矩形选框工具可以在图像或图层中绘制矩形选区。启用“矩形选框”工具有以下几种方法。

选择“矩形选框”工具，或反复按 Shift+M 组合键，其属性栏状态如图 3–1 所示。

图 3–1

在“矩形选框”工具属性栏中，为选择选区方式选项。新选区选项用于去除旧选区，绘制新选区。添加到选区选项用于在原有选区的基础上再增加新的选区。从选区减去选项用于在原有选区的基础上减去新选区的部分。与选区交叉选项用于选择新旧选区重叠的部分。

“羽化”选项用于设定选区边界的羽化程度。“消除锯齿”选项用于清除选区边缘的锯齿。“样式”选项用于选择类型：①“正常”选项为标准类型，②“固定比例”选项用于设定长宽比例来进行选择，③“固定大小”选项则可以通过固定尺寸来进行选择。“宽度”和“高度”选项用来设定宽度和高度。

绘制矩形选区：选择“矩形选框”工具，在图像中适当的位置单击并按住鼠标左键，拖曳鼠标绘制出需要的选区，松开鼠标左键，矩形选区绘制完成，如图 3–2 所示。按住 Shift 键的同时，拖曳鼠标在图像中可以绘制出正方形的选区，如图 3–3 所示。

图 3–2

图 3–3

设置矩形选区的羽化值：羽化值为“0”的属性栏如图 3–4 所示。绘制出选区，按住 Alt + Backspace（或 Delete）组合键，用前景色填充选区，效果如图 3–5 所示。

图 3–4

图 3–5

设定羽化值为“20”后的属性栏如图 3–6 所示，绘制出选区，按住 Alt+Backspace（或 Delete）组合键，用前景色填充选区，效果如图 3–7 所示。

图 3-6

图 3-7

设置矩形选区的比例：在“矩形选框”工具属性栏中，在“样式”选项的下拉列表中选择“固定比例”，在“宽度”和“高度”中输入数值，如图 3-8 所示。单击“高度和宽度互换”按钮，可以快捷地将宽度和高度比例的数值互换，绘制固定比例的选区和互换选区长宽比例后的选区效果如图 3-9 所示。

图 3-8

图 3-9

设置固定尺寸的矩形选区：在矩形选框工具属性栏中，在“样式”选项的下拉列表中选择“固定大小”，在“宽度”和“高度”中输入数值，如图 3-10 所示。单击“高度和宽度互换”按钮，可以快捷地将宽度和高度的数值互换，绘制固定大小的选区和互换选区的宽高度后的效果如图 3-11 所示。

图 3-10

图 3-11

2. 椭圆选框工具

“椭圆选框”工具可以在图像或图层中绘制出圆形或椭圆形选区。启用“椭圆选框”工具有以下几种方法。

选择“椭圆选框”工具，或反复按 Shift+M 组合键，其属性栏状态如图 3-12 所示。

图 3-12

绘制椭圆选区：选择“椭圆选框”工具，在图像中适当的位置单击并按住鼠标左键，拖曳鼠标绘制出需要的选区，松开鼠标左键，椭圆选区绘制完成，如图 3-13 所示。

按住 Shift 键的同时，拖曳鼠标在图像中可以绘制出圆形选区，如图 3-14 所示。

图 3-13

图 3-14

提 示

“椭圆选框”工具属性栏的其他选项和“矩形选框”工具属性栏相同，其他的设置请参见矩形选框工具的设置。

3. 单行选框工具

“单行选框”工具可以在图像或图层中绘制出 1 个像素高的横线区域，主要用于修复图像中丢失的像素线。“单行选框”工具的属性栏如图 3-15 所示，选区效果如图 3-16 所示。

图 3-15

图 3-16

4. 单列选框工具

“单列选框”工具可以在图像或图层中绘制出 1 个像素宽的竖线区域，主要用于修复图像中丢失的像素线。“单列选框”工具的属性栏如图 3-17 所示，选区效果如图 3-18 所示。

图 3-17

图 3-18

3.1.2　套索工具的使用

套索工具可以在图像或图层中绘制不规则形状的选区，选取不规则形状的图像。下面，将具体介绍套索工具的使用方法和操作技巧。

1. 套索工具

套索工具可以用来选取不规则形状的图像。启用“套索”工具有以下几种方法。

选择“套索”工具，或反复按 Shift+L 组合键，其属性栏状态如图 3-19 所示。

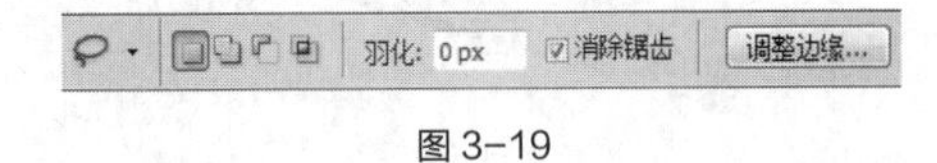

图 3-19

在“套索”工具属性栏中，为选择方式选项。“羽化”选项用于设定选区边缘的羽化程度。“消除锯齿”选项用于清除选区边缘的锯齿。

绘制不规则选区：启用“套索”工具，在图像中适当的位置单击并按住鼠标左键，拖曳鼠标绘制出需要的选区，如图 3-20 所示。松开鼠标左键，选择区域会自动封闭，效果如图 3-21 所示。

图 3-20

图 3-21

2. 多边形套索工具

“多边形套索”工具可以用来选取不规则的多边形图像。启用“多边形套索”工具有以下几种方法。

选择“多边形套索”工具，或反复按 Shift+L 组合键，多边形套索工具属性栏中的选项内容与套索工具属性栏的选项内容相同。

绘制多边形选区：选择“多边形套索”工具，在图像中单击设置所选区域的起点，接着单击设置选择区域的其他点，效果如图 3-22 所示。将鼠标指针移回到起点，指针由多边形套索工具图标变为图标，如图 3-23 所示，单击即可封闭选区，效果如图 3-24 所示。

图 3-22

图 3-23

图 3-24

提 示

在图像中使用套索工具绘制选区时，按 Enter 键，封闭选区；按 Esc 键，取消选区；按 Delete 键，删除上一个单击建立的选区点。

3. 磁性套索工具

磁性套索工具可以用来选取不规则的并与背景反差大的图像。启用“磁性套索”工具有以下几种方法。

选择“磁性套索”工具，或反复按 Shift+L 组合键，其属性栏状态如图 3-25 所示。

图 3-25

在磁性套索工具属性栏中，为选择方式选项。“羽化”选项用于设定选区边缘的羽化程度。“消除锯齿”选项用于清除选区边缘的锯齿。“宽度”选项用于设定套索检测范围，磁性套索工具将在这个范围内选取反差最大的边缘。“对比度”选项用于设定选取边缘的灵敏度，数值越大，则要求边缘与背景的反差越大。“频率”选项用于设定选区点的速率，数值越大，标记速率越快，标记点越多。“使用绘图板压力以更改钢笔宽度”按钮用于设定专用绘图板的笔刷压力。

根据图像形状绘制选区：选择“磁性套索”工具，在图像中适当的位置单击并按住鼠标左键，根据选取图像的形状拖曳鼠标，选取图像的磁性轨迹会紧贴图像的内容，效果如图 3-26 和图 3-27 所示。将鼠标指针移回到起点，单击即可封闭选区，效果如图 3-28 所示。

图 3-26

图 3-27

图 3-28

3.1.3　魔棒工具的使用

魔棒工具可以用来选取图像中的某一点，并将与这一点颜色相同或相近的点自动融入选区中。启用“魔棒”工具有以下几种方法。

选择“魔棒”工具，或按 W 键，其属性栏状态如图 3-29 所示。

图 3-29

在魔棒工具属性栏中，为选择方式选项。“容差”选项用于控制色彩的范围，数值越大，可容许的色彩范围越大。“消除锯齿”选项用于清除选区边缘的锯齿。“连续”选项用于选择单独的色彩范围。“对所有图层取样”选项用于将所有可见层中颜色容许范围内的色彩加入选区。

使用魔棒工具绘制选区：使用“魔棒”工具，在图像中单击需要选择的颜色区域，即可得到需要的选区。调整属性栏中的容差值，再次单击需要选择的颜色区域，不同容差值的选区效果如图 3-30 和图 3-31 所示。

图 3-30

图 3-31

3.1.4　课堂案例——制作圣诞树装饰

案例学习目标

学习使用不同的选取工具来选择不同外形的图像，并应用移动工具将其合成一幅装饰图像。

案例知识要点

使用磁性套索工具、椭圆选框工具、矩形选框、魔棒工具、多边形套索工具和自由变换命令制作圣诞树装饰效果，如图 3-32 所示。

图 3-32

效果所在位置

光盘/Ch03/效果/制作圣诞树装饰.psd。

STEP 1 按 Ctrl + O 组合键，打开光盘中的“Ch03 > 素材 > 制作圣诞树装饰 > 01、02”文件，如图3-33所示。选择“02”文件，选择“磁性套索”工具，在图像窗口中适当的位置单击并按住鼠标左键，沿星形图像的轮廓拖曳鼠标，磁性套索工具的磁性轨迹会紧贴星形图像的轮廓，如图3-34所示。将光标移回到起点，当光标变为图标时，单击封闭选区，效果如图3-35所示。

图 3-33

图 3-34

图 3-35

STEP 2 选择“移动”工具，将选区中的图像拖曳到圣诞树图像上，在“图层”控制面板中生成新的图层并将其命名为“星星”，如图3-36所示。按Ctrl+T组合键，图像周围出现控制手柄，将光标放置到右上方的控制手柄上，如图3-37所示。按住Shift+Alt组合键的同时，向内拖曳鼠标到适当的位置，调整图像的大小，将光标放置到变换框的内部，光标变为▶图标时，拖曳图像到适当的位置，如图3-38所示。将光标放置到右上方的控制手柄外侧，光标变为↰图标时，向左旋转适当的角度，效果如图3-39所示，按Enter键确认操作。

图 3-36

图 3-37

图 3-38

图 3-39

STEP 3 按Ctrl + O组合键，打开光盘中的“Ch03 > 素材 > 制作圣诞树装饰 > 03”文件，使用与勾画出星星图形相同的方法勾画出小熊，如图3-40所示。使用相同的移动方法，将选区中的图像拖曳到圣诞树图像的下方，在“图层”控制面板中生成新图层并将其命名为“小熊”。调整小熊图像的大小、位置和角度，效果如图3-41所示。

图 3-40

图 3-41

STEP 4 按Ctrl + O组合键，打开光盘中的“Ch03 > 素材 > 制作圣诞树装饰 > 04”文件，选择“椭圆选框”工具，按住Shift+Alt组合键的同时，从彩球图像的中心位置向外拖曳鼠标，绘制圆形选区，效果如图3-42所示。选择“移动”工具，将选区中的图像拖曳到圣诞树图像的左上方，在“图层”控制面板中生成新图层并将其命名为“彩球”。调整彩球图像的大小和位置，效果如图3-43所示。

图 3-42

图 3-43

STEP 5 按Ctrl + O组合键，打开光盘中的“Ch03 > 素材 > 制作圣诞树装饰 > 05”文件，选择“矩形选框”工具，从卡片图像的左上方向右下方拖曳出一个矩形选区，效果如图3-44所示。选择“移动”工具，将选区中的图像拖曳到圣诞树图像的下方，在“图层”控制面板中生成新图层并将其命名为“卡片”。调整卡片图像的大小和位置，效果如图3-45所示。

STEP 6 按Ctrl + O组合键，打开光盘中的

“Ch03 > 素材 > 制作圣诞树装饰 > 06”文件，选择“多边形套索”工具，在图像窗口中礼物盒的各个端点上单击鼠标，勾画出礼物盒轮廓选区，效果如图3–46所示。将选区中的图像拖曳到圣诞树图像的下方，在“图层”控制面板中生成新图层并将其命名为“礼物”。调整礼物图像的大小和位置，效果如图3–47所示。

图 3–44

图 3–45

图 3–46

图 3–47

STEP 7 按Ctrl + O组合键，打开光盘中的“Ch03 > 素材 > 制作圣诞树装饰 > 07”文件，选择“魔棒”工具，在属性栏中将“容差”选项设为60，在图像窗口中单击白色背景，生成选区，效果如图3–48所示。按Shift+Ctrl+I组合键，将选区反转，效果如图3–49所示。

图 3–48

图 3–49

STEP 8 选择“移动”工具，将选区中的图像拖曳到圣诞树图像的右边，在“图层”控制面板中生成新图层并将其命名为“圣诞袜”。调整图像的大小和位置，效果如图3–50所示。圣诞树装饰效果制作完成。

图 3–50

3.2 选区的操作技巧

如果想在 Photoshop CS5 中灵活自如地编辑和处理图像，就必须掌握好选区的操作技巧。

3.2.1 移动选区

当使用选区工具选择图像的区域后，在属性栏中的“新选区”按钮状态下，将鼠标指针放在选区中，指针就会显示成“移动选区”的图标。

移动选区，有以下几种方法。

使用鼠标移动选区：打开一幅图像，选择“矩形选框”工具，绘制出选区，并将光标放置到选区中，指针变成“移动选区”的图标，如图 3–51 所示。按住鼠标左键拖曳，鼠标指针变为图标，如图 3–52 所示。拖曳鼠标将选区移动到适当的位置后，松开鼠标左键，即可完成选区的移动，效果如图 3–53 所示。

图 3–51

图 3–52

图 3-53

使用键盘移动选区：当使用矩形或椭圆选框工具绘制出选区后，不要松开鼠标左键，同时按住 Spacebar（空格）键并拖曳鼠标，即可移动选区。

绘制出选区后，使用“方向键”，可以将选区沿各方向移动 1 个像素。

绘制出选区后，使用“Shift+方向组合键”，可以将选区沿各方向移动 10 个像素。

3.2.2 调整选区

选择完图像的区域后，还可以进行增加选区、减小选区、相交选区等操作。

1. 使用快捷键调整选区

增加选区：打开一幅图像，选择“矩形选框”工具绘制出选区，如图 3-54 所示。再选择“椭圆选框”工具，按住 Shift 键，绘制出要增加的圆形选区，如图 3-55 所示，增加后的选区效果如图 3-56 所示。

图 3-54

图 3-55

图 3-56

减少选区：打开一幅图像，选择“矩形选框”工具绘制出选区，如图 3-57 所示。再选择“椭圆选框”工具，按住 Alt 键，绘制出要减去的椭圆形选区，如图 3-58 所示，减去后的选区效果如图 3-59 所示。

图 3-57

图 3-58

图 3-59

相交选区：打开一幅图像，选择“矩形选框”工具绘制出选区，如图 3-60 所示。再选择“椭圆选框”工具，按住 Shift+Alt 组合键，绘制出椭圆形选区，如图 3-61 所示，相交后的选区效果如图 3-62 所示。

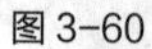

图 3-60

图 3-61

图 3-62

取消选区：按 Ctrl+D 组合键，可以取消选区。

反选选区：按 Shift+Ctrl+I 组合键，可以对当前的选区进行反向选取，如图 3-63 所示。

图 3-63

全选图像：按 Ctrl+A 组合键，可以选择全部图像。

隐藏选区：按 Ctrl+H 组合键，可以隐藏选区的显示，再次按 Ctrl+H 组合键，可以恢复显示选区。

2. 使用工具属性栏调整选区

在选区工具的属性栏中，为选择选区方式选项。新选区可以去除旧选区，绘制新选区。添加到选区可以在原有选区的基础上再增加新的选区。从选区减去可以在原有选区的基础上减去新选区的部分。与选区交叉可以选择新旧选区重叠的部分。

3. 使用菜单命令调整选区

在“选择”菜单下选择“全选”、“取消选择”和“反选”命令，可以对图像选区进行全部选择、取消选择、反向选择的操作。

选择“选择 > 修改”命令，系统将弹出其下拉菜单，如图 3-64 所示。

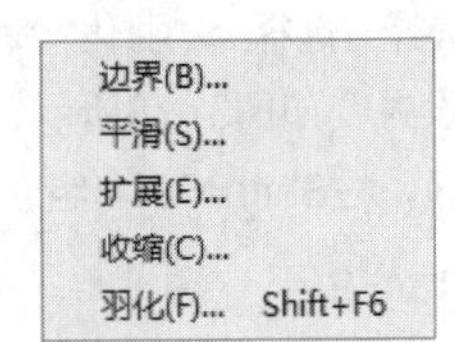

图 3-64

“边界”命令：用于修改选区的边缘。打开一幅图像，绘制好的选区，如图 3-65 所示。选择下拉菜单中的“边界”命令，弹出“边界选区”对话框，如图 3-66 所示进行设定，单击“确定”按钮，边界效果如图 3-67 所示。

图 3-65

图 3-66

图 3-67

“平滑”命令：可以通过增加或减少选区边缘的像素来平滑边缘，选择下拉菜单中的“平滑”命令，弹出“平滑选区”对话框，如图 3-68 所示。

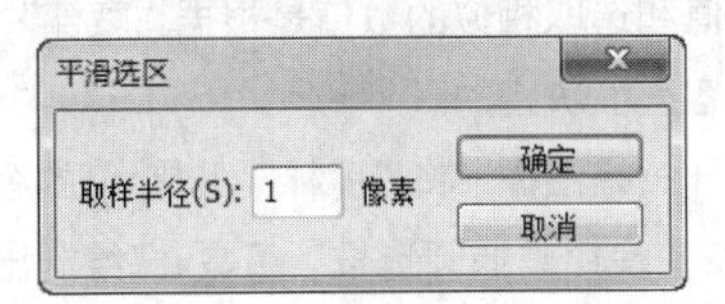

图 3-68

“扩展”命令：用于扩充选区的像素，其扩充的像素数量通过如图 3-69 所示的“扩展选区”对话框确定。

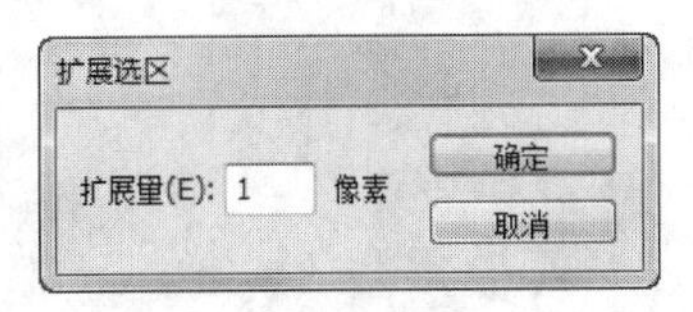

图 3-69

“收缩”命令：用于收缩选区的像素，其收缩的像素数量通过如图 3-70 所示的“收缩选区”对话框确定。

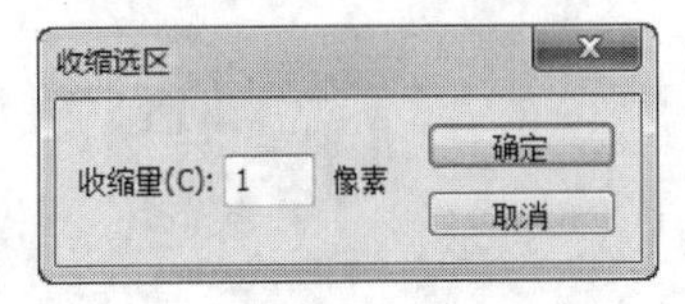

图 3-70

“羽化”命令：可以使图像产生柔和的效果，选择下拉菜单中的“羽化”命令，或按Shift+F6组合键，弹出“羽化选区”对话框，在对话框中可以设置羽化半径的值，如图3-71所示。

图3-71

在使用选择工具前，在该工具的属性栏中预先设置适当的羽化值，可以绘制或选取羽化的选区或图像。

在“选择”菜单下选择“扩大选取”命令，可以将图像中一些连续的、色彩相近的像素扩充到选区内。选择“选取相似”命令，可以将图像中一些不连续的、色彩相近的像素扩充到选区内。扩大选取的数值和选取相似的数值是根据“魔棒”工具设置的容差值决定的。

打开一幅图像，将“魔棒”工具的容差值设定为32，使用“椭圆选框”工具绘制出选区，如图3-72所示。选择“选择 > 扩大选取”命令后的效果如图3-73所示。选择“选择 > 选取相似”命令后的效果如图3-74所示。

图3-72

图3-73

图3-74

3.2.3 课堂案例——制作光晕效果

案例学习目标

学习使用选取工具绘制选区，并使用羽化命令制作出需要的效果。

案例知识要点

使用椭圆选框工具、羽化命令和反选命令制作光晕效果，最终效果如图3-75所示。

图3-75

效果所在位置

光盘/Ch03/效果/制作光晕效果.psd。

STEP 1 按Ctrl＋O组合键，打开光盘中的“Ch03 > 素材 > 制作光晕效果 > 01”文件，如图3-76所示。选择“椭圆选框”工具，在图像窗口中的适当位置绘制一个椭圆选区，效果如图3-77所示。

图3-76

图3-77

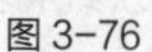

STEP 2 选择“选择 > 羽化”命令，在弹出的对话框中进行设置，如图3-78所示，单击“确定”按钮，羽化选区。按Shift+Ctrl+I组合键，将选区反选，效果如图3-79所示。

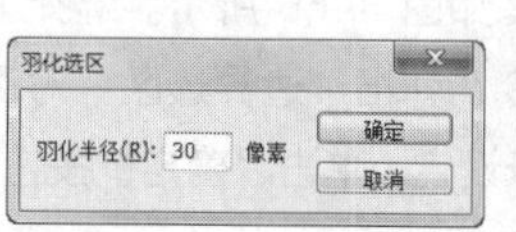

图3-78

图3-79

STEP 3 在工具箱的下方将前景色设为白色，按Alt+Delete组合键，用前景色填充选区。按Ctrl+D组合键，取消选区，效果如图3-80所示。光晕效果制作完成。

图 3-80

3.3 课后习题——更换天空背景

习题知识要点

使用魔棒工具更换图像背景，使用亮度/对比度命令调整图片的亮度，使用横排文字工具添加文字，最终效果如图 3-81 所示。

图 3-81

效果所在位置

光盘/Ch03/效果/更换天空背景.psd。

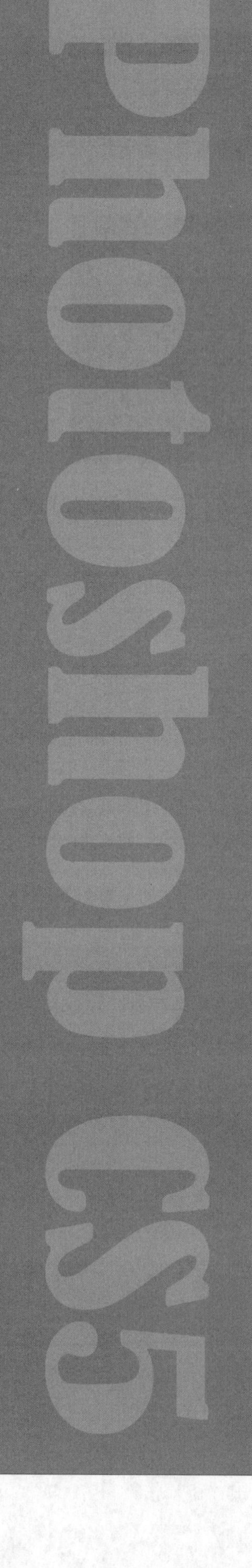

Chapter

4

第 4 章 绘制和修饰图像

本章将详细介绍 Photoshop CS5 绘制、修饰以及填充图像的功能。读者通过学习要了解和掌握绘制和修饰图像的基本方法和操作技巧。要努力将绘制和修饰图像的各种功能和效果应用到实际的设计制作任务中，真正做到学有所用。

【教学目标】

- 画笔工具的使用
- 修图工具的使用
- 填充工具的使用

4.1 画笔工具的使用

画笔工具可以在空白的图像中画出图画，也可以在已有的图像中对图像进行再创作，掌握好画笔工具可以使设计作品更精彩。画笔工具可以模拟画笔效果在图像或选区中进行绘制。

1. 画笔工具

启用“画笔”工具有以下几种方法。选择“画笔”工具，或反复按 Shift+B 组合键，其属性栏状态如图 4-1 所示。

图 4-1

“画笔预设”选取器：单击此按钮，弹出“画笔预设”选取器，如图 4-2 所示，在该下拉列表中可以选择需要的画笔形状并设置笔刷大小和硬度。

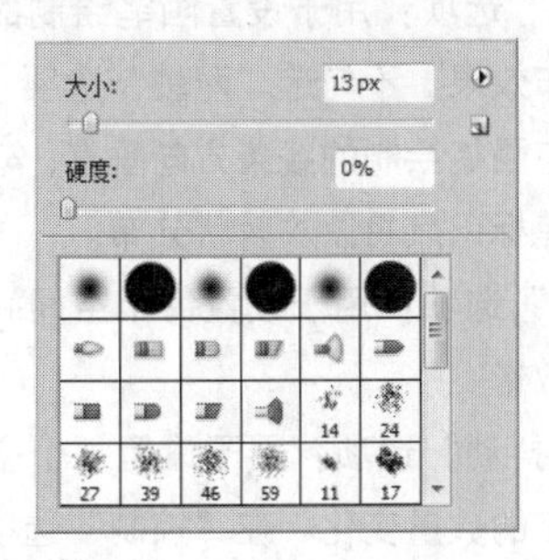

图 4-2

切换画笔面板：单击此按钮，可打开“画笔”控制面板，如图 4-3 所示。

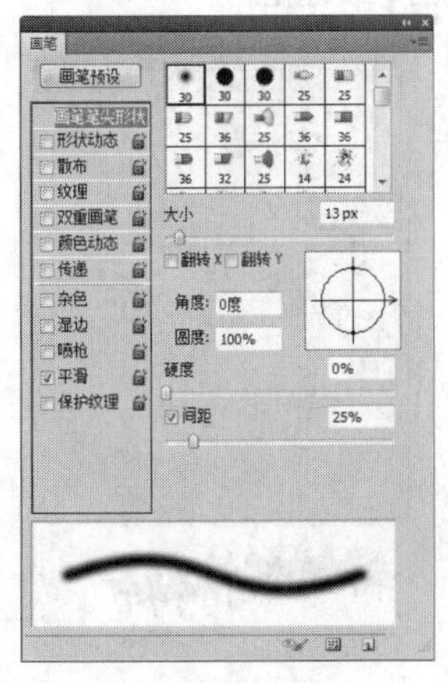

图 4-3

“模式”选项：用于选择混合模式。选择不同的模式，用喷枪工具操作时，将产生丰富的效果。

“不透明度”选项：可以设置画笔的不透明度。

绘图板压力控制不透明度：使用绘图板压力来控制不透明度。

“流量”选项：用于设定喷笔压力，压力越大，喷色越浓。

启用喷枪模式：可以选择喷枪效果。

绘图板压力控制大小：可以选择喷枪效果。

在“画笔”控制面板中，单击“画笔预设”按钮 画笔预设 ，弹出“画笔预设”控制面板，如图 4-4 所示。在画笔预设控制面板中单击需要的画笔，即可选择该画笔。

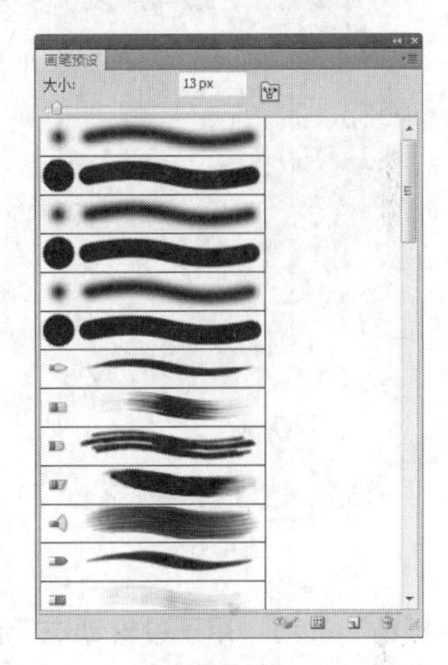

图 4-4

在“画笔”控制面板中，单击“画笔笔尖形状”选项，切换到相应的控制面板，如图 4-5 所示，可以设置画笔的形状。

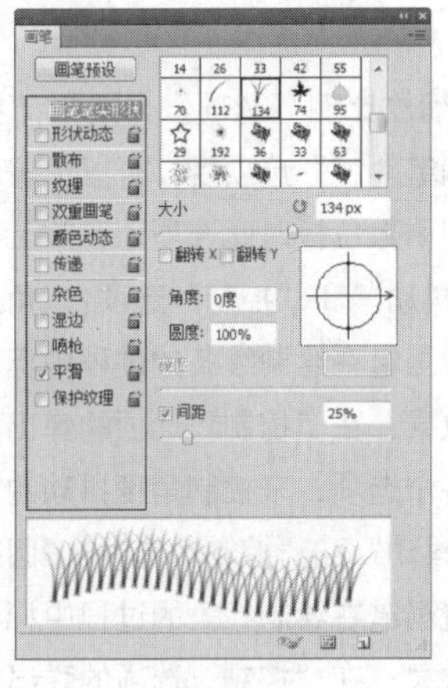

图 4-5

“大小”选项：用于设置画笔的大小。

翻转 X 和翻转 Y：勾选翻转 X 或翻转 Y 后，将会改变画笔笔尖的方向。

“角度”选项：用于设置画笔的倾斜角度。

“圆度”选项：用于设置画笔的圆滑度。

“硬度”选项：用于设置画笔所画图像的边缘的柔化程度。

“间距”选项：用于设置画笔画出的标记点之间的间隔距离。

在“画笔”控制面板中，单击“形状动态”选项，切换到相应的控制面板，如图 4-6 所示，“形状动态”选项可以增加画笔的动态效果。

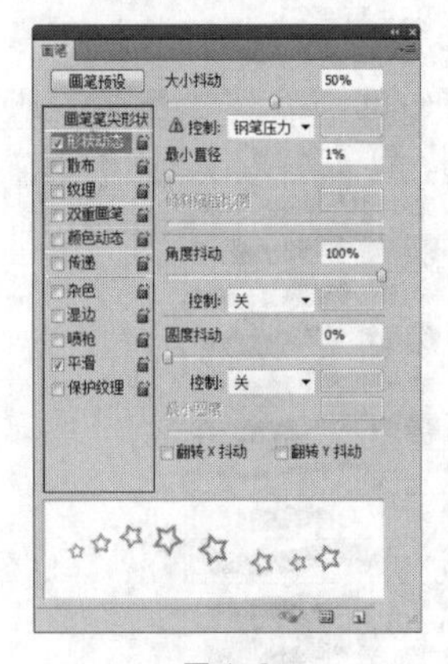

图 4-6

“大小抖动”选项：用于设置动态元素的自由随机度。

在“控制”选项弹出式菜单中可以选择各个选项，用来控制动态元素的变化。包括关、渐隐、钢笔压力、钢笔斜度和光笔轮 5 个选项。

“最小直径”选项：用来设置画笔标记点的最小尺寸。

“倾斜缩放比例”选项：当选择“控制”选项组中的“钢笔斜度”选项后，可以设置画笔的倾斜比例。在使用数位板时此选项才有效。

“角度抖动”和“控制”选项：“角度抖动”选项用于设置画笔在绘制线条的过程中标记点角度的动态变化效果；在“控制”选项的弹出式菜单中，可以选择各个选项，来控制角度抖动的变化。

“圆度抖动”和“控制”选项：“圆度抖动”选项用于设置画笔在绘制线条的过程中标记点圆度的动态变化效果；在“控制”选项的弹出式菜单中，可以选择各个选项，来控制圆度抖动的变化。

“最小圆度”选项：用于设置画笔标记点的最小圆度。

在“画笔”控制面板中，单击“散布”选项，弹出相应的控制面板，如图 4-7 所示，“散布”面板可以设置画笔绘制的线条中标记点的效果。

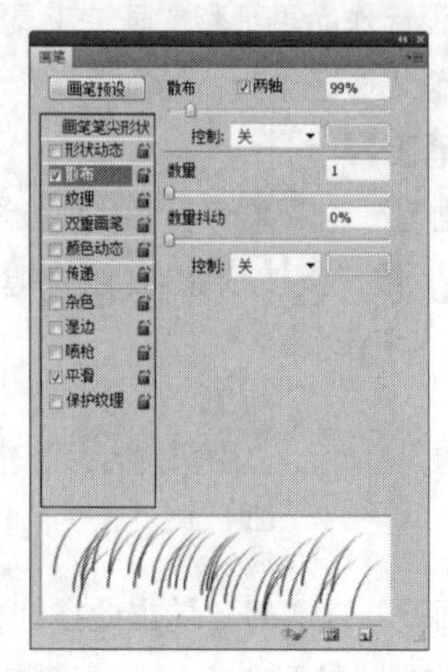

图 4-7

“散布”选项：用于设置画笔绘制的线条中标记点的分布效果。不勾选“两轴”选项，画笔标记点的分布与画笔绘制的线条方向垂直；勾选“两轴”选项，画笔标记点将以放射状分布。

“数量”选项：用于设置每个空间间隔中画笔标记点的数量。

“数量抖动”选项：用于设置每个空间间隔中画笔标记点的数量变化。在“控制”选项的下拉菜单中可以选择各个选项，来控制数量抖动的变化。

在“画笔”控制面板中，单击“纹理”选项，切换到相应的控制面板，如图 4-8 所示。“纹理”选项可以使画笔纹理化。

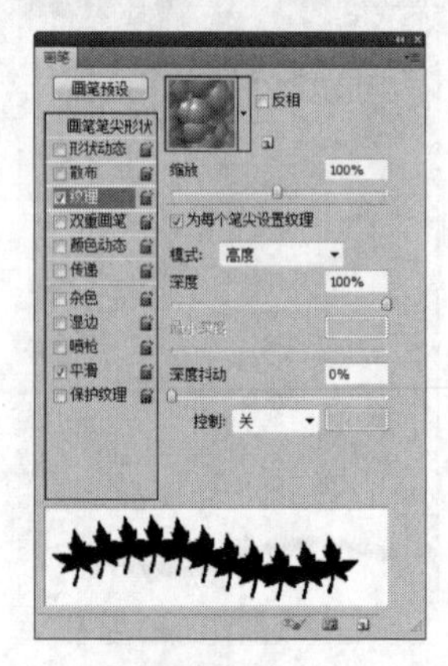

图 4-8

在控制面板的上面有纹理的预视图，单击右侧的按钮，在弹出的面板中可以选择需要的图案，勾选“反相”选项，可以设定纹理的反相效果。

“缩放”选项：用于设置图案的缩放比例。

“为每个笔尖设置纹理”选项：用于设置是否分别对每个标记点进行渲染。选择此项，下面的“最小深度”和“深度抖动”选项变为可用。

“模式”选项：用于设置画笔和图案之间的混合模式。

“深度”选项：用于设置画笔混合图案的深度。

“最小深度”选项：用于设置画笔混合图案的最小深度。

“深度抖动”选项：用于设置画笔混合图案的深度变化。

在“画笔”控制面板中，单击“双重画笔”选项，切换到相应的控制面板，如图 4-9 所示。双重画笔效果就是两种画笔效果的混合。

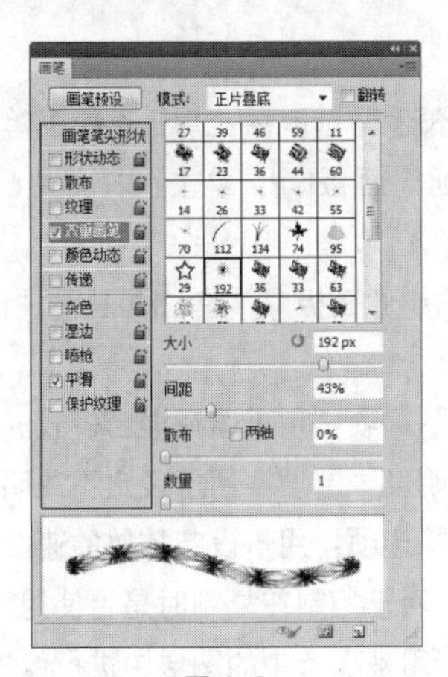

图 4-9

在控制面板中“模式”选项的弹出式菜单中，可以选择两种画笔的混合模式。在画笔预视框中选择一种画笔作为第二个画笔。

“大小”选项：用于设置第二个画笔的大小。

“间距”选项：用于设置第二个画笔在绘制的线条中的标记点之间的距离。

“散布”选项：用于设置第二个画笔在所绘制的线条中标记点的分布效果。不勾选“两轴”选项，画笔的标记点的分布与画笔绘制的线条方向垂直；勾选“两轴”选项，画笔标记点将以放射状分布。

“数量”选项：用于设置每个空间间隔中第二个画笔标记点的数量。

在“画笔”控制面板中，单击“颜色动态”选项，切换到相应的控制面板，如图 4-10 所示。“颜色动态”选项用于设置画笔绘制的过程中颜色的动态变化情况。

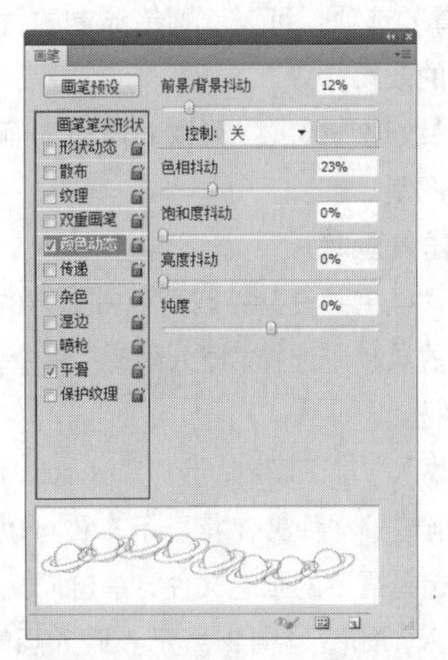

图 4-10

“前景/背景抖动”选项：用于设置画笔绘制的线条在前景色和背景色之间的动态变化。

“色相抖动”选项：用于设置画笔绘制线条的色相的动态变化范围。

“饱和度抖动”选项：用于设置画笔绘制线条的饱和度的动态变化范围。

“亮度抖动”选项：用于设置画笔绘制线条的亮度的动态变化范围。

“纯度”选项：用于设置颜色的纯度。

画笔的其他选项（见图 4-11）：

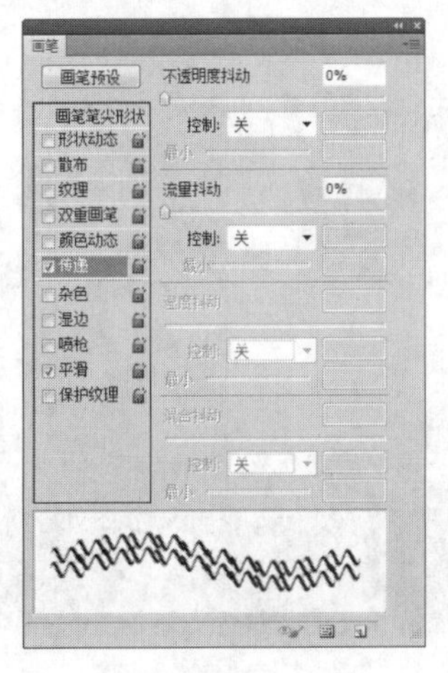

图 4-11

“传递”选项：可以为画笔颜色添加递增或递减效果；

“杂色”选项：可以为画笔增加杂色效果；

“湿边”选项：可以为画笔增加水笔的效果；

“喷枪”选项：可以使画笔变为喷枪的效果；

“平滑”选项：可以使画笔绘制的线条产生更平滑顺畅的效果；

“保护纹理”选项：可以对所有的画笔应用相同的纹理图案。

2. 载入画笔

单击“画笔预设”控制面板右上方的图标，在其弹出式菜单中选择“载入画笔”命令，弹出“载入”对话框。

在“载入”对话框中，选择“Photoshop CS5 > 预置 > 画笔”文件夹，将显示多种可以载入的画笔文件。选择需要的画笔文件，单击“载入”按钮，将画笔载入，如图 4-12 所示。载入画笔共有 12 个种类，运用画笔可以画出水墨画，效果如图 4-13 所示。

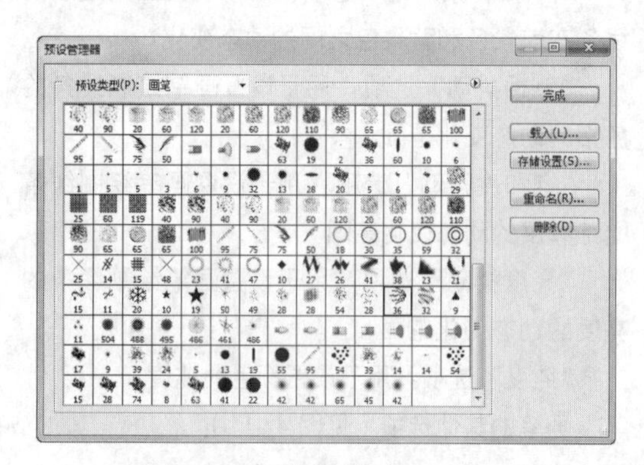

图 4-12

图 4-13

4.2 修图工具的使用

修图工具用于对图像的细微部分进行修整，是处理图像时不可缺少的工具。

4.2.1 图章工具的使用

图章工具可以以预先指定的像素点或定义的图案为复制对象进行复制。

1. 仿制图章工具

仿制图章工具可以以指定的像素点为复制基准点，将其周围的图像复制到其他地方。启用“仿制图章”工具有以下几种方法。

选择“仿制图章”工具，或反复按 Shift+S 组合键，其属性栏状态如图 4-14 所示。

图 4-14

“画笔预设”选取器：用于选择画笔。

切换画笔面板：单击可打开“画笔”控制面板。

切换仿制源面板：单击可打开“仿制源”控制面板。

“模式”选项：用于选择混合模式。

“不透明度”选项：用于设定不透明度。

“流量”选项：用于设定扩散的速度。

对齐：用于控制在复制时是否使用对齐功能。

样本：用来在选中的图层中进行像素取样。它有 3 种不同的样本类型，即“当前图层”、“当前和下方图层”和“所有图层”。

使用仿制图章工具：选择“仿制图章”工具，将其拖曳到图像中需要复制的位置，如图 4-15 所示。按住 Alt 键，鼠标指针由仿制图章图标变为圆形十字图标，单击鼠标左键，定下取样点，松开鼠标左键，在合适的位置单击并按住鼠标左键，拖曳鼠标复制出取样点及其周围的图像，效果如图 4-16 所示。

2. 图案图章工具

图案“图章”工具可以以预先定义的图案为复制对象进行复制。启用“图案图章”工具有以下两种方法。

图4-15

图4-16

选择“图案图章”工具，或反复按 Shift+S 组合键。其属性栏中的选项内容基本与仿制图章工具属性栏的选项内容相同，但多了一个用于选择复制图案的图案选项，如图4-17所示。

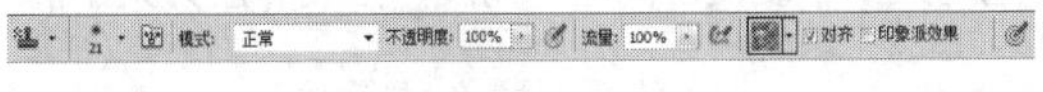

图4-17

使用图案图章工具：选择“图案图章”工具，用矩形选框工具绘制出要定义为图案的选区，如图4-18所示。选择“编辑 > 定义图案”命令，弹出“图案名称”对话框，如图4-19所示，单击“确定”按钮，定义选区中的图像为图案。

图4-18

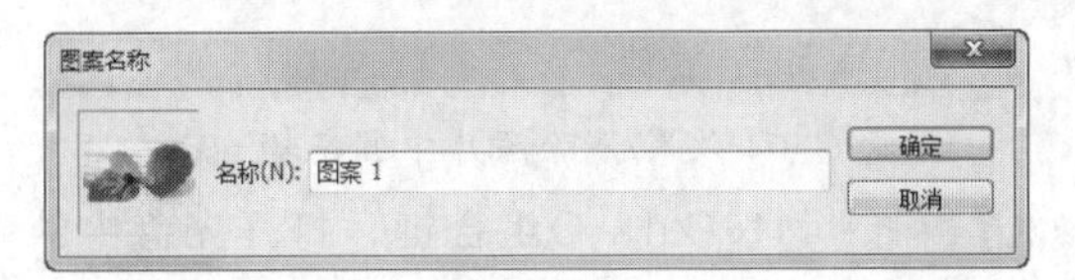

图4-19

在图案图章工具的属性栏中选择定义的图案，如图4-20所示。按Ctrl+D组合键，取消图像中的选区。选择“图案图章”工具，在合适的位置单击并按住鼠标左键，拖曳鼠标复制出定义的图案，效果如图4-21所示。

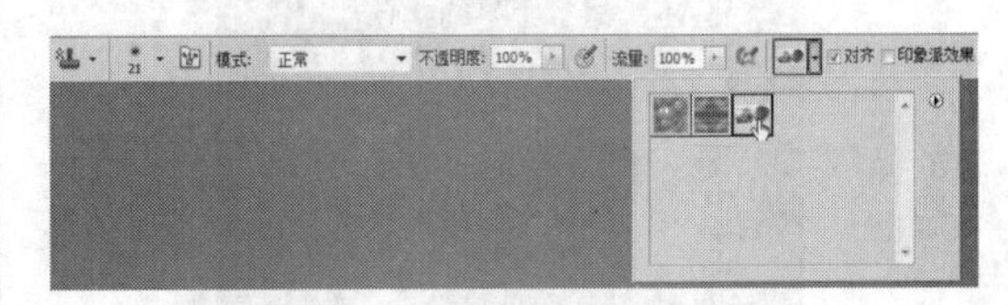

图4-20

图4-21

4.2.2 课堂案例——清除照片中的杂物

案例学习目标

学习使用仿制图章工具擦除图像中的杂物及不需要的图像。

案例知识要点

使用仿制图章工具清除照片中的杂物，最终效果如图4-22所示。

图4-22

效果所在位置

光盘/Ch04/效果/清除照片中的杂物.psd。

STEP 1 按Ctrl + O组合键，打开光盘中的“Ch04 > 素材 > 清除照片中的杂物 > 01”文件，如图4-23所示。选择“缩放”工具，将图像的局部放大。选择“仿制图章工具”按钮，在属性栏中单击画笔选项右侧的按钮，弹出画笔选择面板，选择需要的画笔形状，如图4-24所示。

图 4-23

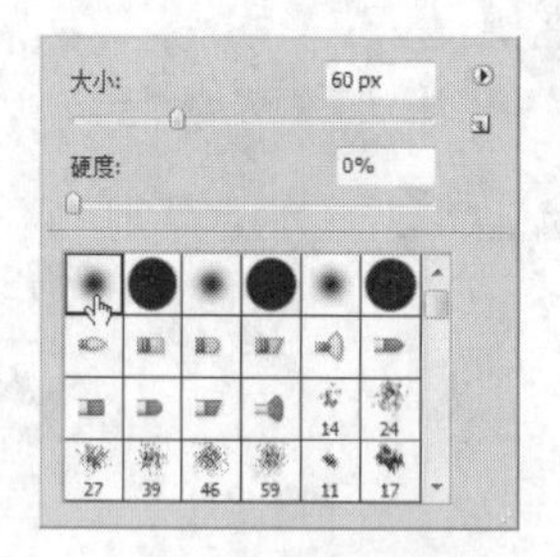

图 4-24

STEP 2 将光标放置到图像需要复制的位置，按住Alt键的同时，指针由仿制图章图标变为圆形十字图标⊕，如图4-25所示。单击鼠标左键，定下取样点，松开鼠标左键，在图像窗口中需要清除的位置多次单击鼠标左键，清除图像中的杂物，效果如图4-26所示。使用相同的方法，清除图像中的其他杂物，效果如图4-27所示。清除照片中的杂物效果制作完成。

图 4-25　　图 4-26

图 4-27

4.2.3 污点修复画笔工具、修复画笔工具

污点修复画笔工具可以快速清除照片中的污点，修复画笔工具可以修复旧照片或有破损的图像。

1. 污点修复画笔工具

污点修复画笔工具可以快速修除照片中的污点和其他不理想部分。启用“污点修复画笔”工具有以下两种方法。

选择“污点修复画笔”工具，或反复按Shift+J组合键，其属性栏状态如图4-28所示。

图 4-28

“画笔”选取器：单击此按钮，弹出“画笔”选取器，如图4-29所示，在该下拉列表中可以设置画笔的大小、硬度、间距、角度、圆度和压力大小。

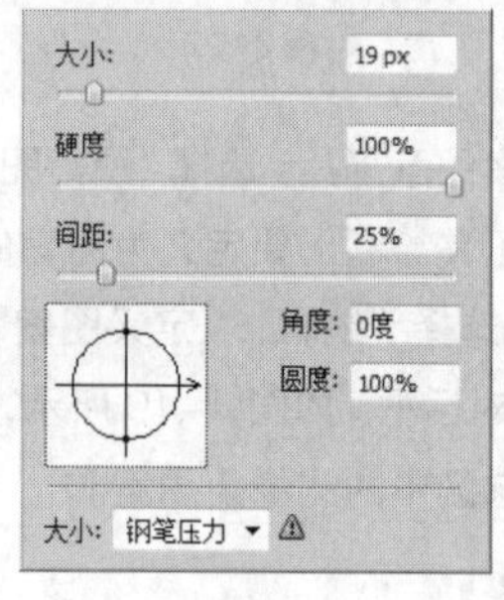

图 4-29

模式：在其弹出式菜单中可以选择复制像素或填充图案与底图的混合模式。

近似匹配：能使用选区边缘的像素来查找用作选定区域修补的图像区域。

创建纹理：能使用选区中的所有像素创建一个用于修复该区域的纹理。

使用污点修复画笔工具：打开一幅图像，如

图4-30所示，选择“污点修复画笔”工具，在属性栏中设置画笔的大小，在图像中需要修复的位置单击鼠标左键，修复的效果如图4-31所示。

图4-30

图4-31

2. 修复画笔工具

使用修复画笔工具进行修复，可以使修复的效果自然逼真。启用“修复画笔”工具有以下两种方法。

选择“修复画笔”工具，或反复按Shift+J组合键，其属性栏状态如图4-32所示。

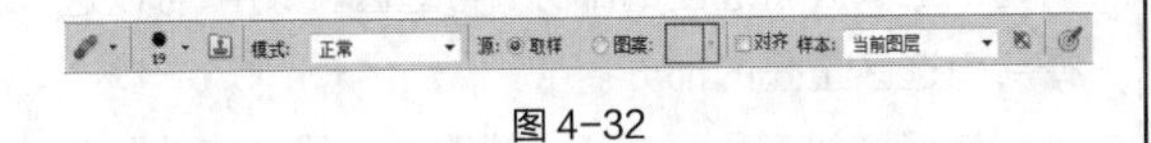

图4-32

“画笔”选取器：单击此按钮，弹出“画笔”选取器，如图4-33所示。在该下拉列表中可以设置画笔的大小、硬度、间距、角度、圆度和压力大小。

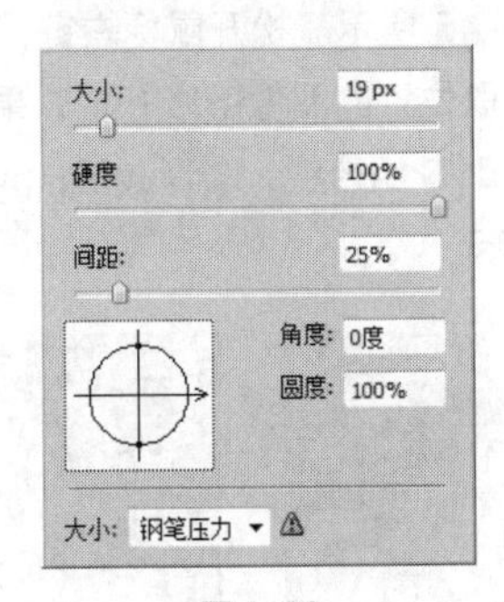

图4-33

“模式”选项：在其弹出菜单中可以选择复制像素或填充图案与底图的混合模式。

源：选择“取样”选项后，按住Alt键，鼠标光标变为圆形十字图标⊕，单击定下样本的取样点，松开鼠标，在图像中要修复的位置单击并按住鼠标不放，拖曳鼠标复制出取样点的图像；选择“图案”选项后，在“图案”面板中选择图案或自定义图案来填充图像。

对齐：勾选此选项，下一次的复制位置会和上次的完全重合。图像不会因为重新复制而出现错位。

使用修复画笔工具：修复画笔工具可以将取样点的像素信息非常自然地复制到图像的破损位置，并保持图像的亮度、饱和度、纹理等属性。使用修复画笔工具修复碗图像的过程如图4-34、图4-35和图4-36所示。

图4-34

图4-35

图4-36

4.2.4 课堂案例——去除眼袋皱纹

案例学习目标

学习使用修复画笔工具修饰人物效果。

案例知识要点

使用修复画笔工具去除眼袋，最终效果如图4-37所示。

图4-37

效果所在位置

光盘/Ch04/效果/去除眼袋皱纹.psd

STEP 1 按Ctrl + O组合键，打开光盘中的“Ch04 > 素材 > 去除眼袋皱纹 > 01”文件，如图4-38所示。选择“缩放”工具，将图片放大到适当的大小。

图4-38

STEP 2 选择“修复画笔”工具，按住Alt键的同时，在人物面部皮肤较好的地方单击鼠标左键，选择取样点，如图4-39所示。用光标在要去除的眼袋上涂抹，取样点区域的图像应用到涂抹的眼袋上，如图4-40所示。

图4-39

图4-40

STEP 3 多次进行操作，将右边的眼袋修复。用相同的方法，将左边的眼袋修复，效果如图4-41所示。去除眼袋皱纹制作完成，效果如图4-42所示。

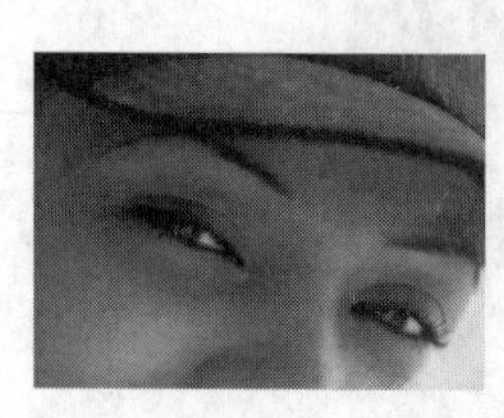

图4-41

图4-42

4.2.5 修补工具、红眼工具的使用

修补工具可以对图像进行修补。红眼工具可以对图像的颜色进行改变。

1. 修补工具

修补工具可以用图像中的其他区域来修补当前选中的需要修补的区域，也可以使用图案来修补需要修补的区域。启用“修补”工具有以下两种方法。

选择“修补”工具，或反复按Shift+J组合键，其属性栏状态如图4-43所示。

图4-43

在“修补”工具属性栏中，为选择修补选区方式的选项：新选区可以去除旧选区，绘制新选区；添加到选区可以在原有选区的基础上再增加新的选区；从选区减去可以在原有选区的基础上减去新选区的部分；与选区交叉可以选择新旧选区重叠的部分。

使用修补工具：打开一幅图像，用“修补”工具圈选图像中的碗，如图4-44所示。选择修补工具属性栏中的“源”选项，在圈选的云中单击并按住鼠标左键，拖曳鼠标将选区放置到需要的位置，效果如图4-45所示。松开鼠标左键，选中的碗被新放置的选取位置的图像所修补，效果如图4-46所示。按Ctrl+D组合键，取消选区，修补的效果如图4-47所示。

图4-44

图4-45

图 4-46

图 4-47

选择修补工具属性栏中的“目标”选项，用“修补”工具圈选图像中的区域，效果如图 4-48 所示。再将选区拖曳到要修补的图像区域，效果如图 4-49 所示。圈选图像中的区域修补了图像中的碗，如图 4-50 所示。按 Ctrl+D 组合键，取消选区，修补效果如图 4-51 所示。

图 4-48

图 4-49

图 4-50

图 4-51

2. 红眼工具

红眼工具可修补用闪光灯拍摄的人物照片中的红眼现象。启用“红眼”工具有以下两种方法。

选择“红眼”工具，或反复按 Shift+J 组合键，其属性栏状态如图 4-52 所示。

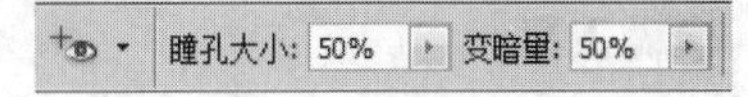

图 4-52

在红眼工具的属性栏中，“瞳孔大小”选项用于设置瞳孔的大小；“变暗量”选项用于设置瞳孔的暗度。

打开一幅人物照片，如图 4-53 所示，选择“红眼”工具，在属性栏中进行设置，如图 4-54 所示。在照片中瞳孔的位置单击，如图 4-55 所示。去除照片中的红眼，效果如图 4-56 所示。

图 4-53

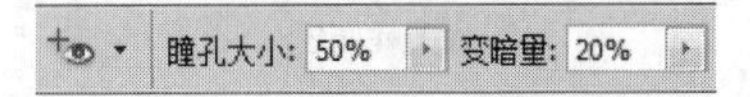

图 4-54

图 4-55

图 4-56

4.2.6 模糊工具、锐化工具和涂抹工具的使用

模糊工具可以使图像的色彩变模糊。锐化工具可以使图像的色彩变强烈。涂抹工具可以制作出一种类似于水彩画的效果。

1. 模糊工具

选择“模糊”工具，属性栏状态如图 4-57 所示。其属性栏中的内容与画笔工具属性栏的选项内容类似。

图 4-57

在模糊工具属性栏中，“模式”选项用于设定模式；“强度”选项用于设定压力的大小；“对所有图层取样”选项用于确定模糊工具是否对所有可见层起作用。

使用模糊工具：选择“模糊”工具，在属性栏中按如图 4-58 所示进行设定。在图像中单击并按住鼠标左键，拖曳鼠标可使图像产生模糊的效果。原图像和模糊后的图像效果如图 4-59 和图 4-60 所示。

图 4-58

图 4-59

图 4-60

2. 锐化工具

选择“锐化”工具，属性栏状态如图 4-61 所示。其属性栏中的选项内容与模糊工具属性栏的选项内容类似。

图 4-61

使用锐化工具：选择“锐化”工具，在属性栏中按如图 4-62 所示进行设定。在图像中单击并按住鼠标左键，拖曳鼠标可使图像产生锐化的效果。原图像和锐化后的图像效果如图 4-63 和图 4-64 所示。

图 4-62

图 4-63

图 4-64

3. 涂抹工具

选择“涂抹”工具，属性栏状态如图 4-65 所示。其属性栏中的选项内容与模糊工具属性栏的选项内容类似，只是多了一个“手指绘画”选项，用于设定是否按前景色进行涂抹。

图 4-65

使用涂抹工具：选择“涂抹”工具，在属性栏中按如图 4-66 所示进行设定。在图像中单击并按住鼠标左键，拖曳鼠标使图像产生涂抹的效果。原图像和涂抹后的图像效果如图 4-67 和图 4-68 所示。

图 4-66

图 4-67

图 4-68

4.2.7　减淡工具、加深工具和海绵工具的使用

减淡工具可以使图像的亮度提高。加深工具可以使图像的亮度降低。海绵工具可以增加或减少图像的色彩饱和度。

1. 减淡工具

启用“减淡”工具有以下两种方法。

选择“减淡”工具，或反复按 Shift+O 组合键，属性栏状态如图 4-69 所示。

图 4-69

“范围”选项用于设定图像中所要提高亮度的区域；“曝光度”选项用于设定曝光的强度。

使用减淡工具：选择“减淡”工具，在属性栏中按如图 4-70 所示进行设定，在图像中单击并按住鼠标左键，拖曳鼠标使图像产生减淡的效果。原图像和减淡后的图像效果如图 4-71 和图 4-72 所示。

图 4-70

图 4-71

图 4-72

2. 加深工具

启用“加深”工具有以下两种方法。

选择“加深”工具，或反复按 Shift+O 组合键，属性栏状态如图 4-73 所示。其属性栏中的选项内容与减淡工具属性栏选项内容的作用正好相反。

图 4-73

使用加深工具：启用“加深”工具，在属性栏中按如图 4-74 所示进行设定。在图像中单击并按住鼠标左键，拖曳鼠标使图像产生加深的效果。原图像和加深后的图像效果如图 4-75 和图 4-76 所示。

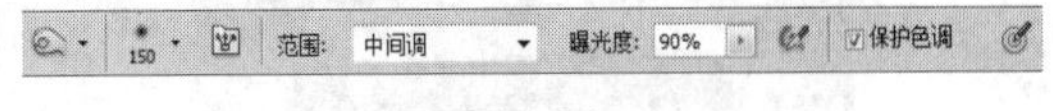

图 4-74

图 4-75

图 4-76

3. 海绵工具

启用“海绵”工具有以下两种方法。

选择“海绵”工具，或反复按 Shift+O 组合键，其属性栏状态如图 4-77 所示。

图 4-77

“模式”选项用于设定饱和度处理方式；“流量”选项用于设定扩散的速度。

使用海绵工具：选择“海绵”工具，在属性栏中按如图 4-78 所示进行设定。在图像中单击并按住鼠标左键，拖曳鼠标使图像产生增加色彩饱和度的效果。原图像和使用海绵工具后的图像效果如图 4-79 和图 4-80 所示。

图 4-78

图 4-79

图 4-80

4.3 填充工具的使用

使用填充工具可以对选定的区域进行色彩或图案的填充。下面，将具体介绍填充工具的使用方法和操作技巧。

4.3.1 渐变工具和油漆桶工具的使用

渐变工具可以在图像或图层中形成一种色彩渐变的图像效果。油漆桶工具可以在图像或选区中，对指定色差范围内的色彩区域进行色彩或图案填充。

1. 渐变工具

启用“渐变”工具有以下两种方法。

选择“渐变”工具，或反复按 Shift+G 组合键，其属性栏状态如图 4-81 所示。

图 4-81

渐变工具包括“线性渐变”按钮、“径向渐变”按钮、“角度渐变”按钮、“对称渐变”按钮和“菱形渐变”按钮。

在渐变工具属性栏中，“点按可编辑渐变”按钮用于选择和编辑渐变的色彩；选项用于选择各类型的渐变工具；“模式”选项用于选择着色的模式；“不透明度”选项用于设定不透明度；“反向”选项用于产生反向色彩渐变的效果；“仿色”选项用于使渐变更平滑；“透明区域”选项用于产生不透明度。

如果要自行编辑渐变形式和色彩，可单击“点按可编辑渐变”按钮，在弹出的如图 4-82 所示的“渐变编辑器”对话框中进行操作即可。

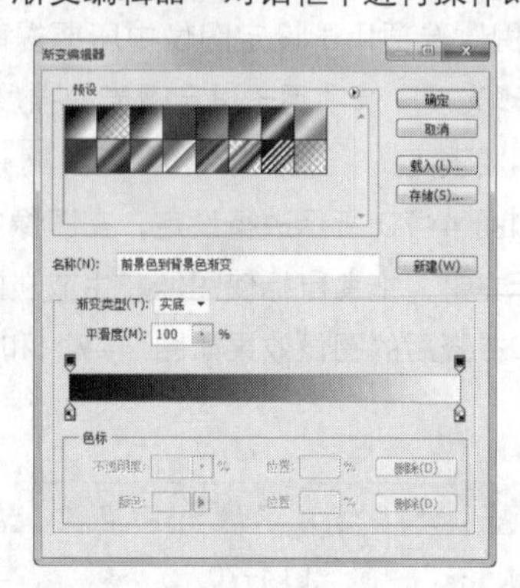

图 4-82

设置渐变颜色：在“渐变编辑器”对话框中，单击颜色编辑框下边的适当位置，可以增加颜色，如图 4–83 所示。颜色可以进行调整，在下面的“颜色”选项中选择颜色，或双击刚建立的颜色按钮，弹出颜色“拾色器”对话框，如图 4–84 所示，在其中选择适合的颜色，单击“确定”按钮，颜色就改变了。颜色的位置也可以进行调整，在“位置”选项中输入数值或用鼠标直接拖曳颜色滑块，都可以调整颜色的位置。

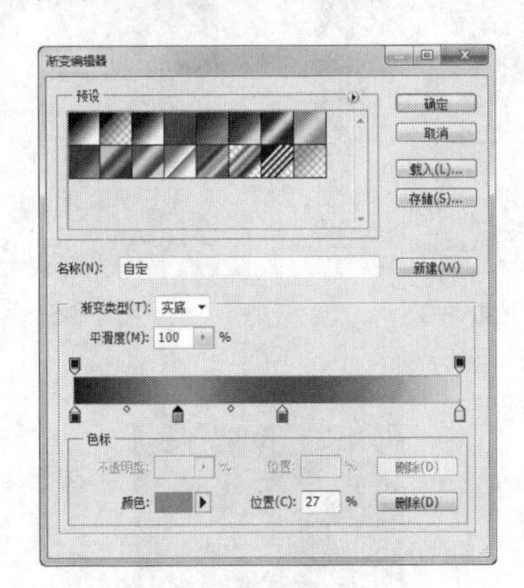

图 4–83

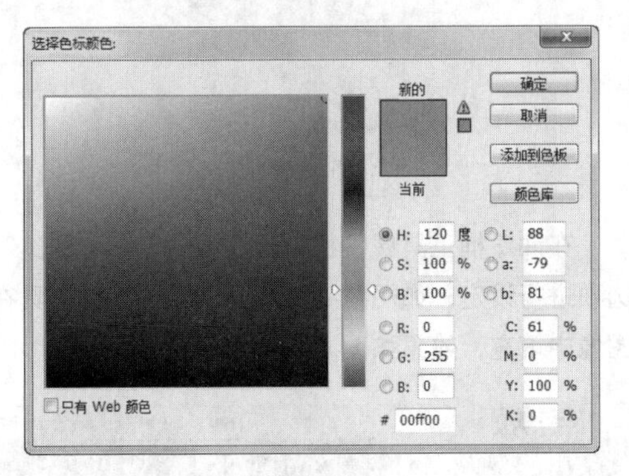

图 4–84

任意选择一个颜色滑块，如图 4–85 所示，单击下面的“删除”按钮，或按 Delete 键，可以将颜色删除，如图 4–86 所示。

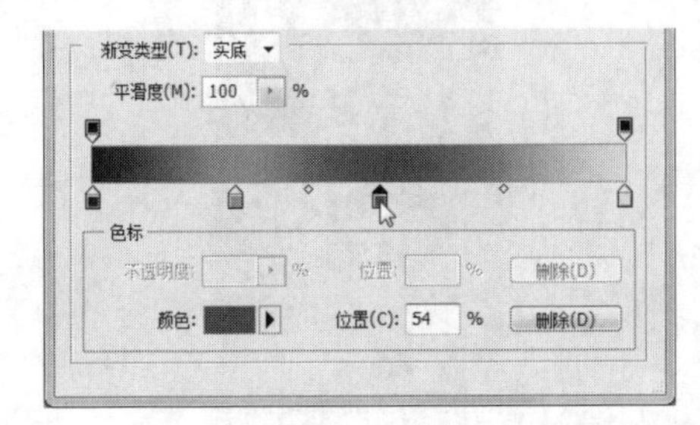

图 4–85

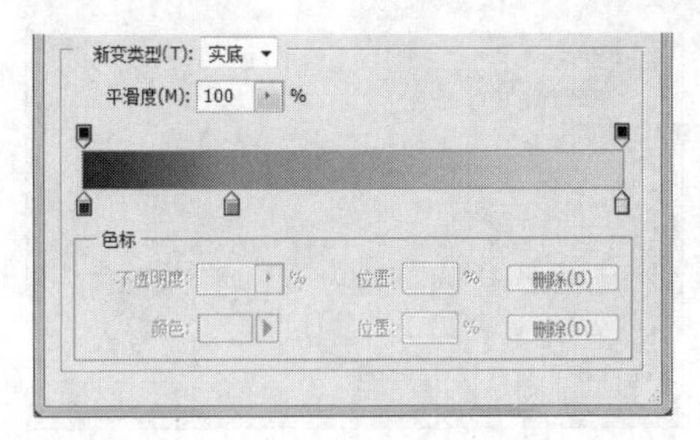

图 4–86

在“渐变编辑器”对话框中，单击颜色编辑框左上方的黑色按钮，如图 4–87 所示，再调整“不透明度”选项，可以使开始的颜色到结束的颜色显示透明的效果，如图 4–88 所示。

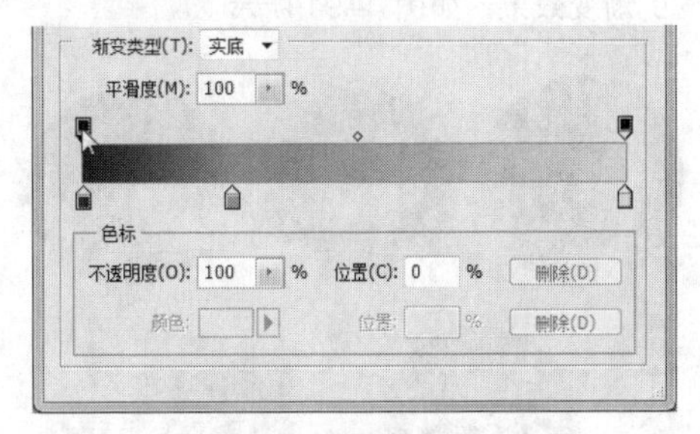

图 4–87

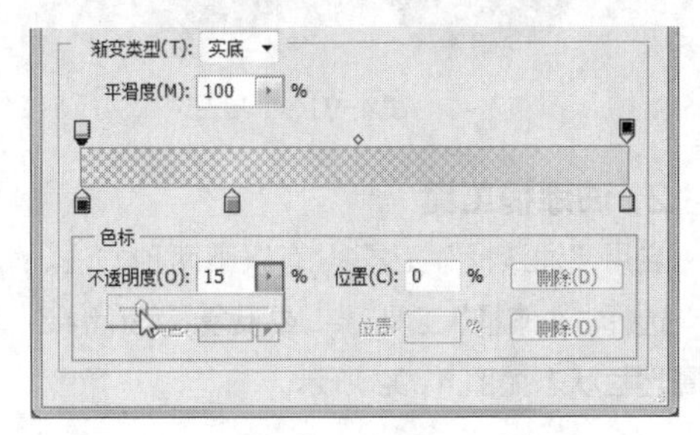

图 4–88

在“渐变编辑器”对话框中，单击颜色编辑框的上方，会出现新的色标，如图 4–89 所示。调整“不透明度”选项，可以使新色标的颜色向两边的颜色出现过渡式的透明效果，如图 4–90 所示。如果想删除终点，单击下面的“删除”按钮，或按 Delete 键，即可将终点删除。

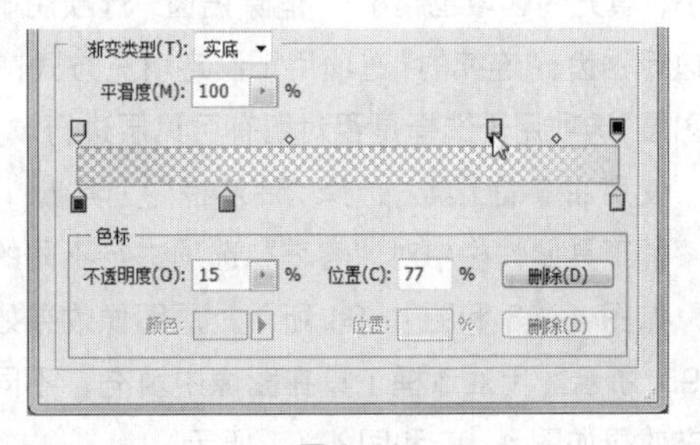

图 4–89

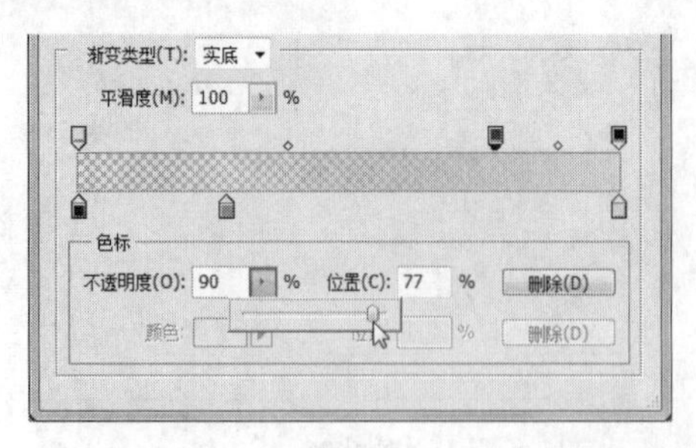

图 4-90

使用渐变工具：选择不同的渐变工具 ，在图像中单击并按住鼠标左键，拖曳鼠标到适当的位置，松开鼠标左键，可以绘制出不同的渐变效果，如图 4-91 所示。

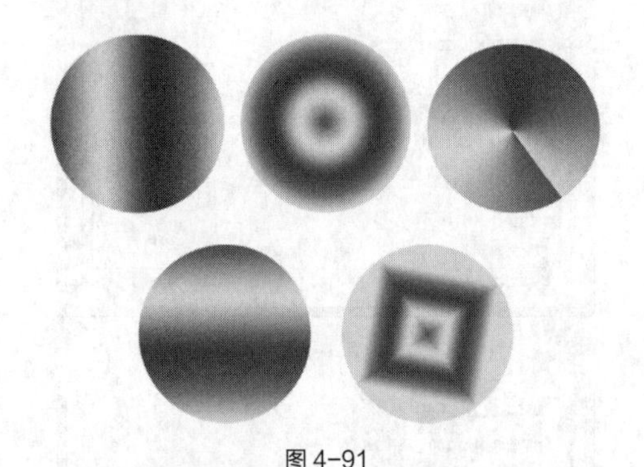

图 4-91

2. 油漆桶工具

启用“油漆桶”工具 有以下两种方法。

选择“油漆桶”工具 ，或反复按 Shift+G 键，其属性栏状态如图 4-92 所示。

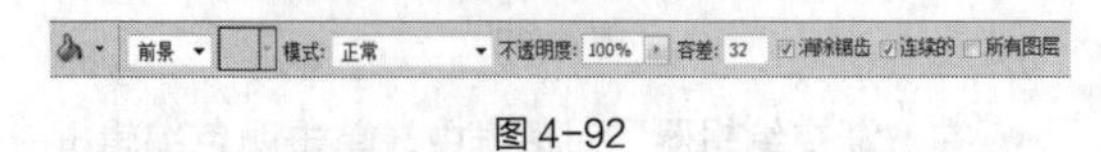

图 4-92

在油漆桶工具属性栏中，“填充”选项用于选择填充的是前景色或是图案；“模式”选项用于选择着色的模式；“不透明度”选项用于设定不透明度；“容差”选项用于设定色差的范围，数值越小，容差越小，填充的区域也越小；“消除锯齿”选项用于消除边缘锯齿；“连续的”选项用于设定填充方式；“所有图层”选项用于选择是否对所有可见层进行填充。

使用油漆桶工具：选择“油漆桶”工具 ，在油漆桶工具属性栏中对“容差”选项进行不同的设定，如图 4-93 和图 4-94 所示。原图像效果如图 4-95 所示。用油漆桶工具在图像中填充，不同的填充效果如图 4-96 和图 4-97 所示。

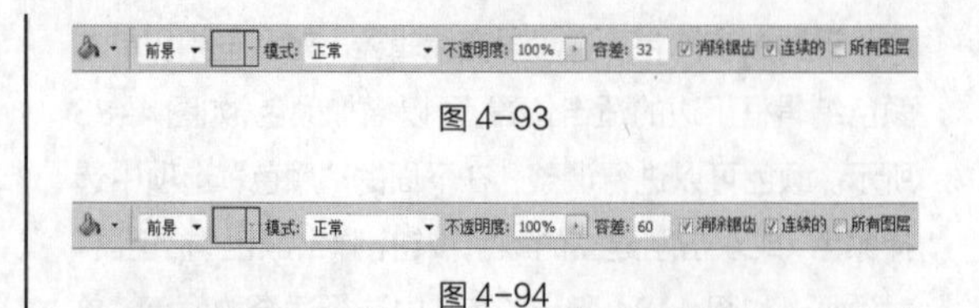

图 4-93

图 4-94

图 4-95

图 4-96

图 4-97

在油漆桶工具属性栏中对“填充”和“图案”选项进行设定，如图 4-98 所示。用油漆桶工具在图像中填充，效果如图 4-99 所示。

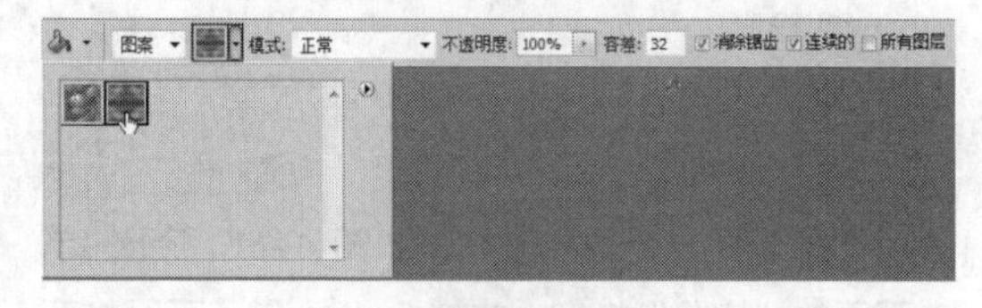

图 4-98

图 4-99

4.3.2　填充命令的使用

1. 填充命令对话框

填充命令可以对选定的区域进行填色。选择“编辑 > 填充”命令，系统将弹出“填充”对话框，如图 4–100 所示。

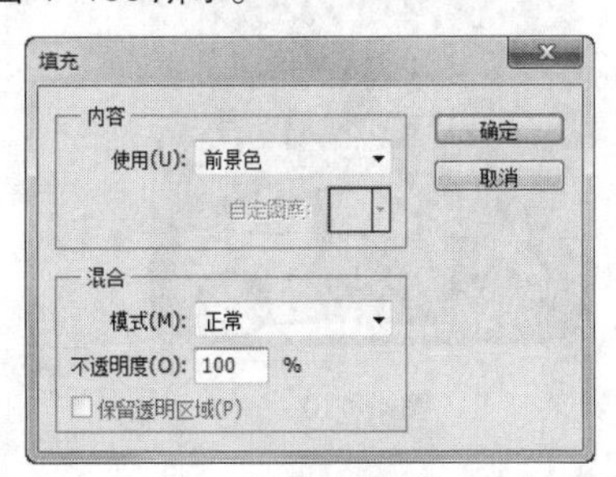

图 4–100

在对话框中：“使用”选项用于选择填充方式，包括使用前景色、背景色、图案、历史记录、黑色、50% 灰色、白色和自定图案进行填充；“模式”选项用于设置填充模式；“不透明度”选项用于调整不透明度。

2. 填充颜色

打开一幅图像，在图像中绘制出选区，效果如图 4–101 所示。选择“编辑 > 填充”命令，弹出“填充”对话框，如图 4–102 所示进行设定，单击“确定”按钮，填充的效果如图 4–103 所示。

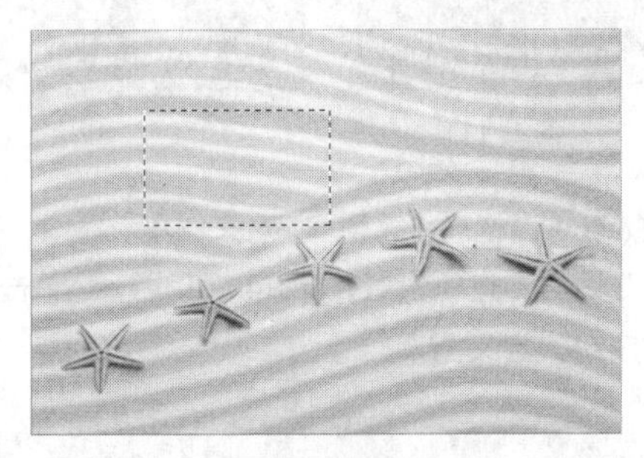

图 4–101

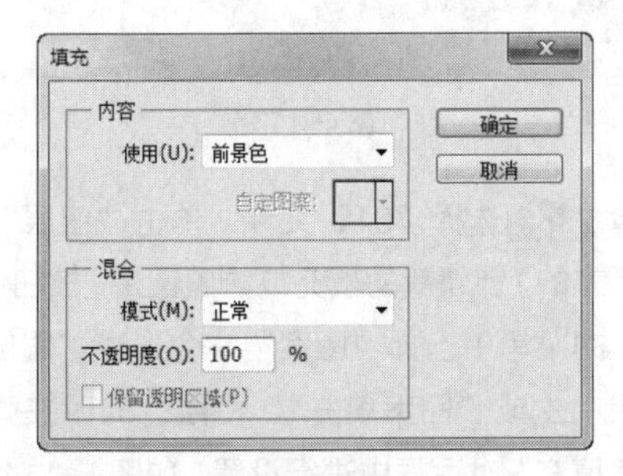

图 4–102

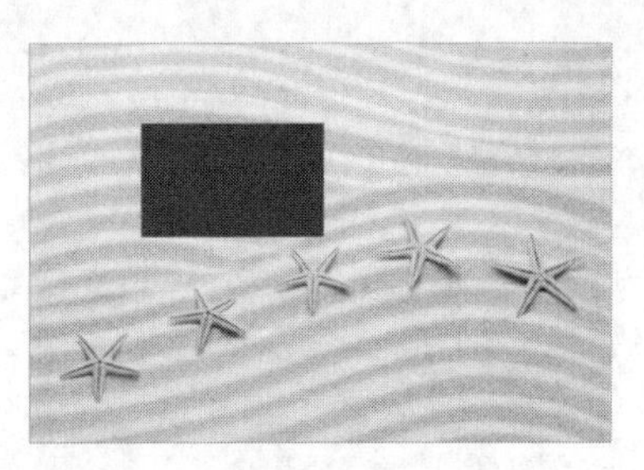

图 4–103

提 示

按 Alt+Backspace 组合键，将使用前景色填充选区或图层。按 Ctrl+Backspace 组合键，将使用背景色填充选区或图层。按 Delete 键，将删除选区内的图像，露出背景色或下面的图像。

打开一幅图像并绘制出要定义为图案的选区，如图 4–104 所示。选择“编辑 > 定义图案”命令，弹出“图案名称”对话框，如图 4–105 所示，单击“确定”按钮，图案定义完成。按 Ctrl+D 组合键，取消图像选区。

图 4–104

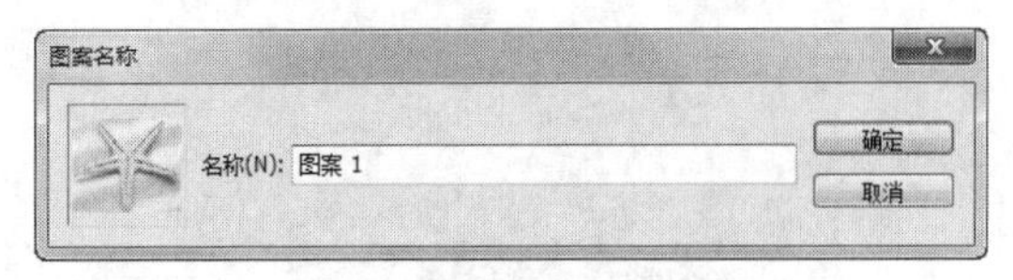

图 4–105

选择“编辑 > 填充”命令，弹出“填充”对话框，在“自定图案”选项中选择新定义的图案，如图 4–106 所示进行设定，单击“确定”按钮，填充的效果如图 4–107 所示。

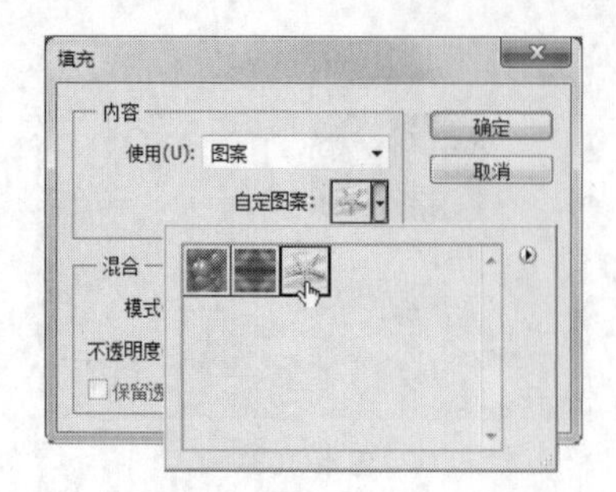

图 4-106

在“填充”对话框的“模式”选项中选择不同的填充模式，如图 4-108 所示进行设定，单击“确定”按钮，填充的效果如图 4-109 所示。

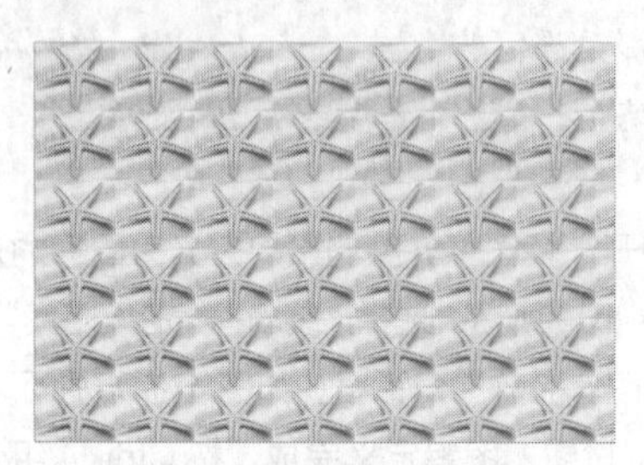

图 4-107

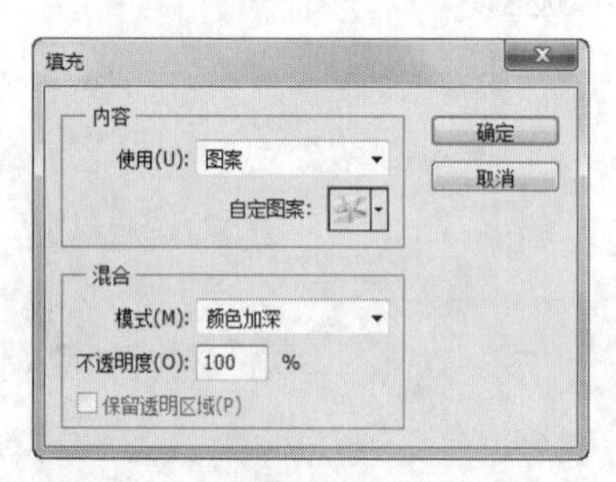

图 4-108

图 4-109

4.3.3 课堂案例——制作汽车插画

案例学习目标

学习使用定义图案命令和图案填充命令制作出需要的图像效果。

案例知识要点

使用图案填充命令制作花纹背景图案，最终效果如图 4-110 所示。

图 4-110

效果所在位置

光盘/Ch04/效果/制作汽车插画.psd。

STEP 1 按Ctrl + O组合键，打开光盘中的“Ch04 > 素材 > 制作汽车插画 > 01、02”文件，如图4-111所示。选择“02”文件，按Ctrl+A组合键，在图像周围生成选区，如图4-112所示。

图 4-111

图 4-112

STEP 2 选择“编辑 > 定义图案”命令，在弹出的对话框中进行设置，如图4-113所示，单击“确定”按钮，定义图案。

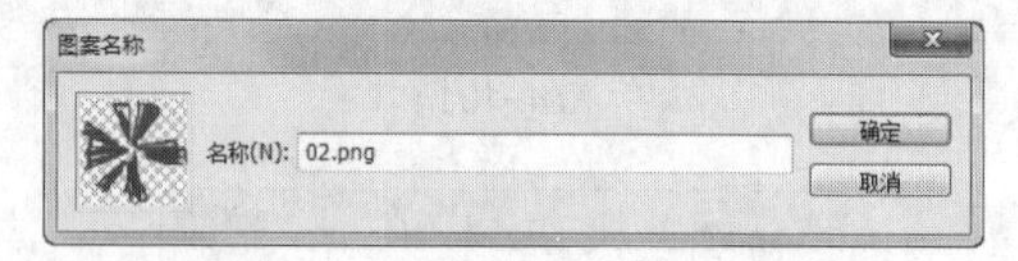

图 4-113

STEP 3 选择“01”文件，单击“图层”控制面板下方的“创建新的填充或调整图层”按钮 ，在弹出的菜单中选择“图案”命令，在“图层”控制面板中生成“图案填充1”图层，同时在弹出的“图案填充”对话框中进行设置，如图4-114所示，单击“确定”按钮，效果如图4-115所示。

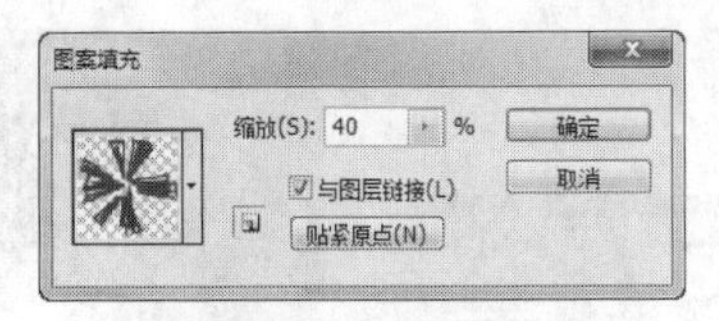

图4-114

图4-115

STEP 4 在“图层”控制面板上方，将“图案填充1”图层的混合模式设为“柔光”，如图4-116所示，图像效果如图4-117所示。

图4-116

图4-117

STEP 5 按Ctrl + O组合键，打开光盘中的“Ch04 > 素材 > 制作汽车插画 > 03、04”文件，选择“移动”工具，分别将图片拖曳到图像窗口中的适当位置，效果如图4-118所示。在“图层”控制面板中分别生成新的图层并将其命名为“汽车”、“文字”，如图4-119所示，汽车插画制作完成。

图4-118

图4-119

4.3.4 描边命令的使用

描边命令可以将选定区域的边缘用前景色描绘出来。选择“编辑 > 描边”命令，弹出“描边”对话框，如图4-120所示。

图4-120

在对话框中，“描边”选项组用于设定边线的宽度和边线的颜色；“位置”选项组用于设定所描边线相对于区域边缘的位置，包括内部、居中、居外3个选项；“混合”选项组用于设置描边模式和不透明度。

4.3.5 课堂案例——制作描边效果

案例学习目标

学习使用钢笔工具和描边命令制作出需要的图像。

案例知识要点

使用钢笔工具绘制需要的路径，使用描边命令制作描边效果，最终效果如图4-121所示。

图4-121

效果所在位置

光盘/Ch04/效果/制作描边效果.psd。

STEP 1 按Ctrl+O组合键，打开光盘中的“Ch04 > 素材 > 制作描边效果 > 01”文件，如图4-122所示。选择“钢笔”工具，单击属性栏中的“路径”按钮，在图像窗口中绘制路径，如图4-123所示。

图 4-122

图 4-123

STEP 2 单击“图层”控制面板下方的“创建新图层”按钮 ，生成新的图层并将其命名为“边缘”。按Ctrl+Enter组合键，将路径转换为选区，如图4-124所示。

图 4-124

STEP 3 选择“编辑 > 描边”命令，弹出“描边”对话框，将描边颜色设为红色（其R、G、B的值分别为209、0、0），其他选项的设置如图4-125所示，单击“确定”按钮。按Ctrl+D组合键，取消选区，效果如图4-126所示。

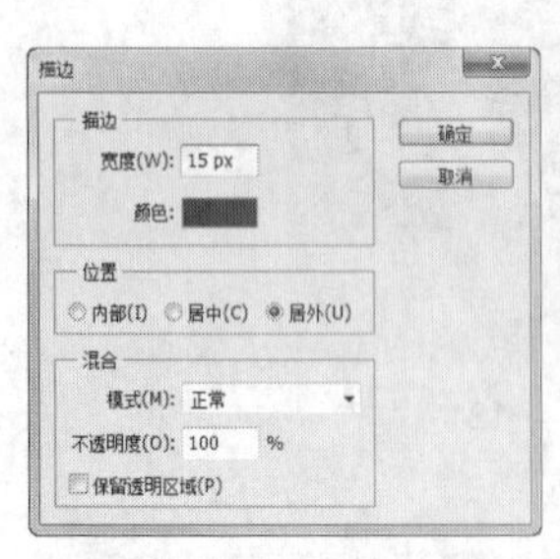

图 4-125

图 4-126

STEP 4 在“图层”控制面板上方，将“边缘”图层的混合模式设为“划分”，“不透明度”选项设为50%，如图4-127所示，图像效果如图4-128所示。

图 4-127

图 4-128

STEP 5 按Ctrl+J组合键，复制“边缘”图层，并生成新的图层“边缘 副本”。按Ctrl+T组合键，图像周围出现变换框，将光标放置到右上方的控制手柄上，如图4-129所示。按住Shift+Alt组合键的同时，向外拖曳鼠标到适当的位置，调整其大小，按Enter键确认操作，效果如图4-130所示。

图 4-129

图 4-130

STEP 6 在“图层”控制面板上方，将“边缘 副本”图层的“不透明度”选项设为20%，如图4-131所示，图像效果如图4-132所示。

图 4-131

图 4-132

STEP 7 将前景色设为蓝色（其R、G、B的值分别为91、209、205）。选择“横排文字”工具 T ，在图像窗口中输入需要的文字。选取文字，在属性栏中选择合适的字体并设置文字大小，按Alt+向右方向键，调整文字字距，效果如图4-133所示，在

“图层”控制面板中生成新的文字图层。选择“移动”工具，取消文字选取状态，描边效果制作完成，如图4-134所示。

图 4-133

图 4-134

4.4 课后习题——绘制时尚装饰画

习题知识要点

使用画笔工具绘制枫叶和小草图形，使用添加图层蒙版命令、画笔工具制作文字擦除效果，如图4-135 所示。

图 4-135

效果所在位置

光盘/Ch04/效果/绘制时尚装饰画.psd。

Photoshop CS5

5 Chapter

第 5 章 调整图像的色彩和色调

调整图像色彩是 Photoshop CS5 的强项，也是必须掌握的一项功能。本章将全面系统地讲解调整图像色彩的知识。读者通过学习要了解并掌握调整图像色彩的方法和技巧，并能将所学功能灵活应用到实际的设计制作任务中去。

【教学目标】

- 调整命令
- 色阶
- 曲线
- 色彩平衡
- 亮度/对比度
- 色相/饱和度
- 颜色
- 通道混合器和渐变映射
- 照片滤镜
- 阴影/高光
- 反相和色调均化
- 阈值和色调分离
- 变化

5.1 调整

选择“图像 > 调整”命令，弹出调整命令的下拉菜单，如图 5-1 所示。调整命令可以用来调整图像的层次、对比度及色彩变化。

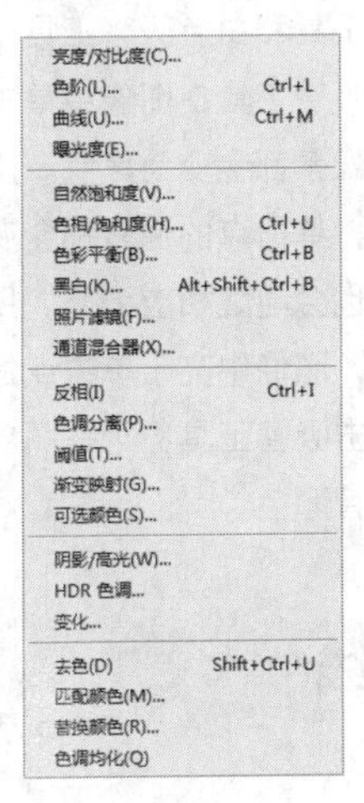

图 5-1

5.2 色阶

“色阶”命令用于调整图像的对比度、饱和度及灰度。打开一幅图像，如图 5-2 所示，选择“色阶”命令，或按 Ctrl+L 组合键，弹出“色阶”对话框，如图 5-3 所示。

图 5-2　　图 5-3

在对话框中，中央是一个直方图，其横坐标为 0～255，表示亮度值，纵坐标为图像像素数。

“通道”选项：可以从其下拉菜单中选择不同的通道来调整图像，如果想选择两个以上的色彩通道，要先在“通道”控制面板中选择所需要的通道，再打开“色阶”对话框。

“输入色阶”选项：控制图像选定区域的最暗和最亮色彩，通过输入数值或拖曳三角滑块来调整图像。左侧的数值框和左侧的黑色三角滑块用于调整黑色，图像中低于该亮度值的所有像素将变为黑色；中间的数值框和中间的灰色滑块用于调整灰度，其数值范围为 0.1～9.99，1.00 为中性灰度，数值大于 1.00 时，将降低图像中间灰度，小于 1.00 时，将提高图像中间灰度；右侧的数值框和右侧的白色三角滑块用于调整白色，图像中高于该亮度值的所有像素将变为白色。

下面为调整输入色阶的 3 个滑块后，图像产生的不同色彩效果，如图 5-4 至图 5-7 所示。

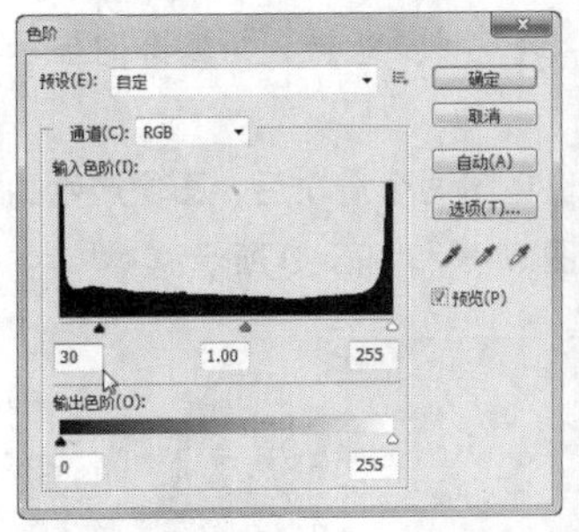

图 5-4

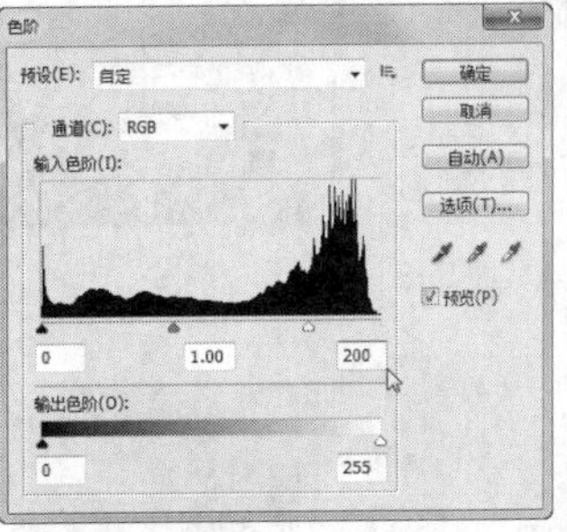

图 5-5

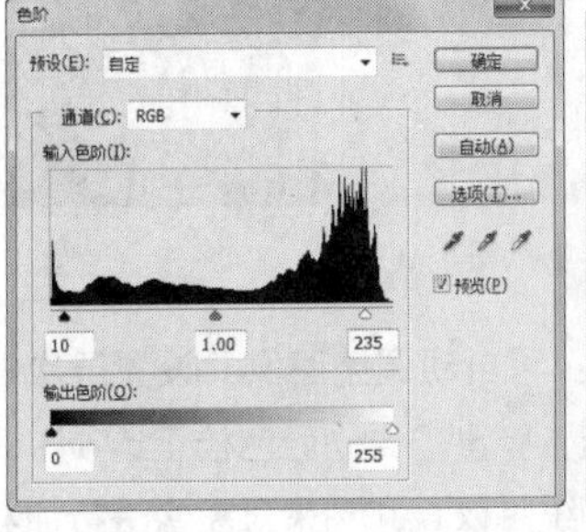

图 5-6

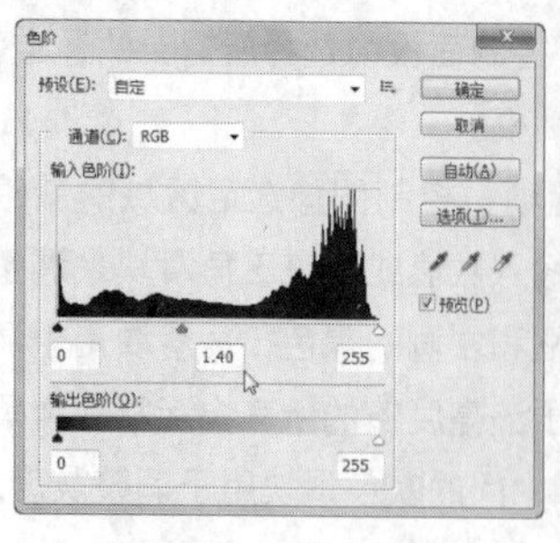

图 5-7

“输出色阶”选项：可以通过输入数值或拖曳三角滑块来控制图像的亮度范围（左侧数值框和左侧黑色三角滑块用于调整图像最暗像素的亮度，右侧数值框和右侧白色三角滑块用于调整图像最亮像素的亮度），输出色阶的调整将增加图像的灰度，降低图像的对比度。

“预览”选项：选中该复选框，可以即时显示图像的调整结果。

下面为调整输出色阶两个滑块后，图像产生的不同色彩效果，如图 5-8 和图 5-9 所示。

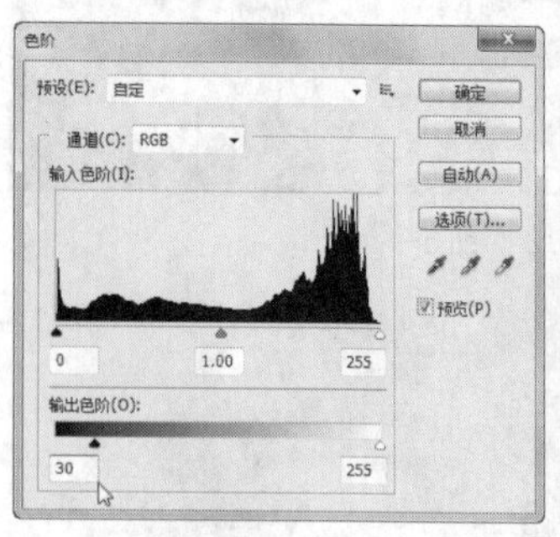

图 5-8

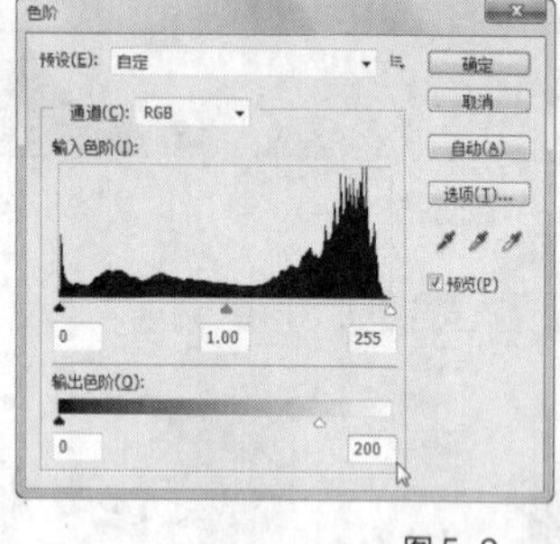

图 5-9

“自动”按钮：可自动调整图像并设置层次。单击“选项”按钮，弹出“自动颜色校正选项”对话框，可以看到系统将以 0.10%来对图像进行加亮和变暗。

按住 Alt 键，“取消”按钮变成“复位”按钮，单击“复位”按钮可以将刚调整过的色阶复位还原，重新进行设置。

3 个吸管工具分别是黑色吸管工具、灰色吸管工具和白色吸管工具。选中黑色吸管工具，用黑色吸管工具在图像中单击，图像中暗于单击点的所有像素都会变为黑色。用灰色吸管工具在图像中单击，单击点的像素都会变为灰色，图像中的其他颜色也会随之相应调整。用白色吸管工具在图像中单击，图像中亮于单击点的所有像素都会变为白色。双击吸管工具，可在颜色“拾色器”对话框中设置吸管颜色。

5.3 曲线

“曲线”命令，可以通过调整图像色彩曲线上的任意一个像素点来改变图像的色彩范围。下面，将进行具体的讲解。

打开一幅图像，选择“曲线”命令，或按 Ctrl+M 组合键，弹出“曲线”对话框，如图 5-10 所示。将鼠标指针移到花朵图像中，单击鼠标左键，如图 5-11 所示，“曲线”对话框的图表中会出现一个小方块，它表示刚才在图像中单击处的像素数值，效果如图 5-12 所示。

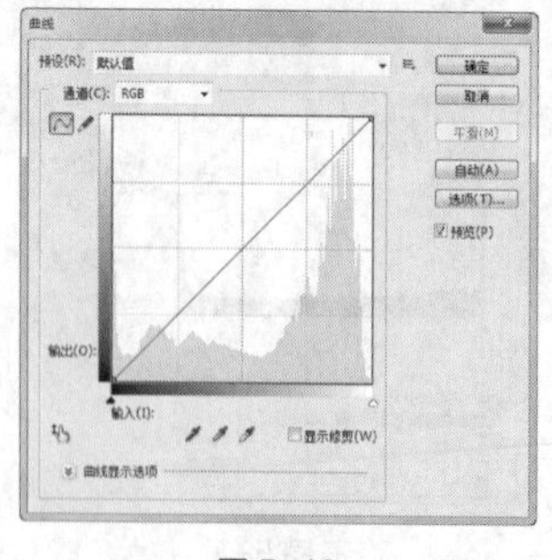

图 5-10

图 5-11

在对话框中，“通道”选项可以用来选择调整图像的颜色通道。

图表中的 X 轴为色彩的输入值，Y 轴为色彩的输出值。曲线代表了输入和输出色阶的关系。

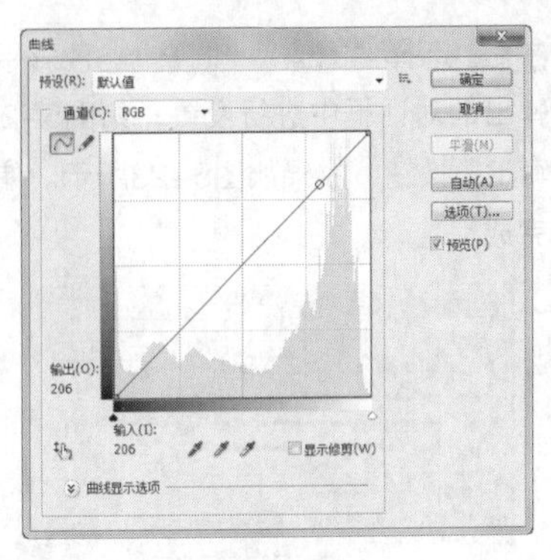

图 5-12

绘制曲线工具，在默认状态下使用的是工具，使用它在图表曲线上单击，可以增加控制点，按住鼠标左键拖曳控制点可以改变曲线的形状，拖曳控制点到图表外将删除控制点。使用工具可以在图表中绘制出任意曲线，单击右侧的“平滑”按钮可使曲线变得平滑。按住 Shift 键，使用工具可以绘制出直线。

输入和输出数值显示的是图表中光标所在位置的亮度值。

“自动”按钮可自动调整图像的亮度。

下面为调整曲线后的图像效果，如图 5-13 至图 5-16 所示。

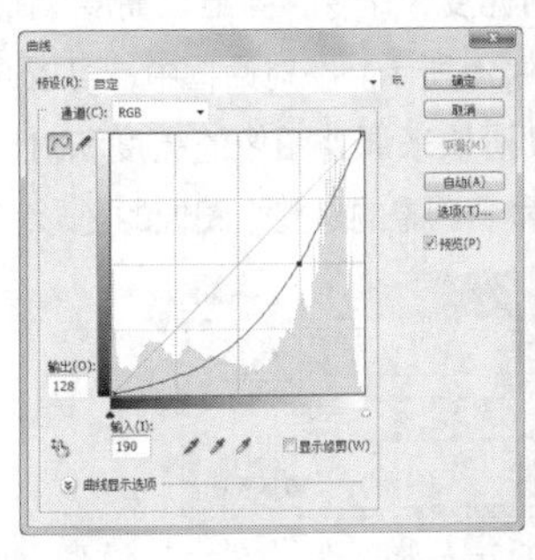

图 5-13

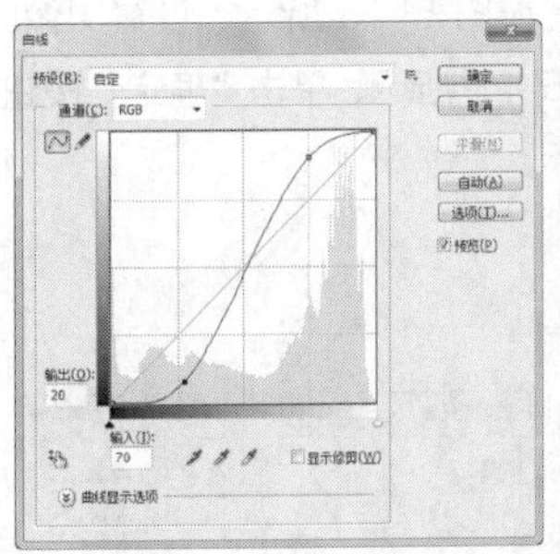

图 5-14

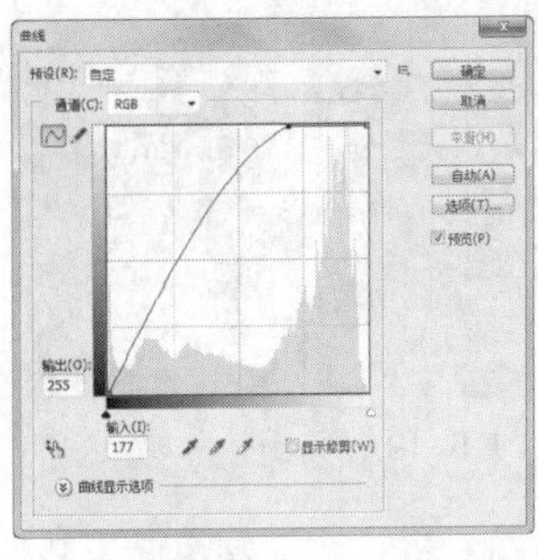

图 5-15

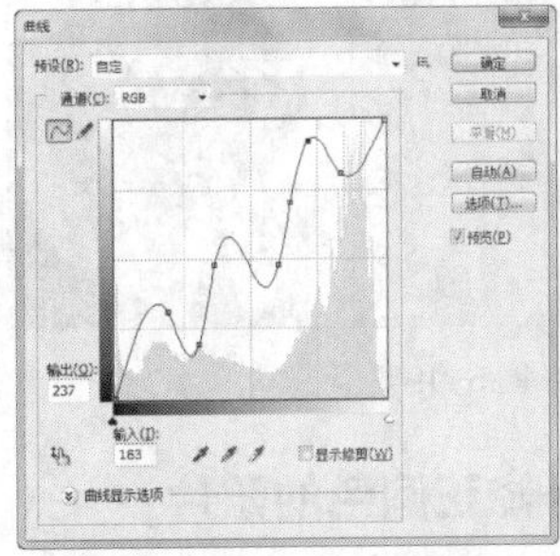

图 5-16

5.4 色彩平衡

“色彩平衡”命令，用于调节图像的色彩平衡度。选择“色彩平衡”命令，或按 Ctrl+B 组合键，弹出“色彩平衡”对话框，如图 5-17 所示。

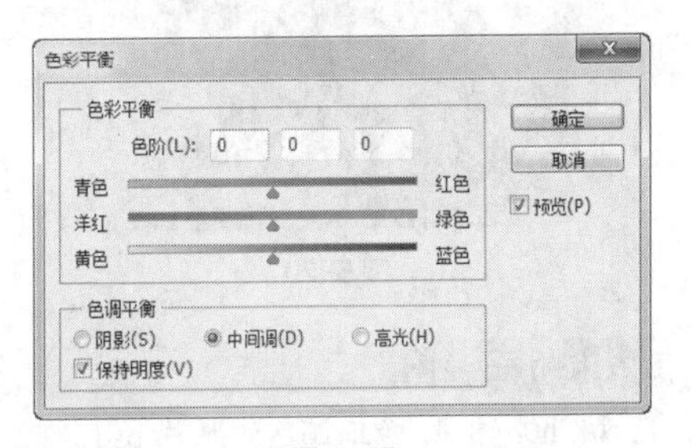

图 5-17

在对话框中，“色调平衡”选项组用于选取图像的阴影、中间调、高光选项。“色彩平衡”选项组用于在上述选区中添加过渡色来平衡色彩效果，拖曳三角滑块可以调整整个图像的色彩，也可以在“色阶”选项的数值框中输入数值调整整个图像的色彩。“保持明度”选项用于保持原图像的亮度。

下面为调整色彩平衡后的图像效果，如图 5-18 和图 5-19 所示。

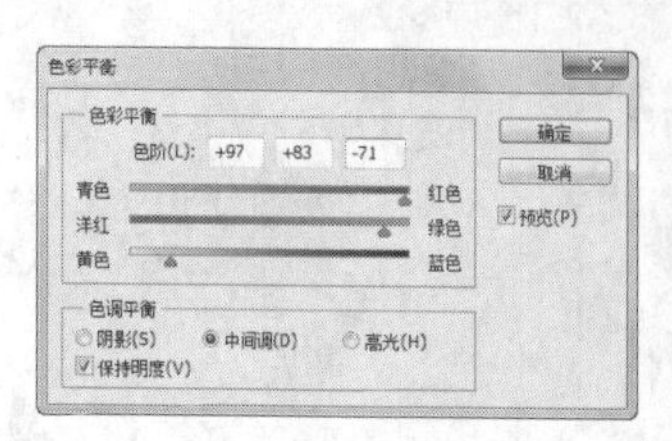

图 5-18

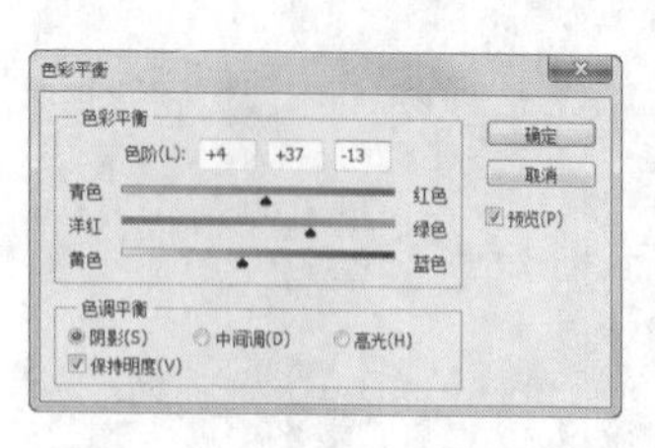

图 5-19

课堂案例——修正偏色的照片

案例学习目标

学习使用图像/调整菜单下的色彩平衡命令制作出需要的效果。

案例知识要点

使用色彩平衡命令修正偏色的照片，最终效果如图 5-20 所示。

图 5-20

效果所在位置

光盘/Ch05/效果/修正偏色的照片.psd。

STEP 1 按Ctrl + O组合键，打开光盘中的“Ch05 > 素材 > 修正偏色的照片 > 01”文件，如图5-21所示。

图 5-21

STEP 2 选择“图像 > 调整 > 色彩平衡”命令，在弹出的对话框中进行设置，如图5-22所示，单击“确定”按钮，效果如图5-23所示。偏色的照片修正完成。

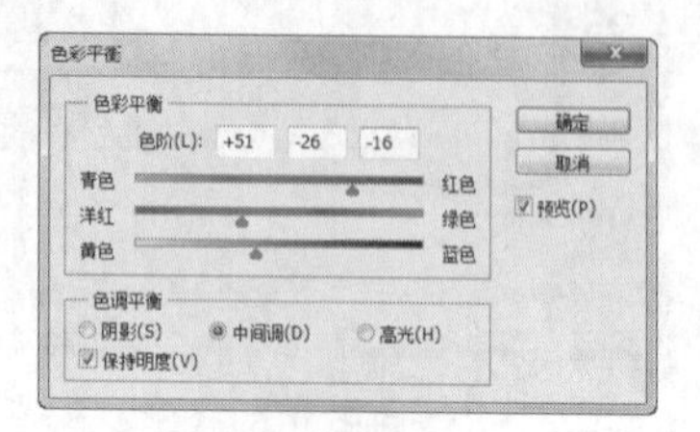

图 5-22

图 5-23

5.5 亮度/对比度

“亮度/对比度”命令，可以调节图像的亮度和对比度。选择“亮度/对比度”命令，弹出“亮度/对比度”对话框，如图 5-24 所示。在对话框中，可以通过拖曳亮度和对比度滑块来调整图像的亮度和对比度，“亮度/对比度”命令调整的是整个图像的色彩。

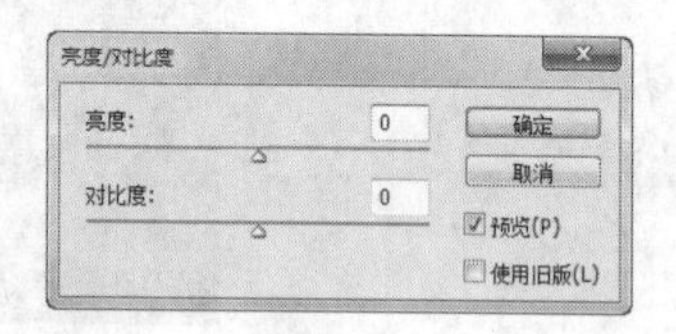

图 5-24

打开一幅图像，如图 5-25 所示。设置图像的亮度/对比度，如图 5-26 所示，单击“确定”按钮，效果如图 5-27 所示。

图 5-25

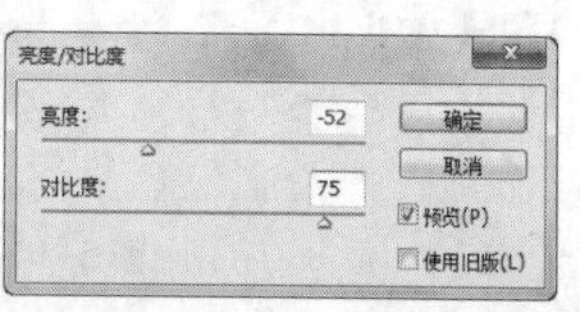

图 5-26

图 5-27

5.6 色相/饱和度

"色相/饱和度"命令，可以调节图像的色相和饱和度。选择"色相/饱和度"命令，或按 Ctrl+U 组合键，弹出"色相/饱和度"对话框，如图 5-28 所示。

在对话框中，"全图"选项用于选择要调整的色彩范围，可以通过拖曳各项中的滑块来调整图像的色彩、饱和度和明度；"着色"选项用于在由灰度模式转化而来的色彩模式图像中填加需要的颜色。

选中"着色"选项的复选框，调整"色相/饱和度"对话框，如图 5-29 所示设定，图像效果如图 5-30 所示。

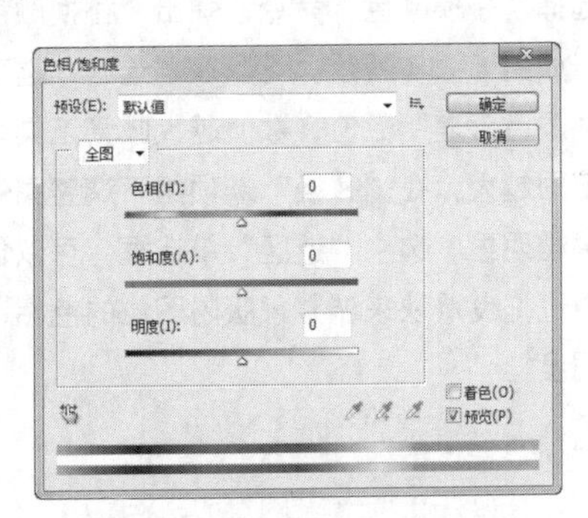

图 5-28

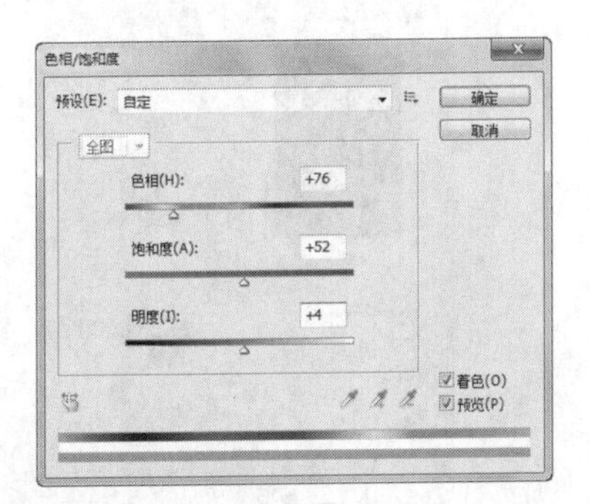

图 5-29

图 5-30

在"色相/饱和度"对话框中的"全图"选项中选择"蓝色"，拖曳两条色带间的滑块，使图像的色彩更符合要求，设置如图 5-31 所示，单击"确定"按钮，图像效果如图 5-32 所示。

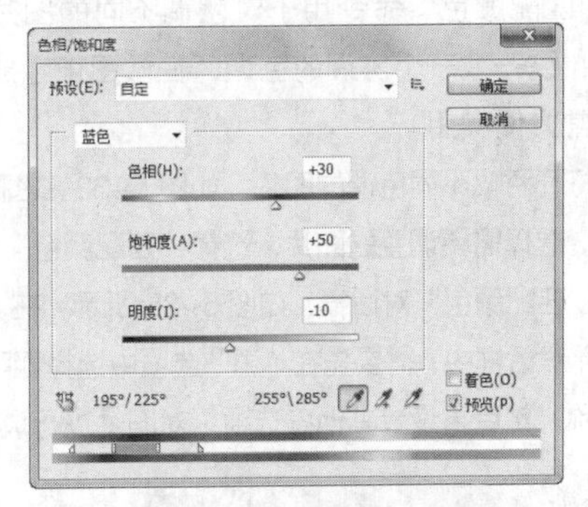

图 5-31

图 5-32

按住 Alt 键，"色相/饱和度"对话框中的"取消"按钮变为"复位"按钮，单击"复位"按钮，可以对"色相/饱和度"对话框重新设置。此方法也适用下面要讲解的颜色命令。

5.7 颜色

应用去色、匹配颜色、替换颜色和可选颜色命令可以便捷地改变图像的颜色。

5.7.1 去色

“去色”命令能够去除图像中的颜色。选择“去色”命令，或按 Shift+Ctrl+U 组合键，可以去掉图像的色彩，使图像变为灰度图，但图像的色彩模式并不改变。“去色”命令可以对图像的选区使用，将选区中的图像进行去掉图像色彩的处理。

5.7.2 匹配颜色

“匹配颜色”命令用于对色调不同的图片进行调整，统一成一个协调的色调，在做图像合成的时候非常方便实用。

打开两幅不同色调的图片，如图 5-33 和图 5-34 所示。选择需要调整的图片，选择“匹配颜色”命令，弹出“匹配颜色”对话框，如图 5-35 所示。在“匹配颜色”对话框中，需要先在“源”选项中选择匹配文件的名称，然后再设置其他各选项，对图片进行调整。

图 5-33

图 5-34

图 5-35

在“目标”选项中显示了所选择匹配文件的名称。如果当前调整的图中有选区，选中“应用调整时忽略选区”选项，可以忽略图中的选区调整整张图像的颜色；不选中“应用调整时忽略选区”选项，可以调整图中选区内的颜色。在“图像选项”选项组中，可以通过拖动滑块来调整图像的“明亮度”、“颜色强度”、“渐隐”的数值，并设置“中和”选项，用来确定调整的方式。在“图像统计”选项组中可以设置图像的颜色来源。

调整匹配颜色后的图像效果，如图 5-36 和图 5-37 所示。

图 5-36

图 5-37

5.7.3 替换颜色

“替换颜色”命令能够将图像中的颜色进行替换。选择“替换颜色”命令，弹出“替换颜色”对话框，如图 5-38 所示。可以在“选区”选项组下设置“颜色容差”数值，数值越大吸管工具取样的颜色范围越大，在“替换”选项组下调整图像颜色的效果越明显。选中“选区”单选框，可以创建蒙版并通过拖曳滑块来调整蒙版内图像的色相、饱和度和明度。

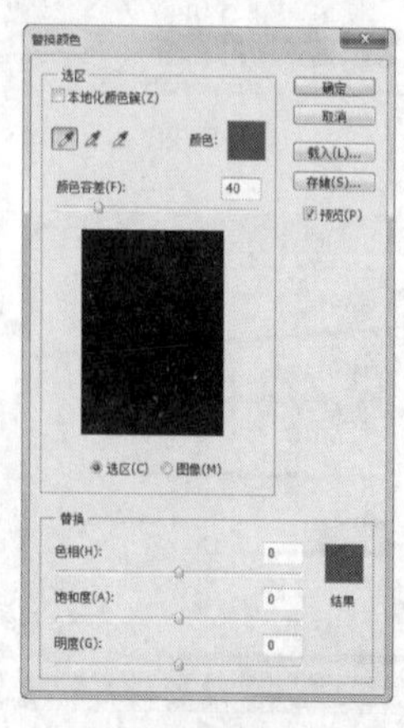

图 5-38

用吸管工具在图像中取样颜色，调整图像的色相、饱和度和明度，“替换颜色”对话框如图 5-39 所示，取样的颜色被替换成新的颜色，如图 5-40 所示。单击“颜色”选项和“结果”选项的色块，都会弹出“拾色器”对话框，可以在对话框中输入数值设置精确颜色。

图 5-39

图 5-40

5.7.4 课堂案例——更换衣服颜色

案例学习目标

学习使用图像/调整菜单下的替换颜色命令制作出需要的效果。

案例知识要点

使用替换颜色命令更换人物衣服颜色，最终效果如图 5-41 所示。

图 5-41

效果所在位置

光盘/Ch05/效果/更换衣服颜色.psd。

STEP 1 按Ctrl + O组合键，打开光盘中的“Ch05 > 素材 > 更换衣服颜色 > 01”文件，如图5-42所示。

图 5-42

STEP 2 选择“图像 > 调整 > 替换颜色”命令，弹出“替换颜色”对话框，在图像窗口中适当的位置单击鼠标左键，如图5-43所示，选中“添加到取样”按钮，再次在图像窗口中的不同深浅程度的桃红色区域单击鼠标左键，与鼠标单击处颜色相同或相近的区域在“替换颜色”对话框中显示为白色，其他选项的设置如图5-44所示，单击“确定”按钮，图像效果如图5-45所示。衣服颜色更换完成。

图 5-43

图 5-44

图 5-45

5.7.5 可选颜色

“可选颜色”命令能够将图像中的颜色替换成

选择后的颜色。

选择“可选颜色”命令，弹出“可选颜色”对话框，如图 5-46 所示。在“可选颜色”对话框中，“颜色”选项的下拉列表中可以选择图像中含有的不同色彩，如图 5-47 所示。可以通过拖曳滑块调整青色、洋红、黄色、黑色的百分比，并确定调整方法是“相对”或“绝对”方式。

图 5-46

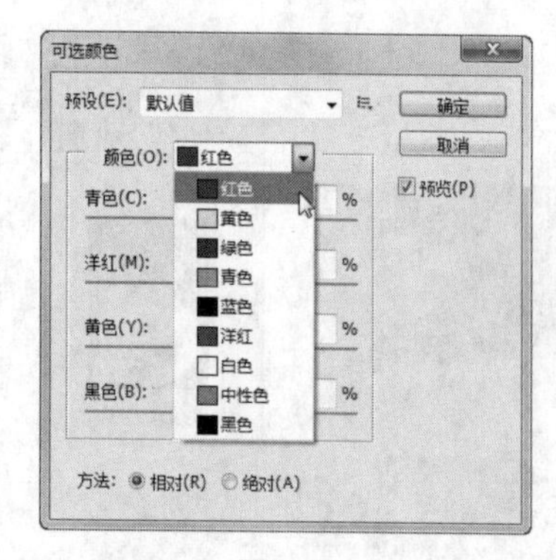

图 5-47

调整“可选颜色”对话框中的各选项，如图 5-48 所示，调整后图像的效果如图 5-49 所示。

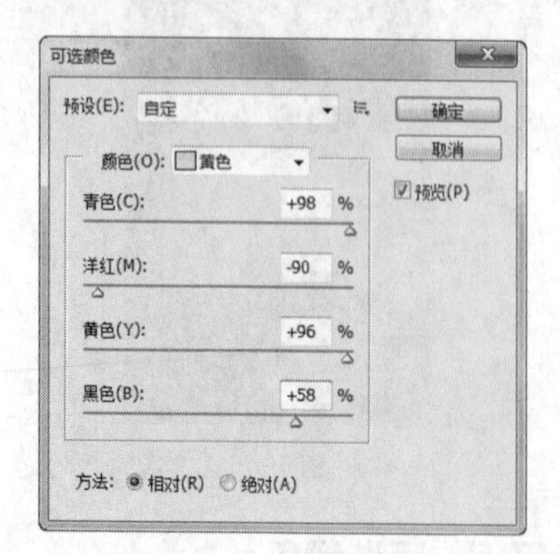

图 5-48

图 5-49

5.8 通道混合器和渐变映射

通道混合器和渐变映射命令用于调整图像的通道颜色和图像的明暗色调。下面，将进行具体的讲解。

5.8.1 通道混合器

“通道混合器”命令用于调整图像通道中的颜色。选择“通道混合器”命令，弹出“通道混合器”对话框，如图 5-50 所示。在“通道混合器”对话框中，“输出通道”选项可以选取要修改的通道；“源通道”选项组可以通过拖曳滑块来调整图像；“常数”选项也可以通过拖曳滑块调整图像；“单色”选项可创建灰度模式的图像。

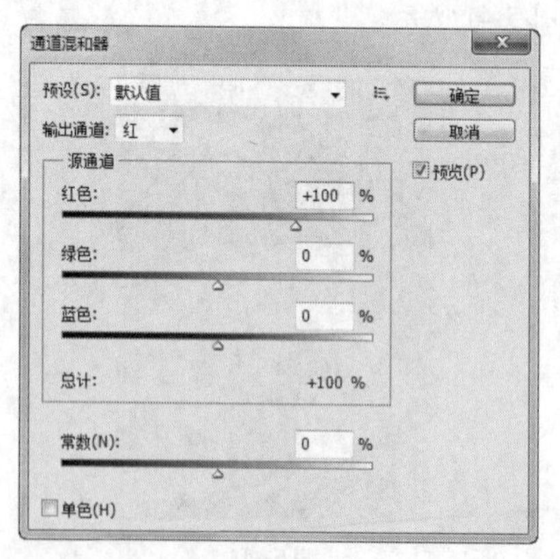

图 5-50

在“通道混合器”对话框中进行设置，如图 5-51 所示，图像效果如图 5-52 所示。所选图像的色彩模式不同，则“通道混合器”对话框中的内容也不同。

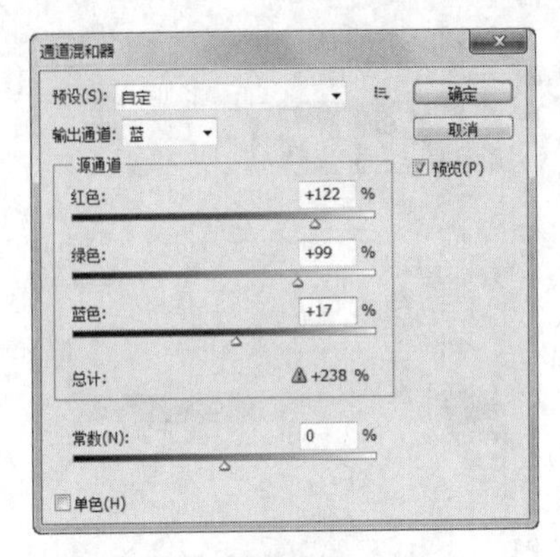

图 5-51

图 5-52

5.8.2 渐变映射

“渐变映射”命令用于将图像的最暗和最亮色调映射为一组渐变色中的最暗和最亮色调。下面，将进行具体的讲解。

打开一幅图像，如图 5-53 所示，选择“渐变映射”命令，弹出“渐变映射”对话框，如图 5-54 所示。单击“灰度映射所用的渐变”选项下方的色带，在弹出的“渐变编辑器”对话框中设置渐变色，如图 5-55 所示，单击“确定”按钮，图像效果如图 5-56 所示。

图 5-53

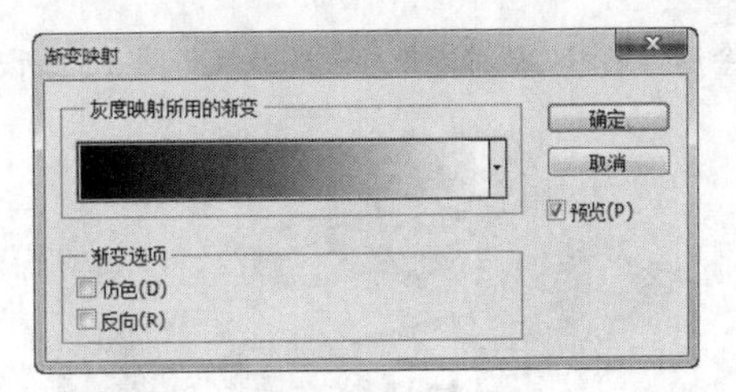

图 5-54

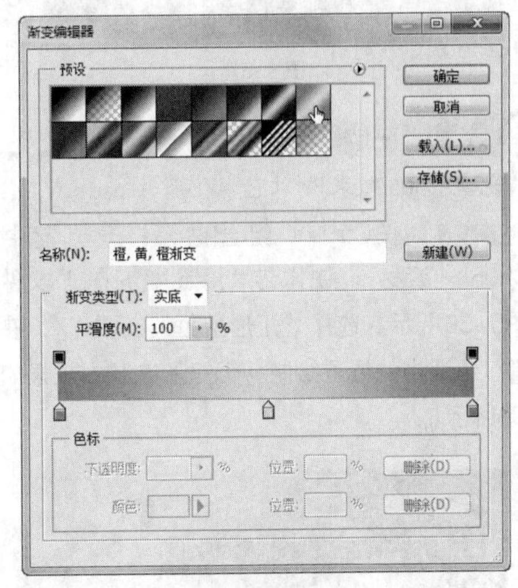

图 5-55

图 5-56

“灰度映射所用的渐变”选项可以选择不同的渐变形式；“仿色”选项用于为转变色阶后的图像增加仿色；“反向”选项用于将转变色阶后的图像颜色反转。

5.8.3 课堂案例——制作艺术化照片

案例学习目标

学习使用选取工具、创建新的填充或调整图层命令制作出需要的效果。

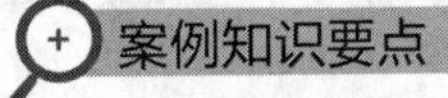

案例知识要点

使用矩形选框工具、渐变映射命令和通道混合器命令制作艺术化照片效果，最终效果如图 5-57 所示。

图 5-57

效果所在位置

光盘/Ch05/效果/制作艺术化照片.psd。

STEP 1 按Ctrl + O组合键，打开光盘中的“Ch05 > 素材 > 制作艺术化照片 > 01”文件，如图5-58所示。选择“矩形选框”工具，在图像窗口中适当的位置绘制一个矩形选区，效果如图5-59所示。

图 5-58

图 5-59

STEP 2 选择“图像 > 调整 > 渐变映射”命令，弹出“渐变映射”对话框，单击“灰度映射所用的渐变”选项下方的色带，在弹出的“渐变编辑器”对话框中设置渐变色，如图5-60所示。单击“确定”按钮，返回到“渐变映射”对话框中进行设置，如图5-61所示。单击“确定”按钮，图像效果如图5-62所示。

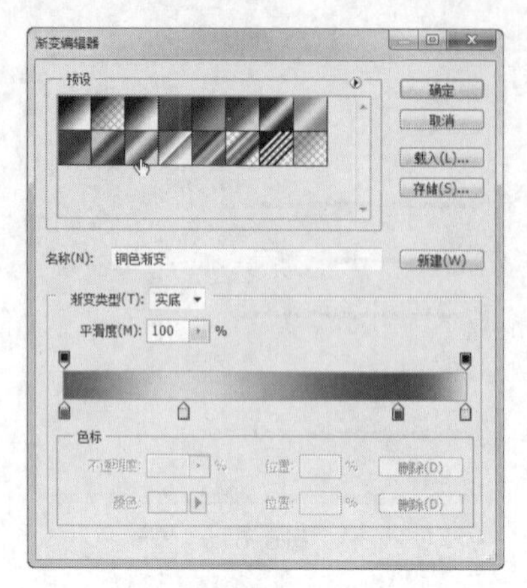

图 5-60

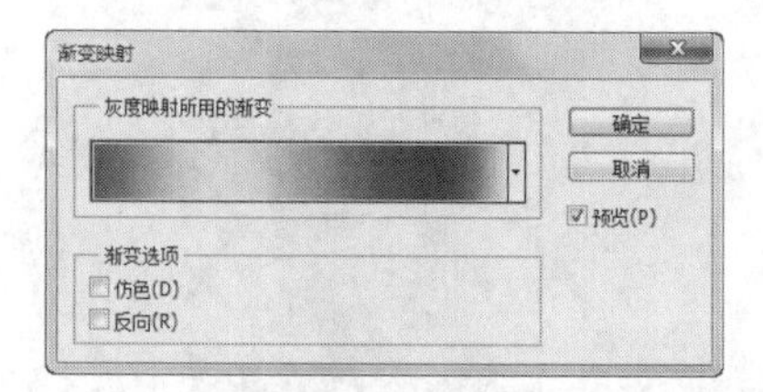

图 5-61

图 5-62

STEP 3 选择“矩形选框”工具，在图像窗口中适当的位置绘制一个矩形选区，效果如图5-63所示。

图 5-63

STEP 4 选择“图像 > 调整 > 通道混合器”命令，弹出“通道混合器”对话框，选项的设置如图5-64所示。单击“确定”按钮，图像效果如图5-65所示。艺术化照片制作完成。

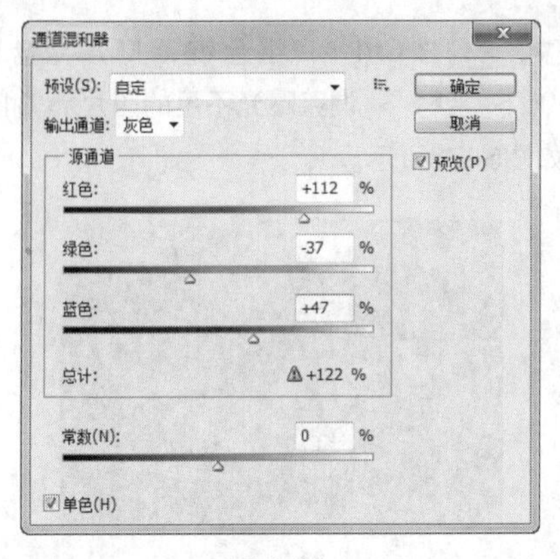

图 5-64

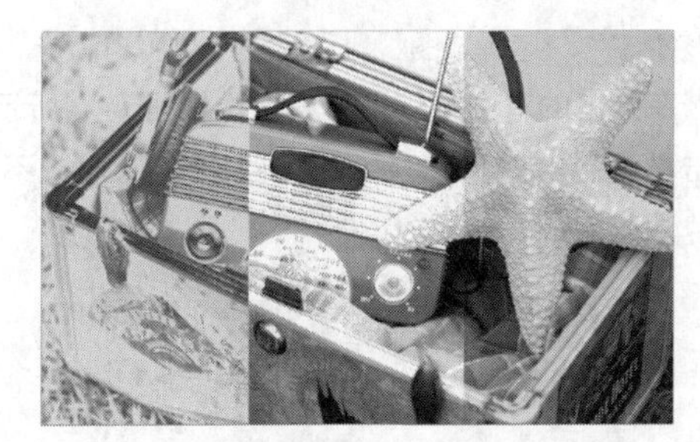

图 5-65

5.9 照片滤镜

“照片滤镜”命令用于模仿传统相机的滤镜效果处理图像，通过调整图片颜色可以获得各种效果。打开一张图片，选择“照片滤镜”命令，弹出“照片滤镜”对话框，如图 5-66 所示。

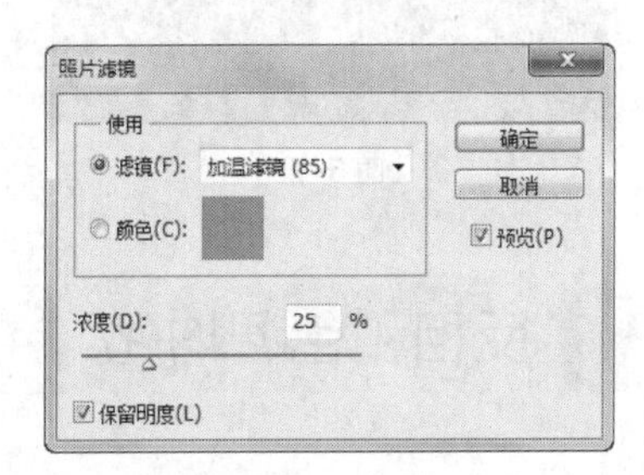

图 5-66

滤镜：用于选择颜色调整的过滤模式。颜色：单击此选项的图标，弹出“选择滤镜颜色”对话框，可以在对话框中设置精确的颜色对图像进行过滤。浓度：拖动此选项的滑块，设置过滤颜色的百分比。保留明度：勾选此选项进行调整时，图片的明亮度保持不变；取消勾选此选项，则图片的全部颜色都随之改变，效果如图 5-67 和图 5-68 所示。

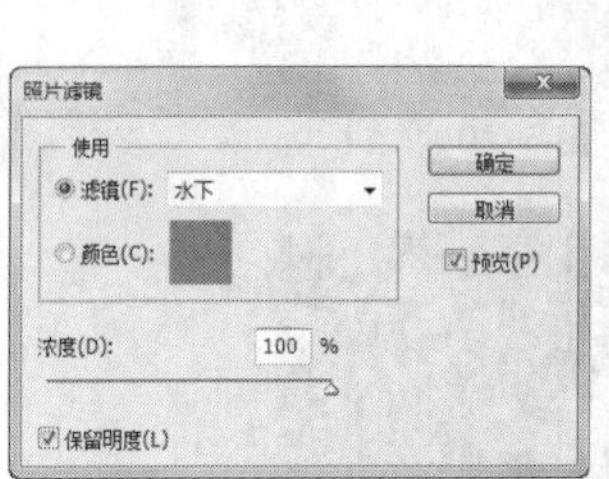

图 5-67

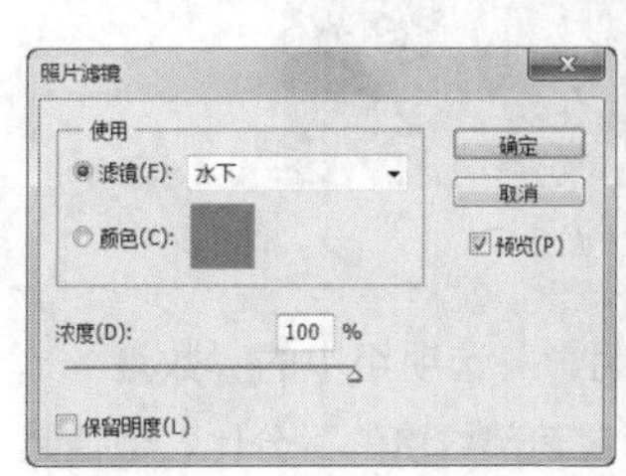

图 5-68

5.10 阴影/高光

“阴影/高光”命令用于快速改善图像中曝光过度或曝光不足区域的对比度，同时保持照片的整体平衡。

打开一幅图像，如图 5-69 所示，选择“阴影/高光”命令。弹出“阴影/高光”对话框，如图 5-70 所示。单击“确定”按钮，可以调整图像的暗部变化，效果如图 5-71 所示。

图 5-69

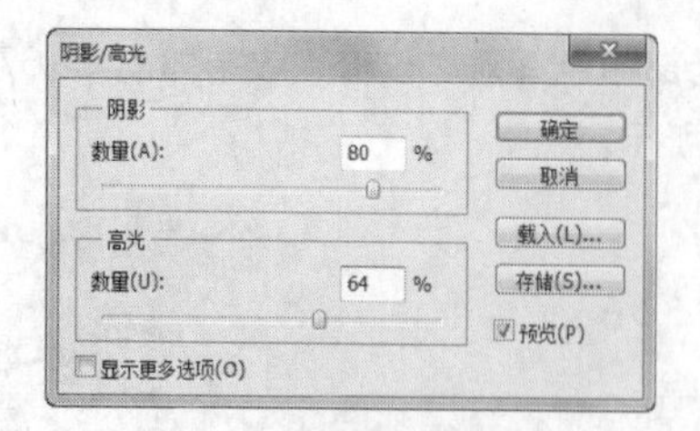

图 5-70

图 5-71

在对话框中，“阴影”选项组中的“数量”选项可通过拖动滑块设置暗部数量的百分比，数值越大，图像越亮。“高光”选项组中的“数量”选项可通过拖动滑块设置高光数量的百分比，数值越大，图像越暗。“显示更多选项”选项用于显示或者隐藏其他选项，进一步对各选项组进行精确设置。

课堂案例——调整曝光不足的照片

案例学习目标

学习使用图像/调整菜单下的阴影/高光命令制作出需要的效果。

案例知识要点

使用阴影/高光命令调整曝光不足的照片，最终效果如图 5-72 所示。

图 5-72

效果所在位置

光盘/Ch05/效果/调整曝光不足的照片.psd。

STEP 1 按Ctrl + O组合键，打开光盘中的“Ch05 > 素材 > 调整曝光不足的照片 > 01”文件，如图5-73所示。

图 5-73

STEP 2 选择“图像 > 调整 > 阴影/高光”命令，在弹出的对话框中进行设置，如图5-74所示，单击“确定”按钮，效果如图5-75所示。曝光不足照片调整完成。

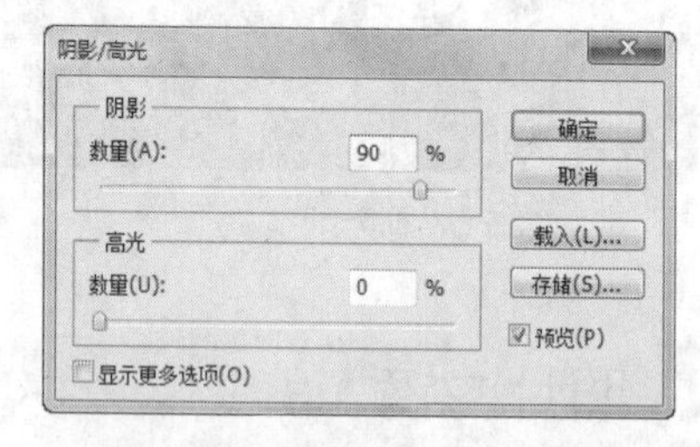

图 5-74

图 5-75

5.11 反相和色调均化

反相和色调均化命令用于调整图像的色相和色调。下面，将进行具体的讲解。

5.11.1 反相

选择“反相”命令，或按 Ctrl+I 组合键，可以将图像或选区的像素反转为其补色，使其出现底片效果。

原图及不同色彩模式的图像反相后的效果，如图 5-76 所示。

打开的图像

RGB 色彩模式反相后的效果

CMYK 色彩模式反相后的效果

图 5-76

提 示

反相效果是对图像的每一个色彩通道进行反相后的合成效果，不同色彩模式的图像反相后的效果是不同的。

5.11.2　色调均化

“色调均化”命令，用于调整图像或选区像素的过黑部分，使图像变得明亮，并将图像中其他的像素平均分配在亮度色谱中。

选择“色调均化”命令，不同的色彩模式图像将产生不同的图像效果，如图 5-77 所示。

打开的图像

RGB 色调均化的效果

CMYK 色调均化的效果

LAB 色调均化的效果

图 5-77

5.12 阈值和色调分离

阈值和色调分离命令用于调整图像的色调和将图像中的色调进行分离。下面，将进行具体的讲解。

5.12.1　阈值

“阈值”命令可以提高图像色调的反差度。原始图像如图 5-78 所示，选择“阈值”命令，弹出“阈值”对话框，在“阈值”对话框中拖曳滑块或在“阈值色阶”选项数值框中输入数值，可以改变图像的阈值，系统会使大于阈值的像素变为白色，小于阈值的像素变为黑色，使图像具有高度反差，如图 5-79 所示，单击“确定”按钮，图像效果如图 5-80 所示。

图 5-78

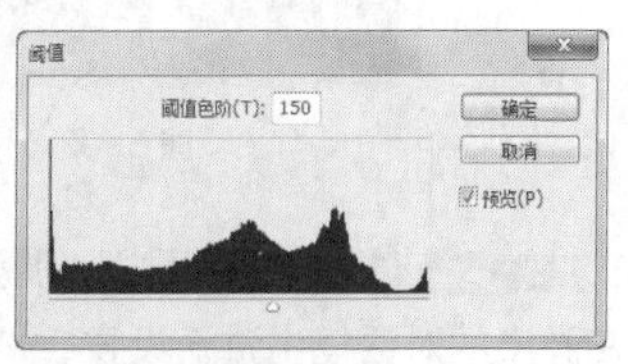

图 5-79

图 5-80

5.12.2 课堂案例——制作个性人物轮廓照片

案例学习目标

学习使用图像/调整菜单下的阈值命令制作出需要的效果。

案例知识要点

使用阈值命令制作个性人物轮廓照片，最终效果如图 5-81 所示。

图 5-81

效果所在位置

光盘/Ch05/效果/制作个性人物轮廓照片.psd。

STEP 1 按Ctrl+O组合键，打开光盘中“Ch05 > 素材 > 制作个性人物轮廓照片 > 01”文件，如图5-82所示。

图 5-82

STEP 2 选择“图像 > 调整 > 阈值”命令，在弹出的对话框中进行设置，如图5-83所示，单击“确定”按钮，效果如图5-84所示。个性人物轮廓照片效果制作完成。

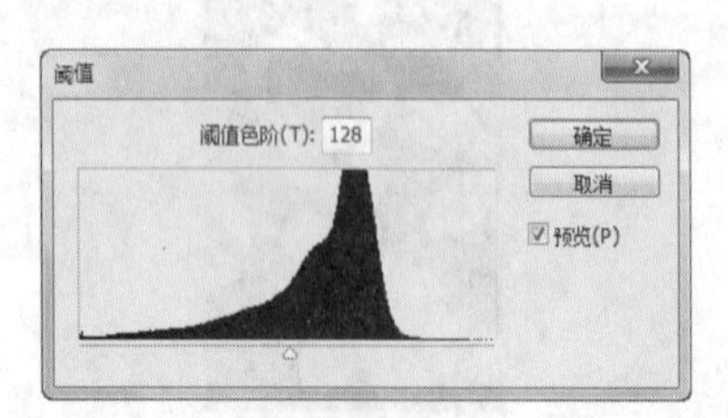

图 5-83

图 5-84

5.12.3 色调分离

“色调分离”命令用于将图像中的色调进行分离。选择“色调分离”命令，弹出“色调分离”对话框，如图 5-85 所示。

图 5-85

在“色调分离”对话框中，“色阶”选项可以指定色阶数，系统将以 256 阶的亮度对图像中的像素亮度进行分配。色阶数值越高，图像产生的变化越小。“色调分离”命令主要用于减少图像中的灰度。

不同的色阶数值会产生的不同效果的图像，如图 5-86 和图 5-87 所示。

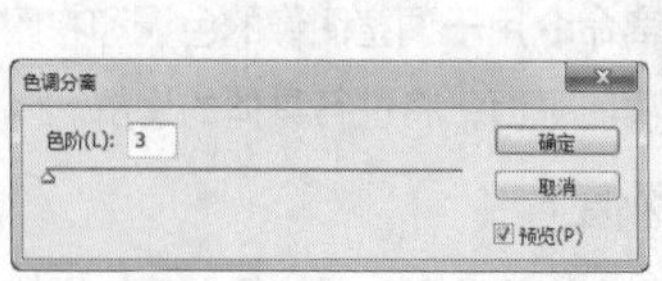

图 5-86

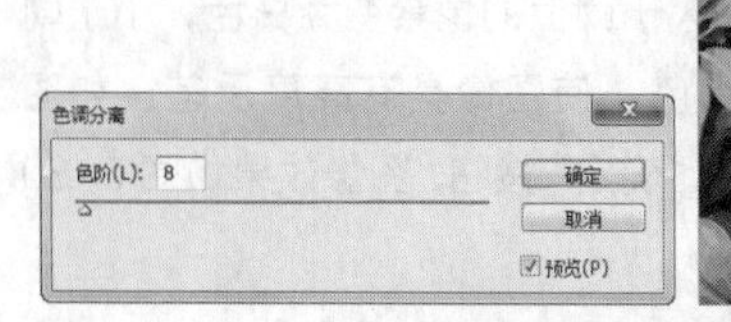

图 5-87

5.13 变化

“变化”命令用于调整图像的色彩。选择“变化”命令，弹出“变化”对话框，如图 5-88 所示。

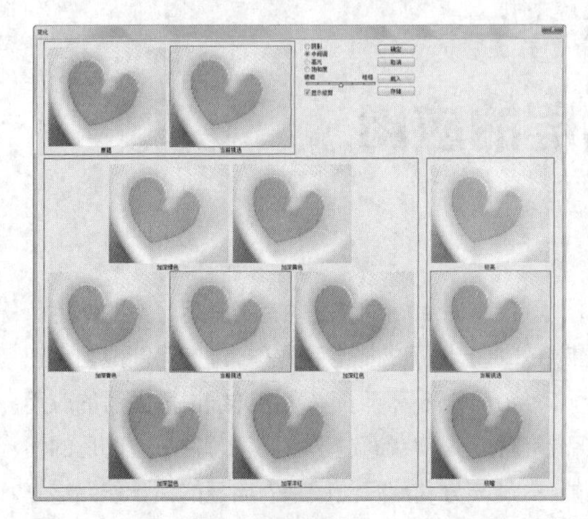

图 5-88

在对话框中，上面中间的 4 个选项，可以控制图像色彩的改变范围，下面设定调整的等级；左上方的两个图像是图像的原稿和调整前挑选的图像稿；左下方的区域是 7 个小图像；可以选择增加不同的颜色效果，调整图像的亮度、饱和度等色彩值；右下方的区域是 3 个小图像，为调整图像亮度的效果。选择“显示修剪”选项的复选框，在图像色彩调整超出色彩空间时显示超色域。

5.14 课后习题——制作偏色风景图片

习题知识要点

使用曲线命令、通道混和器命令、色彩平衡命令、可选颜色命令改变图片的颜色，最终效果如图 5-89 所示。

图 5-89

效果所在位置

光盘/Ch05/效果/制作偏色风景图片.psd。

Photoshop CS5

Chapter 6

第 6 章 图层的应用

图层在 Photoshop CS5 中有着举足轻重的作用。只有熟练掌握了图层的概念和操作，才有可能成为真正的 Photoshop CS5 高手。本章将详细讲解图层的应用方法和操作技巧。读者通过学习要了解并掌握图层的强大功能，并能充分利用好图层来为自己的设计作品增光添彩。

【教学目标】

- 图层的混合模式
- 图层特殊效果
- 图层的编辑
- 图层的蒙版
- 新建填充和调整图层
- 图层样式

6.1 图层的混合模式

图层的混合模式命令用于为图层添加不同的模式，使图层产生不同的效果。在“图层”控制面板中，第一个选项 正常 用于设定图层的混合模式，它包含有 27 种模式，如图 6-1 所示。

打开一幅图像如图 6-2 所示，“图层”控制面板中的效果如图 6-3 所示。

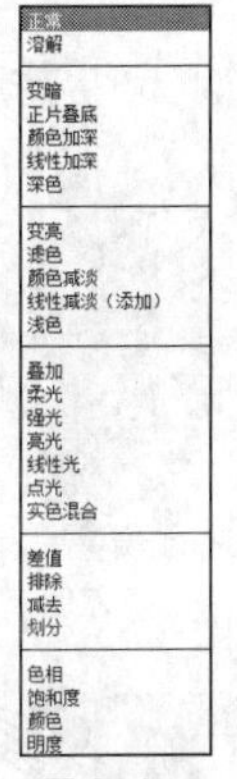

图 6-1

图 6-2

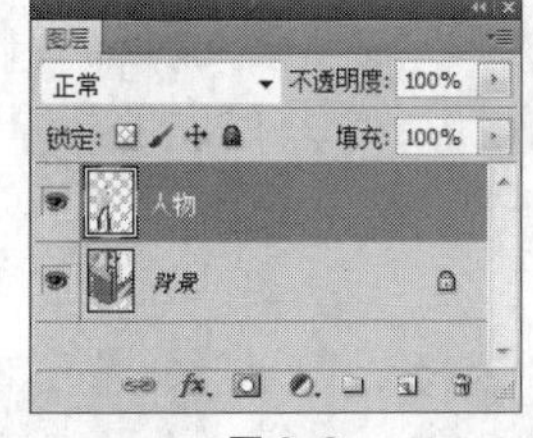

图 6-3

在对“人物”图层应用不同的图层模式后，图像效果如图 6-4 所示。

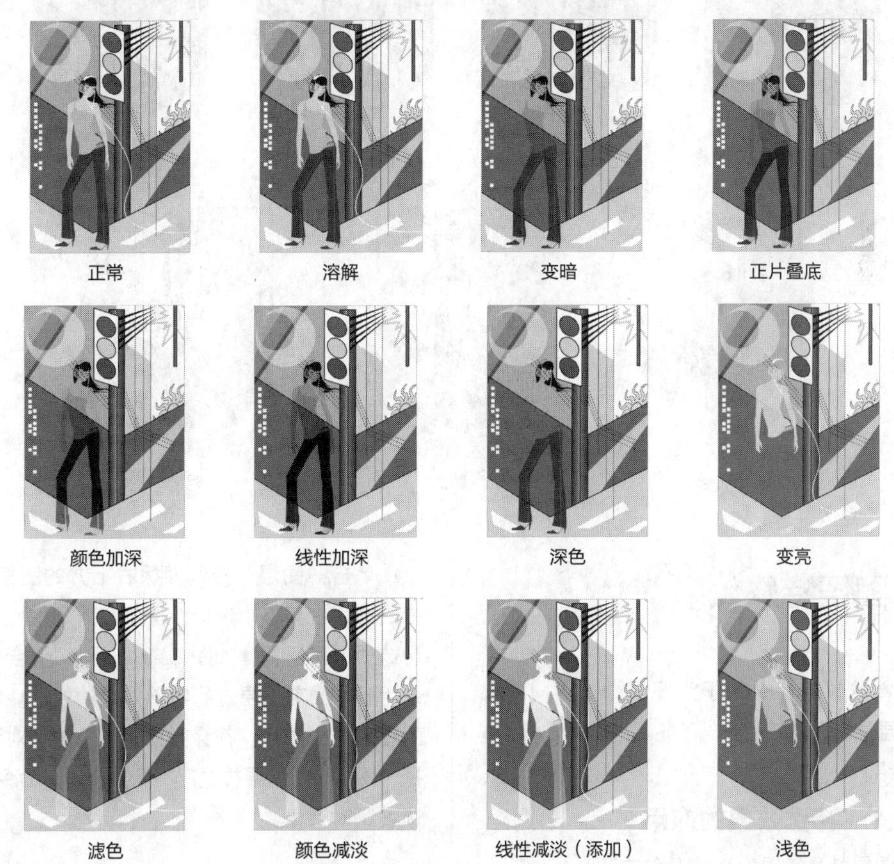

正常　溶解　变暗　正片叠底

颜色加深　线性加深　深色　变亮

滤色　颜色减淡　线性减淡（添加）　浅色

图 6-4

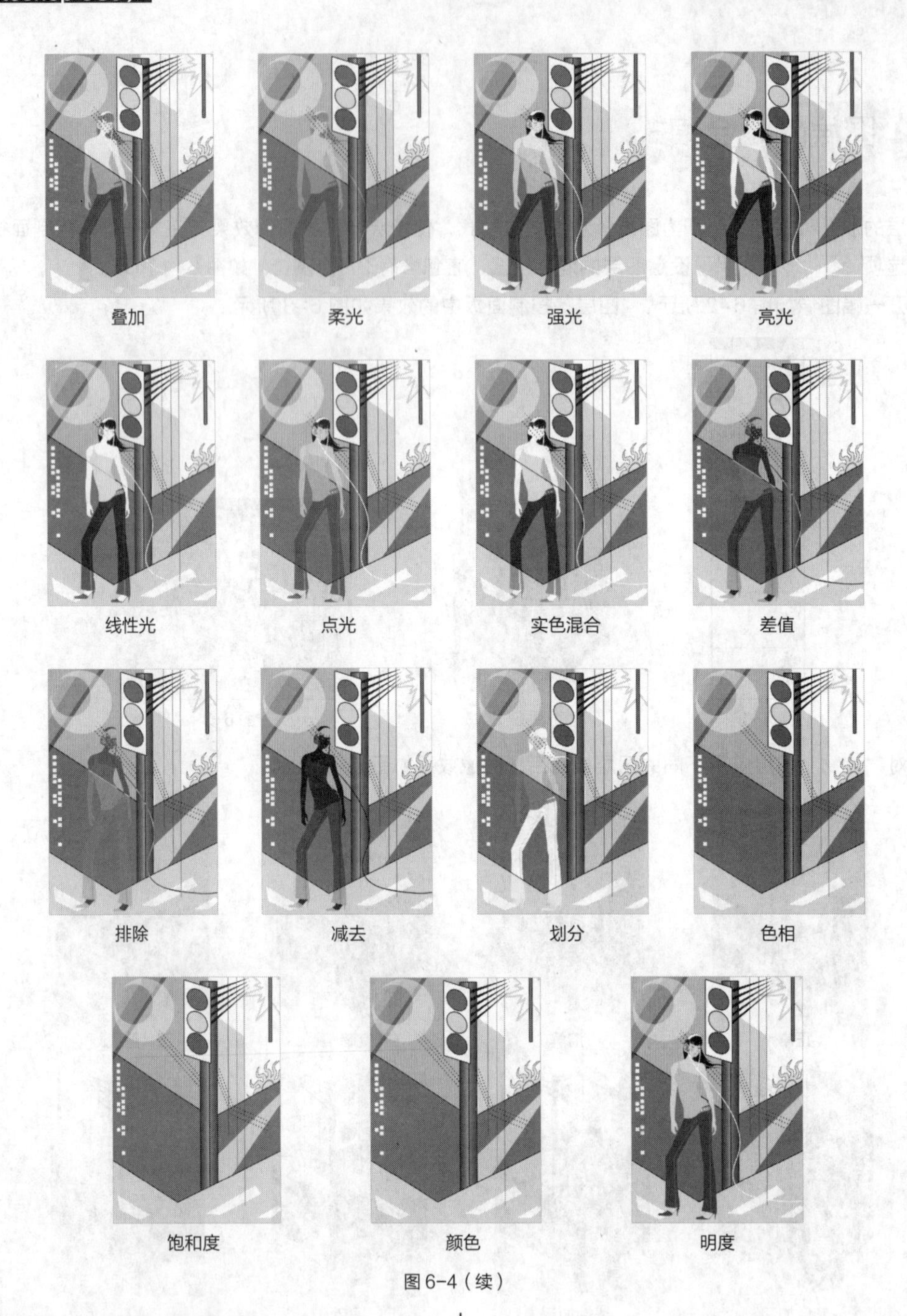

图 6-4（续）

6.2 图层特殊效果

图层特殊效果命令用于为图层添加不同的效果，使图层中的图像产生丰富的变化。下面，将进行具体介绍。

6.2.1 特殊效果的应用

使用图层特殊效果有以下几种方法。

单击“图层”控制面板右上方的图标，在弹出的命令菜单中选择“混合选项”命令，弹出“混合选项”对话框，如图 6-5 所示。“混合选项”命令用于对当前图层进行特殊效果的处理。单击其中的任何一个图标，都会弹出相应的效果对话框。选择“图层 > 图层样式 > 混合选项”命令，“混合选项”对话框。

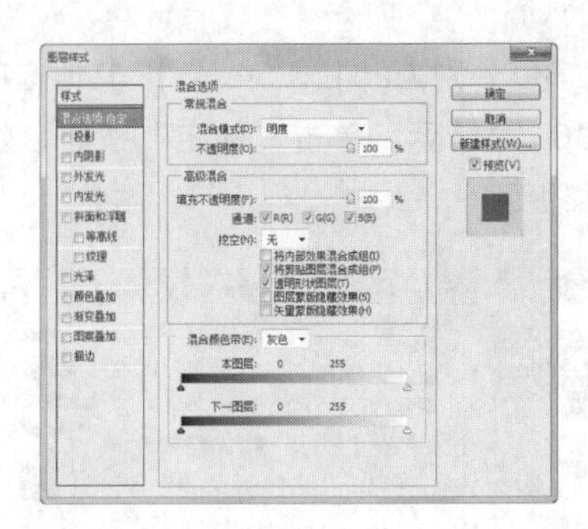

图 6-5

单击“图层”控制面板下方的“添加图层样式”按钮 fx，弹出图层特殊效果下拉菜单命令，如图 6-6 所示。

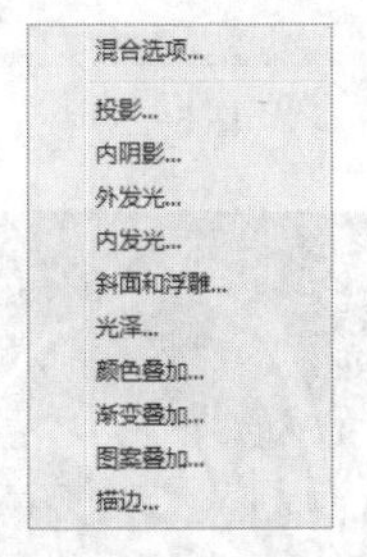

图 6-6

打开一幅图像，如图 6-7 所示，“投影”命令用于使当前层产生阴影效果，如图 6-8 所示；“内阴影”命令用于在当前层内部产生阴影效果，如图 6-9 所示；“外发光”命令用于在图像的边缘外部产生一种辉光效果，如图 6-10 所示。

图 6-7

图 6-8

图 6-9

图 6-10

“内发光”命令用于在图像的边缘内部产生一种辉光效果，如图 6-11 所示；“斜面和浮雕”命令用于使当前层产生一种倾斜与浮雕的效果，如图 6-12 所示；“光泽”命令用于使当前层产生一种光泽的效果，如图 6-13 所示；“颜色叠加”命令用于使当前层产生一种颜色叠加效果，如图 6-14 所示。

图 6-11

图 6-12

图 6-13

图 6-14

“渐变叠加”命令用于使当前层产生一种渐变叠加效果，如图 6-15 所示；“图案叠加”命令用于在当前层基础上产生一个新的图案覆盖效果层，如图 6-16 所示；“描边”命令用于当前层的图案描边，如图 6-17 所示。

图 6-15

图 6-16

图 6-17

6.2.2 课堂案例——霓虹灯效果

案例学习目标

学习使用多种图层样式制作出需要的效果。

案例知识要点

使用图层样式命令制作霓虹灯效果，如图 6-18 所示。

图6-18

效果所在位置

光盘/Ch06/效果/霓虹灯效果.psd。

STEP 1 按Ctrl + O组合键，打开光盘中的“Ch06 > 素材 > 霓虹灯效果 > 01、02”文件，如图6-19所示。选择“移动”工具，将02图片拖曳到01图像窗口中的适当位置，效果如图6-20所示。在“图层”控制面板中将生成的新图层命名为“标志”。

图6-19

图6-20

STEP 2 单击“图层”控制面板下方的“添加图层样式”按钮 fx，在弹出的菜单中选择“投影”命令，弹出对话框，将投影颜色设为黄色（其R、G、B值分别为251、254、3），其他选项的设置如图6-21所示。单击“确定”按钮，效果如图6-22所示。

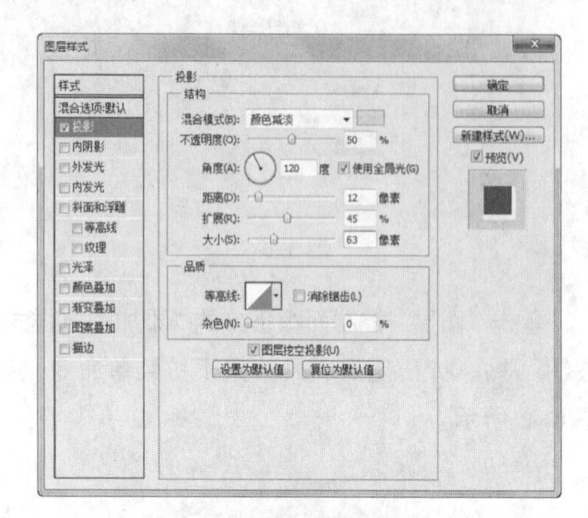

图6-21

图6-22

STEP 3 单击“图层”控制面板下方的“添加图层样式”按钮 fx，在弹出的菜单中选择“外发光”命令，弹出对话框，将发光颜色设置为红色（其R、G、B值分别为252、0、0），其他选项的设置如图6-23所示。单击“确定”按钮，效果如图6-24所示。

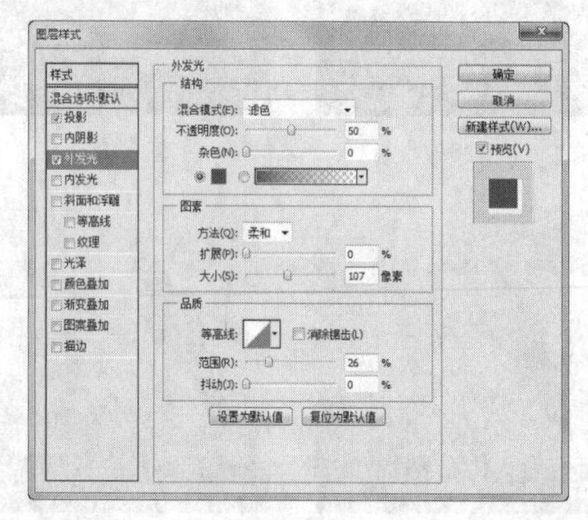

图6-23

图 6-24

STEP 4 单击“图层”控制面板下方的“添加图层样式”按钮 fx，在弹出的菜单中选择“内发光”命令，弹出对话框，单击“点按可编辑渐变”按钮，弹出“渐变编辑器”对话框，在“位置”选项中分别输入0、37、68、100几个位置点，分别设置几个位置点颜色的R、G、B值为0（255、255、255），37（238、253、2），68（253、144、2），100（253、2、14），如图6-25所示。单击“确定”按钮，返回到“内发光”对话框，其他选项的设置如图6-26所示。单击“确定”按钮，效果如图6-27所示，霓虹灯效果制作完成。

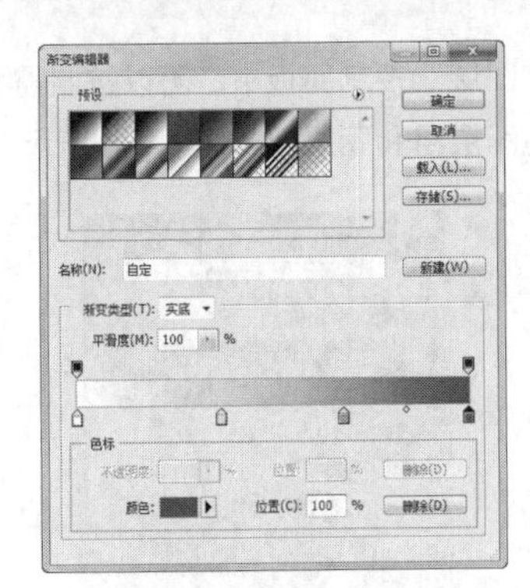

图 6-25

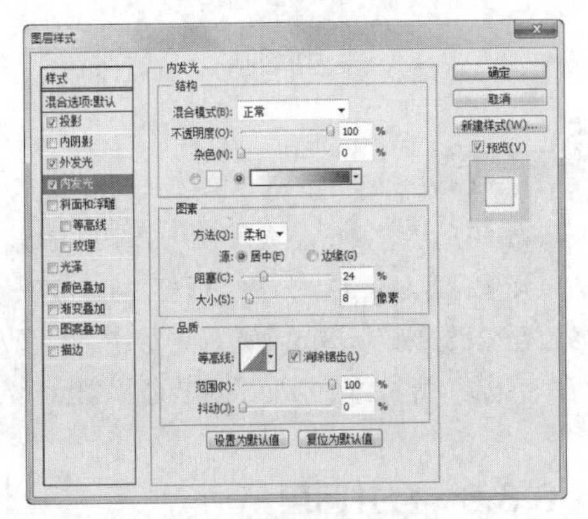

图 6-26

图 6-27

6.3 图层的编辑

在制作多层图像效果的过程中，需要对图层进行编辑和管理。

6.3.1 图层的显示

显示图层有以下几种方法。

使用“图层”控制面板图标：单击“图层”控制面板中任意图层左侧的眼睛图标，可以显示或隐藏这个图层。

使用快捷键：按住 Alt 键，单击“图层”控制面板中任意图层左侧的眼睛图标，此时，图层控制面板中只显示这个图层，其他图层被隐藏。再次单击“图层”控制面板中的这个图层左边的眼睛图标，将显示全部图层。

6.3.2 图层的选择

选择图层有以下几种方法。

使用鼠标：单击“图层”控制面板中的任意一个图层，可以选择这个图层。

使用鼠标右键：按 V 键，选择“移动”工具，用鼠标右键单击窗口中的图像，弹出一组供选择的图层选项菜单，选择所需的图层即可。将光标靠近需要的图像进行以上操作，就可以选择这个图像所在的图层。

6.3.3 图层的链接

按住 Ctrl 键，连续单击选择多个要链接的图层，单击“图层”控制面板下方的“链接图层”按钮，图层中显示出链接图标，表示将所选图层链接。图层链接后，将成为一组，当对一个链接图层进行操作时，将会影响一组链接图层。再次单击“图层”控制面板中的“链接图层”按钮，表示取消链接图层。

提 示

选择链接图层，再选择“图层 > 对齐”命令，弹出“对齐”命令的子菜单，选择需要的对齐方式命令可以按设置对齐链接图层中的图像。

6.3.4 图层的排列

排列图层有以下几种方法。

使用鼠标拖放：单击“图层”控制面板中的任意一个图层并按住鼠标左键不放，拖曳鼠标可将其调整到其他图层的上方或下方。背景层不能移动拖放，要先转换为普通层再移动拖放。

使用“图层”命令：选择“图层 > 排列”命令，弹出“排列”命令的子菜单，选择其中的排列方式即可。

使用快捷键：按 Ctrl+[组合键，可以将当前层向下移动一层。按 Ctrl+]组合键，可以将当前层向上移动一层。按 Shift+Ctrl+[组合键，可以将当前层移动到全部图层的底层。按 Shift +Ctrl+]组合键，可以将当前层移动到全部图层的顶层。

6.3.5 新建图层组

当编辑多层图像时，为了方便操作，可以将多个图层建立在一个图层组中。

新建图层组有以下几种方法。

使用“图层”控制面板弹出式菜单：单击“图层”控制面板右上方的图标，在弹出式菜单中选择“新建组”命令，弹出“新建组”对话框，如图6-28 所示。

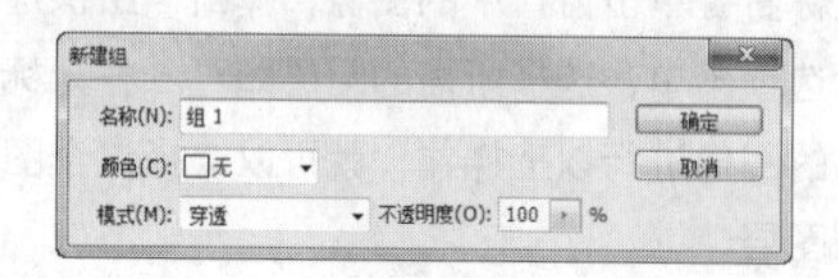

图 6-28

“名称”选项用于设定新图层组的名称；“颜色”选项用于选择新图层组在控制面板上的显示颜色；“模式”选项用于设定当前层的合成模式；“不透明度”选项用于设定当前层的不透明度值。单击“确定”按钮，建立如图 6-29 所示的图层组，也就是“组 1”。

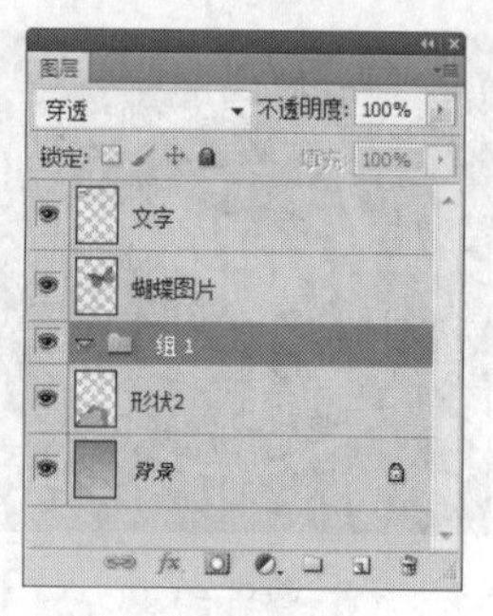

图 6-29

使用“图层”控制面板按钮：单击“图层”控制面板中的“创建新组”按钮，将新建一个图层组。

使用“图层”命令：选择“图层 > 新建 > 组”命令，也可以新建图层组。

提 示

Photoshop CS5 在支持图层组的基础上增加了多级图层组的嵌套，以便于在进行复杂设计的时候能够更好地管理图层。

在“图层”控制面板中，可以按照需要的级次关系新建图层组和图层，如图 6-30 所示。

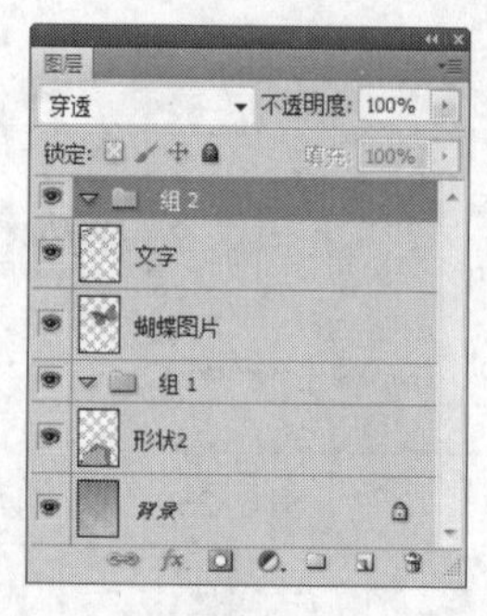

图 6-30

提 示

可以将多个已建立图层放入到一个新的图层组中，操作的方法很简单，将“图层”控制面板中的已建立图层图标拖放到新的图层组图标上即可。也可以将图层组中的图层拖放到图层组外。

6.3.6 合并图层

在编辑图像的过程中，可以将图层进行合并。

“向下合并”命令用于向下合并一层。单击“图层”控制面板右上方的图标，在弹出的下拉命令菜单中选择“向下合并”命令，或按 Ctrl+E 组合键即可。

“合并可见图层”命令用于合并所有可见层。单击“图层”控制面板右上方的图标，在弹出的下拉命令菜单中选择“合并可见图层”命令，或按 Shift+Ctrl+E 组合键即可。

“拼合图像”命令用于合并所有的图层。单击“图层”控制面板右上方的图标，在弹出的下拉命令菜单中选择“拼合图像”命令，也可选择“图层 > 拼合图像”命令。

6.3.7 图层剪贴蒙版

图层剪贴蒙版，是将相邻的图层编辑成剪贴蒙版。在图层剪贴蒙版中，最底下的图层是基层，基层图像的透明区域将遮住上方各层的该区域。制作剪贴蒙版，图层之间的实线变为虚线，基层图层名称下有一条下划线。

打开一幅图片，如图 6-31 所示，“图层”控制面板显示如图 6-32 所示。按住 Alt 键的同时，将鼠标光标放在“莲花”图层和“图片”图层的中间，鼠标光标变为，如图 6-33 所示，单击鼠标，创建剪贴蒙版，效果如图 6-34 所示。

图 6-31

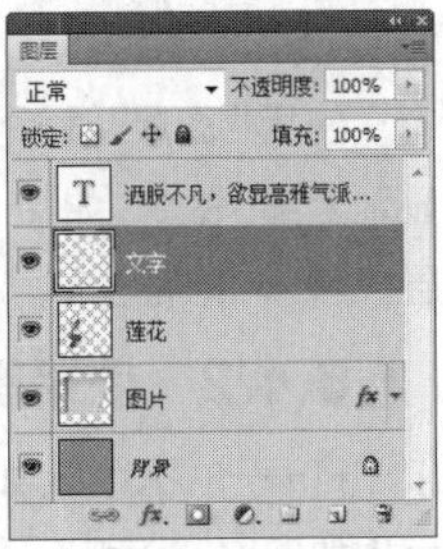

图 6-32

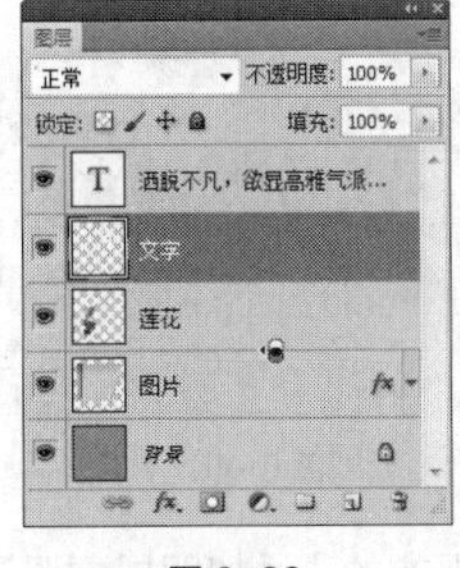

图 6-33

图 6-34

如果要取消剪贴蒙版，可以选中剪贴蒙版组中上方的图层，选择菜单“图层 > 释放剪贴蒙版”命令，或按 Alt+Ctrl+G 组合键即可删除。

6.3.8 课堂案例——添加异型边框

案例学习目标

学习使用剪贴蒙版命令制作出需要的效果。

案例知识要点

使用剪贴蒙版命令添加异型边框，如图 6-35 所示。

图 6-35

效果所在位置

光盘/Ch06/效果/添加异型边框.psd。

STEP 1 按Ctrl + O组合键，打开光盘中的“Ch06 > 素材 > 添加异型边框 > 02”文件，如图6-36所示。在“图层”控制面板中双击“背景”图层，弹出“新建图层”对话框，选项的设置如图6-37所示，单击“确定”按钮，将背景图层转化为普通图层。

图 6-36

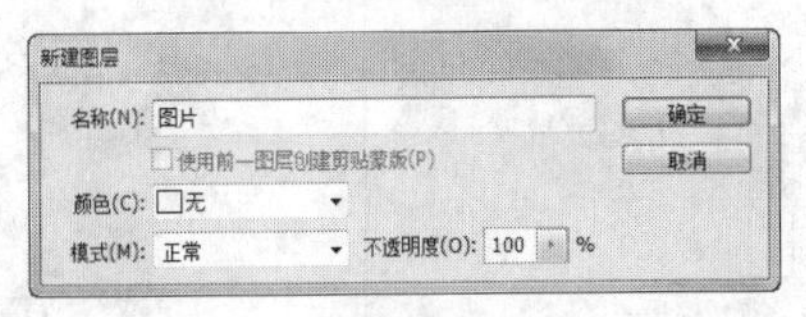

图 6-37

STEP 2 按D键，将前景色和背景色设置为默认的黑色和白色，单击“图层”控制面板下方的“创建新图层”按钮，生成新的图层“图层1”，选择“图层 > 新建 > 图层背景”命令，将普通图层转化为“背景”图层，如图6-38所示。

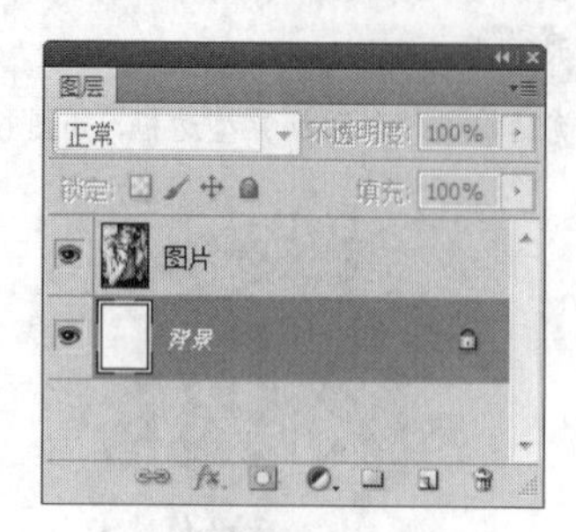

图6-38

STEP 3 单击“图片”图层左侧的眼睛图标，如图6-39所示，隐藏该图层。按Ctrl + O组合键，打开光盘中的“Ch06 > 素材 > 添加异型边框 > 01”文件，选择“移动”工具，将01素材图片拖曳到02图像窗口中的适当位置，效果如图6-40所示，在“图层”控制面板中将生成的新图层命名为“边框”。

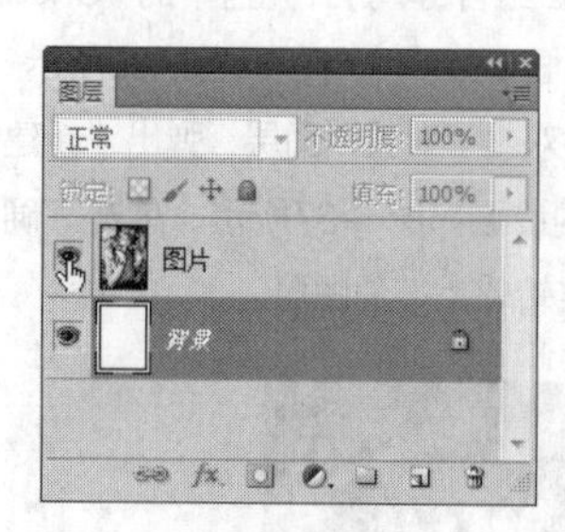

图6-39

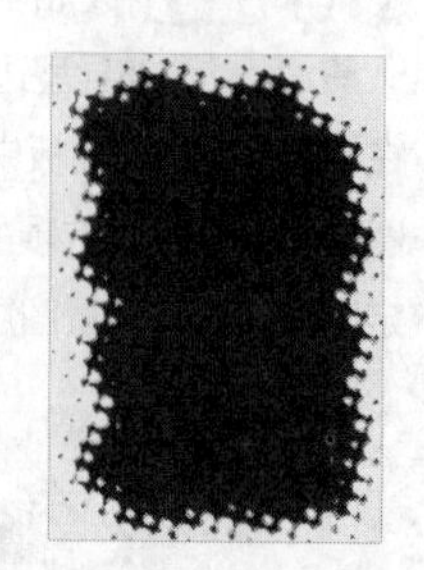

图6-40

STEP 4 选中“图片”图层，单击左侧的空白方框图标，显示该图层。按Ctrl+Alt+G组合键，为“图片”图层的剪贴蒙版，如图6-41所示，图像效果如图6-42所示。异型边框添加完成。

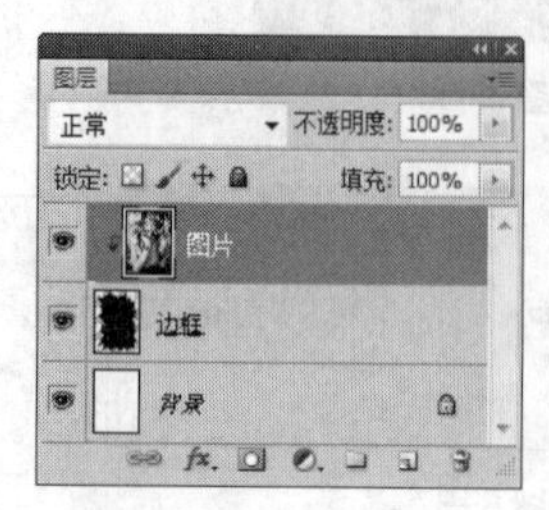

图6-41

图6-42

6.4 图层的蒙版

图层蒙板可以使图层中图像的某些部分被处理成透明或半透明的效果，而且可以恢复已经处理过的图像，是 Photoshop CS5 的一种独特的处理图像方式。

6.4.1 建立图层蒙版

建立图层蒙版有以下几种方法。

使用“图层”控制面板按钮或快捷键：单击“图层”控制面板中的“添加图层蒙版”按钮，可以创建一个图层的蒙版，如图 6-43 所示。按住 Alt 键，单击“图层”控制面板中的“添加图层蒙版”按钮，可以创建一个遮盖图层全部的蒙版，如图 6-44 所示。

图6-43

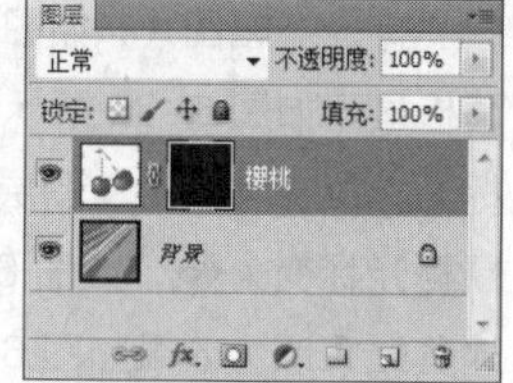

图6-44

使用“图层”命令：选择“图层 > 图层蒙版 > 显示全部”命令，如图 6-43 所示；选择“图层 > 图层蒙版 > 隐藏全部”命令，如图 6-44 所示。

6.4.2 使用图层蒙版

打开一幅图像，如图 6-45 所示，“图层”控制面板如图 6-46 所示。

图6-45

图6-46

单击“图层”控制面板下方的“添加图层蒙版”按钮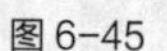，可以创建一个图层的蒙版，如图 6-47 所示。选择“画笔”工具，将前景色设为黑色，

画笔工具属性栏如图 6-48 所示。在图层的蒙版中按所需的效果进行喷绘，樱桃的图像效果如图 6-49 所示。

图 6-47

图 6-48

图 6-49

在“图层”控制面板中图层的蒙版效果如图 6-50 所示。选择“通道”控制面板，控制面板中出现了图层的蒙版通道，如图 6-51 所示。

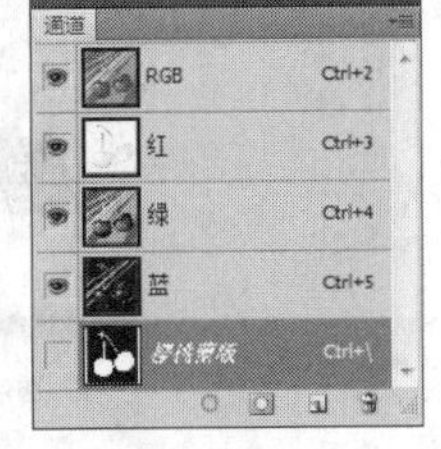

图 6-50　　图 6-51

在“图层”控制面板中图层图像与蒙版之间是关联图标，当图层图像与蒙版关联时，移动图像时蒙版会同步移动，单击关联图标，将不显示该图标，图层图像与蒙版可以分别进行操作。

在“通道”控制面板中，双击“樱桃蒙版”通道，弹出“图层蒙版显示选项”对话框，如图 6-52 所示，可以对蒙版选项进行设置，设置颜色和不透明度。

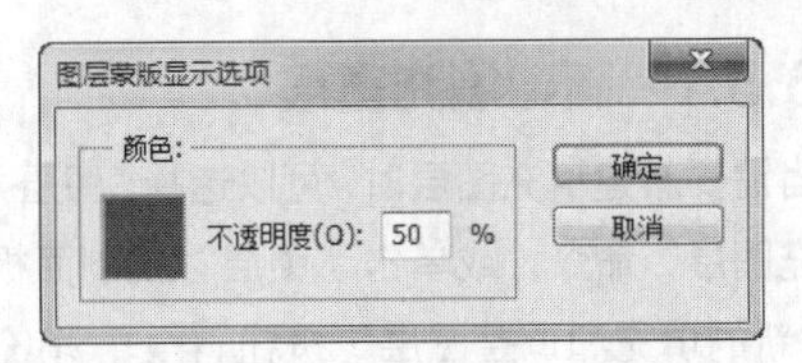

图 6-52

选择“图层 > 图层蒙版 > 停用”命令，或在“图层”控制面板中，按住 Shift 键，单击图层蒙版，如图 6-53 所示，图层蒙版被停用，图像将全部显示，效果如图 6-54 所示。再次按住 Shift 键，单击图层蒙版，将恢复图层蒙版效果。

图 6-53　　图 6-54

按住 Alt 键，单击图层蒙版，图层图像就会消失，而只显示蒙版图层，效果如图 6-55 和图 6-56 所示。再次按住 Alt 键，单击图层蒙版，将恢复图层图像效果。按住 Alt+Shift 组合键，单击图层蒙版，将同时显示图像和图层蒙版的内容。

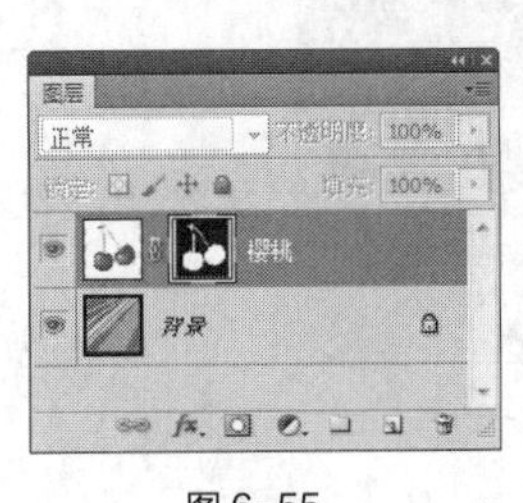

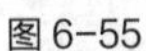

图 6-55　　图 6-56

选择“图层 > 图层蒙版 > 删除”命令，或在图层蒙版上单击鼠标右键，在弹出的快捷菜单中选择“删除图层蒙版”命令，都可以删除图层蒙版。

6.5 新建填充和调整图层

新建填充和调整图层可以对现有图层添加一系列的特殊效果。

6.5.1 新建填充图层

当需要新建填充图层时，可以选择“图层 > 新建填充图层”命令，或单击“图层”控制面板中的“创建新的填充和调整图层”按钮，填充图层有 3 种方式，如图 6-57 所示。选择其中的一种方式将弹出“新建图层”对话框，如图 6-58 所示，单击“确定”按钮。

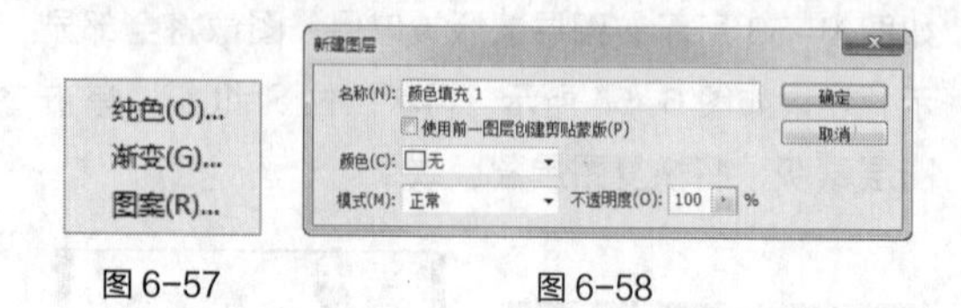

图 6-57　　　　图 6-58

将根据选择的填充方式弹出不同的填充对话框，以“渐变填充”为例，如图 6-59 所示。单击“确定”按钮，“图层”控制面板和图像的效果如图 6-60 和图 6-61 所示。

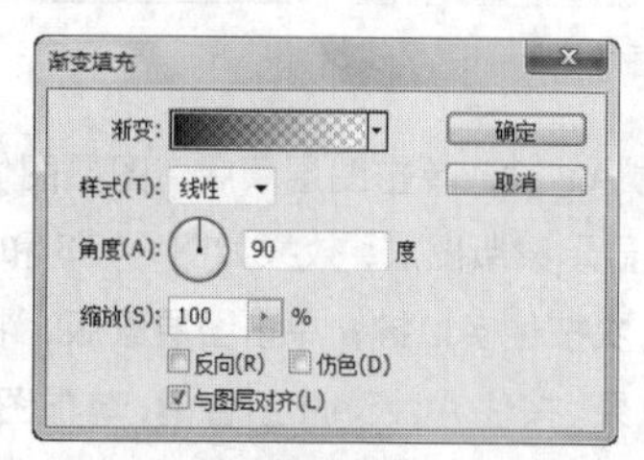

图 6-59

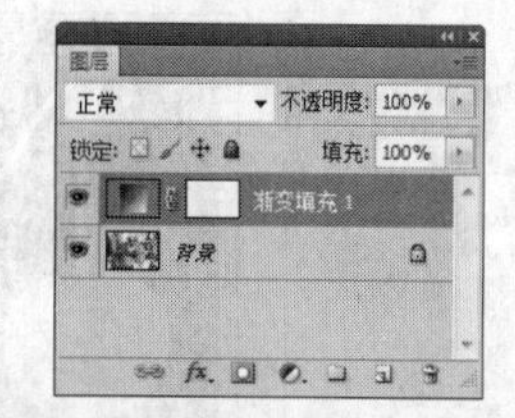

图 6-60

图 6-61

6.5.2 新建调整图层

当需要对一个或多个图层进行色彩调整时，可以新建调整图层。选择“图层 > 新建调整图层”命令，或单击“图层”控制面板中的“创建新的填充和调整图层”按钮，弹出调整图层色彩的多种方式，如图 6-62 所示。选择其中的一种将弹出“新建图层”对话框，如图 6-63 所示。选择不同的色彩调整方式，将弹出不同的色彩调整对话框，以“色阶”为例，如图 6-64 所示进行调整，按 Enter 键确认操作，“图层”控制面板和图像的效果如图 6-65 所示。

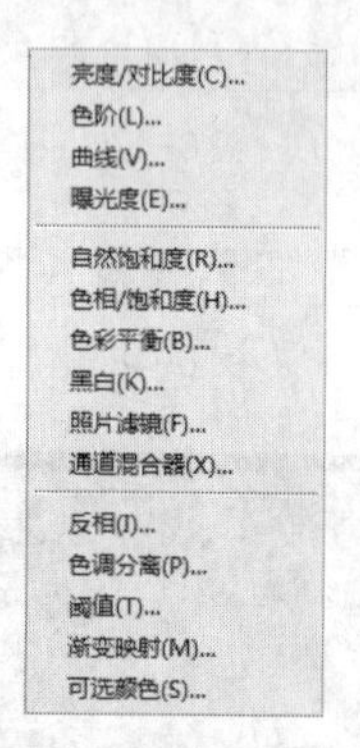

图 6-62

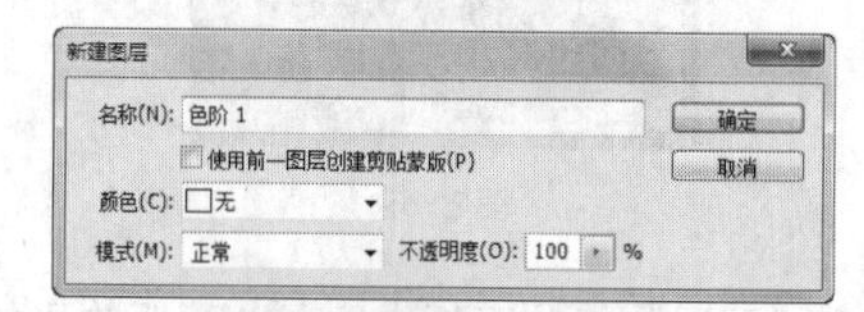

图 6-63

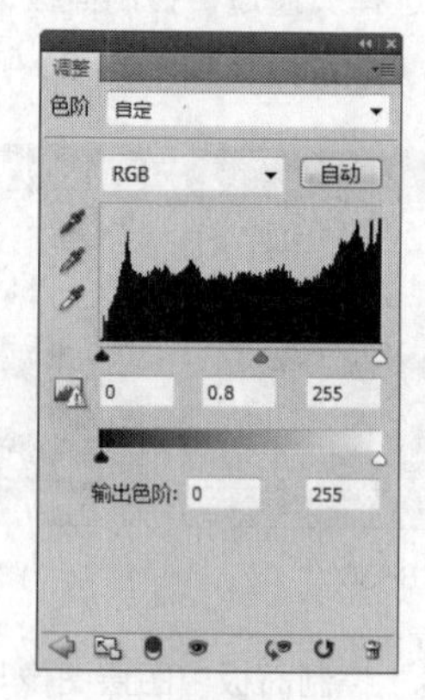

图 6-64

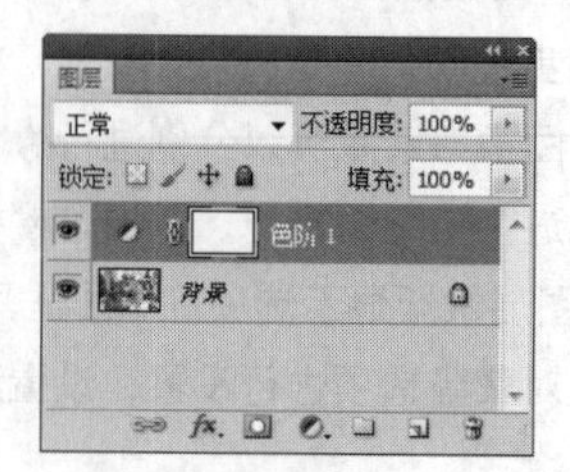

图 6-65

图 6-65（续）

6.5.3　课堂案例——为头发染色

案例学习目标

学习使用创建新的填充或调整图层命令制作出需要的效果。

案例知识要点

使用色相/饱和度命令、画笔工具为头发染色，最终效果如图 6-66 所示。

图 6-66

效果所在位置

光盘/Ch06/效果/为头发染色.psd。

STEP 1 按Ctrl + O组合键，打开光盘中的“Ch06 > 素材 > 为头发染色 > 01”文件，如图6-67所示。将“背景”图层拖曳到“图层”控制面板下方的“创建新图层”按钮 上进行复制，生成新的图层“背景 副本”。

图 6-67

STEP 2 单击“图层”控制面板下方的“创建新的填充或调整图层”按钮 ，在弹出的菜单中选择“色相/饱和度”命令，在“图层”控制面板中生成“色相/饱和度1”图层，同时在弹出的“色相/饱和度”面板中的进行设置，如图6-68所示，按Enter键，效果如图6-69所示。

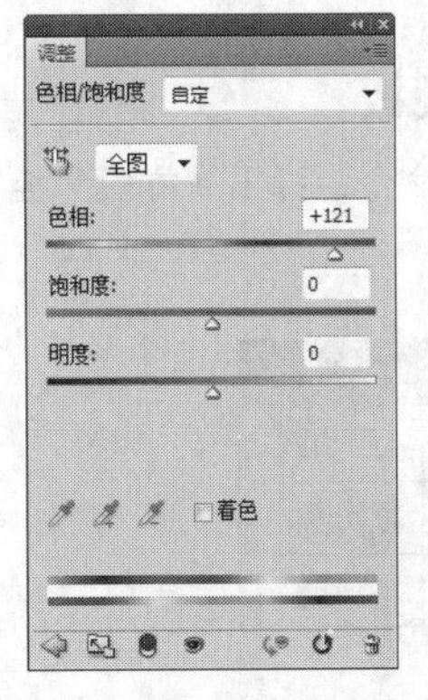

图 6-68

图 6-69

STEP 3 将前景色设为黑色。选择“画笔”工具 ，在属性栏中单击画笔图标右侧的按钮 ，在弹出的画笔预设面板中选择需要的画笔形状，如图6-70所示。在人物头发以外的区域进行涂抹，编辑状态如图6-71所示，按[和]键，调整画笔的大小，涂抹脸部，效果如图6-72所示。为头发染色制作完成。

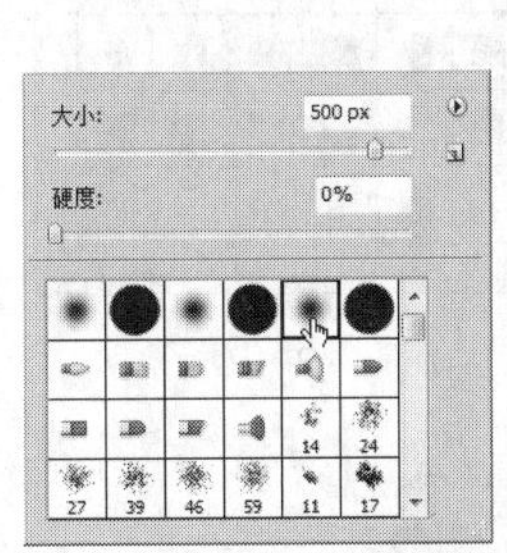

图 6-70

图 6-71

图 6-72

6.6 图层样式

可以应用样式控制面板来保存各种图层特效，并将它们快速地套用在要编辑的对象中。这样，可以节省操作步骤和操作时间。

6.6.1 样式控制面板

选择“窗口 > 样式”命令，弹出“样式”控制面板，如图 6-73 所示。

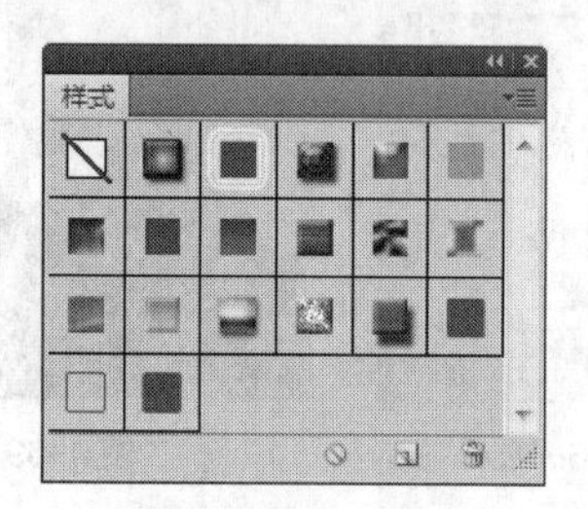

图 6-73

在“图层”控制面板中选中要添加样式的图层，效果如图 6-74 所示。在“样式”控制面板中选择要添加的样式，如图 6-75 所示。图像添加样式后的效果如图 6-76 所示。

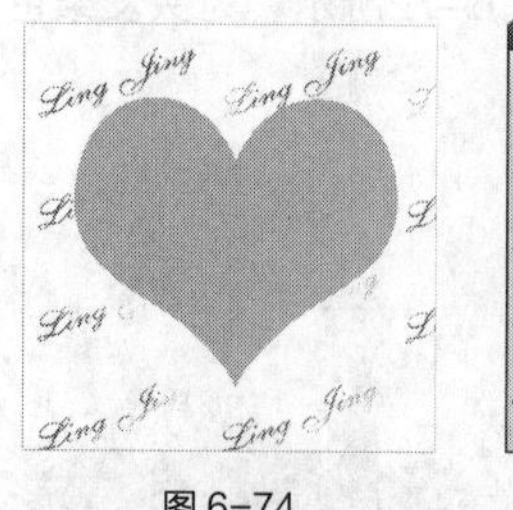

图 6-74　图 6-75

图 6-76

6.6.2 建立新样式

如果在“样式”控制面板中没有需要的样式，那么可以自己建立新的样式。

选择“图层 > 图层样式 > 混合选项”命令，弹出“图层样式”对话框，在对话框中设置需要的特效，如图 6-77 所示。单击“新建样式”按钮，弹出“新建样式”对话框，按需要进行设置，如图 6-78 所示。

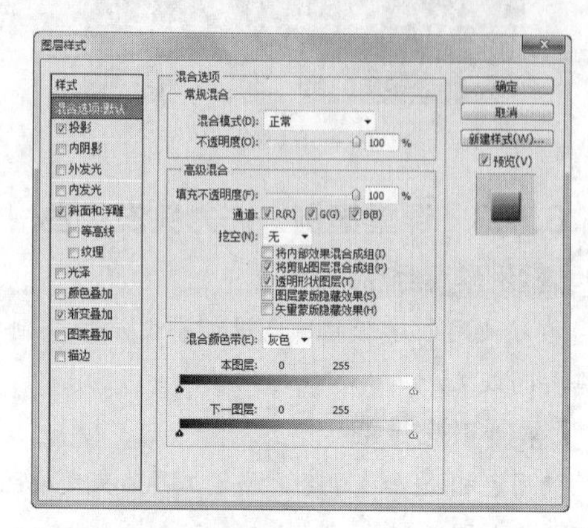

图 6-77

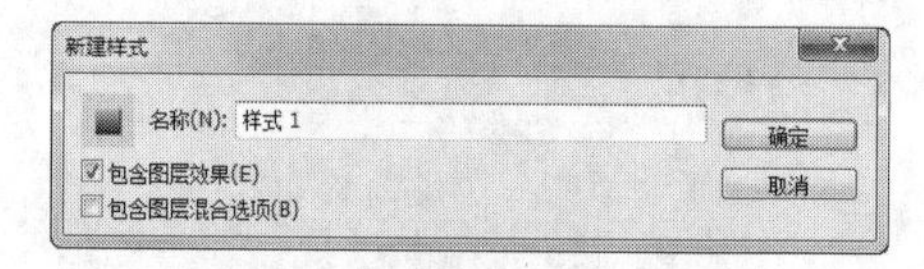

图 6-78

在对话框中，“包含图层效果”选项表示将特效添加到样式中。“包含图层混合选项”表示将图层混合选项添加到样式中，单击“确定”按钮，新样式被添加到“样式”控制面板中，如图 6-79 所示。

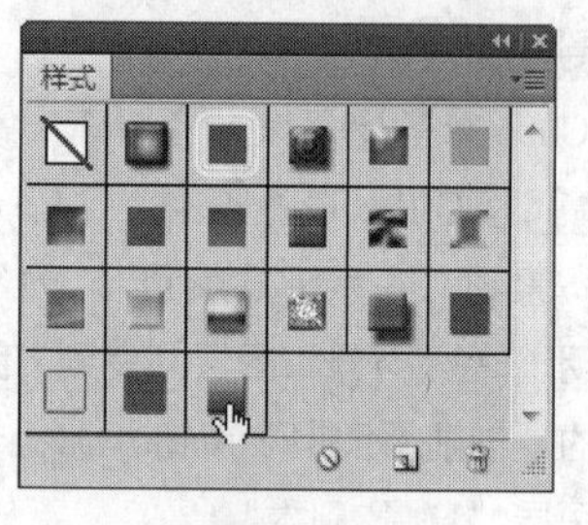

图 6-79

6.6.3 载入样式

Photoshop CS5 提供了一些样式库，可以根据需要将其载入到“样式”控制面板中。

单击“样式”控制面板右上方的图标，在弹出式菜单中选择要载入的样式，如图 6-80 所示。选择后将弹出提示对话框，如图 6-81 所示，单击“追加”按钮，样式被载入到“样式”控制面板中，如图 6-82 所示。

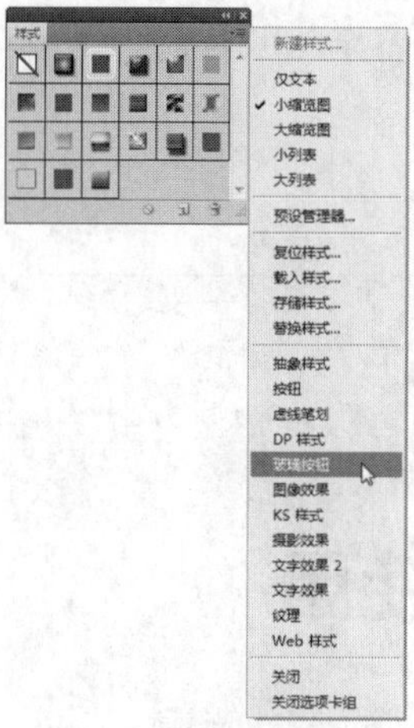

图 6-80

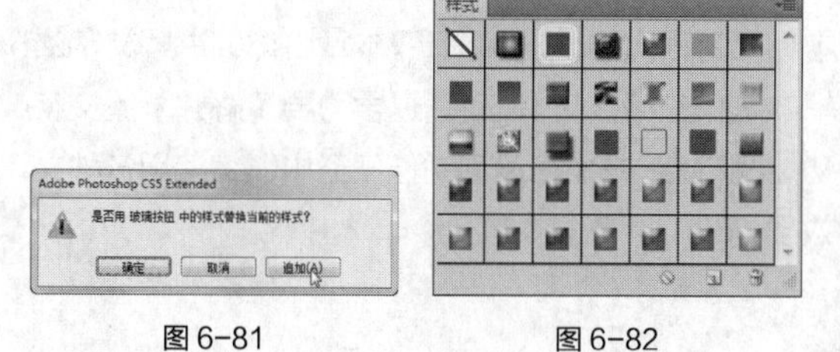

图 6-81　　图 6-82

6.6.4　删除样式

删除样式命令用于删除“样式”控制面板中的样式。将要删除的样式直接拖曳到“样式”控制面板下方的“删除样式”按钮 上，即可完成删除。

6.7 课后习题——制作秒表按钮

习题知识要点

使用渐变工具和纹理化滤镜制作背景效果，使用钢笔工具、椭圆工具、图层样式命令制作按钮图形，使用横排文字工具添加文字，使用自定形状工具绘制箭头图形，如图 6-83 所示。

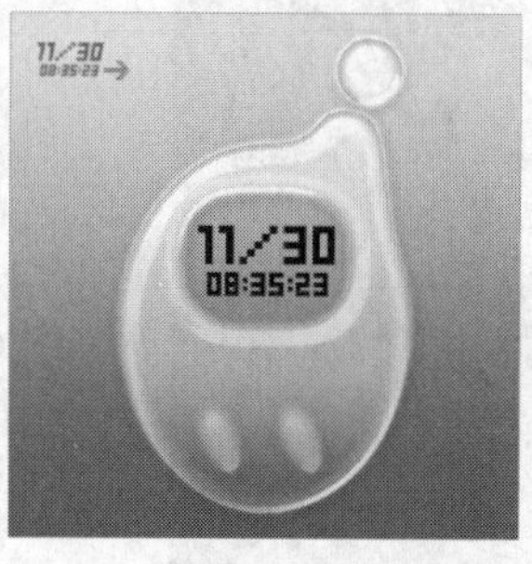

图 6-83

效果所在位置

光盘/Ch06/效果/制作秒表按钮.psd。

Photoshop CS5

7 Chapter

第 7 章
文字的使用

Photoshop CS5 的文字输入和编辑功能与以前的版本相比有很大的改进和提高。本章将详细讲解文字的编辑方法和应用技巧。读者通过学习要了解并掌握文字的功能及特点，并能在设计制作任务中熟练使用各种文字效果。

【教学目标】

- 文字工具的使用
- 转换文字图层
- 文字变形效果
- 沿路径排列文字
- 字符与段落的设置

7.1 文字工具的使用

在Photoshop CS5中，文字工具包括横排文字工具、直排文字工具、横排文字蒙版工具和直排文字蒙版工具。应用文字工具可以实现对文字的输入和编辑。

7.1.1 文字工具

1. 横排文字工具

启用“横排文字”工具，有以下几种方法。

选择“横排文字”工具，或按T键，其属性栏状态如图7-1所示。

图7-1

在文字工具属性栏中，“更改文本方向”按钮用于选择文字输入的方向；选项用于设定文字的字体及属性；选项用于设定字体的大小；选项用于消除文字的锯齿，包括无、锐利、犀利、浑厚和平滑5个选项；选项用于设定文字的段落格式，分别是左对齐、居中对齐和右对齐；按钮用于设置文字的颜色；“创建文字变形”按钮用于对文字进行变形操作；“切换字符和段落面板”按钮用于隐藏或打开“段落”和“字符”控制面板；“取消所有当前编辑”按钮用于取消对文字的操作；“提交所有当前编辑”按钮用于确定对文字的操作。

2. 直排文字工具

应用“直排文字”工具可以在图像中建立垂直文本，创建垂直文本工具属性栏和创建横排文字工具属性栏的功能基本相同。

3. 横排文字蒙版工具

应用“横排文字蒙版”工具可以在图像中建立水平文本的选区，创建水平文本选区工具属性栏和创建文字工具属性栏的功能基本相同。

4. 直排文字蒙版工具

应用“直排文字蒙版”工具可以在图像中建立垂直文本的选区，创建垂直文本选区工具属性栏和创建横排文字工具属性栏的功能基本相同。

7.1.2 建立点文字图层

建立点文字图层就是以点的方式建立文字图层。

将“横排文字”工具移动到图像窗口中，鼠标指针变为图标。在图像窗口中单击，此时出现一个文字的插入点，如图7-2所示。输入需要的文字，文字会显示在图像窗口中，效果如图7-3所示。

在输入文字的同时，“图层”控制面板中将自动生成一个新的文字图层，如图7-4所示。

图7-2

图7-3

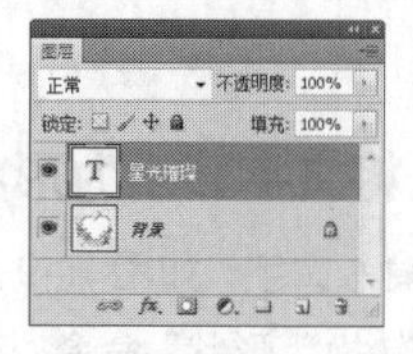

图7-4

7.1.3 建立段落文字图层

建立段落文字图层就是以段落文字框的方式建立文字图层。下面，将具体讲解建立段落文字图层的方法。

将“横排文字”工具移动到图像窗口中，鼠标指针变为图标。单击并按住鼠标左键，在图像窗口中拖曳出一个段落文本框，如图7-5所示。此时，插入点显示在文本框的左上角，输入文字即可。段落文本框具有自动换行的功能，如果输入的文字较多，当文字遇到文本框时，会自动换到下一行显示，如图7-6所示。如果输入的文字需要分出段落，可以按Enter键进行操作。还可以对文本框进行旋转、拉伸等操作。

图7-5

图7-6

7.2 转换文字图层

在输入完文字后，可以根据设计制作的需要将文字进行一系列的转换。

7.2.1 将文字转换为路径

在图像中输入文字，如图 7-7 所示。选择“图层 > 文字 > 创建工作路径”命令，即可将文字转换为路径，在“图层”控制面板中隐藏文字图层，可看到创建的文字路径，如图 7-8 所示。

图 7-7

图 7-8

7.2.2 将文字转换为形状

在图像中输入文字，如图 7-9 所示。选择“图层 > 文字 > 转换为形状”命令，在文字的边缘增加形状路径，如图 7-10 所示。在“图层”控制面板中，文字图层被形状路径图层所代替，如图 7-11 所示。

图 7-9

图 7-10

图 7-11

7.2.3 文字的横排与直排

在图像中输入横排文字，如图 7-12 所示。选择“图层 > 文字 > 垂直”命令，文字将从水平方向转换为垂直方向，如图 7-13 所示。

图 7-12

图 7-13

7.3 文字变形效果

可以根据需要将输入完成的文字进行各种变形。打开一幅图像，按 T 键，选择“横排文字”工具 T，在文字工具属性栏中设置文字的属性，如图 7-14 所示。将“横排文字”工具 T 移动到图像窗口中，鼠标指针将变成 I 图标。在图像窗口中单击，此时出现一个文字的插入点，输入需要的文字，文字将显示在图像窗口中，效果如图 7-15 所示。

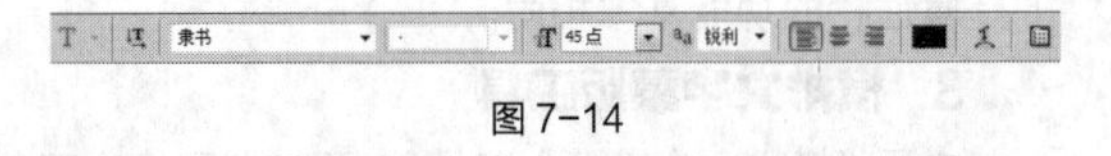

图 7-14

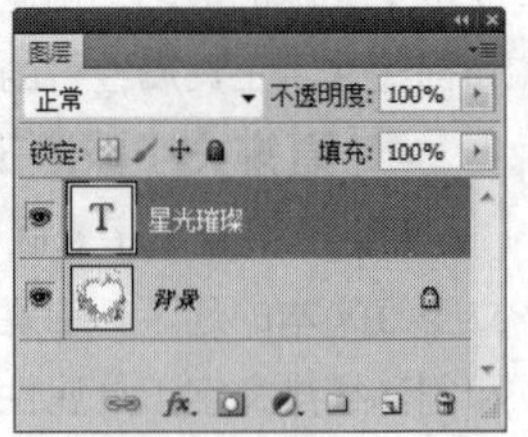

图 7-15

单击文字工具属性栏中的“创建文字变形”按钮 ，弹出“变形文字”对话框，其中“样式”选项中有 15 种文字的变形效果，如图 7-16 所示。

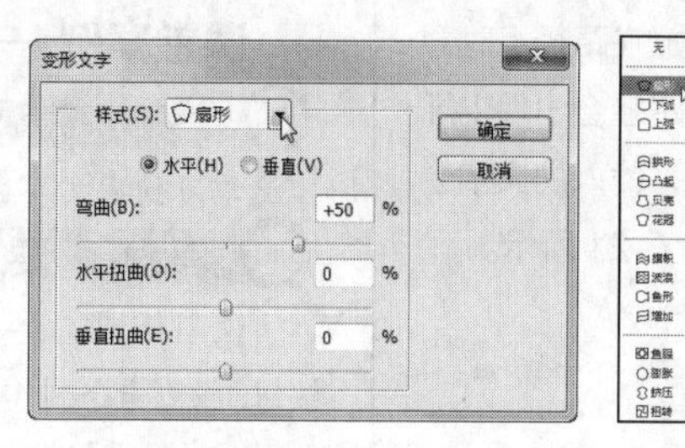

图 7-16

文字的多种变形效果，如图 7-17 所示。

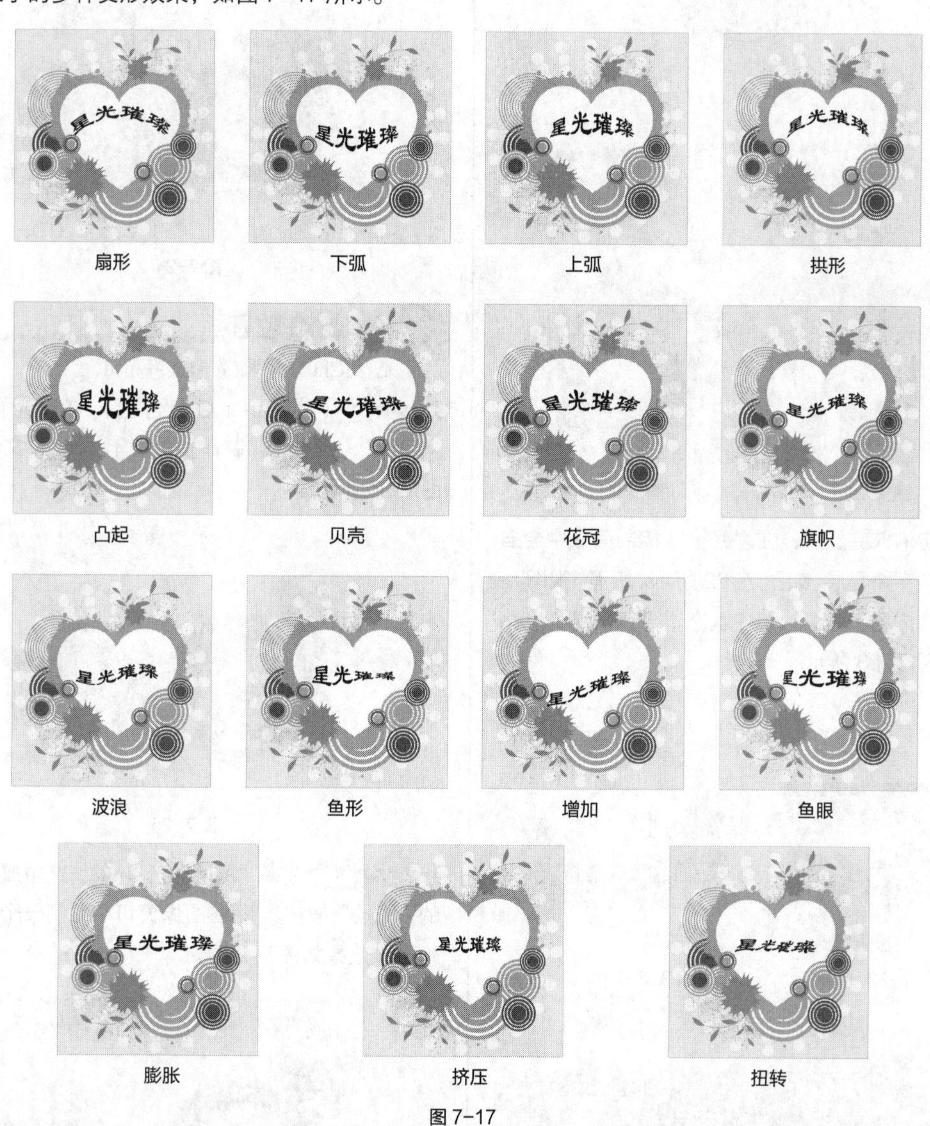

图 7-17

7.4 沿路径排列文字

在 Photoshop CS5 中，可以把文本沿着路径放置，这样的文字还可以在 Illustrator 中直接编辑。

打开一幅图像，按 P 键，选择“椭圆”工具，在图像中绘制圆形，如图 7-18 所示。选择“横排文字”工具，在文字工具属性栏中设置文字的属性，如图 7-19 所示。当鼠标光标停放在路径上时会变为图标，如图 7-20 所示。单击路径会出现闪烁的光标，此处成为输入文字的起始点，输入的文字会按照路径的形状进行排列，效果如图 7-21 所示。

图 7-18

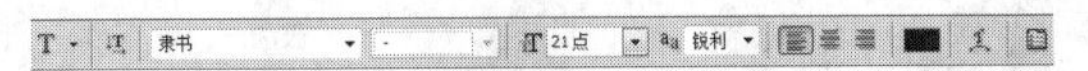

图 7-19

图 7-20

图 7-21

文字输入完成后，在“路径”控制面板中会自动生成文字路径层，如图 7-22 所示。取消“视图 > 显示额外内容”命令的选中状态，可以隐藏文字路径，如图 7-23 所示。

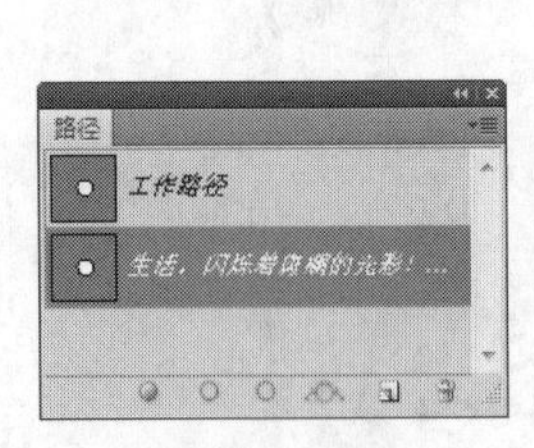

图 7-22

图 7-23

提 示

“路径”控制面板中文字路径层与“图层”控制面板中相应的文字图层是相链接的，删除文字图层时，文字的路径层会自动被删除，删除其他工作路径不会对文字的排列有影响。如果要修改文字的排列形状，需要对文字路径进行修改。

课堂案例——制作多彩童年

案例学习目标

学习使用文字工具制作出需要的文字效果。

案例知识要点

使用椭圆工具、横排文字工具、创建文字变形按钮、投影命令制作多彩童年效果，最终效果如图 7-24 所示。

图 7-24

效果所在位置

光盘/Ch07/效果/多彩童年.psd。

STEP 1 按 Ctrl + O 组合键，打开光盘中的“Ch07 > 素材 > 制作多彩童年 > 01”文件，如图7-25所示。

图 7-25

STEP 2 选择“椭圆”工具，选中属性栏中的“路径”按钮，在图像窗口中绘制一个椭圆形路径，效果如图7-26所示。

图 7-26

STEP 3 将前景色设为橘红色（其R、G、B值分别为250、60、2）。选择“横排文字”工具，在属性栏中选择合适的字体并设置文字大小，将光标停放在椭圆形路径上时变为图标，如图7-27所示。单击鼠标会出现闪烁的光标，此处成为输入文字的起始点，如图7-28所示。输入需要的橘红色文字，效果如图7-29所示。在“图层”控制面板生成新的文字层。选择“路径选择”工具，选取椭圆路径，按Enter键，隐藏路径，文字效果如图7-30所示。

图7-27

图7-28

图7-29

图7-30

STEP 4 将前景色设为红色（其R、G、B的值分别为255、78、0）。选择“横排文字”工具，在图像窗口中输入需要的文字，选取文字，在属性栏中选择合适的字体并设置文字大小，按Alt+向右方向键，调整文字字距，效果如图7-31所示。在“图层”控制面板中生成新的文字图层。

图7-31

STEP 5 单击文字属性栏中的“创建文字变形”按钮，弹出“变形文字”对话框，选项的设置如图7-32所示。单击“确定”按钮，文字效果如图7-33所示。

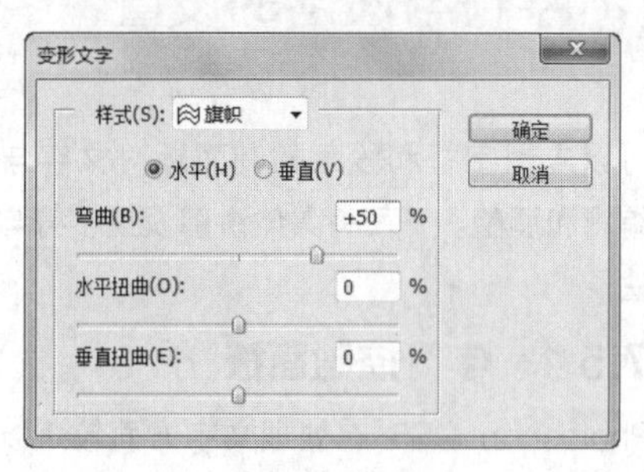

图7-32

图7-33

STEP 6 单击“图层”控制面板下方的“添加图层样式”按钮，在弹出的菜单中选择“投影”命令，在弹出的对话框中进行设置，如图7-34所示。单击“确定”按钮，效果如图7-35所示。多彩童年效果制作完成。

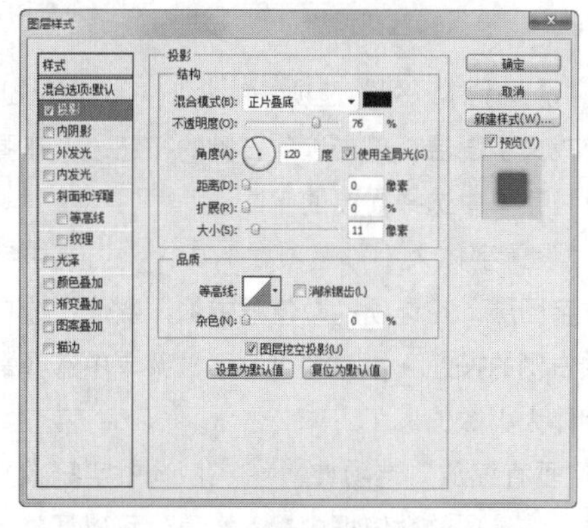

图7-34

图7-35

7.5 字符与段落的设置

可以应用字符和段落控制面板对文字与段落进行编辑和调整。下面将具体讲解设置字符与段落的方法。

7.5.1 字符控制面板

Photoshop CS5 在处理文字方面较之以前的版本有飞跃性的突破。其中，“字符”控制面板可以用来编辑文本字符。

选择“窗口 > 字符”命令，弹出“字符”控制面板，如图 7-36 所示。

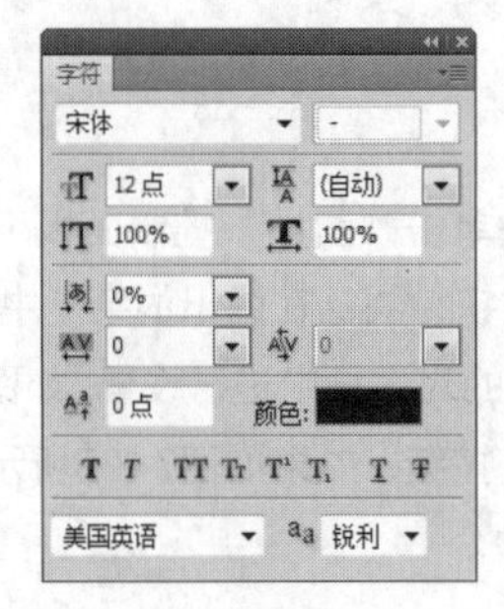

图 7-36

“设置字体系列”选项 宋体：选中字符或文字图层，单击选项右侧的按钮，在弹出的下拉菜单中选择需要的字体。

“设置字体大小”选项 12点：选中字符或文字图层，在选项的数值框中输入数值，或单击选项右侧的按钮，在弹出的下拉菜单中选择需要的字体大小数值。

“垂直缩放”选项 100%：选中字符或文字图层，在选项的数值框中输入数值，可以调整字符的长度，效果如图 7-37 所示。

垂直缩放　　垂直缩放

数值为 100%时的效果　　数值为 150%时的效果

垂直缩放

数值为 200%时的效果

图 7-37

“设置所选字符的比例间距”选项 0%：选中字符或文字图层，在选项的数值框中选择百分比数值，可以对所选字符的比例间距进行细微的调整，效果如图 7-38 所示。

字符比例间距

数值为 0%时的效果

字符比例间距

数值为 100%时的效果

图 7-38

“设置所选字符的字距调整”选项 0：选中需要调整字距的文字段落或文字图层，在选项的数值框中输入数值，或单击选项右侧的按钮，在弹出的下拉菜单中选择需要的字距数值，可以调整文本段落的字距。输入正值，字距加大；输入负值，字距缩小，效果如图 7-39 所示。

字距调整　　字距调整

数值为−100 时的效果　　数值为 0 时的效果

字 距 调 整

数值为 200 时的效果

图 7-39

“设置基线偏移”选项 0点：选中字符，在选项的数值框中输入数值，可以调整字符上下移动。输入正值，横排的字符上移，直排的字符右移；输入负值，横排的字符下移，直排的字符左移。效果如图 7-40 所示。

20132　　2013^2

选中字符　　数值为 20 时的效果

2013_2

数值为−20 时的效果

图 7-40

“设定字符的形式”按钮 T T TT Tr T¹ T₁ T T：从左到右依次为“仿粗体”按钮 T、“仿斜体”按钮 T、“全部大写字母”按钮 TT、“小型大写字母”按钮 Tr、“上标”按钮 T¹、“下标”按钮 T₁、“下划线”按钮 T 和“删除线”按钮 T。选中字符或文字图层，单击需要的形式按钮，各个形式效果如图 7-41 所示。

文字正常效果

文字仿粗体效果

文字仿斜体效果

文字全部大写效果

文字小型大写字母效果

文字上标效果

文字下标效果

文字下划线效果

文字删除线效果

图 7-41

“语言设置”选项 美国英语：单击选项右侧的按钮，在弹出的下拉菜单中选择需要的语言字典。选择字典主要用于拼写检查和连字的设定。

“设置字体样式”选项 Regular：选中字符或文字图层，单击选项右侧的按钮，在弹出的下拉菜单中选择需要的字型。

“设置行距”选项 (自动)：选中需要调整行距的文字段落或文字图层，在选项的数值框中输入数值，或单击选项右侧的按钮，在弹出的下拉菜单中选择需要的行距数值，可以调整文本段落的行距，效果如图 7-42 所示。

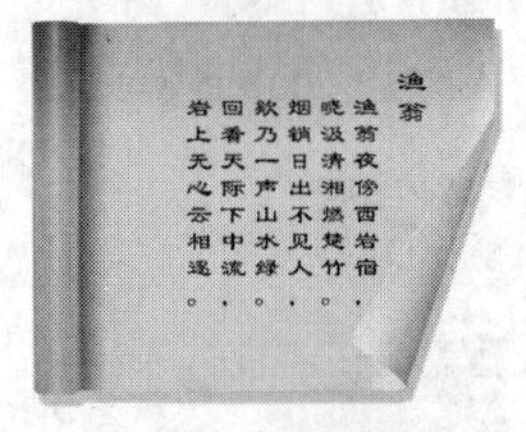

数值为 18 时的效果

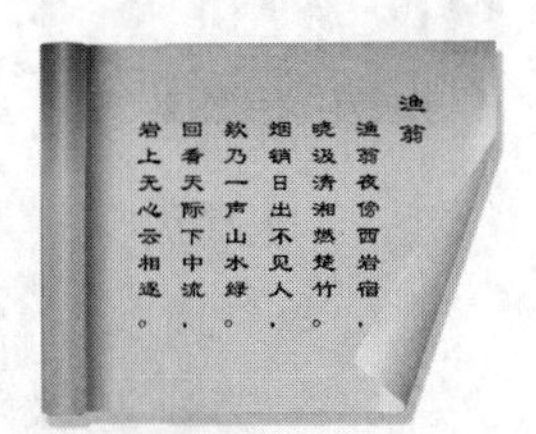

数值为 26 时的效果

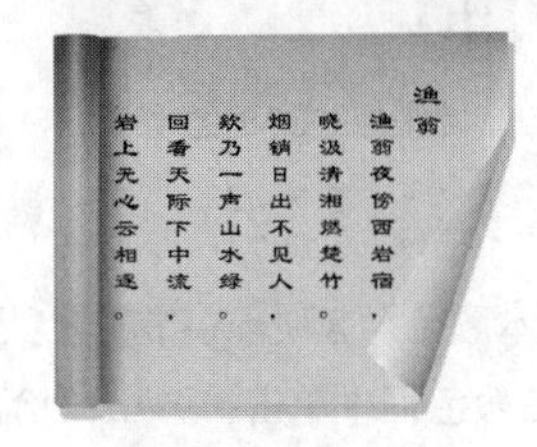

数值为 30 时的效果

图 7-42

“水平缩放”选项 T 100%：选中字符或文字图层，在选项的数值框中输入数值，可以调整字符的宽度，效果如图 7-43 所示。

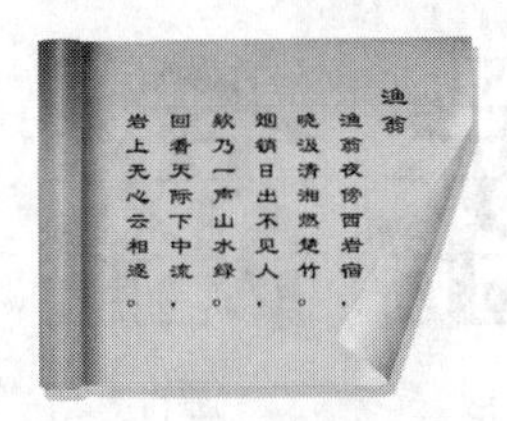

数值为 100%时的效果

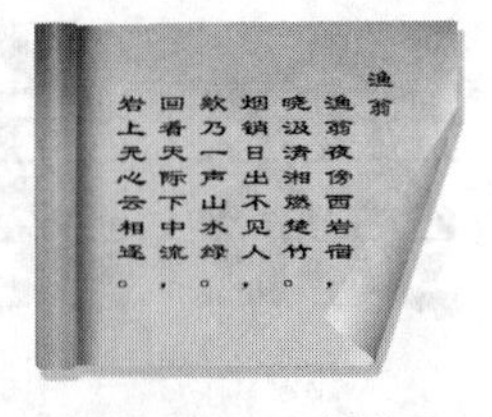

数值为 130%时的效果

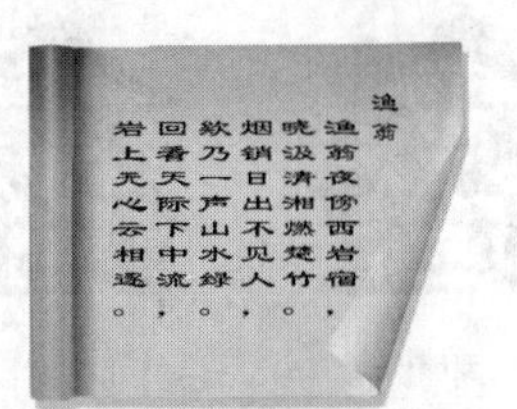

数值为 150%时的效果

图 7-43

“设置两个字符间的字距微调”选项 ：使用文字工具在两个字符间单击，插入光标，在选项的数值框中输入数值，或单击选项右侧的按钮，在弹出的下拉菜单中选择需要的字距数值。输入正值时，字符的间距会加大；输入负值时，字符的间距会缩小，效果如图 7-44 所示。

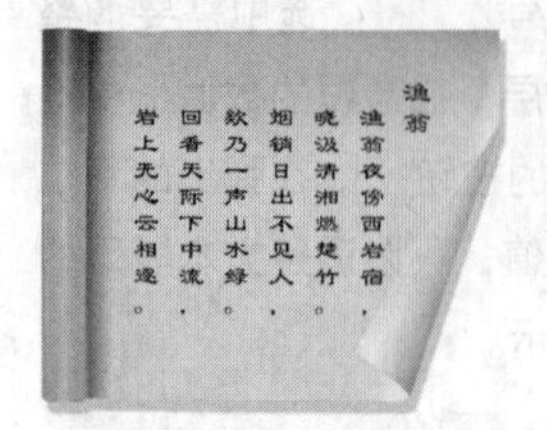

数值为 0 时的效果

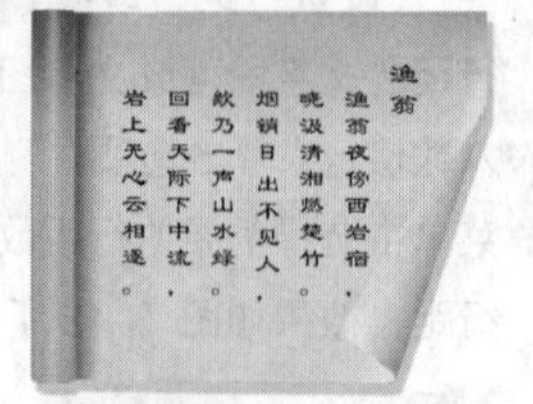

数值为 200 时的效果

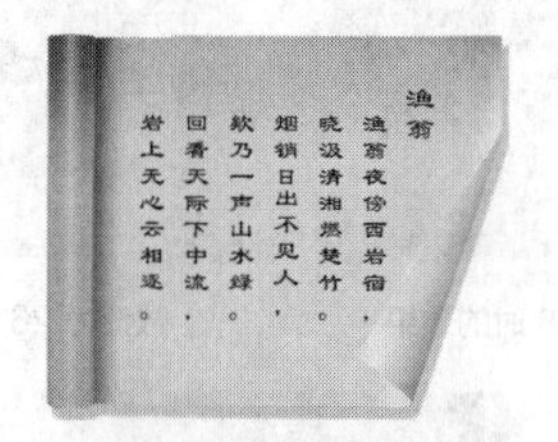

数值为-200 时的效果

图 7-44

“设置文本颜色”选项 颜色：选中字符或文字图层，在颜色框中单击，弹出“拾色器”对话框，在对话框中设定需要的颜色后，单击“确定”按钮，可以改变文字的颜色。

“设置消除锯齿的方法”选项 锐利：可以选择无、锐利、犀利、浑厚和平滑 5 种消除锯齿的方式，效果如图 7-45 所示。

无　　锐利　　犀利

浑厚　　平滑

图 7-45

7.5.2 课堂案例——制作魅力女孩

案例学习目标

学习使用文字工具制作出需要的多种文字效果。

案例知识要点

使用横排文字工具添加标题文字，使用描边命令为文字添加描边效果，最终效果如图 7-46 所示。

图 7-46

效果所在位置

光盘/Ch07/效果/制作魅力女孩.psd。

STEP 1 按 Ctrl+O 组合键，打开光盘中的“Ch07 > 素材 > 制作魅力女孩 > 01”文件，如图7-47所示。

图 7-47

STEP 2 将前景色设为深蓝色（其R、G、B值分别为2、48、96）。选择“横排文字”工具，在图像窗口中输入需要的文字并选取文字，在属性栏中选择合适的字体并设置文字大小，效果如图7-48所示，在“图层”控制面板中生成新的文字图层。

图 7-48

STEP 3 选择“横排文字”工具T，选中文字“力”，如图7-49所示。单击属性栏中的“切换字符和段落调板”按钮，在弹出的“字符”面板中进行设置，如图7-50所示，文字效果如图7-51所示。

图7-49

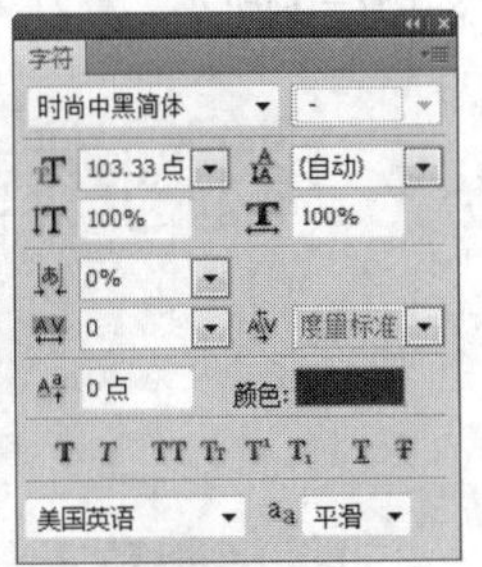

图7-50

图7-51

STEP 4 单击“图层”控制面板下方的“添加图层样式”按钮 fx，在弹出的菜单中选择“描边”命令，将描边颜色设为白色，其他选项的设置如图7-52所示。单击“确定”按钮，效果如图7-53所示。

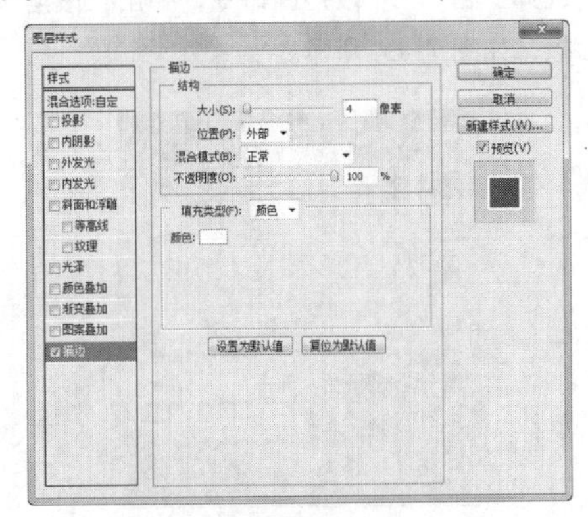

图7-52

图7-53

STEP 5 选择“横排文字”工具T，在图像窗口中输入需要的文字，选取文字，在属性栏中选择合适的字体并设置文字大小，效果如图7-54所示，在“图层”控制面板中生成新的文字图层。

图7-54

STEP 6 保持文字选取状态。在弹出的“字符”面板中单击“仿粗体”按钮T，将文字加粗，其他选项的设置如图7-55所示。按Enter键确认操作，取消文字选取状态，效果如图7-56所示。

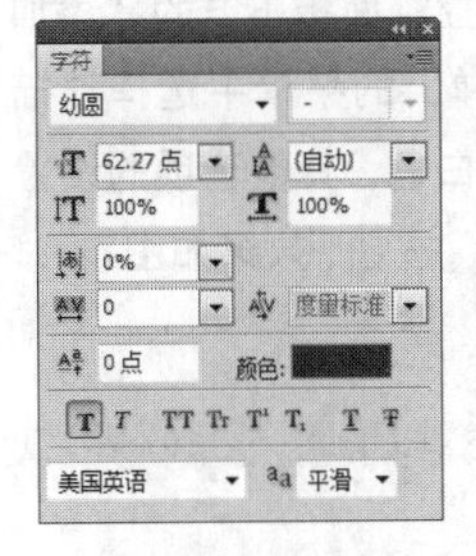

图7-55

图7-56

STEP 7 单击“图层”控制面板下方的“添加图层样式”按钮 fx，在弹出的菜单中选择“描边”命令，将描边颜色设为白色，其他选项的设置如图7-57所示。单击“确定”按钮，效果如图7-58所示。

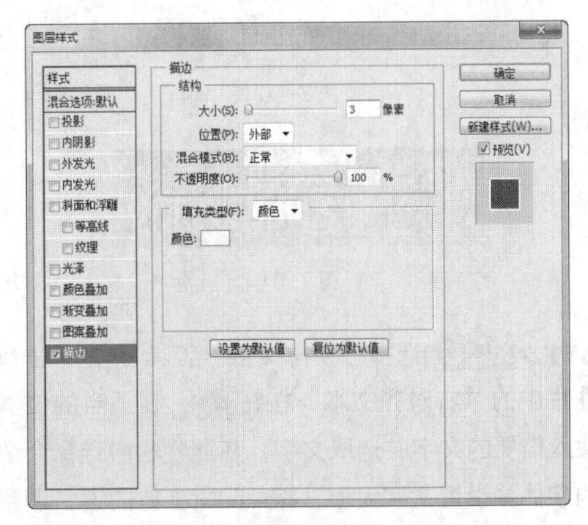

图7-57

图 7-58

STEP 8 选择“横排文字”工具 T，在图像窗口中输入需要的文字，选取文字，在属性栏中选择合适的字体并设置文字大小，效果如图7-59所示，在“图层”控制面板中生成新的文字图层。

图 7-59

STEP 9 单击“图层”控制面板下方的“添加图层样式”按钮 fx，在弹出的菜单中选择“描边”命令，将描边颜色设为白色，其他选项的设置如图7-60所示，单击“确定”按钮，效果如图7-61所示。

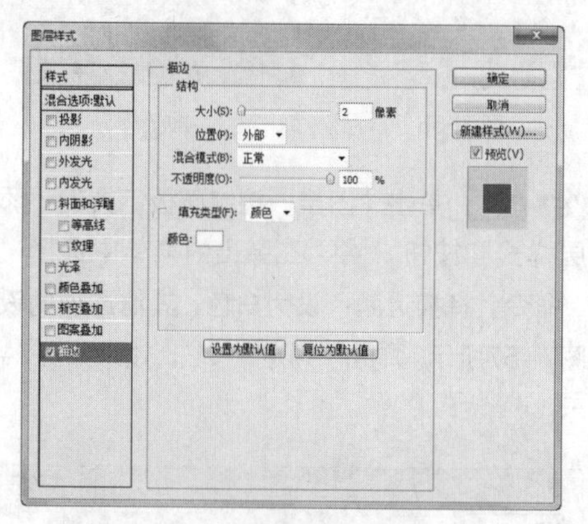

图 7-60

图 7-61

STEP 10 选择“横排文字”工具 T，单击属性栏中的“右对齐文本”按钮，在适当的位置输入需要的文字并选取文字，在属性栏中选择合适的字体并设置文字大小，按Alt+向上方向键，调整文字行距，效果如图7-62所示，在“图层”控制面板中生成新的文字图层。

STEP 11 在“(　)”文字图层上单击鼠标右键，在弹出的菜单中选择“拷贝图层样式”命令。在“hold Fashion trend”文字图层上单击鼠标右键，在弹出的菜单中选择“粘贴图层样式”命令，效果如图7-63所示。魅力女孩效果制作完成。

图 7-62

图 7-63

7.5.3 段落控制面板

“段落”控制面板可以用来编辑文本段落。下面具体介绍段落控制面板的内容。

选择“窗口 > 段落”命令，弹出“段落”控制面板，如图 7-64 所示。

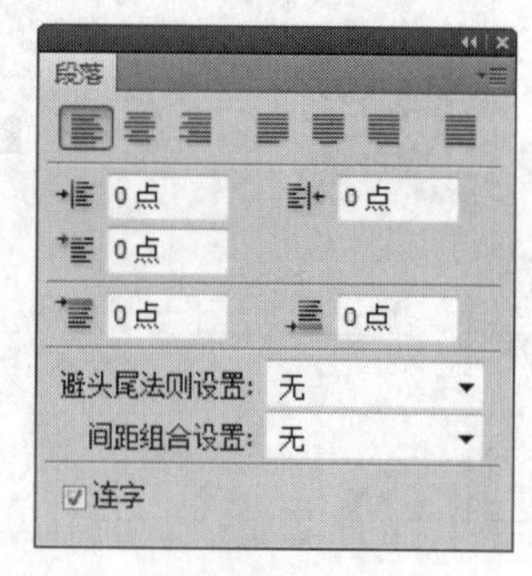

图 7-64

在控制面板中，选项用来调整文本段落中每行对齐的方式：左对齐文本、居中对齐文本和右对齐文本；选项用来调整段落的对齐方式：最后一行左对齐、最后一行居中对齐和最后一行右对齐；选项用来设置整个段落中的行两端对齐：全部对齐。

另外，通过输入数值还可以调整段落文字的左缩进、右缩进、首行缩进、段前添加空格和段后添加空格。

“左缩进”选项：在选项中输入数值可以设置段落左端的缩进量。

“右缩进”选项：在选项中输入数值可以设置段落右端的缩进量。

“首行缩进”选项：在选项中输入数值可以设置段落第一行的左端缩进量。

“段前添加空格”选项：在选项中输入数值可以设置当前段落与前一段落的距离。

“段后添加空格”选项：在选项中输入数值可以设置当前段落与后一段落的距离。

“避头尾法则设置”和“间距组合设置”选项可以设置段落的样式；“连字”选项为连字符选框，用来确定文字是否与连字符连接。

此外，单击“段落”控制面板右上方的图标，还可以弹出“段落”控制面板的下拉命令菜单，如图 7-65 所示。

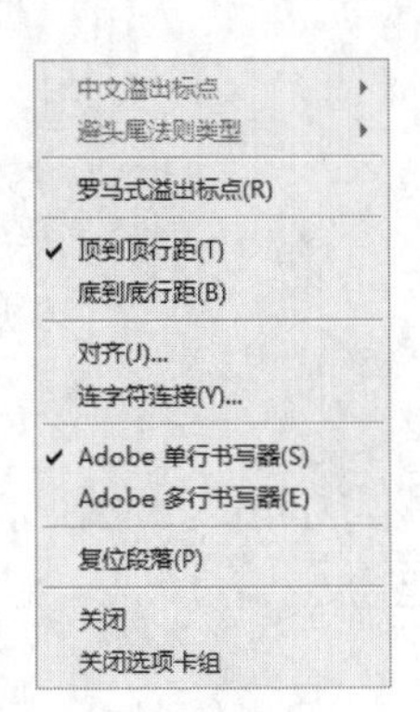

图 7-65

“罗马式溢出标点”命令：为罗马悬挂标点。

“顶到顶行距”命令：用于设置段落行距为两行文字顶部之间的距离。

“底到底行距”命令：用于设置段落行距为两行文字底部之间的距离。

“对齐”命令：用于调整段落中文字的对齐。

“连字符连接”命令：用于设置连字符。

“Adobe 单行书写器”命令：为单行编辑器。

“Adobe 多行书写器”命令：为多行编辑器。

“复位段落”命令：用于恢复“段落”控制面板的默认值。

7.6 课后习题——制作电视剧海报

习题知识要点

使用渐变映射命令调整图片的颜色，使用矩形选框工具和极坐标滤镜制作背景效果，使用自定形状工具绘制心形。使用文字变形命令将文字变形，使用描边命令为文字添加描边效果，如图 7-66 所示。

图 7-66

效果所在位置

光盘/Ch07/效果/制作电视剧海报.psd。

Photoshop CS5

8 Chapter

第 8 章
图形与路径

Photoshop CS5 的图形绘制功能非常强大。本章将详细讲解 Photoshop CS5 的绘图功能和应用技巧。读者通过学习要能够根据设计制作任务的需要，绘制出精美的图形，并能为绘制的图形添加丰富的视觉效果。

【教学目标】

- 绘制图形
- 绘制和选取路径
- 路径控制面板

8.1 绘制图形

路径工具极大地加强了 Photoshop CS5 处理图像的能力，它可以用来绘制路径、剪贴路径和填充区域。

8.1.1 矩形工具的使用

矩形工具可以用来绘制矩形或正方形。启用“矩形”工具有以下几种方法。

选择“矩形”工具，或反复按 Shift+U 组合键，其属性栏状态如图 8-1 所示。

图 8-1

在矩形工具属性栏中，选项组用于选择创建形状图层、创建工作路径或填充像素；选项组用于选择形状路径工具的种类；选项组用于选择路径的组合方式；“样式”选项为层风格选项；“颜色”选项用于设定图形的颜色。

单击选项组中的小按钮，弹出“矩形选项”面板，如图 8-2 所示。在面板中可以通过各种设置来控制矩形工具所绘制的图形区域，包括：“不受约束”、“方形”、“固定大小”、“比例”和“从中心”选项，“对齐像素”选项用于使矩形边缘自动与像素边缘重合。

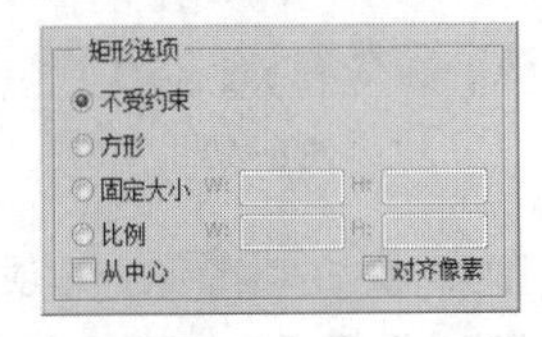

图 8-2

打开一幅图像，如图 8-3 所示。在图像中的星形中间绘制出矩形，效果如图 8-4 所示。“图层”控制面板如图 8-5 所示。

图 8-3

图 8-4

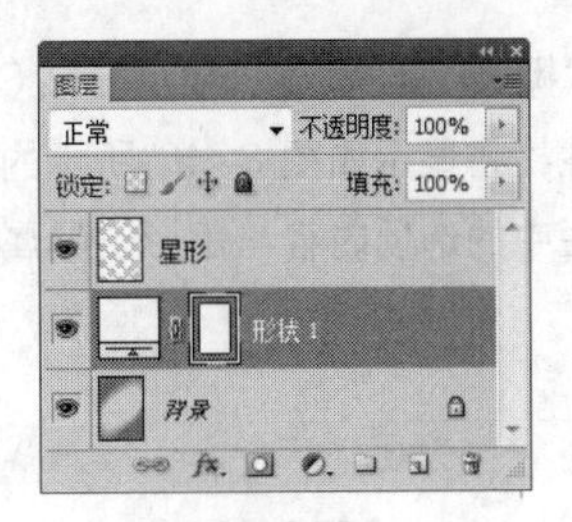

图 8-5

8.1.2 圆角矩形工具的使用

圆角矩形工具可以用来绘制具有平滑边缘的矩形。启用“圆角矩形”工具有以下几种方法。

选择“圆角矩形”工具，或反复按 Shift+U 组合键，其属性栏状态如图 8-6 所示。圆角矩形属性栏中的选项内容与矩形工具属性栏的选项内容类似，只多了一项“半径”选项，用于设定圆角矩形的平滑程度，数值越大越平滑。

图 8-6

打开一幅图像，如图 8-7 所示。在图像中的星形中间绘制出圆角矩形，效果如图 8-8 所示。“图层”控制面板如图 8-9 所示。

图 8-7

图 8-8

图 8-9

8.1.3 椭圆工具的使用

椭圆工具可以用来绘制椭圆或圆形。启用“椭圆”工具有以下几种方法。

选择“椭圆”工具，或反复按 Shift+U 组合键，其属性栏将显示如图 8-10 所示的状态。椭圆工具属性栏中的选项内容与矩形工具属性栏的选项内容类似。

图 8-10

打开一幅图像，如图 8-11 所示。在图像中的星形中间绘制出椭圆，效果如图 8-12 所示。“图层”控制面板如图 8-13 所示。

图 8-11

图 8-12

图 8-13

8.1.4 多边形工具的使用

多边形工具可以用来绘制正多边形。下面，具体讲解多边形工具的使用方法和操作技巧。启用“多边形”工具有以下几种方法。

选择“多边形”工具，或反复按 Shift+U 组合键，其属性栏状态如图 8-14 所示。多边形工具属性栏中的选项内容与矩形工具属性栏的选项内容类似，只多了一项“边”选项，用于设定多边形的边数。

图 8-14

打开一幅图像，如图 8-15 所示。在图像中的星形中间绘制出多边形，效果如图 8-16 所示。“图层”控制面板如图 8-17 所示。

图 8-15

图 8-16

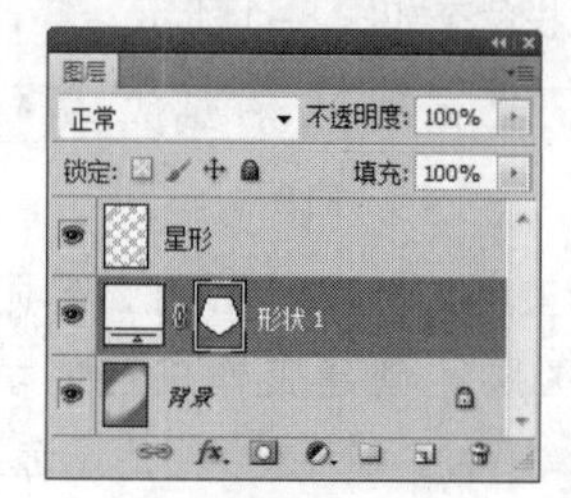

图 8-17

8.1.5 直线工具的使用

直线工具可以用来绘制直线或带有箭头的线段。启用“直线”工具有以下几种方法。

选择“直线”工具，或反复按 Shift+U 组合键，其属性栏状态如图 8-18 所示。直线工具属性栏中的选项内容与矩形工具属性栏的选项内容类似，只多了一项“粗细”选项，用于设定直线的宽度。

图 8-18

单击选项组中的小按钮，弹出“箭头”面板，如图 8-19 所示。

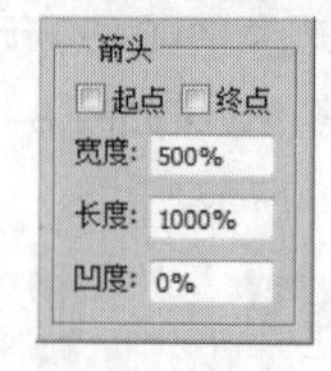

图 8-19

“起点”选项用于选择箭头位于线段的始端；“终点”选项用于选择箭头位于线段的末端；“宽度”选项用于设定箭头宽度和线段宽度的比值；“长度”选项用于设定箭头长度和线段宽度的比值；“凹度”

选项用于设定箭头凹凸的形状。

打开一幅图像，如图 8-20 所示。在图像中的星形中间绘制出不同效果的带有箭头的线段，如图 8-21 所示。“图层”控制面板中的效果如图 8-22 所示。

图 8-20

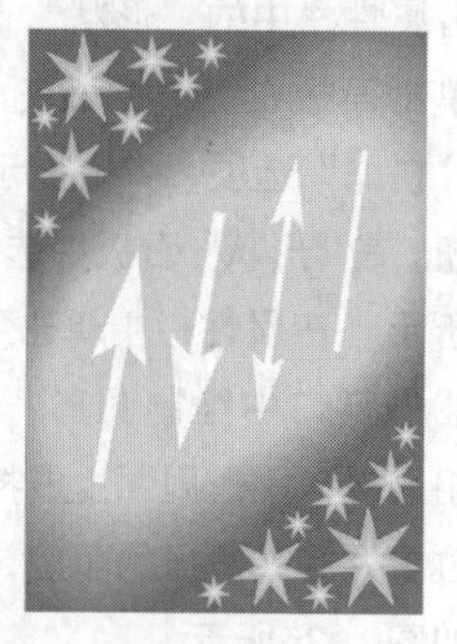

图 8-21

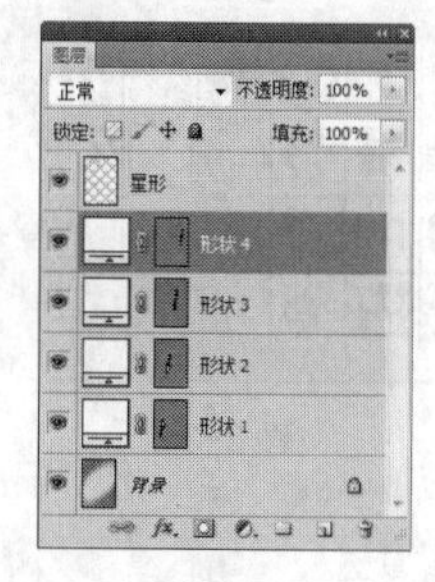

图 8-22

按住 Shift 键，用直线工具可以绘制水平或垂直的直线。

8.1.6 自定形状工具的使用

自定形状工具可以用来绘制一些自定义的图形。下面具体讲解自定形状工具的使用方法和操作技巧。启用“自定形状”工具有以下几种方法。

选择“自定形状”工具，或反复按 Shift+U 组合键，其属性栏状态如图 8-23 所示。自定形状工具属性栏中的选项内容与矩形工具属性栏的选项内容类似，只多了一项“形状”选项，用于选择所需的形状。

图 8-23

单击“形状”选项右侧的按钮，弹出如图 8-24 所示的形状面板。面板中存储了可供选择的各种不规则形状。

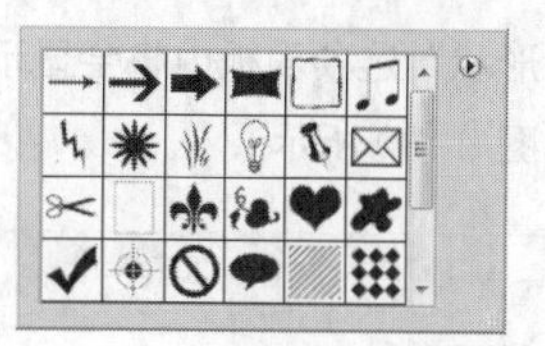

图 8-24

打开一幅图像，如图 8-25 所示。在图像中绘制出不同的形状，效果如图 8-26 所示。“图层”控制面板如图 8-27 所示。

图 8-25

图 8-26

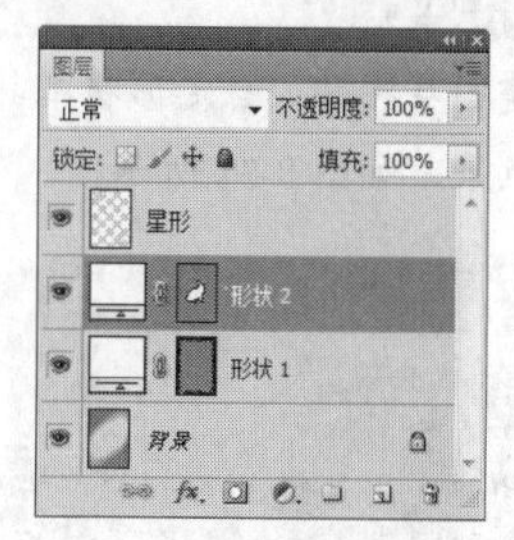

图 8-27

可以应用自定形状命令来自己制作并定义形状。使用“钢笔”工具，选中属性栏中的“形状图层”按钮，在图像窗口中绘制出需要定义的路径形状，如图 8-28 所示。

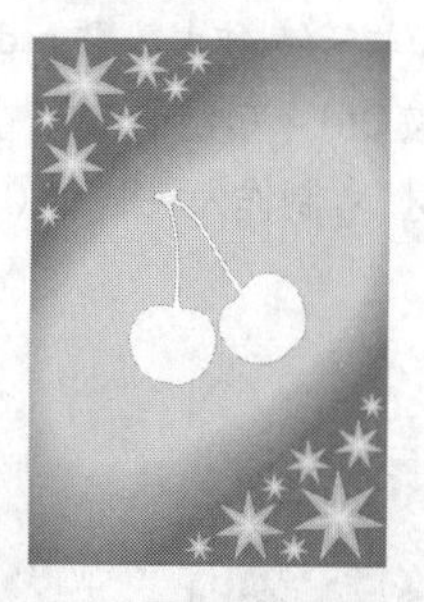

图 8-28

选择“编辑 > 定义自定形状”命令，弹出“形状名称”对话框，在“名称”选项的文本框中输入自定形状的名称，如图 8-29 所示。单击“确定”

按钮，在“形状”选项面板中将会显示刚才定义好的形状，如图 8-30 所示。

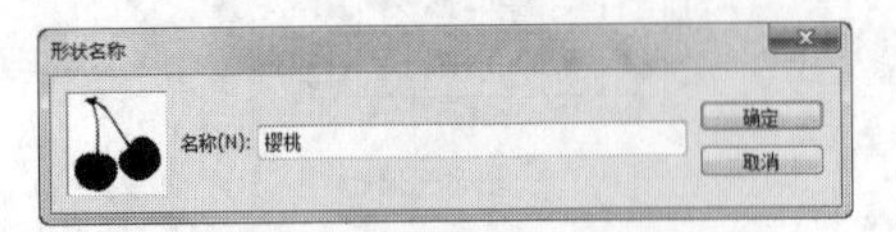

图 8-29

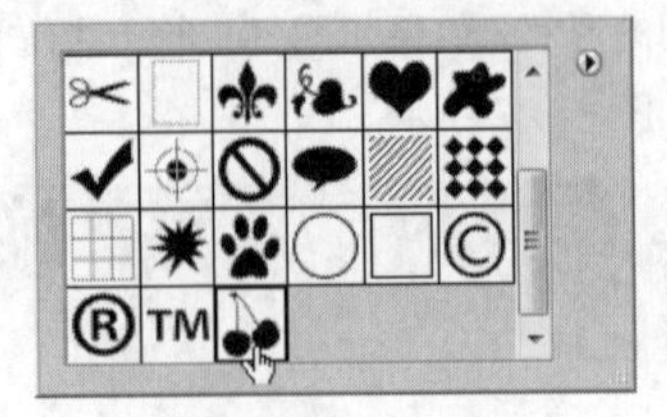
图 8-30

8.1.7 课堂案例——制作大头贴

案例学习目标

学习使用自定形状工具应用系统自带的图形绘制出需要的效果。

案例知识要点

使用新建图层按钮、自定形状工具和移动工具制作大头贴效果，如图 8-31 所示。

图 8-31

效果所在位置

光盘/Ch08/效果/制作大头贴.psd。

STEP 1 按Ctrl + O组合键，打开光盘中的“Ch08 > 素材 > 制作大头贴 > 01”文件，效果如图8-32所示。

图 8-32

STEP 2 单击“图层”控制面板下方的“创建新图层”按钮，生成新的图层并将其命名为“脚丫”。将前景色设为棕色（其R、G、B值分别为131、80、8）。选择“自定形状”工具，单击属性栏中的“形状”选项，弹出“形状”面板，单击面板右上方的按钮，在弹出的菜单中选择“拼贴”选项，弹出提示对话框，单击“追加”按钮。在“形状”面板中选中图形“爪印”，如图8-33所示。在属性栏中单击“填充像素”按钮，在图像窗口中绘制图形，如图8-34所示。按Ctrl+T组合键，图形周围生成控制手柄，拖曳鼠标调整其位置并旋转适当的角度，按Enter键确认操作，效果如图8-35所示。

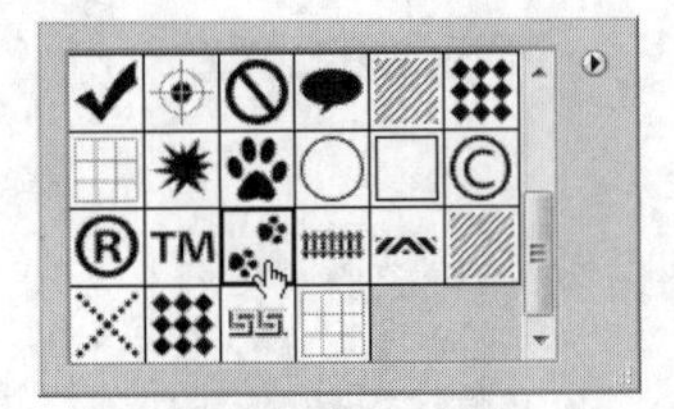
图 8-33

图 8-34

图 8-35

STEP 3 在“图层”控制面板上方，将“脚丫”图层的混合模式设置为“明度”，如图8-36所示，图像效果如图8-37所示。

图 8-36

图 8-37

STEP 4 连续3次将“脚丫”图层拖曳到“图层”控制面板下方的“创建新图层”按钮 上进行复制，生成新的副本图层，如图8-38所示。选择“移动”工具 ，在图像窗口中分别调整图形的位置及角度，效果如图8-39所示。

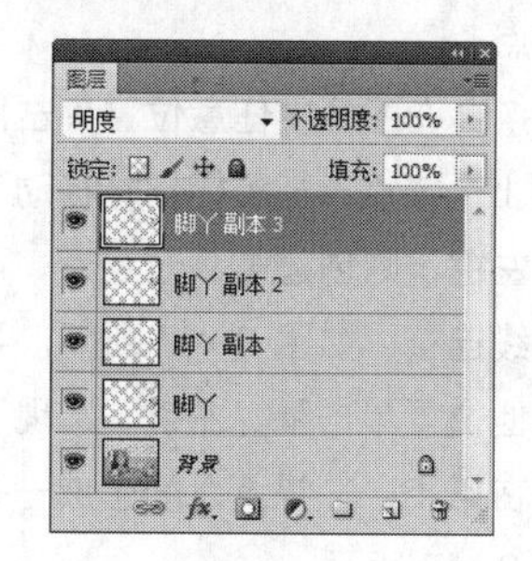

图 8-38

图 8-39

STEP 5 新建图层并将其命名为“栅栏”。将前景色设为淡黄色（其R、G、B值分别为237、231、212）。选择“自定形状”工具 ，单击属性栏中的“形状”选项，弹出“形状”面板，选中图形“轨道”，如图8-40所示。在图像窗口中绘制图形，如图8-41所示。选择“移动”工具 ，将其拖曳到窗口的左下角，如图8-42所示。

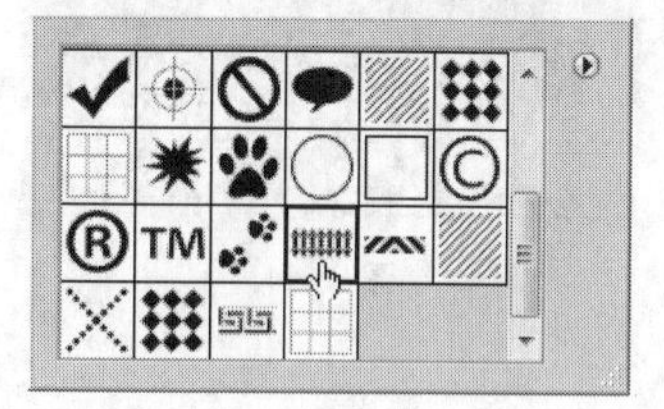

图 8-40

图 8-41

图 8-42

STEP 6 将“栅栏”图层拖曳到“图层”控制面板下方的“创建新图层”按钮 上进行复制，生成新的图层“栅栏 副本”，如图8-43所示。选择“移动”工具 ，将复制的图形拖曳到图像窗口的右下角，效果如图8-44所示。大头贴效果制作完成。

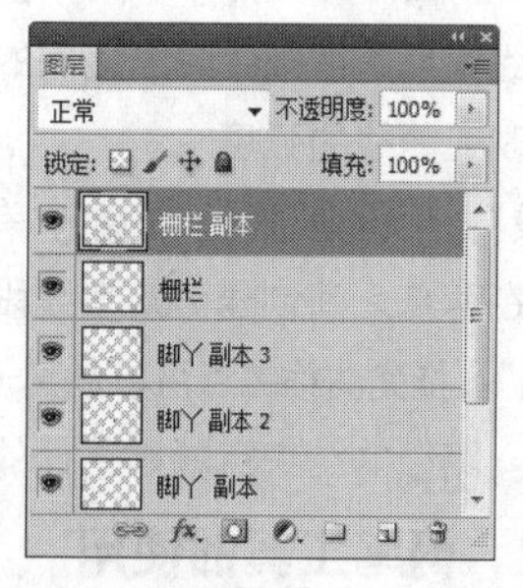

图 8-43

图 8-44

8.2 绘制和选取路径

路径对于 Photoshop CS5 高手来说确实是一个非常得力的助手。使用路径可以进行复杂图像的选取，还可以存储选取区域以备再次使用，更可以用来绘制线条平滑的优美图形。

8.2.1 了解路径的含义

下面学习一下路径的有关概念，路径如图 8-45 所示。

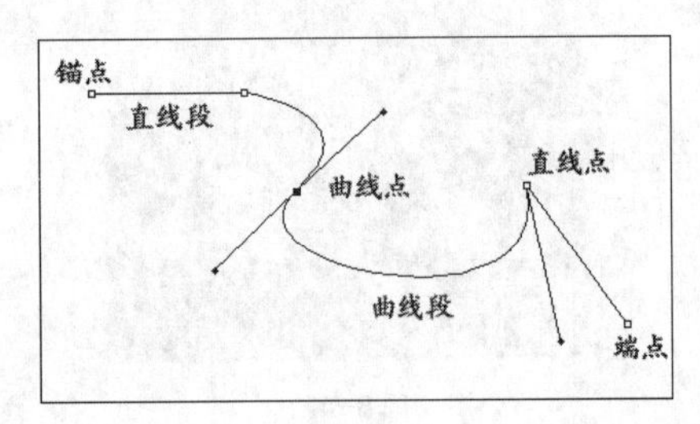

图 8-45

“锚点”：由钢笔工具创建，是一个路径中两条线段的交点，路径是由锚点组成的。

“直线点”：按住 Alt 键，单击刚建立的锚点，可以将锚点转换为带有一个独立调节手柄的直线锚点。直线锚点是一条直线段与一条曲线段的连接点。

“曲线点”：曲线锚点是带有两个独立调节手柄的锚点，曲线锚点是两条曲线段之间的连接点。调节手柄可以改变曲线的弧度。

“直线段”：用钢笔工具在图像中单击两个不同的位置，将在两点之间创建一条直线段。

“曲线段”：拖曳曲线锚点可以创建一条曲线段。

“端点”：路径的结束点就是路径的端点。

8.2.2 钢笔工具的使用

钢笔工具用于在 Photoshop CS5 中绘制路径。下面，具体讲解钢笔工具的使用方法和操作技巧。

启用“钢笔”工具有以下几种方法。

选择“钢笔”工具，或反复按 Shift+P 组合键，其属性栏状态如图 8-46 所示。

自动添加/删除

图 8-46

按住 Shift 键创建锚点时，会强迫系统以 45 度角或 45 度角的倍数绘制路径；按住 Alt 键，当鼠标指针移到锚点上时，指针暂时由“钢笔”工具图标转换成“转换点”工具图标；按住 Ctrl 键，鼠标指针暂时由“钢笔”工具图标转换成“直接选择”工具图标。

建立一个新的图像文件，选择“钢笔”工具，在钢笔工具的属性栏中单击选择“路径”按钮，这样使用“钢笔”工具绘制的将是路径。如果单击选择“形状图层”按钮，将绘制出形状图层。勾选“自动添加/删除”复选框，可直接利用钢笔工具在路径上单击添加锚点，或单击路径上已有的锚点来删除锚点。

绘制线条：在图像中任意位置单击鼠标左键，将创建出第 1 个锚点，将鼠标指针移动到其他位置再单击鼠标左键，则创建第 2 个锚点，两个锚点之间自动以直线连接，如图 8-47 所示。再将鼠标指针移动到其他位置单击鼠标左键，出现了第 3 个锚点，系统将在第 2、3 锚点之间生成一条新的直线路径，如图 8-48 所示。

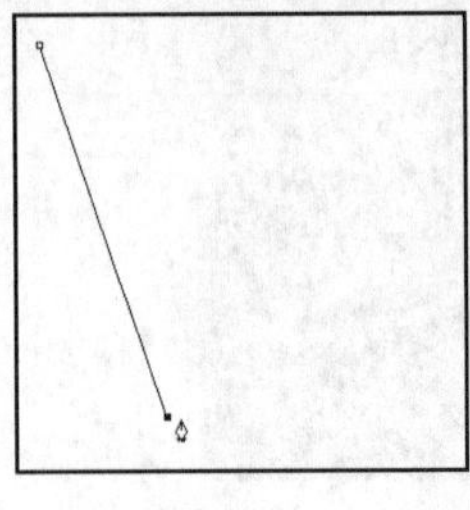

图 8-47

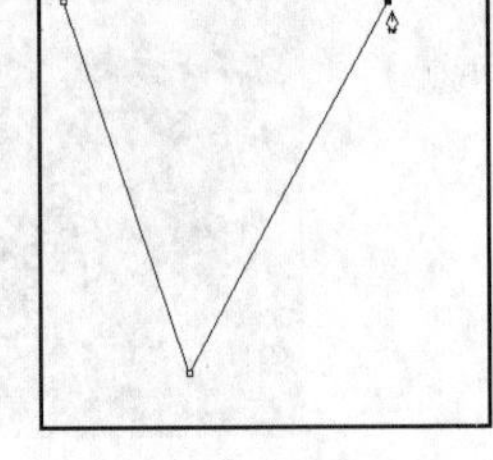

图 8-48

将鼠标指针移至第 2 个锚点上，会发现指针现在由“钢笔”工具图标转换成了“删除锚点”工具图标，如图 8-49 所示。在锚点上单击，即可将第 2 个锚点删除，效果如图 8-50 所示。

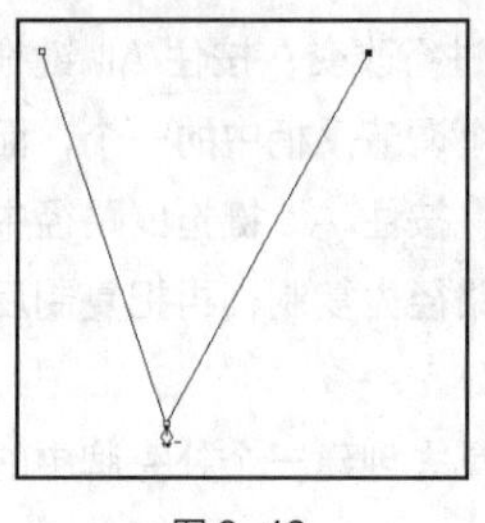

图 8-49

图 8-50

绘制曲线：使用“钢笔”工具单击建立新的锚点并按住鼠标左键，拖曳鼠标，建立曲线段和曲线锚点，如图 8-51 所示。松开鼠标左键，按住 Alt 键的同时，用“钢笔”工具单击刚建立的曲线锚点，如图 8-52 所示，将其转换为直线锚点。在其他位置再次单击建立下一个新的锚点，可在曲线段后绘制出直线段，如图 8-53 所示。

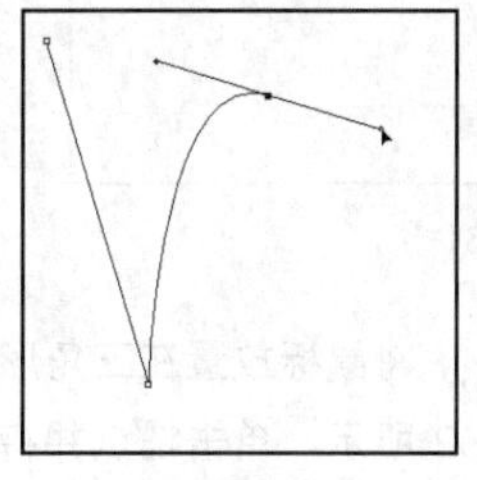

图 8-51

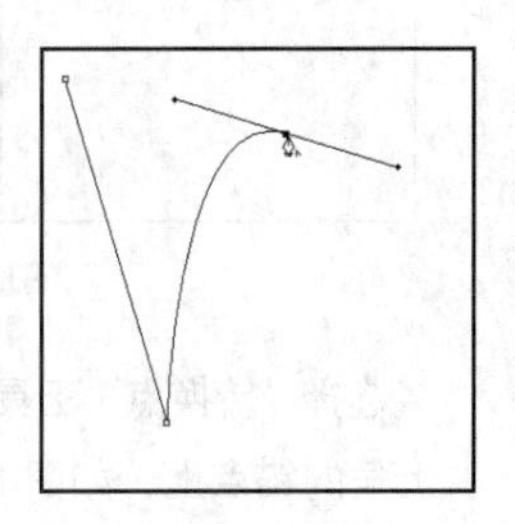

图 8-52

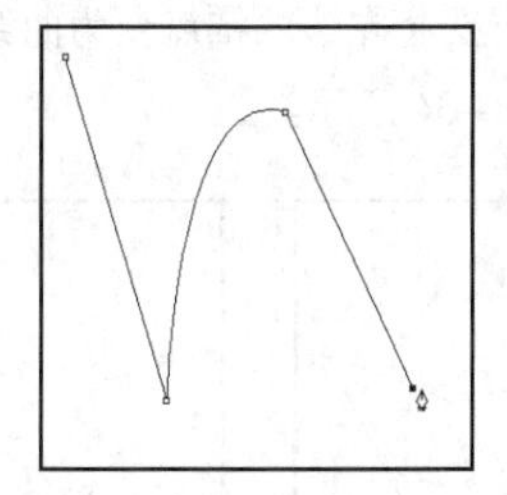

图 8-53

8.2.3　自由钢笔工具的使用

自由钢笔工具用于在 Photoshop CS5 中绘制不规则路径。下面，具体讲解自由钢笔工具的使用方法和操作技巧。

启用“自由钢笔”工具有以下几种方法。

选择“自由钢笔”工具，或反复按 Shift+P 组合键。对其属性栏进行设置，如图 8-54 所示。自由钢笔工具属性栏中的选项内容与钢笔工具属性栏的选项内容相同，只有“自动添加/删除”选项变为“磁性的”选项，用于将自由钢笔工具变为磁性钢笔工具，与磁性套索工具相似。

图 8-54

在图像的左上方单击鼠标确定最初的锚点，然后沿图像小心地拖曳鼠标并单击，确定其他的锚点，如图 8-55 所示。可以看到在选择中误差比较大，但只需要使用其他几个路径工具对路径进行一番修改和调整，就可以补救过来，最后的效果如图 8-56 所示。

图 8-55

图 8-56

8.2.4　添加锚点工具的使用

添加锚点工具用于在路径上添加新的锚点。将“钢笔”工具移动到建立好的路径上，若当前该处没有锚点，则鼠标指针由“钢笔”工具图标转换成“添加锚点”工具图标，在路径上单击可以添加一个锚点，效果如图 8-57 所示。

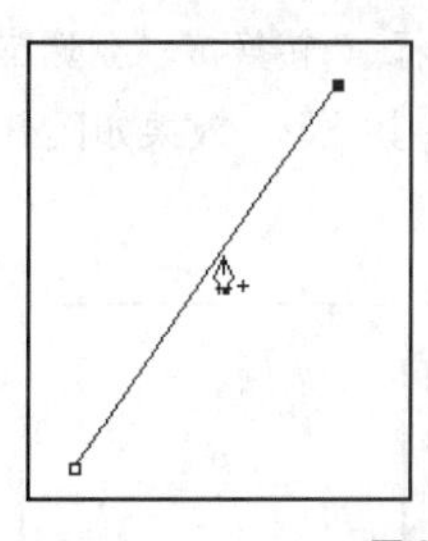

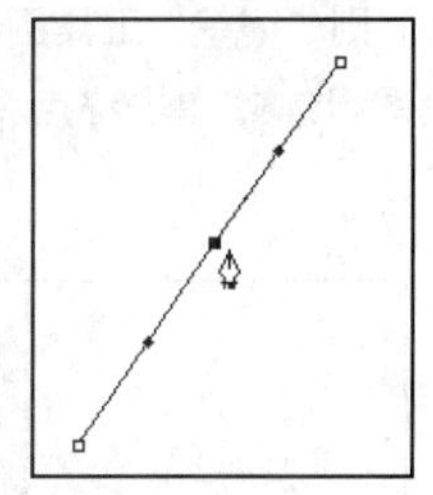

图 8-57

将“钢笔”工具的指针移动到建立好的路径上，若当前该处没有锚点，则鼠标指针由“钢笔”工具图标转换成“添加锚点”工具图标，单击并按住鼠标左键，向上拖曳鼠标，建立曲线段和曲线锚点，效果如图 8-58 所示。

提 示

也可以选择工具箱中的“添加锚点”工具来完成锚点的添加。

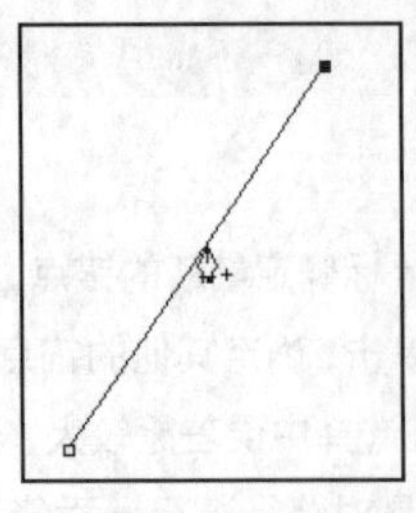
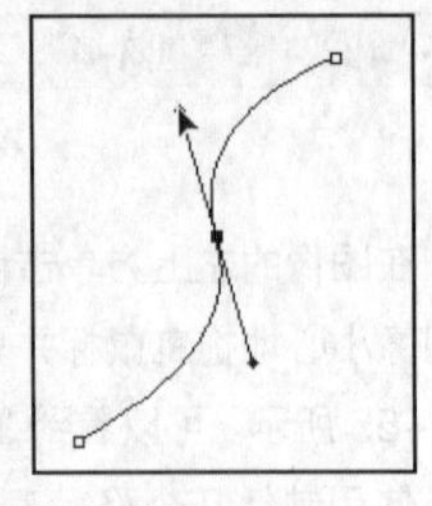

图 8-58

8.2.5 删除锚点工具的使用

删除锚点工具用于删除路径上已经存在的锚点。下面具体讲解删除锚点工具的使用方法和操作技巧。

将“钢笔”工具的指针放到路径的锚点上，则鼠标指针由“钢笔”工具图标转换成“删除锚点”工具图标，单击锚点将其删除，效果如图 8-59 所示。

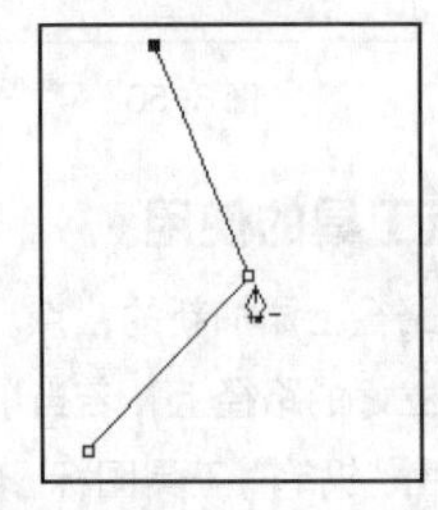
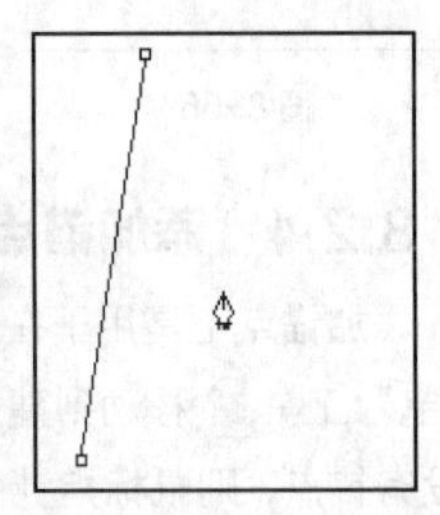

图 8-59

将“钢笔”工具的指针放到曲线路径的锚点上，则“钢笔”工具图标转换成“删除锚点”工具图标，单击锚点将其删除，效果如图 8-60 所示。

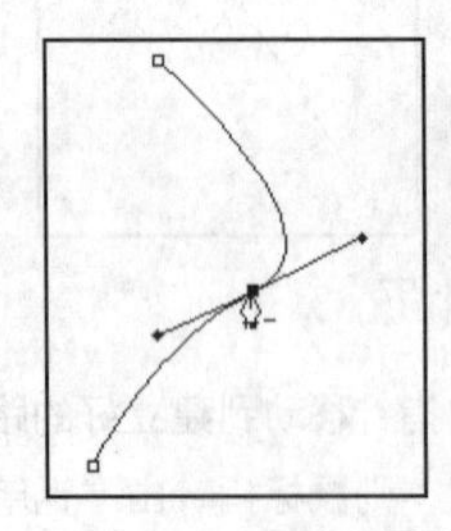
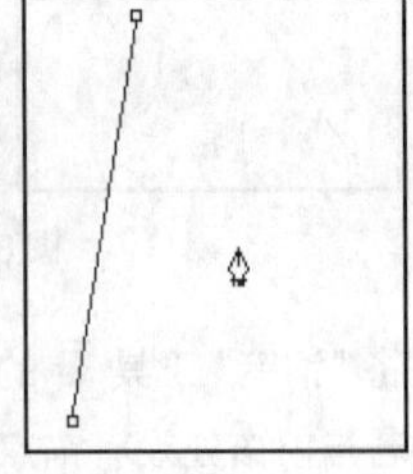

图 8-60

8.2.6 转换点工具的使用

使用“转换点”工具，通过鼠标单击或拖曳锚点可将其转换成直线锚点或曲线锚点，拖曳锚点上的调节手柄可以改变线段的弧度。

下面介绍与“转换点”工具相配合的功能键。

按住 Shift 键拖曳其中一个锚点，会强迫手柄以 45 度角或 45 度角的倍数进行改变；按住 Alt 键拖曳手柄，可以任意改变两个调节手柄中的一个，而不影响另一个手柄的位置；按住 Alt 键拖曳路径中的线段，会把已经存在的路径先复制，再把复制后的路径拖曳到预定的位置处。

下面，将运用路径工具去创建一个扑克牌中的红桃图形。

建立一个新文件，选择“钢笔”工具，用鼠标在页面中单击绘制出需要图案的路径，当要闭合路径时鼠标指针变为图标，单击即可闭合路径，完成一个三角形的图案，如图 8-61 所示。

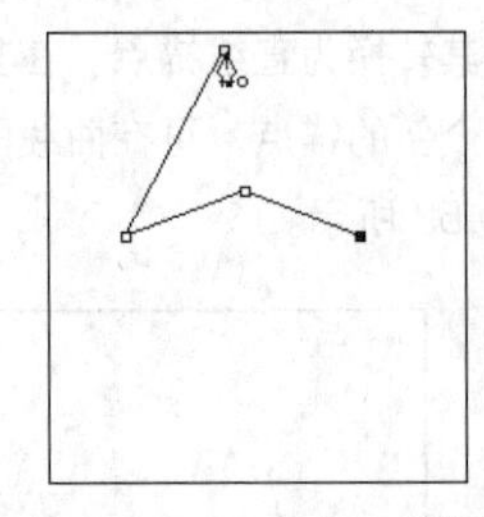
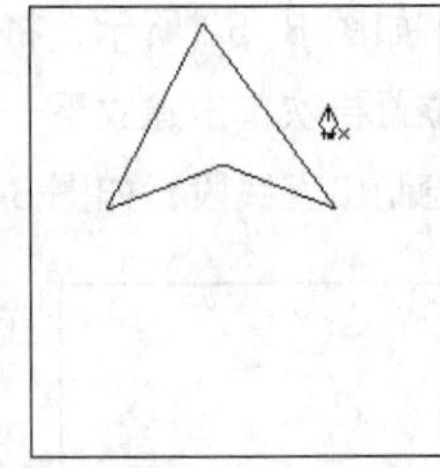

图 8-61

选择“转换点”工具，将鼠标放置在三角形右上角的锚点上，如图 8-62 所示。单击锚点并将其向左上方拖曳形成曲线锚点，如图 8-63 所示。使用同样的方法将左边的锚点变为曲线锚点，路径的效果如图 8-64 所示。

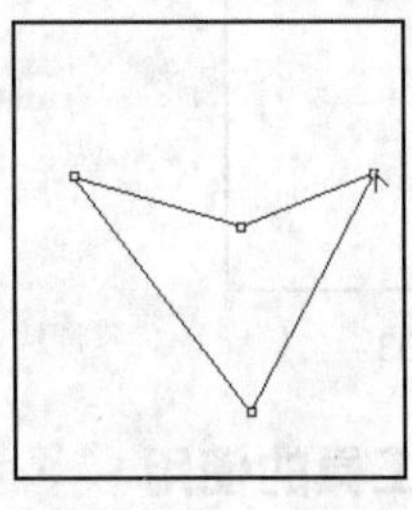

图 8-62

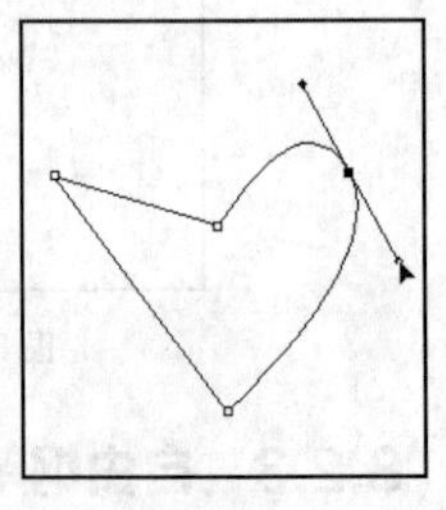

图 8-63

使用“钢笔”工具在图像中绘制出心形图形，如图 8-65 所示。

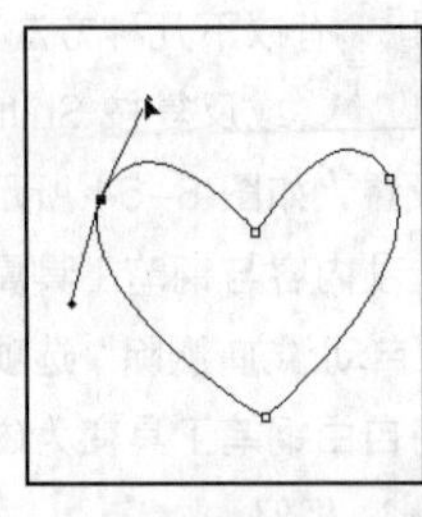

图 8-64

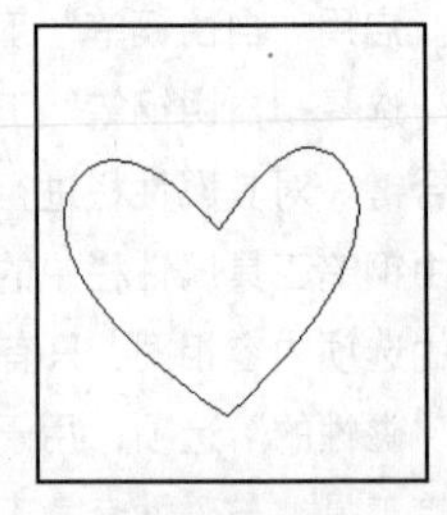

图 8-65

8.2.7　路径选择工具的使用

路径选择工具用于选择一个或几个路径并对其进行移动、组合、对齐、分布和变形。启用“路径选择”工具有以下几种方法。

选择“路径选择”工具，或反复按 Shift+A 组合键，其属性栏状态如图 8-66 所示。

图 8-66

在属性栏中，勾选“显示定界框”选项的复选框，就能够对一个或多个路径进行变形，路径变形的信息将显示在属性栏中，如图 8-67 所示。

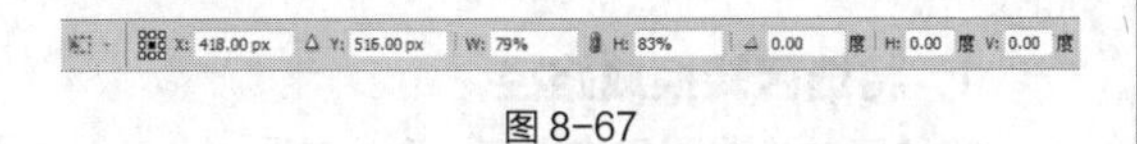

图 8-67

8.2.8　直接选择工具的使用

直接选择工具用于移动路径中的锚点或线段，还可以调整手柄和控制点。启用“直接选择”工具有以下几种方法。

选择“直接选择”工具，或反复按 Shift+A 组合键。启用“直接选择”工具，拖曳路径中的锚点来改变路径的弧度，如图 8-68 所示。

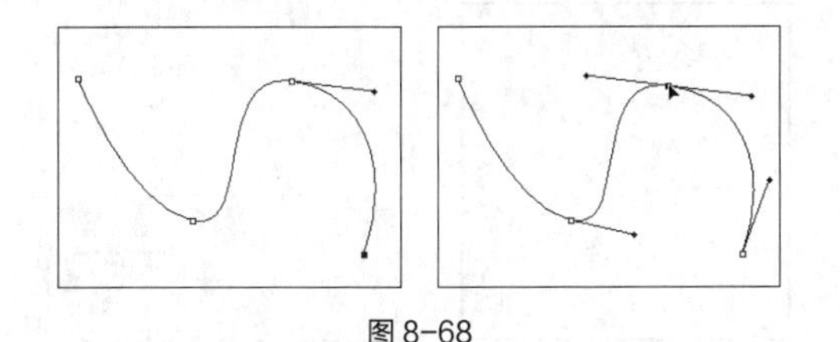

图 8-68

8.3 路径控制面板

路径控制面板用于对路径进行编辑和管理。下面具体讲解路径控制面板的使用方法和操作技巧。

8.3.1　认识路径控制面板

在新文件中绘制一条路径，再选择“窗口 > 路径”命令，弹出“路径”控制面板，如图 8-69 所示。

图 8-69

8.3.2　新建路径

新建路径有以下几种方法。

使用“路径”控制面板弹出式菜单：单击“路径”控制面板右上方的图标，弹出其下拉命令菜单。在弹出式菜单中选择“新建路径”命令，弹出“新建路径”对话框，如图 8-70 所示。单击“确定”按钮，“路径”控制面板如图 8-71 所示。

图 8-70

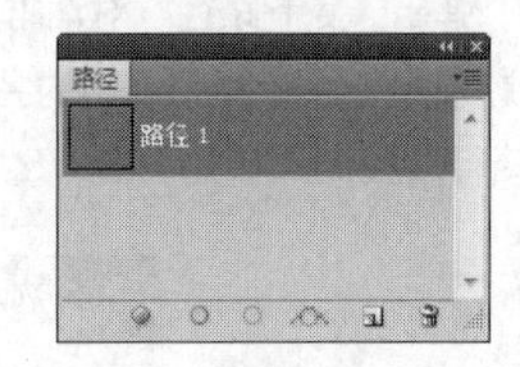

图 8-71

“名称”选项用于设定新路径的名称，可以选择与前一路径创建剪贴蒙版。

使用“路径”控制面板按钮或快捷键：单击“路径”控制面板中的“创建新路径”按钮，可以创建一个新路径；按住 Alt 键，单击“路径”控制面板中的“创建新路径”按钮，弹出“新建路径”对话框。

8.3.3　保存路径

保存路径命令用于保存已经建立并编辑好的路径。

当建立新图像，使用“钢笔”工具直接在图像上绘制出路径后，在“路径”控制面板中会产生一个临时的工作路径，如图 8-72 所示。单击“路径”控制面板右上方的图标，在弹出式菜单中选择“存储路径”命令，弹出“存储路径”对话框，“名称”选项用于设定保存路径的名称，单击“确定”按钮，“路径”控制面板如图 8-73 所示。

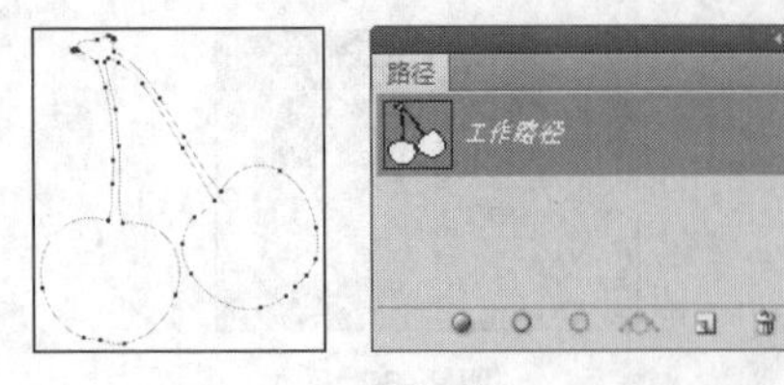

图 8-72

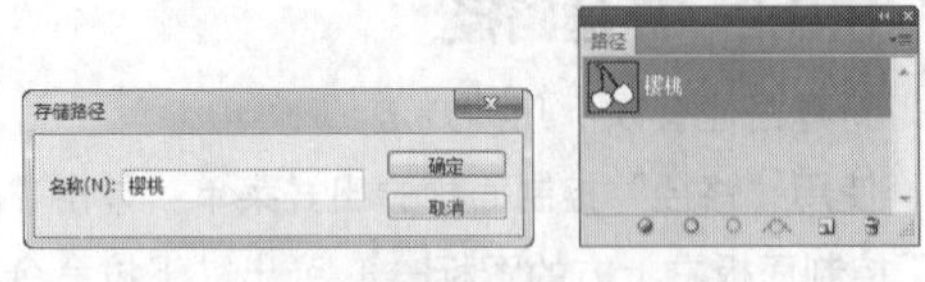

图 8-73

8.3.4 复制、删除、重命名路径

可以对路径进行复制、删除和重命名。

1. 复制路径

复制路径有以下几种方法。

使用“路径”控制面板弹出式菜单：单击“路径”控制面板右上方的图标，在弹出式菜单中选择“复制路径”命令，弹出“复制路径”对话框，如图 8-74 所示。“名称”选项用于设定复制路径的名称，单击“确定”按钮，“路径”控制面板如图 8-75 所示。

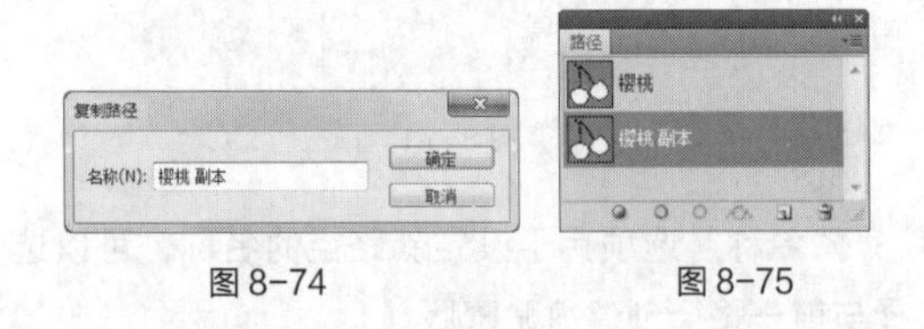

图 8-74　　图 8-75

使用“路径”控制面板按钮：将“路径”控制面板中需要复制的路径拖放到下面的“创建新路径”按钮上，就可以将所选的路径复制为一个新路径。

2. 删除路径

删除路径有以下几种方法。

使用“路径”控制面板弹出式菜单：单击“路径”控制面板右上方的图标，在弹出式菜单中选择“删除路径”命令，将路径删除。

使用“路径”控制面板按钮：选择需要删除的路径，单击“路径”控制面板中的“删除当前路径”按钮，将选择的路径删除，或将需要删除的路径拖放到“删除当前路径”按钮上，将路径删除。

3. 重命名路径

双击“路径”控制面板中的路径名，出现重命名路径文本框，改名后按 Enter 键即可，效果如图 8-76 所示。

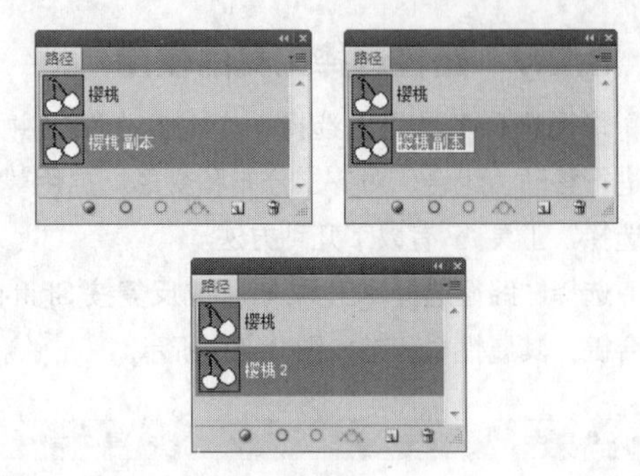

图 8-76

8.3.5 选区和路径的转换

在“路径”控制面板中，可以将选区和路径相互转换。下面具体讲解选区和路径相互转换的方法和技巧。

1. 将选区转换成路径

将选区转换成路径有以下几种方法。

使用“路径”控制面板弹出式菜单：建立选区，效果如图 8-77 所示。单击“路径”控制面板右上方的图标，在弹出式菜单中选择“建立工作路径”命令，弹出“建立工作路径”对话框，如图 8-78 所示。如果要编辑生成的路径，在此处设定的数值最好为 2，设置好后，单击“确定”按钮，将选区转换成路径，效果如图 8-79 所示。

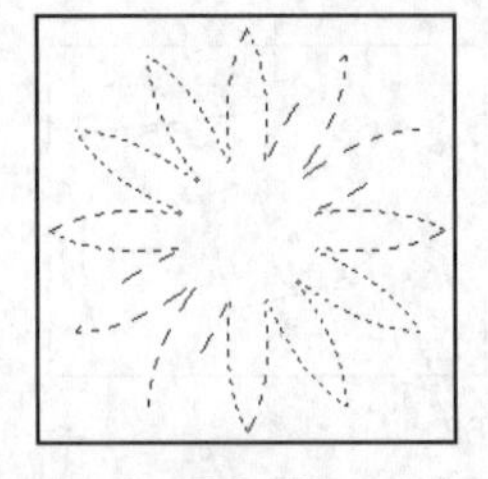

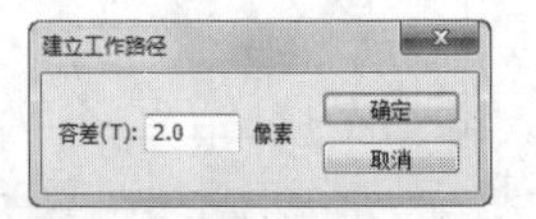

图 8-77　　图 8-78

图 8-79

“容差”选项用于设定转换时的误差允许范围，数值越小越精确，路径上的关键点也越多。

使用“路径”控制面板按钮：单击“路径”控制面板中的“从选区生成工作路径”按钮，将选区转换成路径。

2. 将路径转换成选区

将路径转换成选区有以下几种方法。

使用“路径”控制面板弹出式菜单：建立路径，如图 8–80 所示。单击“路径”控制面板右上方的图标，在弹出式菜单中选择“建立选区”命令，弹出“建立选区”对话框，如图 8–81 所示。设置好后，单击“确定”按钮，将路径转换成选区，效果如图 8–82 所示。

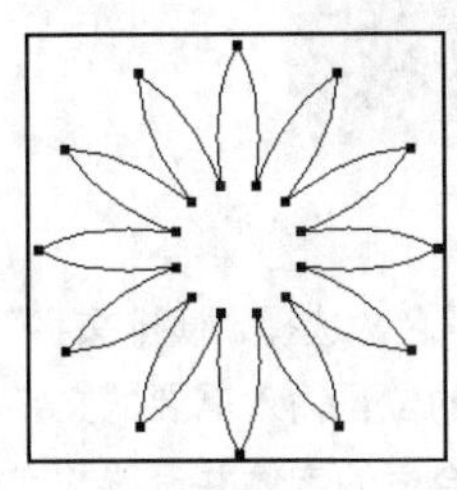

图 8–80

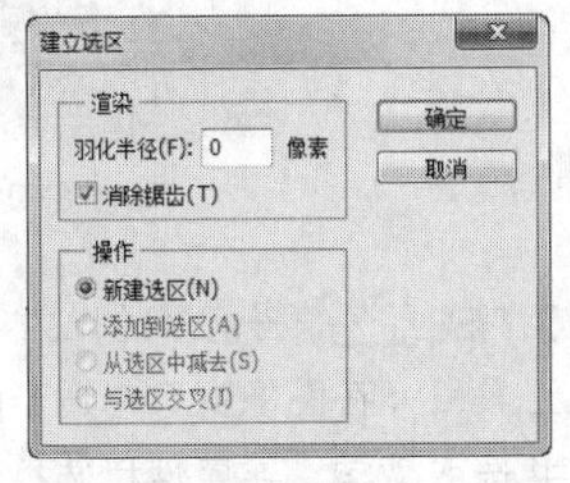

图 8–81

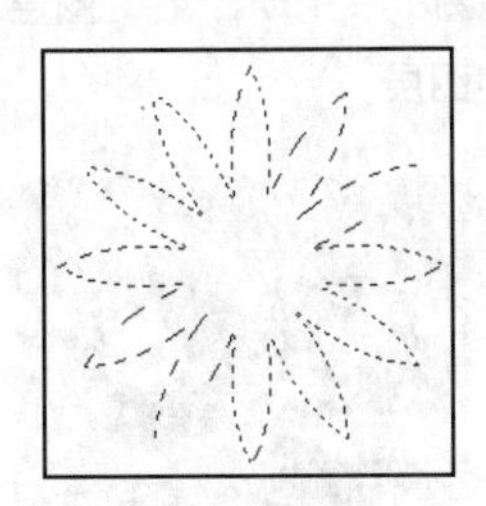

图 8–82

在“渲染”选项组中，“羽化半径”选项用于设定羽化边缘的数值；“消除锯齿”选项用于消除边缘的锯齿。在“操作”选项组中，“新建选区”选项可以由路径创建一个新的选区；“添加到选区”选项用于将由路径创建的选区添加到当前选区中；“从选区中减去”选项用于从一个已有的选区中减去当前由路径创建的选区；“与选区交叉”选项用于在路径中保留路径与选区的重复部分。

使用“路径”控制面板按钮：单击“路径”控制面板中的“将路径作为选区载入”按钮，将路径转换成选区。

8.3.6　用前景色填充路径

用前景色填充路径有以下几种方法。

使用“路径”控制面板弹出式菜单：建立路径，如图 8–83 所示。单击“路径”控制面板右上方的图标，在弹出式菜单中选择“填充路径”命令，弹出“填充路径”对话框，如图 8–84 所示。设置好后，单击“确定”按钮，用前景色填充路径的效果如图 8–85 所示。

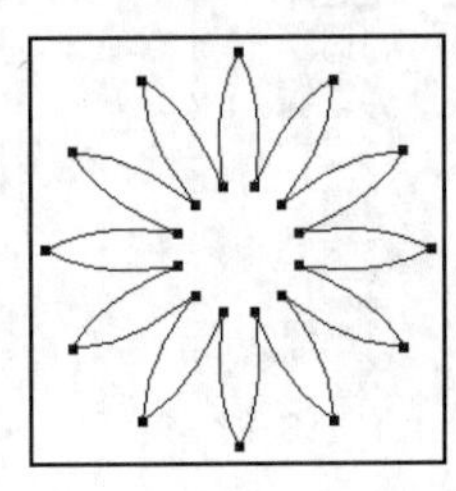

图 8–83

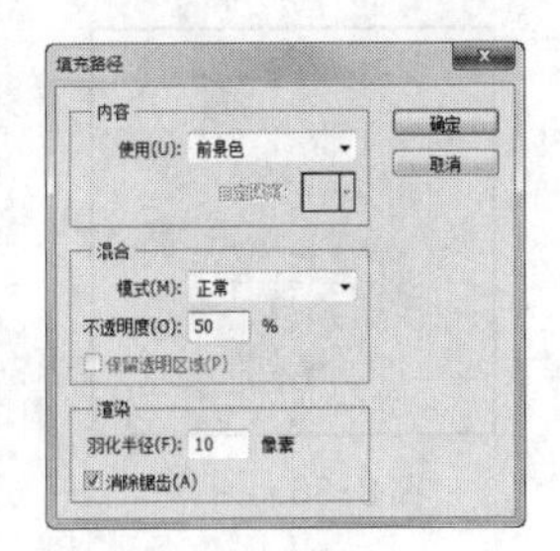

图 8–84

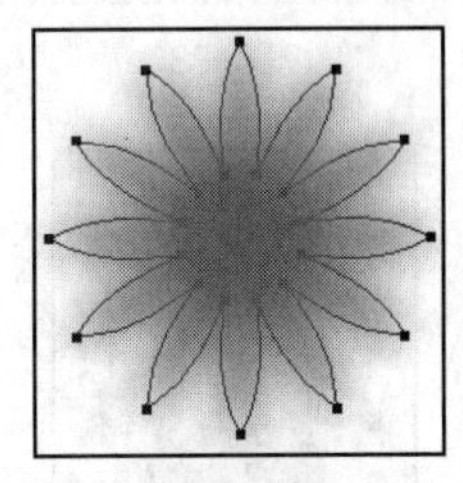

图 8–85

“内容”选项组用于设定使用的填充颜色或图案；“模式”选项用于设定混合模式；“不透明度”选项用于设定填充的不透明度；“保留透明区域”选项用于保护图像中的透明区域；“羽化半径”选项用于设定柔化边缘的数值；“消除锯齿”选项用于清除边缘的锯齿。

使用“路径”控制面板按钮：单击“路径”控制面板中的“用前景色填充路径”按钮；按住 Alt 键，单击“路径”控制面板中的“用前景色填充路径”按钮，弹出“填充路径”对话框。

8.3.7　用画笔描边路径

用画笔描边路径有以下几种方法。

使用“路径”控制面板弹出式菜单：建立路径，如图 8–86 所示。单击“路径”控制面板右上方的图标，在弹出式菜单中选择“描边路径”命令，弹出“描边路径”对话框，如图 8–87 所示，在“工具”选项的下拉列表中选择“画笔”工具，其下拉式列表框中，共有 19 种工具可供选择。如果在当前工具箱中已经选择了“画笔”工具，该工具会自动设置在此处。另外，在画笔属性栏中设定的画笔类型也会直接影响此处的描边效果，对画笔属性栏如图 8–88 所示进行设定。设置好后，单击“确定”按钮，用画笔描边路径的效果如图 8–89 所示。

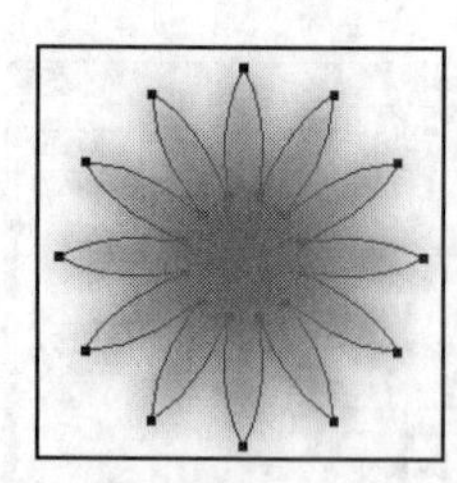

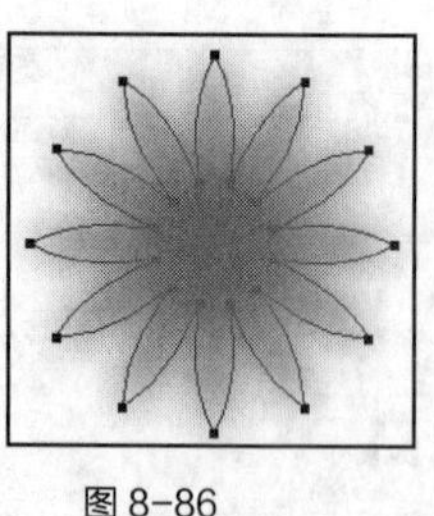

图 8-86　　图 8-87

图 8-88

图 8-89

提 示

如果在对路径进行描边时没有取消对路径的选定，则描边路径改为描边子路径，即只对选中的子路径进行描边。

使用“路径”控制面板按钮：单击“路径”控制面板中的“用画笔描边路径”按钮 ；按住Alt 键，单击“路径”控制面板中的“用画笔描边路径”按钮 ，弹出“描边路径”对话框。

8.3.8　课堂案例——制作文字特效

案例学习目标

学习使用路径描边命令制作文字特效。

案例知识要点

使用文字工具、将选区转换为路径命令和路径描边命令制作文字的特效，最终效果如图 8-90 所示。

图 8-90

效果所在位置

光盘/Ch08/效果/制作文字特效.psd。

STEP 1 按Ctrl + O组合键，打开光盘中的“Ch08 > 素材 > 制作文字特效 > 01”文件，如图8-91所示。

图 8-91

STEP 2 将前景色设为黑色。选择“横排文字”工具 T ，在图像窗口中适当的位置输入需要的文字并选取文字，在属性栏选择合适的字体并设置文字大小，效果如图8-92所示，在“图层”控制面板中生成新的文字图层。

图 8-92

STEP 3 按住Ctrl键的同时，在“图层”控制面板中单击“go”图层的缩览图，在图像窗口中文字周围生成选区，在“图层”控制面中单击“go”图层左侧的眼睛图标 ，隐藏该图层，图像效果如图8-93所示。

图 8-93

STEP 4 选择“窗口 > 路径”命令，弹出“路径”控制面板，单击面板下方的“从选区生成工作路径”按钮，将选区转换为路径，效果如图8-94所示。

图 8-94

STEP 5 新建图层并将其命名为“描边”。将前景色设为红色（其R、G、B值分别为231、31、25）。选择“画笔”工具，在属性栏中单击画笔选项右侧的按钮，在弹出的面板中选择需要的画笔形状，如图8-95所示。

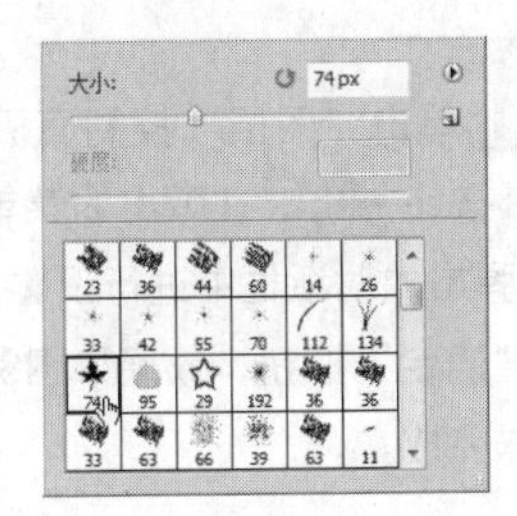

图 8-95

STEP 6 单击属性栏中的“切换画笔面板”按钮，弹出“画笔”控制面板，在面板中进行设置，如图8-96所示。选择“形状动态”选项，切换到相应的面板，选项的设置如图8-97所示。选择“散布”选项，切换到相应的面板，选项的设置如图8-98所示。

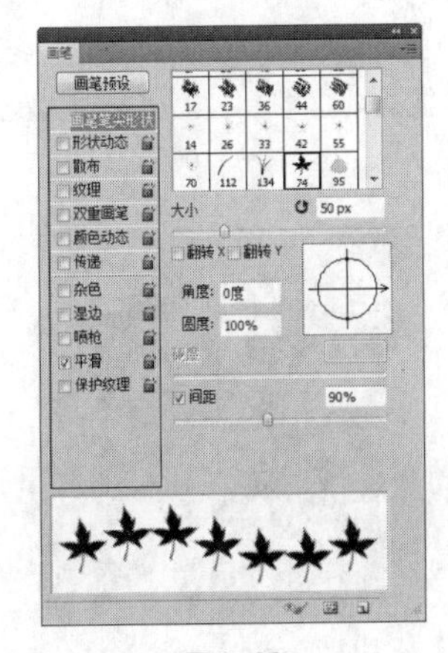

图 8-96

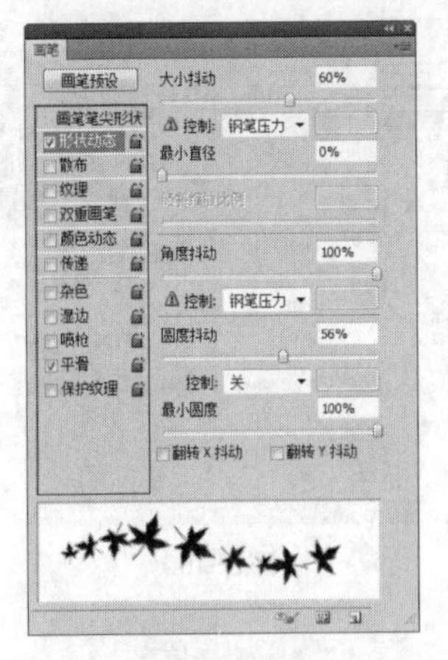

图 8-97

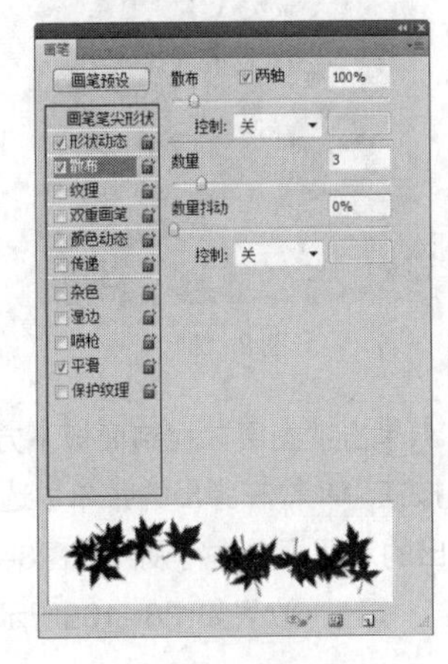

图 8-98

STEP 7 单击“路径”控制面板下方的“用画笔描边路径”按钮，用画笔描边路径，选择“路径选择”工具，按Enter键，隐藏路径，效果如图8-99所示。

图 8-99

STEP 8 单击“图层”控制面板下方的“添加图层样式”按钮，在弹出的菜单中选择“投影”命令，在弹出的对话框中进行设置，如图8-100所示。单击“确定”按钮，效果如图8-101所示。

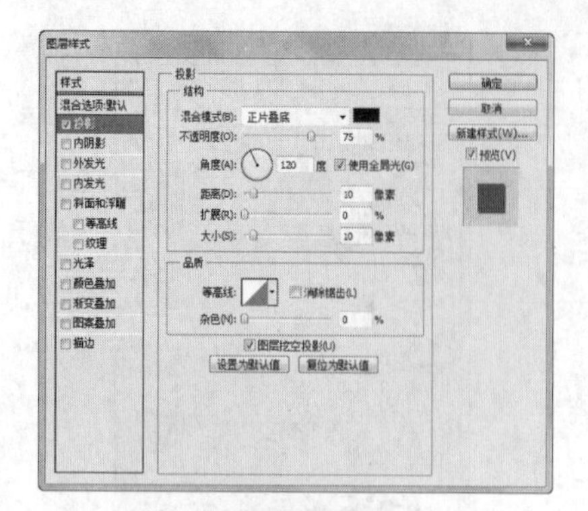

图 8-100

图 8-101

STEP 9 单击“图层”控制面板下方的“添加图层样式”按钮 *fx*，在弹出的菜单中选择“描边”命令，在弹出的对话框中进行设置如图8-102所示。单击“确定”按钮，效果如图8-103所示。

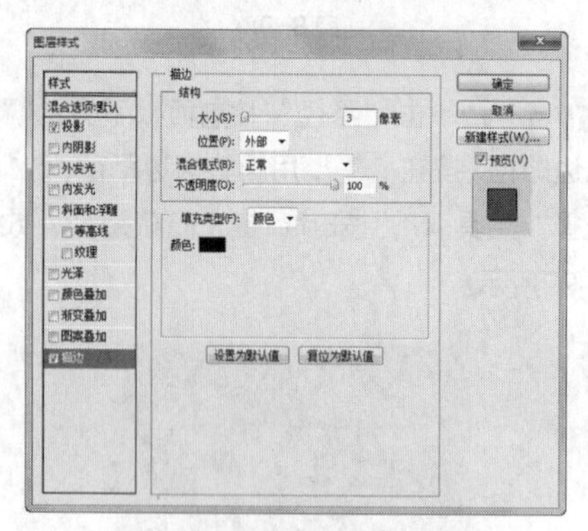

图 8-102

图 8-103

STEP 10 新建图层并将其命名为“画笔”。将前景色设为橘红色（其R、G、B值分别为231、31、15）。在“图层”控制面中单击“go”图层左侧的空白图标，显示该图层，效果如图8-104所示。选择“画笔”工具，沿着字母的笔画拖曳鼠标绘制描边效果，再次单击“go”图层左侧的眼睛图标，隐藏图层，图像窗口效果如图8-105所示。

图 8-104

图 8-105

STEP 11 单击“图层”控制面板下方的“添加图层样式”按钮 *fx*，在弹出的菜单中选择“投影”命令，在弹出的对话框中进行设置，如图8-106所示。单击“确定”按钮，效果如图8-107所示。文字特效制作完成。

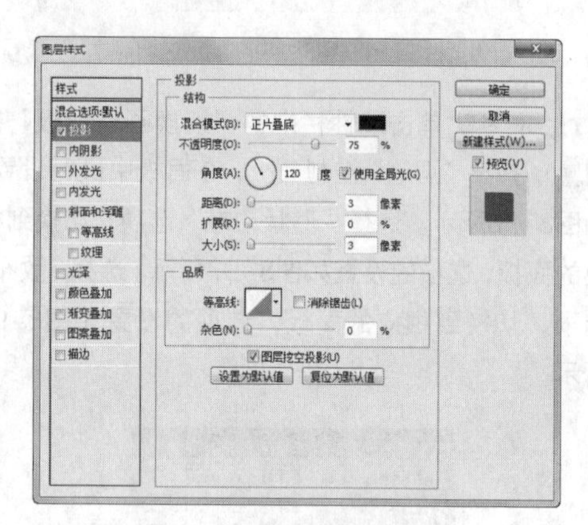

图 8-106

图 8-107

8.3.9　剪贴路径

剪贴路径命令用于指定一个路径作为剪贴路径。

当在一个图像中定义了一个剪贴路径后，并把这个图像在其他软件中打开时，如果该软件同样支持剪贴路径的话，则路径以外的图像将是透明的。单击“路径”控制面板右上方的图标，在弹出式菜单中选择“剪贴路径”命令，弹出“剪贴路径”对话框，如图 8-108 所示。

图 8-108

“路径”选项用于设定剪切路径的路径名称；“展平度”选项用于压平或简化可能因过于复杂而无法打印的路径。

8.3.10　路径面板选项

路径面板命令用于设定“路径”控制面板中缩览图的大小。

单击“路径”控制面板单击右上方的图标，在弹出式菜单中选择“面板选项”命令，弹出“路径面板选项”对话框，调整后的效果如图 8-109 所示。

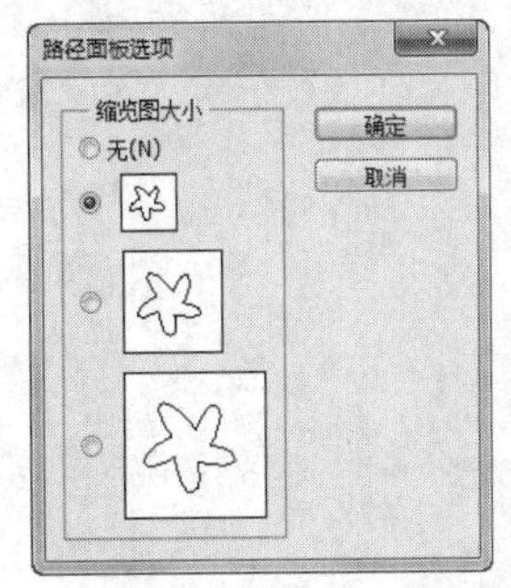

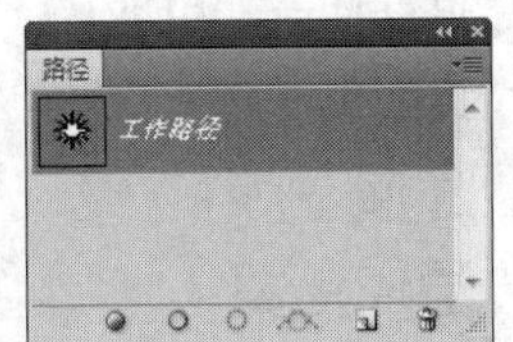

图 8-109

8.4 课后习题——制作布纹图案

习题知识要点

使用自定形状工具绘制装饰图形，使用定义图案命令定义图形，使用画笔工具绘制虚线，如图 8-110 所示。

图 8-110

效果所在位置

光盘/Ch08/效果/制作布纹图案.psd。

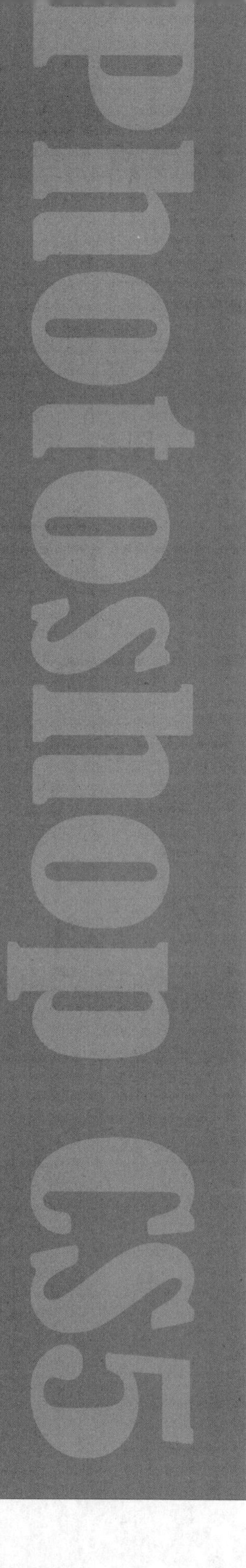

9 Chapter

第 9 章 通道的应用

一个 Photoshop CS5 的专业人士，必定是一个应用通道的高手。本章将详细讲解通道的概念和操作方法。读者通过学习要能够合理地利用通道设计制作作品，使自己的设计更上一层楼。

【教学目标】

- 通道的含义
- 通道控制面板
- 通道的操作
- 通道蒙版
- 通道运算

9.1 通道的含义

Photoshop CS5 中的“通道”控制面板中显示的颜色通道与所打开的图像文件有关。RGB 格式的文件包含有红、绿和蓝 3 个颜色通道，如图 9-1 所示。而 CMYK 格式的文件则包含有青色、洋红、黄色和黑色 4 个颜色通道，如图 9-2 所示。此外，在进行图像编辑时，新创建的通道称为 Alpha 通道。通道所存储的是选区，而不是图像的色彩。利用 Alpha 通道，可以做出许多独特的效果。

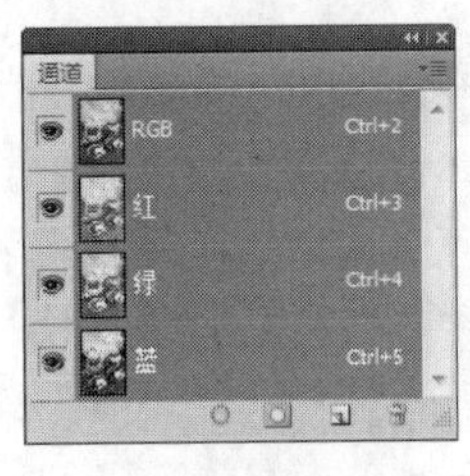

图 9-1

图 9-2

如果想在图像窗口中单独显示各颜色通道的图像效果，可以按键盘上的快捷键。按 Ctrl+3 组合键，显示青色的通道图像。按 Ctrl+4 组合键、Ctrl+5 组合键、Ctrl+6 组合键，将分别显示洋红、黄色、黑色通道图像，效果如图 9-3 所示。按 Ctrl+ ～ 组合键，将恢复显示 4 个通道的综合效果图像。

青色

洋红

黄色

黑色

图 9-3

9.2 通道控制面板

通道控制面板可以管理所有的通道并对通道进行编辑。选择一张图像，选择“窗口 > 通道”命令，弹出“通道”控制面板，效果如图 9-4 所示。

图 9-4

在“通道”控制面板中，放置区用于存放当前的图像中存在的所有通道。在通道放置区中，如果选中的只是其中一个通道，则只有此通道处于选中状态，此时该通道上会出现一个蓝色条，如果想选中多个通道，可以按住 Shift 键，再单击其他通道。通道左边的“眼睛”图标用于显示或隐藏颜色通道。

单击“通道”控制面板右上方的图标，弹出其下拉命令菜单，如图 9-5 所示。

在“通道”控制面板的底部有 4 个工具按钮，如图 9-6 所示。从左到右依次为：“将通道作为选区载入”工具、“将选区存储为通道”工具、“创建新通道”工具和“删除当前通道”工具。

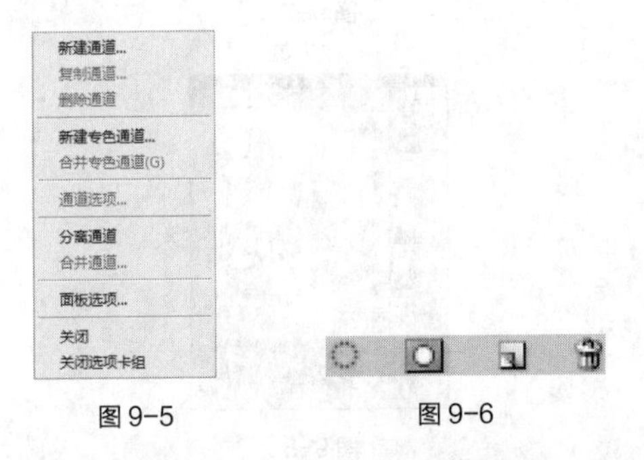

图 9-5　　图 9-6

“将通道作为选区载入”工具用于将通道中的选择区域调出；“将选区存储为通道”工具

用于将选择区域存入通道中，并可在后面调出来制作一些特殊效果；“创建新通道”工具 用于创建或复制一个新的通道，此时建立的通道即为 Alpha 通道，单击该工具按钮，即可创建一个新的 Alpha 通道；“删除当前通道”工具 用于删除一个图像中的通道，将通道直接拖动到“删除当前通道”工具 按钮上即可删除。

9.3 通道的操作

可以通过对图像的通道进行一系列的操作来编辑图像。

9.3.1 创建新通道

在编辑图像的过程中，可以建立新的通道，还可以在新建的通道中对图像进行编辑。新建通道有以下几种方法。

使用“通道”控制面板弹出式菜单：单击“通道”控制面板右上方的图标 ，在弹出式菜单中选择“新建通道”命令，弹出“新建通道”对话框，如图 9-7 所示。单击“确定”按钮，“通道”控制面板中会建好一个新通道，即“Alpha 1”通道，如图 9-8 所示。

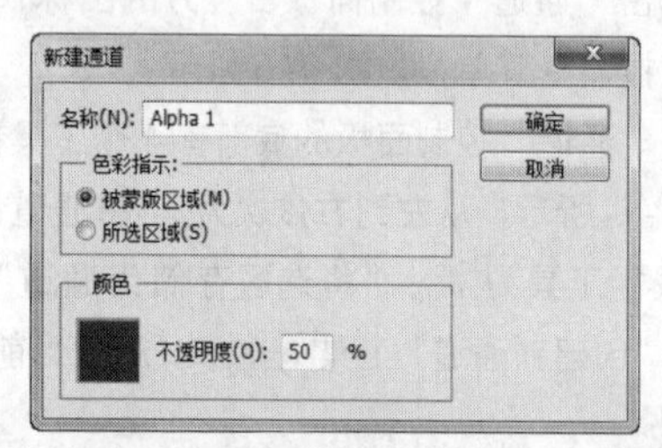

图 9-7

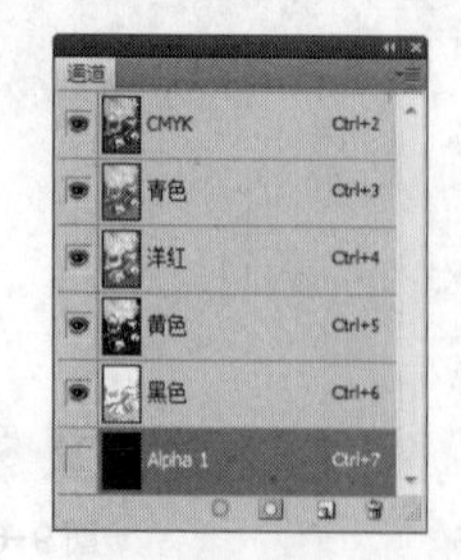

图 9-8

“名称”选项用于设定当前通道的名称；“色彩指示”选项组用于选择两种区域方式；“颜色”选项可以设定新通道的颜色；“不透明度”选项用于设定当前通道的不透明度。

使用“通道”控制面板按钮：单击“通道”控制面板中的“创建新通道”按钮 ，即可创建一个新通道。

9.3.2 复制通道

复制通道命令用于将现有的通道进行复制，产生多个相同属性的通道。复制通道有以下几种方法。

使用“通道”控制面板弹出式菜单：单击“通道”控制面板右上方的图标 ，在弹出式菜单中选择“复制通道”命令，弹出“复制通道”对话框，如图 9-9 所示。

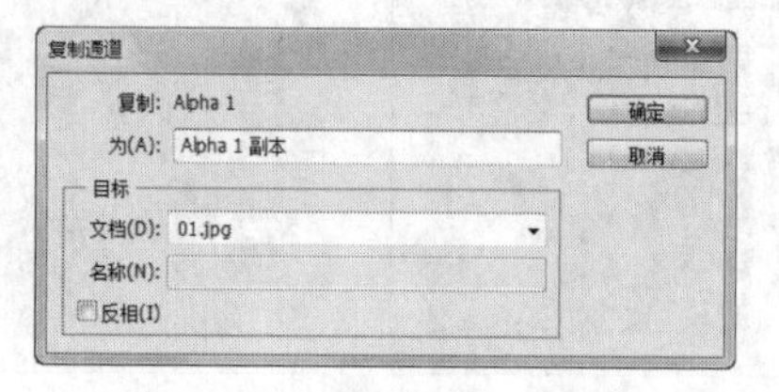

图 9-9

“为”选项用于设定复制通道的名称。“文档”选项用于设定复制通道的文件来源。

使用“通道”控制面板按钮：将“通道”控制面板中需要复制的通道拖放到下方的“创建新通道”按钮 上，就可以将所选的通道复制为一个新通道。

9.3.3 删除通道

不用的或废弃的通道可以将其删除，以免影响操作。

删除通道有以下几种方法。

使用“通道”控制面板弹出式菜单：单击“通道”控制面板右上方的图标 ，在弹出式菜单中选择“删除通道”命令，即可将通道删除。

使用“通道”控制面板按钮：单击“通道”控制面板中的“删除当前通道”按钮 ，弹出“删除通道”提示框，如图 9-10 所示。单击“是”按钮，将通道删除。也可将需要删除的通道拖放到“删除当前通道”按钮 上，也可以将其删除。

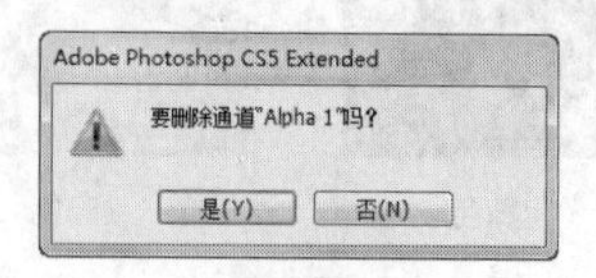

图 9-10

9.3.4 专色通道

专色通道是指除了 CMYK 四色以外单独制作的一个通道，用来放置金银色以及一些需要特别要求的专色。

1. 新建专色通道

单击“通道”控制面板右上方的图标，弹出其下拉命令菜单。在弹出式菜单中选择“新建专色通道”命令，弹出“新建专色通道”对话框，如图 9-11 所示。

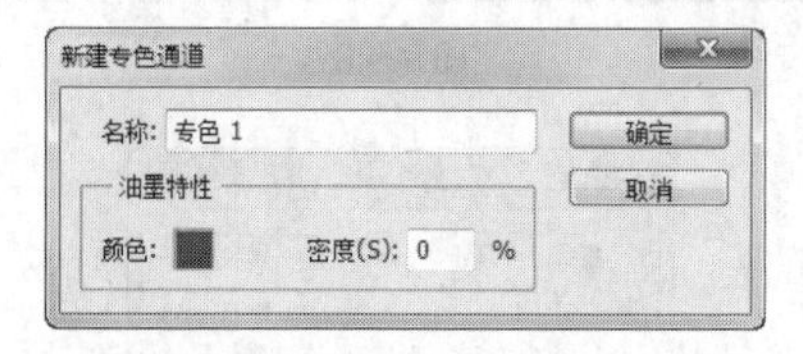

图 9-11

在“新建专色通道”对话框中，“名称”选项用于输入新通道的名称。“颜色”选项用于选择特别颜色。“密度”选项用于输入特别色的显示透明度，数值在 0%～100%。

2. 制作专色通道

单击“通道”控制面板中新建的专色通道。选择“画笔”工具，在画笔工具属性栏中进行设定，如图 9-12 所示。在图像中合适的位置进行绘制，如图 9-13 所示。

图 9-12

图 9-13

提 示

当前景色为黑色时，绘制的专色是完全显示的。当前景色是其他中间色时，绘制的专色是不同透明度的特别色。当前景色为白色时，绘制的专色是透明的，显示为无。

3. 将新通道转换为专色通道

单击“通道”控制面板中的 Alpha 1 通道，如图 9-14 所示。单击“通道”控制面板右上方的图标，弹出其下拉命令菜单。在弹出式菜单中选择“通道选项”命令，弹出“通道选项”对话框，选中“专色”单选项，如图 9-15 所示进行设定。单击“确定”按钮，将 Alpha 1 通道转换为专色通道，如图 9-16 所示。

图 9-14

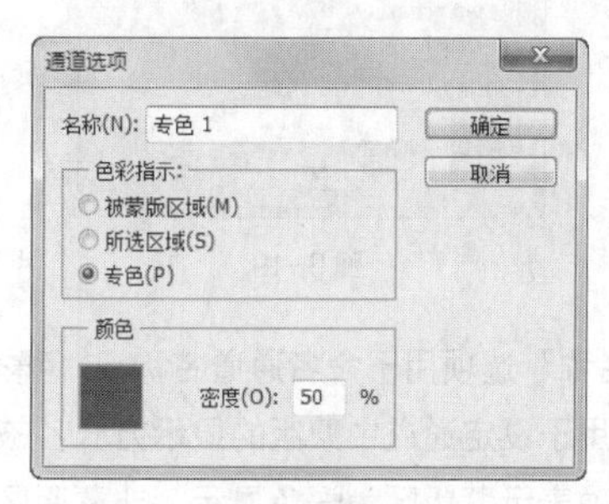

图 9-15

图 9-16

4. 合并专色通道

单击“通道”控制面板中新建的专色通道，如图 9-17 所示。单击“通道”控制面板右上方的图标，弹出其下拉命令菜单，在弹出式菜单中选择“合并专色通道”命令，将专色通道合并，效果如图 9-18 所示。

图 9-17

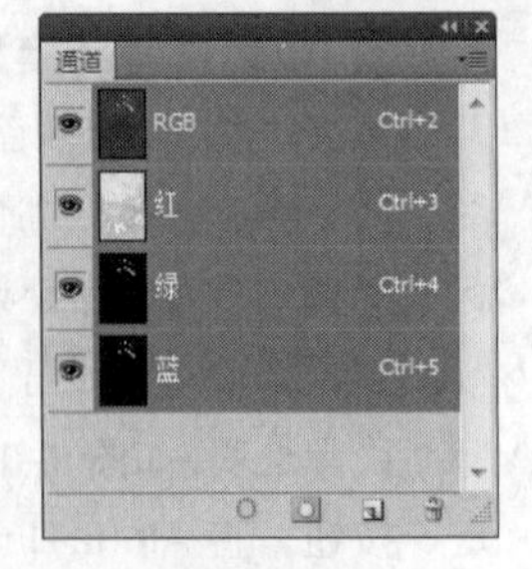

图 9-18

9.3.5 通道选项

通道选项命令用于设定 Alpha 通道。单击“通道”控制面板右上方的图标，在弹出式菜单中选择“通道选项”命令，弹出“通道选项”对话框，如图 9-19 所示。

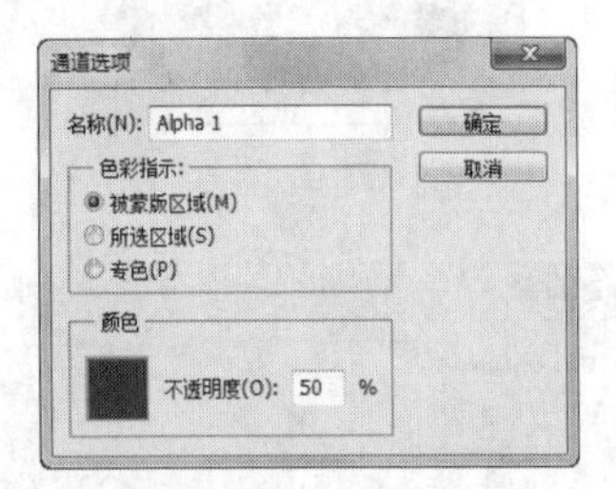

图 9-19

“名称”选项用于命名通道名称。“色彩指示”选项组用于设定通道中蒙版的显示方式：“被蒙版区域”选项表示蒙版区为深色显示、非蒙版区为透明显示；“所选区域”选项表示蒙版区为透明显示、非蒙版区为深色显示；“专色”选项表示以专色显示。“颜色”选项用于设定填充蒙版的颜色。“不透明度”选项用于设定蒙版的不透明度。

9.3.6 分离与合并通道

分离通道命令可以把图像的每个通道拆分为独立的图像文件。合并通道命令可以将多个灰度图像合并为一个图像。

单击“通道”控制面板右上方的图标，弹出其下拉命令菜单，在弹出式菜单中选择“分离通道”命令，将图像中的每个通道分离成各自独立的 8bit 灰度图像。分离前后的效果如图 9-20 所示。

单击“通道”控制面板右上方的图标，弹出其下拉命令菜单，在弹出式菜单中选择“合并通道”命令，弹出“合并通道”对话框，如图 9-21 所示。

图 9-20

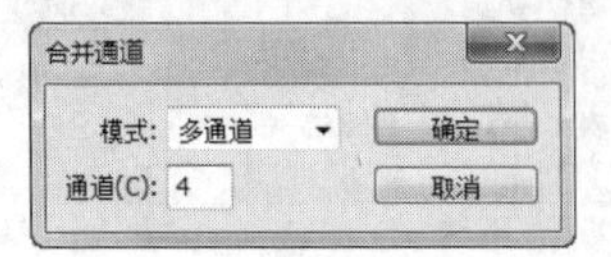

图 9-21

“模式”选项可以选择 RGB 颜色模式、CMYK 颜色模式、Lab 颜色模式或多通道模式。“通道”选项可以设定生成图像的通道数目，一般采用系统的默认设定值。

在对话框中选择“CMYK 模式”，单击“确定”按钮，弹出“合并 CMYK 通道”对话框，如图 9-22 所示。在该对话框中，可以在选定的色彩模式中为每个通道指定一幅灰度图像，被指定的图像可以是同一幅图像，也可以是不同的图像，但这些图像的大小必须是相同的。在合并之前，所有要合并的图像都必须是打开的，尺寸要绝对一样，而且一定要为灰度图像，单击“确定”按钮，效果如图 9-23 所示。

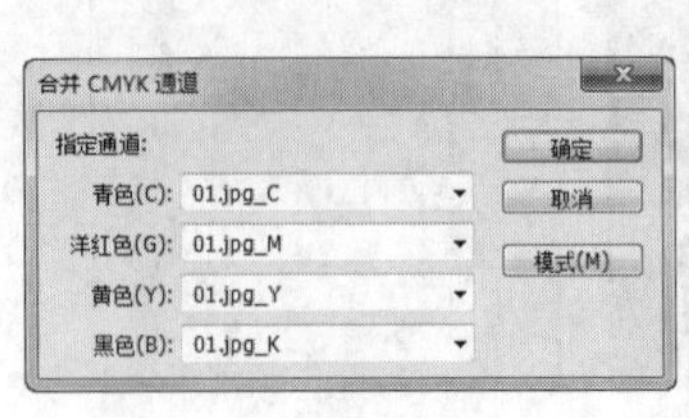

图 9-22

图 9-23

9.3.7 课堂案例——变换婚纱照背景

案例学习目标

学习使用通道面板制作出需要的效果。

案例知识要点

使用通道、钢笔工具、画笔工具变换婚纱照背景，如图 9-24 所示。

图 9-24

效果所在位置

光盘/Ch09/效果/变换婚纱照背景.psd。

STEP 1 按Ctrl + O组合键，打开光盘中的“Ch09 > 素材 > 变换婚纱照背景 > 01”文件，效果如图9-25所示。

图 9-25

STEP 2 在“通道”控制面板中选择图像对比度效果最强的“蓝”通道，拖曳到控制面板下方的“创建新通道”按钮 上进行复制，生成“蓝 副本”通道，如图9-26所示，图像效果如图9-27所示。按Ctrl+I组合键，对“蓝 副本”通道进行反相操作，效果如图9-28所示。

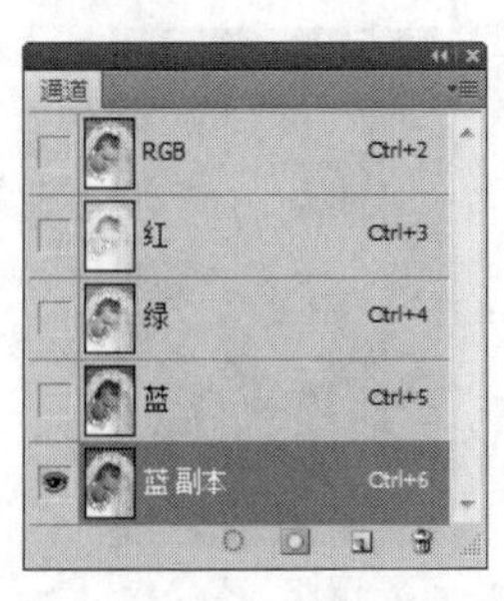

图 9-26

图 9-27

图 9-28

STEP 3 选择“钢笔”工具 ，选中属性栏中的“路径”按钮 ，单击“添加到路径区域(+)”按钮 ，勾画出新娘人物的背景，效果如图9-29所示，按Ctrl+Enter组合键，将路径转换为选区，如图9-30所示，在工具箱的下方将前景色设为白色，按Alt+Delete组合键，用前景色填充选区，按Ctrl+D组合键，取消选区，效果如图9-31所示。

图 9-29

图 9-30

图 9-31

STEP 4 在工具箱下方将前景色设为黑色。选择“画笔”工具 ，在属性栏中单击画笔选项右侧的按钮 ，弹出画笔选择面板，选择需要的画笔形状，如图9-32所示。在图像窗口中拖曳鼠标涂抹人物图像，按[键和]键调整画笔大小，涂抹出的效果如图9-33所示。按住Ctrl键的同时，单击“蓝 副本”通道的通道缩览图，如图9-34所示。生成选区，选中“RGB”通道，效果如图9-35所示。

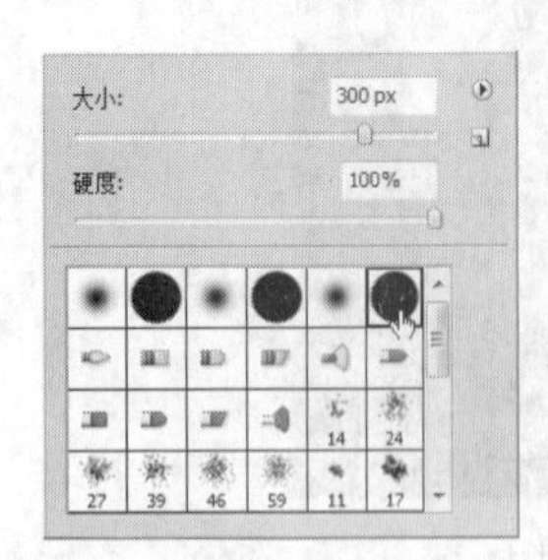

图 9-32

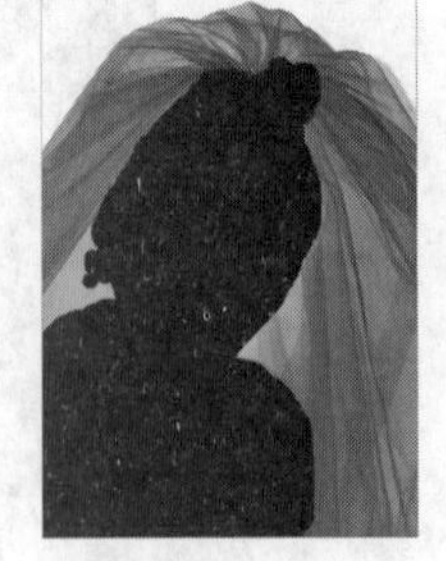

图 9-33

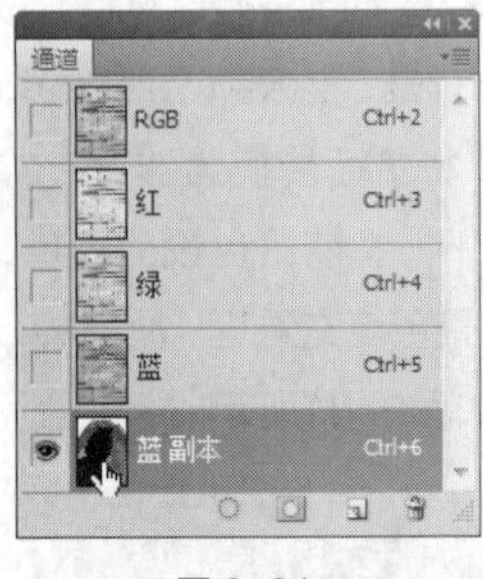

图 9-34

图 9-35

STEP 5 按Ctrl + O组合键，打开光盘中的“Ch09 > 素材 > 变换婚纱照背景 > 02”文件，效果如图9-36所示。按Ctrl+A组合键，将图像全部选中。按Ctrl+C组合键，复制图像。在01图像窗口中，按Shift+Ctrl+Alt+V组合键，将图形粘入，效果如图9-37所示。变换婚纱照背景制作完成。

图 9-36

图 9-37

9.3.8 通道面板选项

通道面板选项用于设定“通道”控制面板中缩览图的大小。

“通道”控制面板中的原始效果如图 9-38 所示，单击控制面板右上方的图标，弹出其下拉命令菜单，在弹出式菜单中选择“面板选项”命令，弹出“通道面板选项”对话框，如图 9-39 所示，调整后的效果如图 9-40 所示。

图 9-38

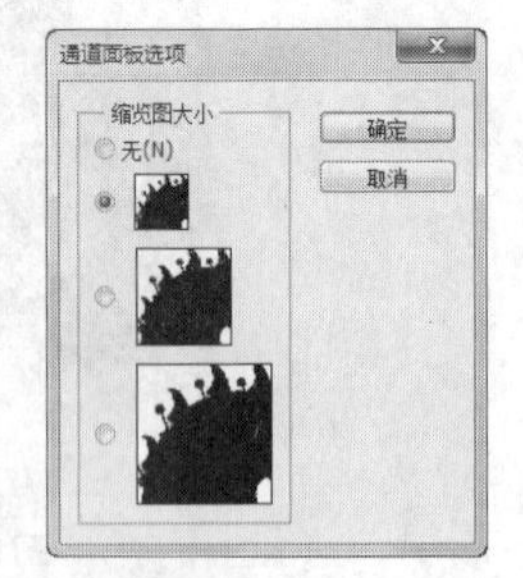

图 9-39

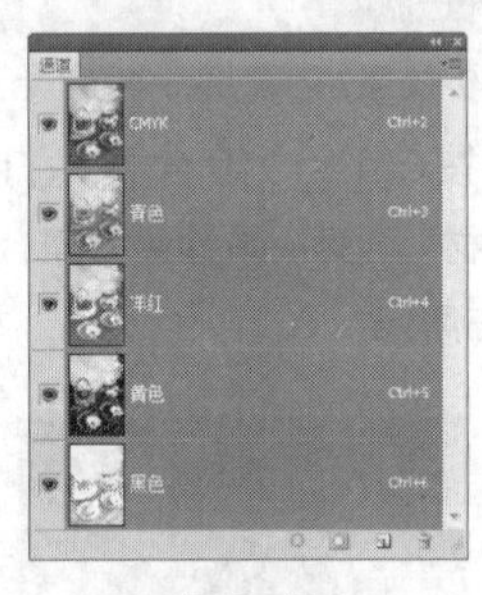

图 9-40

9.4 通道蒙版

通道蒙版的概念和操作提供了一种更方便、快捷和灵活的选择图像区域的方法。在实际应用中，颜色相近的图像区域的选择，羽化选区操作，抠像处理等工作使用蒙版完成将会更加便捷。

9.4.1 快速蒙版的制作

选择快速蒙版命令，可以使图像快速进入蒙版编辑状态。

打开图像，如图 9-41 所示。选择“磁性套索”工具，沿着花瓣图形的周围绘制选区，如图 9-42 所示。

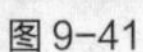

图 9-41

图 9-42

单击工具箱下方的“以快捷蒙版模式编辑”按钮，进入蒙版状态，选区框暂时消失，图像的未选择区域变为红色，如图 9-43 所示。“通道”控制面板将自动生成“快速蒙版”通道，如图 9-44 所示。快速蒙版图像如图 9-45 所示。

图 9-43

图 9-44

图 9-45

系统预设蒙版颜色为半透明的红色。

双击“快速蒙版”通道，弹出“快速蒙版选项”对话框，可对快速蒙版进行设定。在对话框中，选择“被蒙版区域”选项的单选框，如图 9-46 所示。单击“确定”按钮，将被蒙版的区域进行蒙版，如图 9-47 所示。

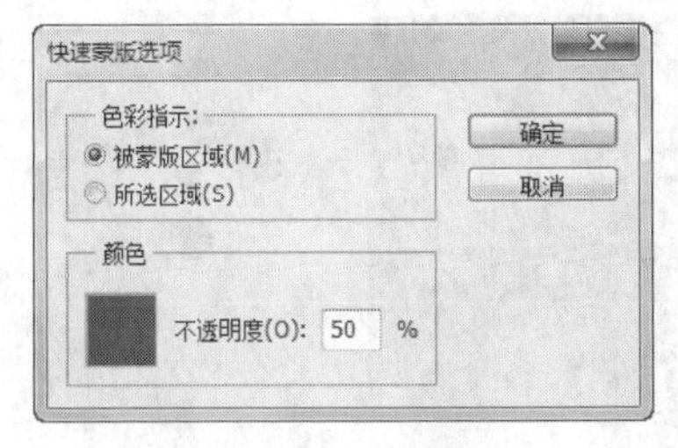

图 9-46

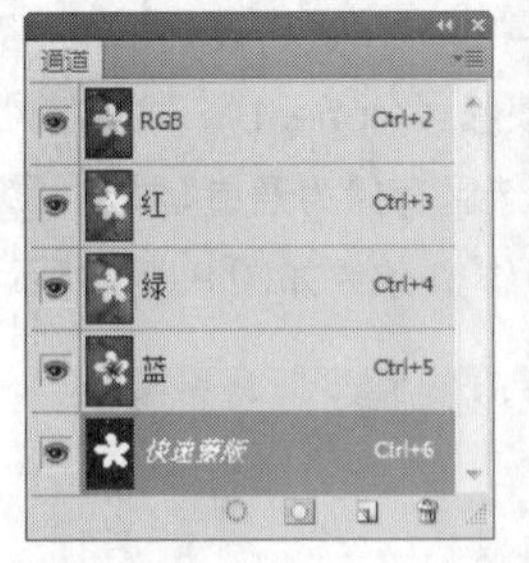

图 9-47

在对话框中，选择“所选区域”选项，单击“确定”按钮，将所选区域进行蒙版，如图 9-48 所示。

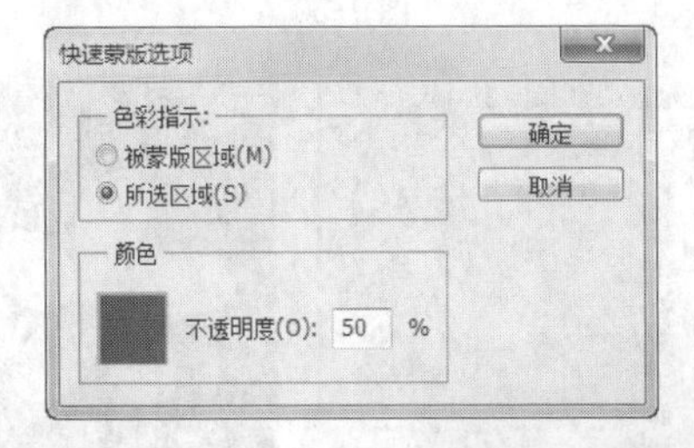

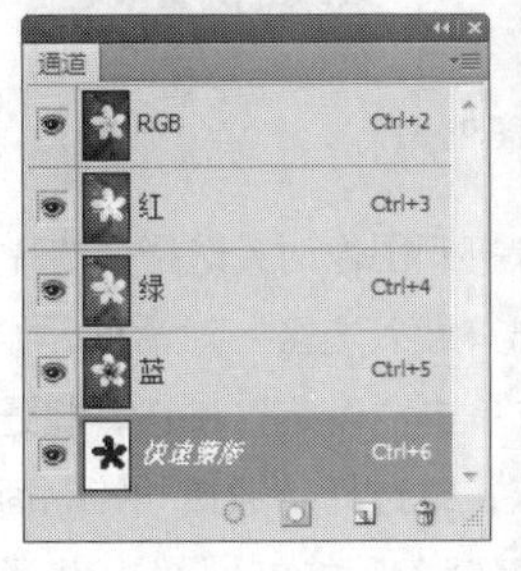

图 9-48

9.4.2　在 Alpha 通道中存储蒙版

可以将编辑好的蒙版保存到 Alpha 通道中。下面具体讲解存储蒙版的方法。

使用“磁性套索”工具，沿着花瓣图形的周围绘制选区，效果如图 9-49 所示。

图 9-49

选择“选择 > 存储选区”命令，弹出“存储选区”对话框，如图 9-50 所示进行设定。单击“确定”按钮，建立通道蒙版“Alpha 1”。或选择“通道”控制面板中的“将选区存储为通道”按钮，建立通道蒙版“Alpha 1”，效果如图 9-51 所示。

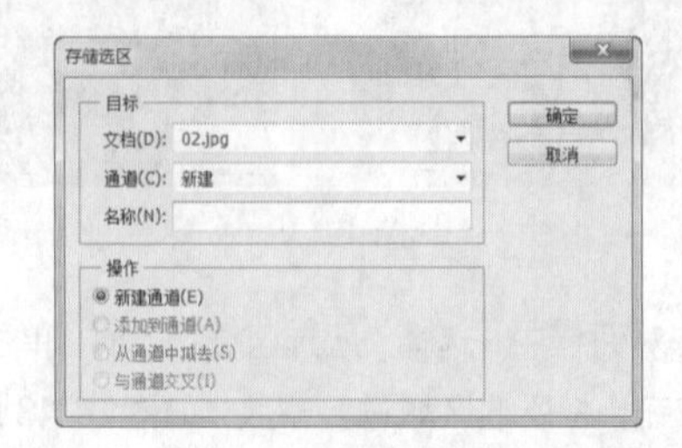

图 9-50

图 9-51

将图像保存，再次打开图像时，选择“选择 > 载入选区”命令，弹出“载入选区”对话框，如图 9-52 所示进行设定。单击“确定”按钮，将通道“Alpha 1”的选区载入，或选择“通道”控制面板中的“将通道作为选区载入”按钮，将通道“Alpha 1”作为选区载入，效果如图 9-53 所示。

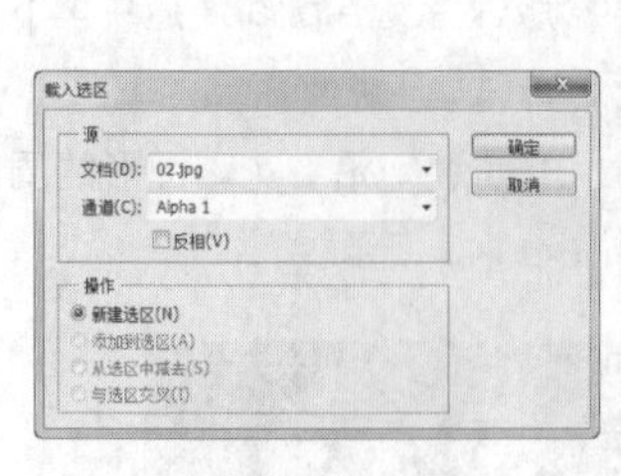

图 9-52

图 9-53

9.5 通道运算

通道运算可以按照各种合成方式合成单个或几个通道中的图像内容，但在进行通道运算时，图像尺寸必须一致。

9.5.1 应用图像

应用图像命令可以计算处理通道内的图像，使图像混合产生特殊效果。

选择“图像 > 应用图像”命令，弹出“应用图像”对话框，如图 9-54 所示。

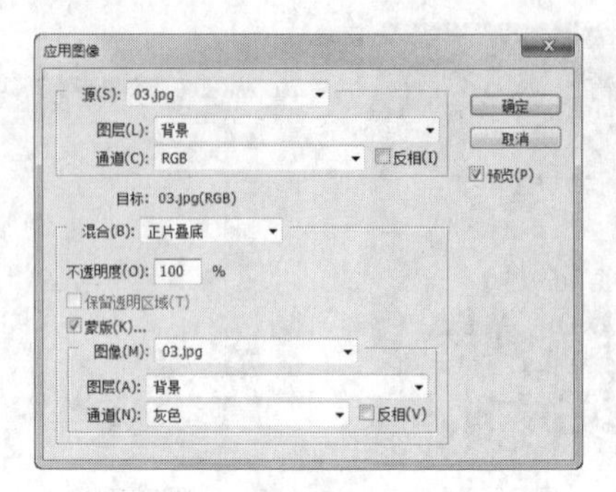

图 9-54

在对话框中，“源”选项用于选择源文件；“图层”选项用于选择源文件的层；“通道”选项用于选择源通道；“反相”选项用于在处理前先反转通道内的内容；“目标”选项能显示出目标文件的文件名、层、通道及色彩模式等信息；“混合”选项用于选择混色模式，即选择两个通道对应像素的计算方法；“不透明度”选项用于设定图像的不透明度；“蒙版”选项用于加入蒙版以限定选区。

提 示

应用图像命令要求源文件与目标文件的尺寸大小必须相同，因为参加计算的两个通道内的像素是一一对应的。

打开两幅图像，选择“图像 > 图像大小”命令，弹出“图像大小”对话框，分别将两张图像设置为相同的尺寸，设置好后，单击“确定”按钮，效果如图 9-55 和图 9-56 所示。

图 9-55

图 9-56

在两幅图像的“通道”控制面板中分别建立通道蒙版，其中黑色表示遮住的区域。返回到两张图像的 RGB 通道，效果如图 9-57 和图 9-58 所示。

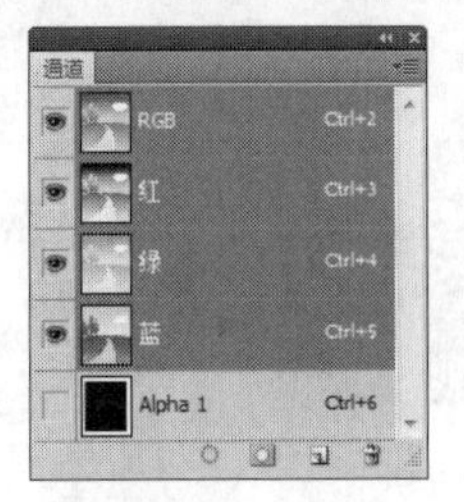

图 9-57

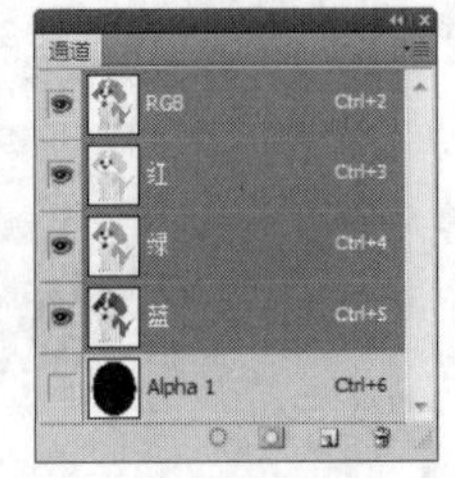

图 9-58

选择“草地”文件，选择“图像 > 应用图像”命令，弹出“应用图像”对话框，设置完成后单击“确定”按钮，两幅图像混合后的效果如图 9-59 所示。

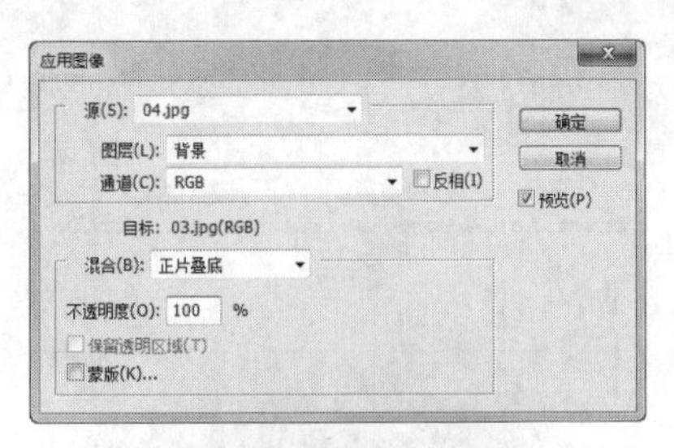

图 9-59

在“应用图像”对话框中，勾选“蒙版”选项的复选框，弹出蒙版的其他选项，勾选“反相”选项的复选框并设置其他选项，设置好后单击“确定”按钮，两幅图像混合后的效果如图 9-60 所示。

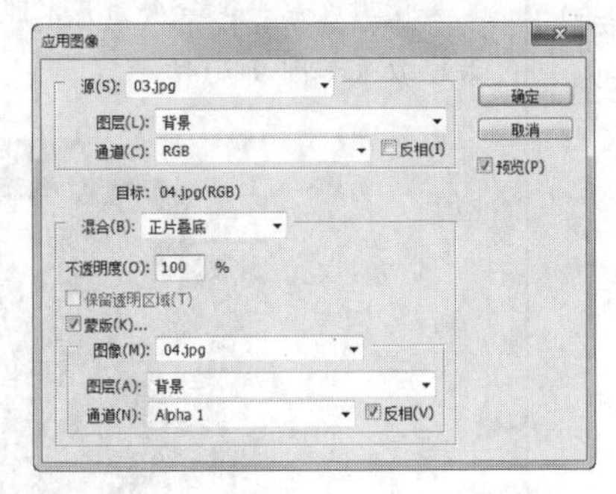

图 9-60

9.5.2 课堂案例——制作合成图像

案例学习目标

学习使用应用图像命令制作需要的效果。

案例知识要点

使用应用图像命令和横排文字工具制作合成图像效果，如图 9-61 所示。

图 9-61

效果所在位置

光盘/Ch09/效果/制作合成图像.psd。

STEP 1 按 Ctrl + O 组合键，打开光盘中的“Ch09 > 素材 > 制作合成图像 > 01、02”文件，如图9-62和图9-63所示。

图 9-62

图 9-63

STEP 2 选中01图片，选择“图像 > 应用图像”命令，在弹出的对话框中进行设置，如图9-64所示。单击“确定”按钮，效果如图9-65所示。

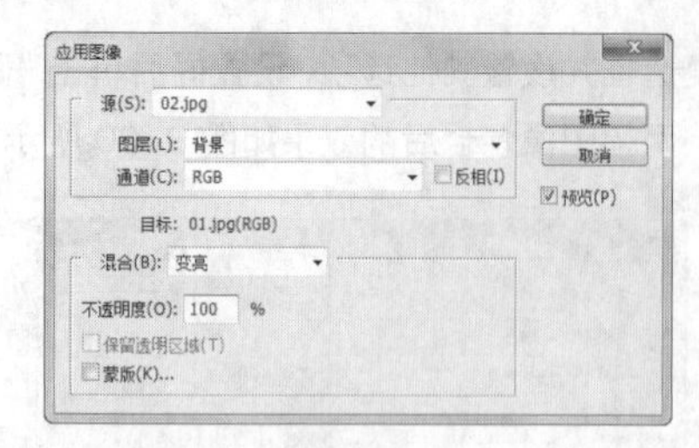

图 9-64

图 9-65

STEP 3 选择“钢笔”工具，选中属性栏中的“路径”按钮，在图像窗口中绘制一条曲线路径，效果如图9-66所示。选择“横排文字”工具，在属性栏中选择合适的字体并设置文字大小，单击“设置文本颜色”按钮，弹出“选择文本颜色”对话框，设置文字的颜色为深蓝色（其R、G、B值分别为8、21、65），单击“确定”按钮。

图 9-66

STEP 4 将光标放在路径上，当变为图标时，如图9-67所示，单击鼠标会出现闪烁的光标，此处成为输入文字的起始点，如图9-68所示，输入需要的文字，选择“路径选择”工具，按Enter键，隐藏路径，文字效果如图9-69所示。合成图像效果制作完成。

图 9-67

图 9-68

图 9-69

9.6 课后习题——制作艺术照片效果

习题知识要点

使用色彩平衡命令为艺术照片增加微妙色调，最终效果如图 9-70 所示。

图 9-70

效果所在位置

光盘/Ch09/效果/制作艺术照片效果.psd。

Chapter 10

第10章 滤镜效果

本章将详细介绍滤镜的功能和特效。读者通过学习要了解并掌握滤镜的各项功能和特点，通过反复地实践练习，可制作出丰富多彩的图像效果。

【教学目标】

- 滤镜菜单介绍
- 滤镜效果介绍

10.1 滤镜菜单介绍

在 Photoshop CS5 的滤镜菜单下提供了多种功能的滤镜，选择这些滤镜命令，可以制作出奇妙的图像效果。

单击“滤镜”菜单，弹出如图 10-1 所示的下拉菜单。Photoshop CS5 滤镜菜单被分为 6 部分，用横线划分开。

上次滤镜操作(F)　Ctrl+F
转换为智能滤镜
滤镜库(G)...
镜头校正(R)...　Shift+Ctrl+R
液化(L)...　Shift+Ctrl+X
消失点(V)...　Alt+Ctrl+V
风格化
画笔描边
模糊
扭曲
锐化
视频
素描
纹理
像素化
渲染
艺术效果
杂色
其它
Digimarc
浏览联机滤镜...

图 10-1

第 1 部分是最近一次使用的滤镜，当没有使用滤镜时，它是灰色的，不可选择。当使用一种滤镜后，需要重复使用时，只要直接选择这种滤镜或按 Ctrl+F 组合键，即可重复使用。

第 2 部分是转换为智能滤镜部分，单击此命令可以将普通滤镜转换为智能滤镜。

第 3 部分是 4 种 Photoshop CS5 滤镜，每个滤镜的功能都十分强大。

第 4 部分是 13 种 Photoshop CS5 滤镜，每个滤镜中都有包含其他滤镜的子菜单。

第 5 部分是常用外挂滤镜，当没有安装常用外挂滤镜时，它是灰色的，不可选择。

第 6 部分是浏览联机滤镜。

10.2 滤镜效果介绍

Photoshop CS5 的滤镜有着很强的艺术性和实用性，能制作出五彩缤纷的图像效果。下面将具体介绍各种滤镜的使用方法和应用效果。

10.2.1 “像素化”滤镜

“像素化”滤镜可以用来将图像分块或将图像平面化。“像素化”滤镜组中各种滤镜效果如图 10-2 所示。

“彩块化”滤镜

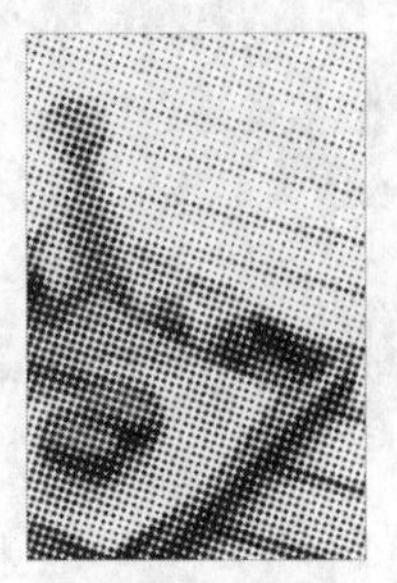

“彩色半调”滤镜

“点状化”滤镜

“晶格化”滤镜

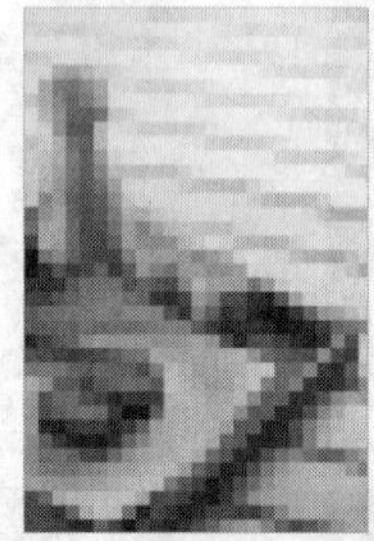

“马赛克”滤镜

“碎片”滤镜

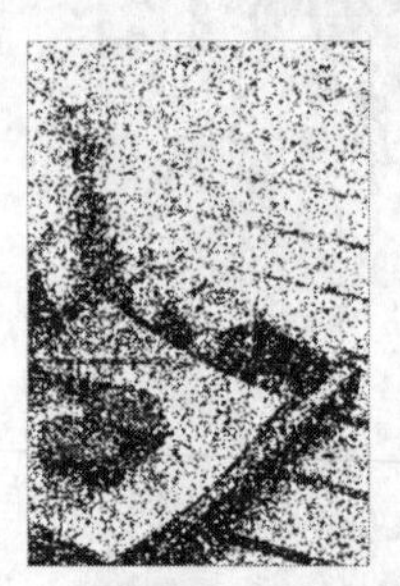

“铜版雕刻”滤镜

图 10-2

10.2.2　“扭曲”滤镜

“扭曲”滤镜可以生成一组从波纹到扭曲图像的变形效果。“扭曲”滤镜组中各种滤镜效果如图 10-3 所示。

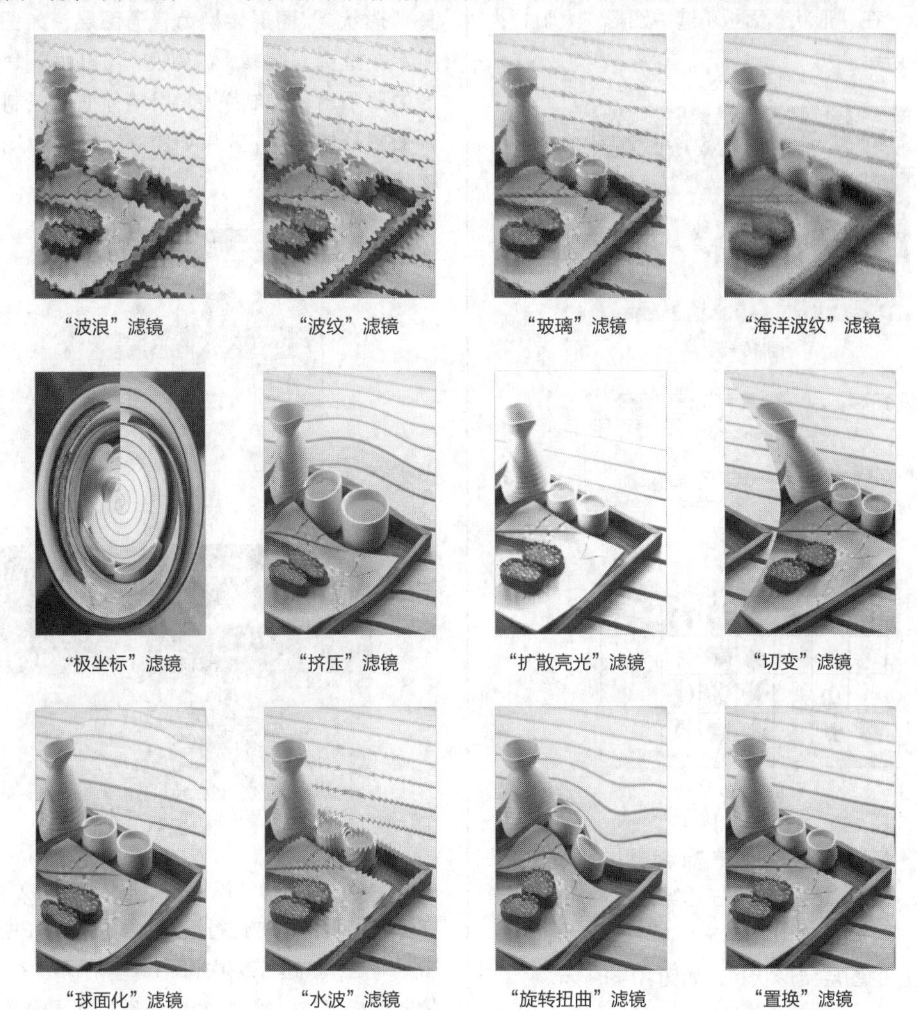

图 10-3

10.2.3　课堂案例——制作水底形状

案例学习目标

学习使用滤镜命令下的波纹滤镜制作需要的效果。

案例知识要点

使用自定形状工具、扭曲命令和波纹滤镜制作水底形状，最终效果如图 10-4 所示。

效果所在位置

光盘/Ch10/效果/制作水底形状.psd。

图 10-4

STEP 1 按Ctrl + O组合键，打开光盘中的“Ch10 > 素材 > 制作水底形状 > 01”文件，如图10-5所示。选择“自定形状”工具，单击属性栏中的“形状”选项，弹出“形状”面板，单击右上方的按钮，在弹出的下拉菜单中选择“自然”选项，弹出提示对话框，单击“追加”按钮，如图10-6所示。在“形状”面板中选中图形“太阳1”，如图10-7所示。

图 10-5

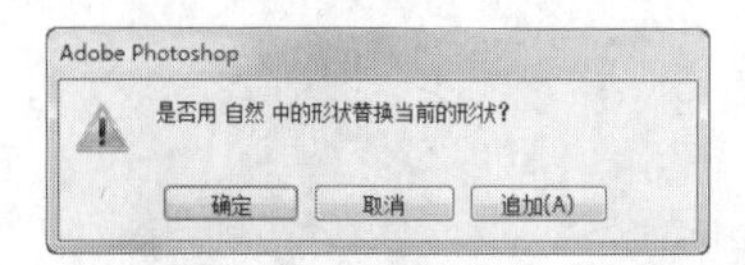

图 10-6

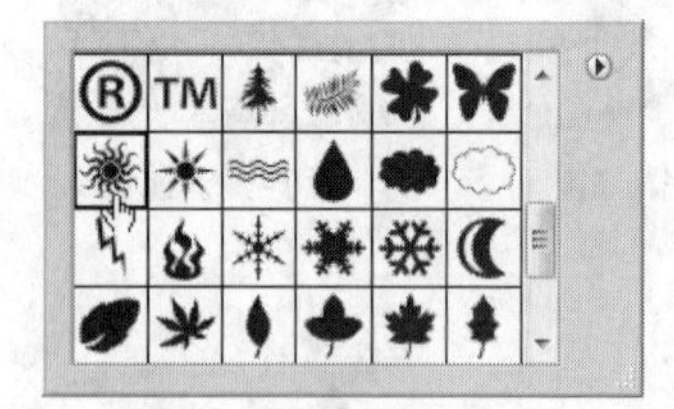

图 10-7

STEP 2 在属性栏中选中“形状图层”按钮，将“颜色”选项设为黑色，在适当的位置拖曳鼠标绘制图形，效果如图10-8所示。在“图层”控制面板中生成新的图层“形状1”，如图10-9所示。

图 10-8

图 10-9

STEP 3 在“形状1”图层上单击鼠标右键，在弹出的下拉菜单中选择“栅格化图层”命令，将“形状1”图层转换为普通图层，如图10-10所示。选择“编辑 > 变换 > 扭曲”命令，图形的周围出现控制手柄，用鼠标拖曳控制手柄来改变图形的形状，效果如图10-11所示，按Enter键确认操作。

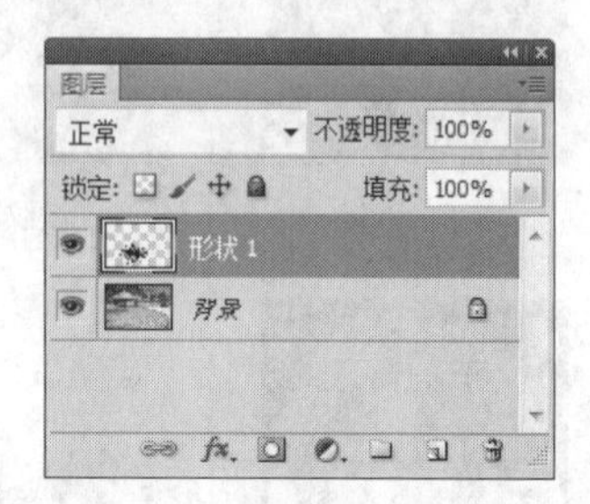

图 10-10

图 10-11

STEP 4 选择“滤镜 > 扭曲 > 波纹”命令，在弹出的对话框中进行设置，如图10-12所示。单击“确定”按钮，效果如图10-13所示。在“图层”控制面板上方，将“形状1”图层的混合模式设为“柔光”，图像效果如图10-14所示。

图 10-12

图 10-13

图 10-14

10.2.4　“杂色”滤镜

“杂色”滤镜可以混合干扰，制作出着色像素图案的纹理。“杂色”滤镜组中各种滤镜效果如图 10-15 所示。

“减少杂色”滤镜

“蒙尘与划痕”滤镜

“去斑”滤镜

“添加杂色”滤镜

“中间值”滤镜

图 10-15

10.2.5　“模糊”滤镜

“模糊”滤镜可以使图像中过于清晰或对比度过于强烈的区域产生模糊效果。此外，也可用于制作柔和阴影。“模糊”滤镜组中各种滤镜效果如图 10-16 所示。

表面模糊

动感模糊

方框模糊

高斯模糊

进一步模糊

径向模糊

镜头模糊

模糊

图 10-16

平均　　特殊模糊

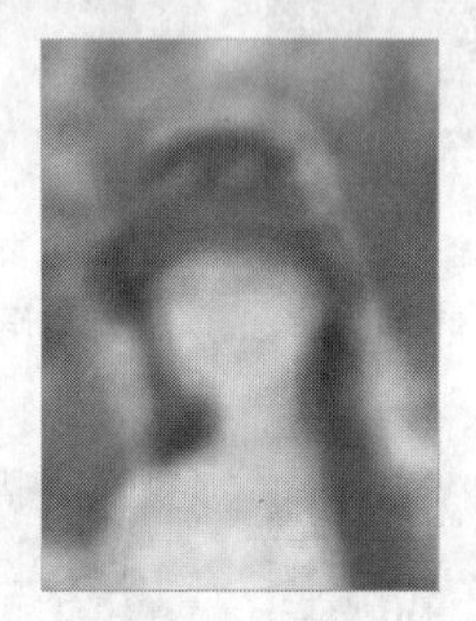

形状模糊

图 10-16（续）

10.2.6 课堂案例——制作素描图像效果

案例学习目标

学习使用滤镜命令下的特殊模糊滤镜制作需要的效果。

案例知识要点

使用特殊模糊滤镜和反相命令制作素描图像，最终效果如图 10-17 所示。

图 10-17

效果所在位置

光盘/Ch10/效果/制作素描图像效果.psd。

STEP 1 按Ctrl+O组合键，打开光盘中的“Ch10 > 素材 > 制作素描图像效果 > 01”文件，如图10-18所示。

图 10-18

STEP 2 选择“滤镜 > 模糊 > 特殊模糊”命令，在弹出的对话框中进行设置，如图10-19所示，单击“确定”按钮，效果如图10-20所示。按Ctrl+I组合键，对图像进行反相操作，效果如图10-21所示。素描图像效果制作完成。

图 10-19

图 10-20

图 10-21

10.2.7　“渲染”滤镜

“渲染”滤镜可以在图片中产生照明的效果，它可以产生不同的光源效果和夜景效果等。“渲染”滤镜组中各种滤镜效果如图 10-22 所示。

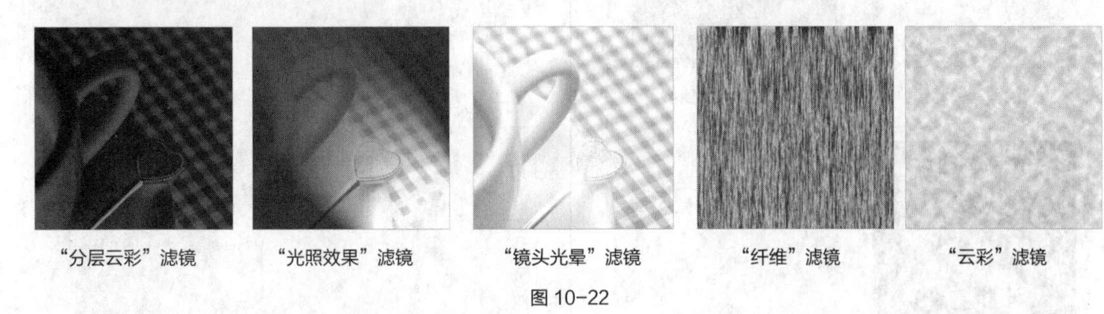

“分层云彩”滤镜　“光照效果”滤镜　“镜头光晕”滤镜　“纤维”滤镜　“云彩”滤镜

图 10-22

10.2.8　“画笔描边”滤镜

“画笔描边”滤镜对 CMYK 和 Lab 颜色模式的图像都不起作用。“画笔描边”滤镜组中各种滤镜效果如图 10-23 所示。

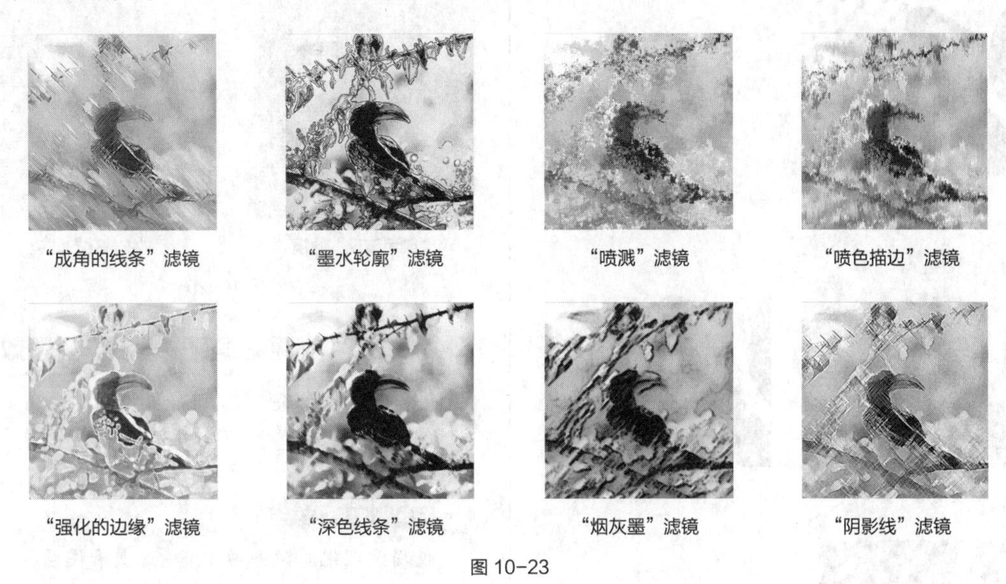

“成角的线条”滤镜　“墨水轮廓”滤镜　“喷溅”滤镜　“喷色描边”滤镜

“强化的边缘”滤镜　“深色线条”滤镜　“烟灰墨”滤镜　“阴影线”滤镜

图 10-23

10.2.9　“素描”滤镜

“素描”滤镜只对 RGB 或灰度模式的图像起作用，它可以制作出多种绘画效果。“素描”滤镜组中各种滤镜效果如图 10-24 所示。

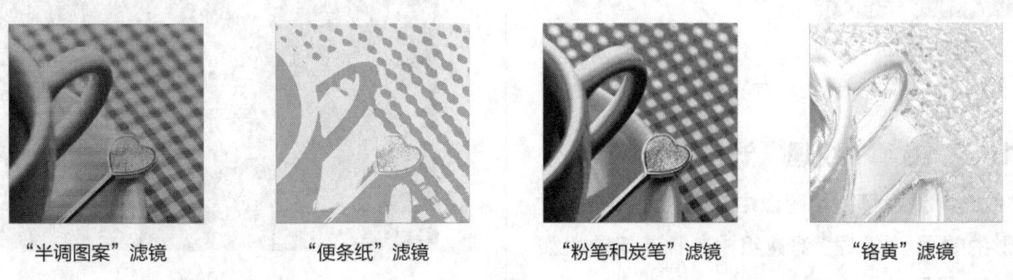

“半调图案”滤镜　“便条纸”滤镜　“粉笔和炭笔”滤镜　“铬黄”滤镜

图 10-24

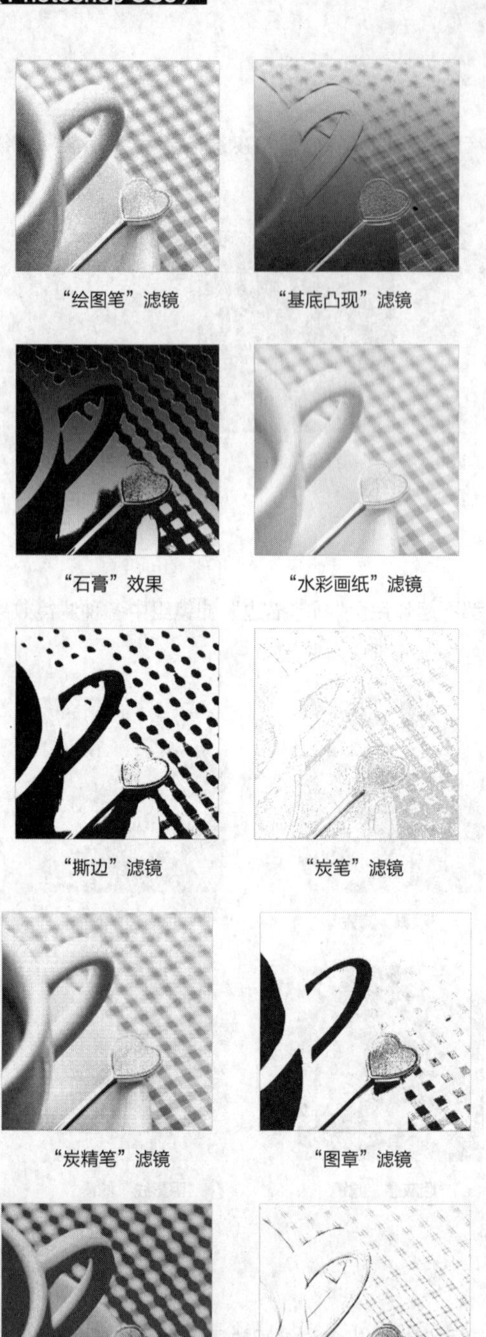

"绘图笔"滤镜　"基底凸现"滤镜

"石膏"效果　"水彩画纸"滤镜

"撕边"滤镜　"炭笔"滤镜

"炭精笔"滤镜　"图章"滤镜

"网状"滤镜　"影印"滤镜

图 10-24（续）

10.2.10 "纹理"滤镜

"纹理"滤镜可以使图像中各颜色之间产生过渡变形的效果。"纹理"滤镜组中各种滤镜效果如图 10-25 所示。

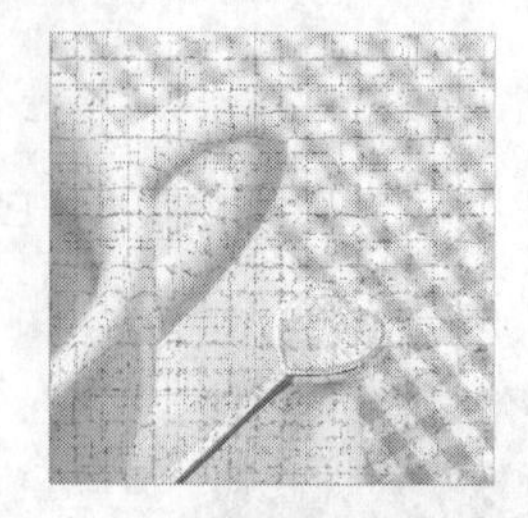

"龟裂缝"滤镜

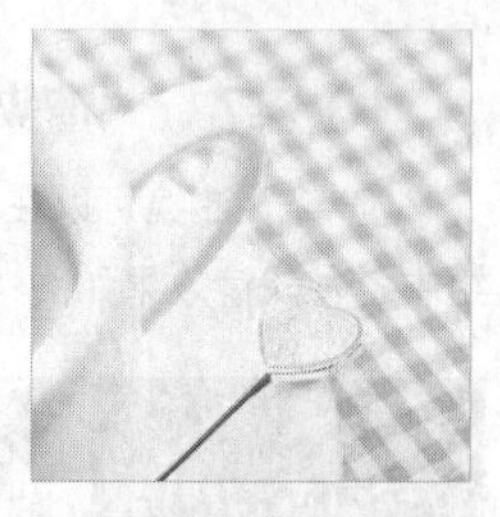

"颗粒"滤镜

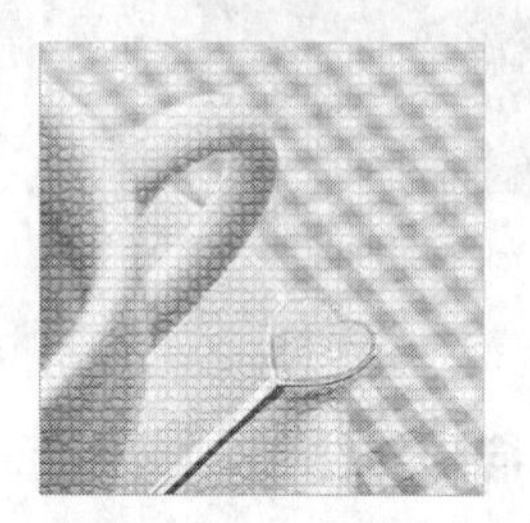

"马赛克拼贴"滤镜

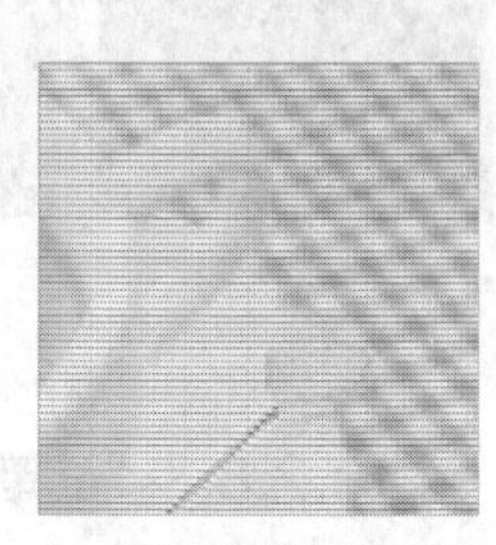

"拼缀图"滤镜

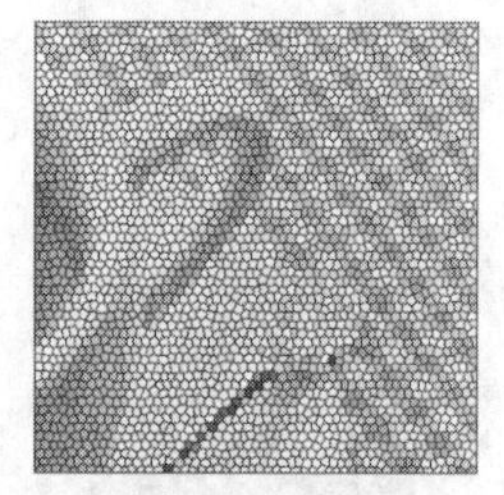

"染色玻璃"滤镜

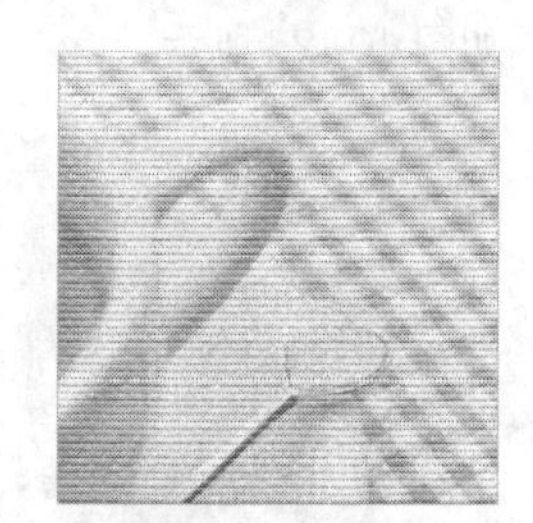

"纹理化"滤镜

图 10-25

10.2.11 课堂案例——制作拼图效果

案例学习目标

学习使用滤镜命令下的纹理化滤镜制作需要的效果。

案例知识要点

使用纹理化滤镜、磁性套索工具和图层样式命令制作拼图效果，如图 10-26 所示。

图 10-26

效果所在位置

光盘/Ch10/效果/制作拼图效果.psd。

STEP 1 按Ctrl + O组合键，打开光盘中的“Ch10 > 素材 > 制作拼图效果 > 01”文件，如图10-27所示。

图 10-27

STEP 2 选择“滤镜 > 纹理 > 纹理化”命令，弹出对话框，单击右上方的图标，在弹出的菜单中选择“载入纹理”命令，弹出“载入纹理”对话框，选择光盘中的“Ch10 > 素材 > 制作拼图效果 > 02”，如图10-28所示。

图 10-28

STEP 3 单击“打开”按钮，返回到“纹理化”对话框，在对话框中进行设置，如图10-29所示。单击“确定”按钮，效果如图10-30所示。选择“缩放”工具，在图像窗口中单击鼠标左键，扩大图片的显示尺寸，便于进行操作。选择“磁性套索”工具，用光标在图像窗口中勾画出一块拼图的轮廓，如图10-31所示，生成选区。

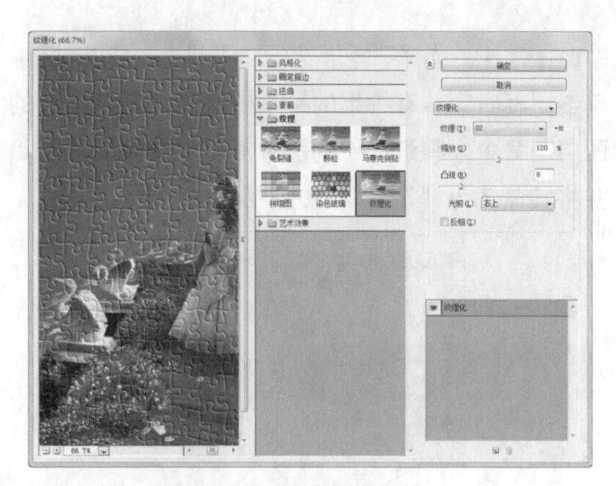

图 10-29

图 10-30

图 10-31

STEP 4 双击“抓手”工具，将图片恢复为最初的显示尺寸，效果如图10-32所示。选择“选择 > 存储选区”命令，在弹出的对话框中进行参数设置，如图10-33所示，单击“确定”按钮，选区被保存。

图 10-32

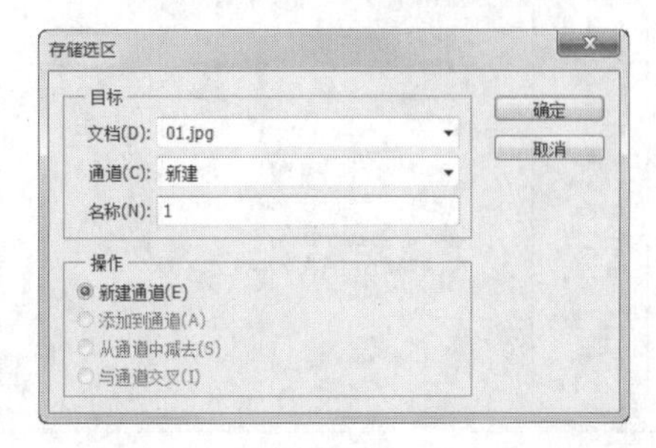

图 10-33

STEP 5 选择“矩形选框”工具，在选区中单击鼠标右键，在弹出的菜单中选择“通过拷贝的图层”命令，将选区中的图像复制生成新的图层，并将其命名为“拼图”，如图10-34所示。

图 10-34

STEP 6 选择“移动”工具，将“拼图”图层中的图像拖曳到图片窗口的右下方，按Ctrl+T组合键，图像周围出现控制手柄，将图像旋转适当的角度，按Enter键确认操作，如图10-35所示。

图 10-35

STEP 7 单击“图层”控制面板下方的“添加图层样式”按钮 fx，在弹出的菜单中选择“投影”命令，在弹出的对话框中进行设置，如图10-36所示。单击“确定”按钮，效果如图10-37所示。

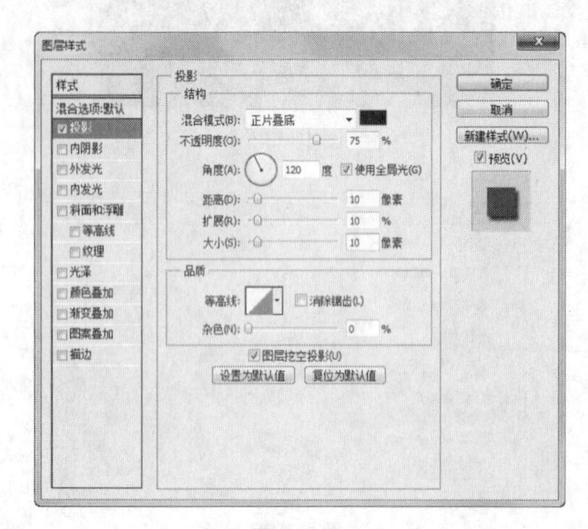

图 10-36

图 10-37

STEP 8 在“图层”控制面板中选中“背景”图层，如图10-38所示。选择“选择 > 载入选区”命令，在弹出的对话框中进行设置，如图10-39所示。单击“确定”按钮，载入选区，如图10-40所示。

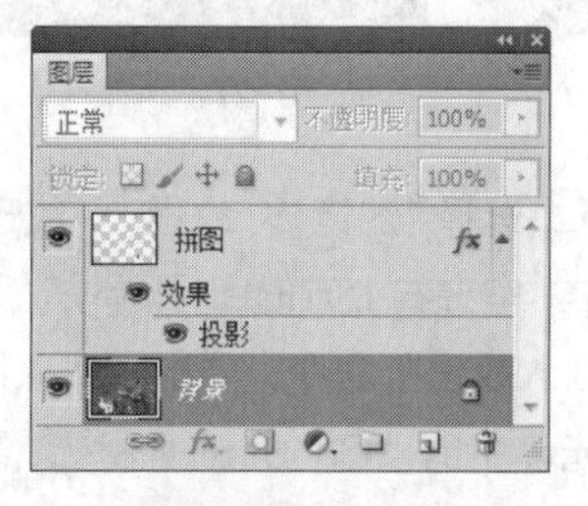

图 10-38

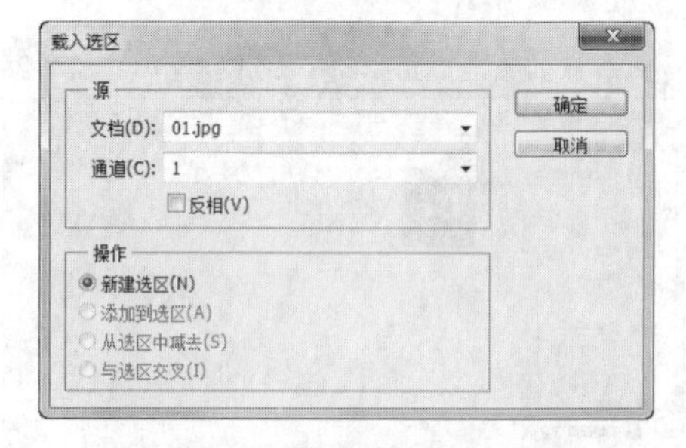

图 10-39

图 10-40

STEP 9 在工具箱下方将前景色设为白色，按Alt+Delete组合键，用前景色填充选区，按Ctrl+D组合键，取消选区，效果如图10-41所示。拼图效果制作完成。

图 10-41

10.2.12 “艺术效果”滤镜

“艺术效果”滤镜在 RGB 颜色模式和多通道颜色模式下才可以使用。“艺术效果”滤镜组中各种滤镜效果如图 10-42 所示。

“壁画”滤镜

“彩色铅笔”滤镜

“粗糙蜡笔”滤镜

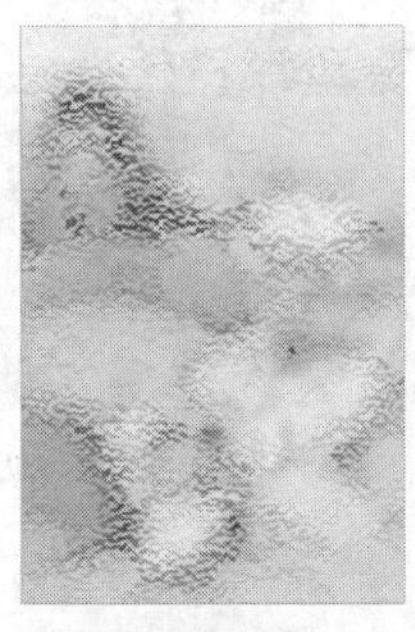

“底纹效果”滤镜

“干画笔”滤镜

“海报边缘”滤镜

“海绵”滤镜

“绘画涂抹”滤镜

“胶片颗粒”滤镜

“木刻”滤镜

“霓虹灯光”滤镜

“水彩”滤镜

“塑料包装”滤镜

“调色刀”滤镜

“涂抹棒”滤镜

图 10-42

10.2.13 “锐化”滤镜

“锐化”滤镜可以通过生成更大的对比度来使图像清晰化，并增强处理图像的轮廓。此组滤镜可减少图像修改后产生的模糊效果。“锐化”滤镜组中各种滤镜效果如图 10-43 所示。

“USM 锐化”滤镜

“进一步锐化”滤镜

“锐化”滤镜

“锐化边缘”滤镜

“智能锐化”滤镜

图 10-43

10.2.14 课堂案例——制作淡彩钢笔画效果

案例学习目标

学习使用滤镜命令下的照亮边缘和中间值滤镜制作需要的效果。

案例知识要点

使用照亮边缘滤镜、混合模式命令和中间值滤镜制作淡彩钢笔画，最终效果如图 10-44 所示。

图 10-44

效果所在位置

光盘/Ch10/效果/制作淡彩钢笔画效果.psd。

STEP 1 按Ctrl + O组合键，打开光盘中的“Ch10 > 素材 > 制作淡彩钢笔画效果 > 01”文件，如图10-45所示。将“背景”图层拖曳到“图层”控制面板下方的“创建新图层”按钮 上进行复制，生成新的图层“背景 副本”，如图10-46所示。

图 10-45

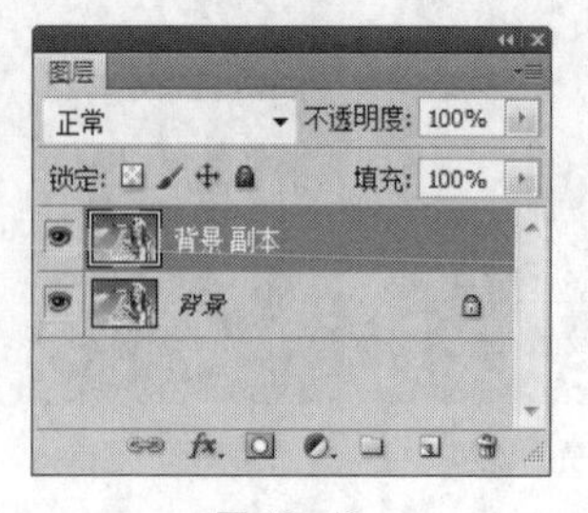

图 10-46

STEP 2 选择“图像 > 调整 > 去色”命令，对图像进行去色操作，效果如图10-47所示。

图 10-47

STEP 3 选择“滤镜 > 风格化 > 照亮边缘”命令，在弹出的对话框中进行设置，如图10-48所示，单击“确定”按钮，效果如图10-49所示。

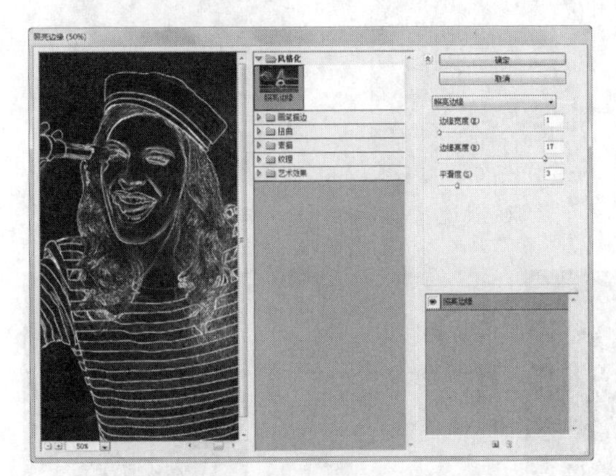

图 10-48

图 10-49

STEP 4 按Ctrl+I组合键，对图像进行反相操作，效果如图10-50所示。在“图层”控制面板上方，将“背景 副本”图层的混合模式设置为“叠加”，如图10-51所示，图像效果如图10-52所示。

图 10-50

图 10-51

图 10-52

STEP 5 将“背景”图层拖曳到“图层”控制面板下方的“创建新图层”按钮 上进行复制，生成新的图层“背景 副本2”，如图10-53所示。

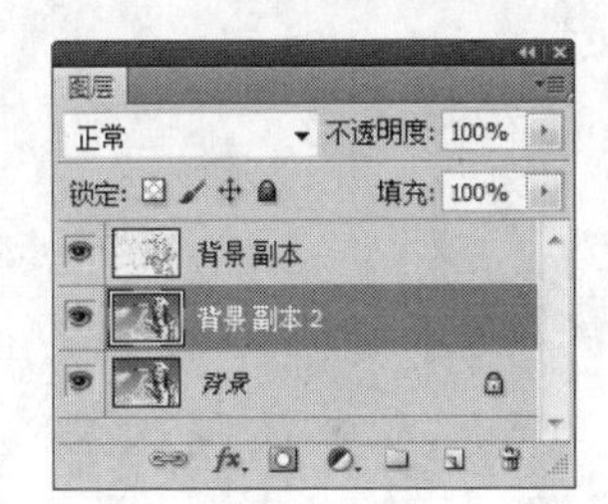

图 10-53

STEP 6 选择“滤镜 > 杂色 > 中间值”命令，在弹出的对话框中进行设置，如图10-54所示。单击“确定”按钮，效果如图10-55所示。淡彩钢笔画效果制作完成。

图 10-54

图 10-55

10.2.15 “风格化”滤镜

“风格化”滤镜可以产生印象派以及其他风格画派作品的效果，它是完全模拟真实艺术手法进行创作的。“风格化”滤镜中各种滤镜效果如图 10-56 所示。

“查找边缘”滤镜

“等高线”滤镜

“风”滤镜

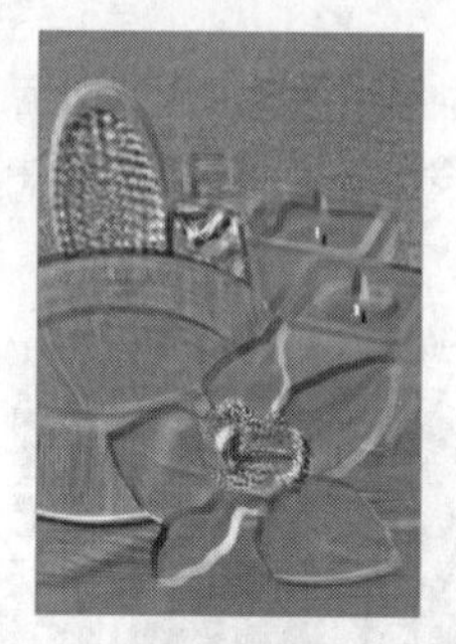

“浮雕效果”滤镜

“扩散”滤镜

“拼贴”滤镜

“曝光过度”滤镜

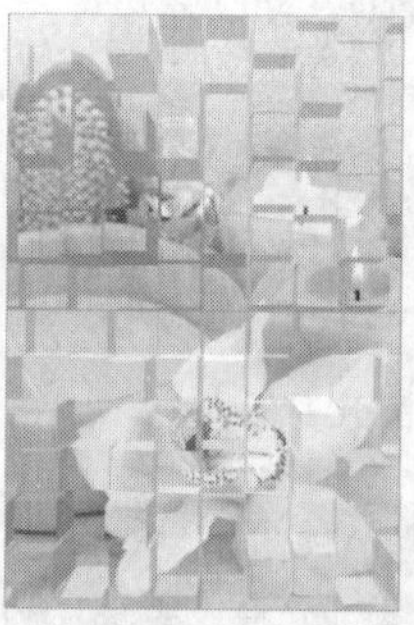

“凸出”滤镜

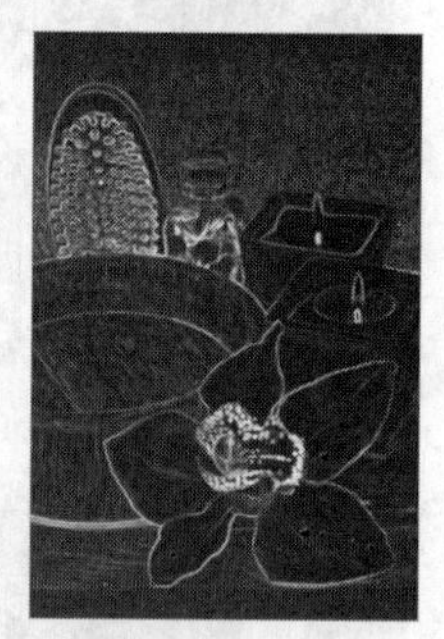

“照亮边缘”滤镜

图 10-56

10.2.16 课堂案例——制作油画效果

案例学习目标

学会应用历史记录面板、去色命令和滤镜命令制作油画效果。

案例知识要点

使用快照命令、不透明度命令、历史记录艺术画笔工具制作油画效果。使用去色和混合模式命令调整图片的颜色。使用浮雕效果滤镜为图片添加浮雕效果，如图 10-57 所示。

效果所在位置

光盘/Ch10/效果/制作油画效果.psd。

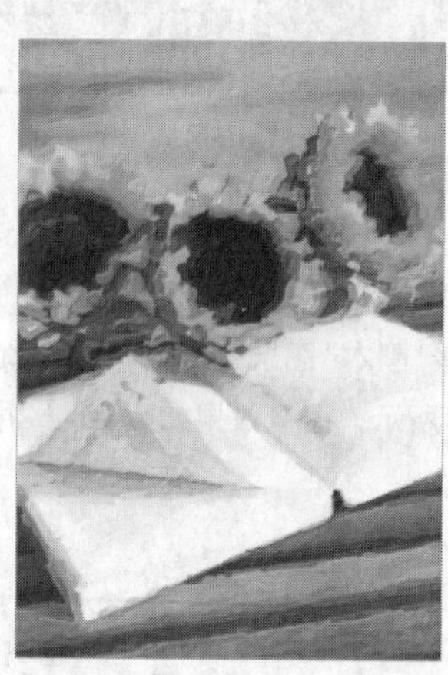

图 10-57

1. 制作背景图像

STEP 1 按Ctrl + O组合键，打开光盘中的“Ch10 > 素材 > 制作油画效果 > 01”文件，如图10-58所示。选择“窗口 > 历史记录”命令，弹出“历史记录”控制面板，单击面板右上方的图标，在弹出的菜单中选择“新建快照”命令，在弹出的对话框中进行设置，如图10-59所示，单击“确定”按钮。

图 10-58

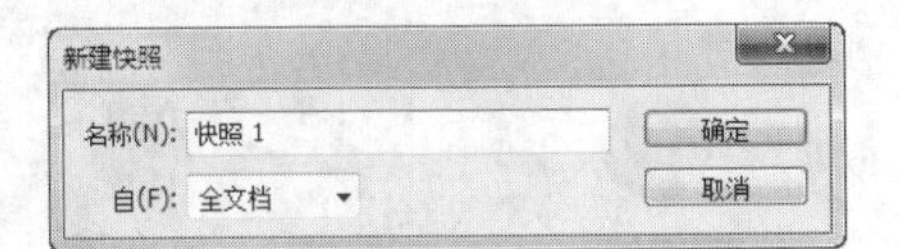

图 10-59

STEP 2 选择“图层”控制面板，单击控制面板下方的“创建新图层”按钮，生成新图层并将其命名为“黑色透明”。将前景色设为黑色，按Alt+Delete组合键，用前景色填充图层。在“图层”控制面板上方，将“黑色透明”图层的“不透明度”选项设为80%，效果如图10-60所示。

图 10-60

STEP 3 单击“图层”控制面板下方的“创建新图层”按钮，生成新图层并将其命名为“向日葵”。选择“历史记录艺术画笔”工具，在属性栏中单击画笔选项右侧的按钮，弹出画笔选择面板，单击右上方的按钮，在弹出的菜单中选择“干介质画笔”选项，弹出提示对话框，单击“确定”按钮。在画笔选择面板中选择需要的画笔形状，将“大小”选项设为23px，如图10-61所示。在画笔属性栏中进行设置，如图10-62所示。在图像窗口中拖曳鼠标绘制向日葵图形，效果如图10-63所示。

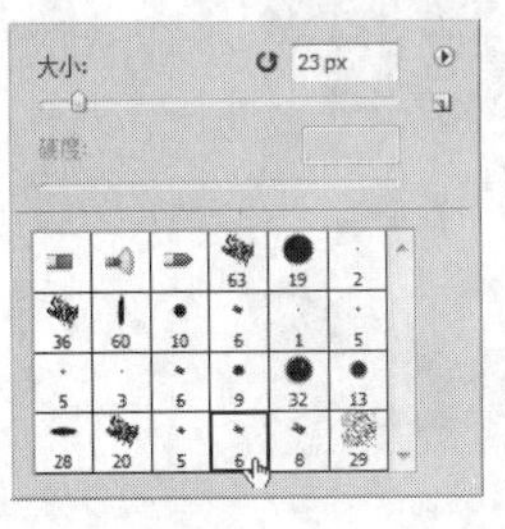

图 10-61

图 10-63

图 10-62

图 10-64

STEP 4 单击“黑色透明”和“背景”图层左侧的眼睛图标，将“黑色填充”、“背景”图层隐藏，观看绘制的情况，如图10-64所示。继续拖曳鼠标进行涂抹，直到笔刷铺满图像窗口，单击“背景”图层左侧的空白图标，显示背景图层，效果如图10-65所示。

图 10-65

2. 调整图片颜色

STEP 1 将“向日葵”图层拖曳到控制面板下方的“创建新图层”按钮 上进行复制，生成新的图层“向日葵 副本”。选择“图像 > 调整 > 去色”命令，将图像去色，效果如图10-66所示。

图 10-66

STEP 2 在“图层”控制面板上方，将“向日葵 副本”图层的混合模式设为“柔光”，如图10-67所示，效果如图10-68所示。

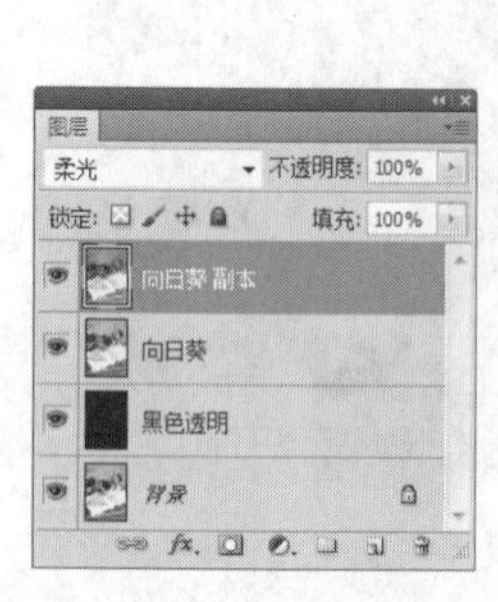

图 10-67

图 10-68

STEP 3 选择菜单“滤镜 > 风格化 > 浮雕效果”命令，在弹出的对话框中进行设置，如图10-69所示。单击“确定”按钮，效果如图10-70所示。油画效果制作完成。

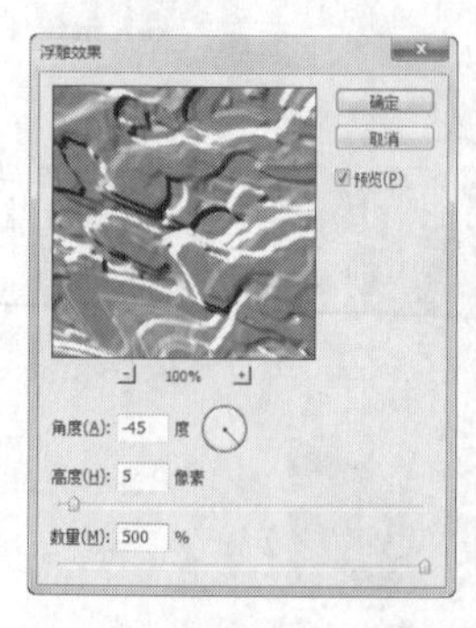

图 10-69

图 10-70

10.2.17 “其他”滤镜

“其他”滤镜不同于其他分类的滤镜。在此滤镜特效中，用户可以创建自己的特殊效果滤镜。“其他”滤镜组中各种滤镜效果如图 10-71 所示。

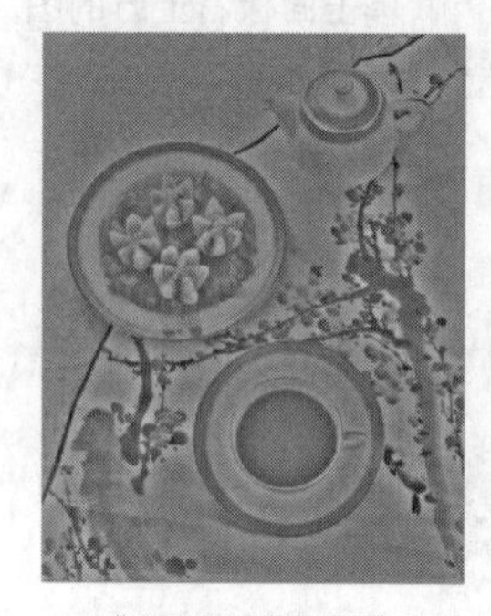

“高反差保留”滤镜

“位移”滤镜

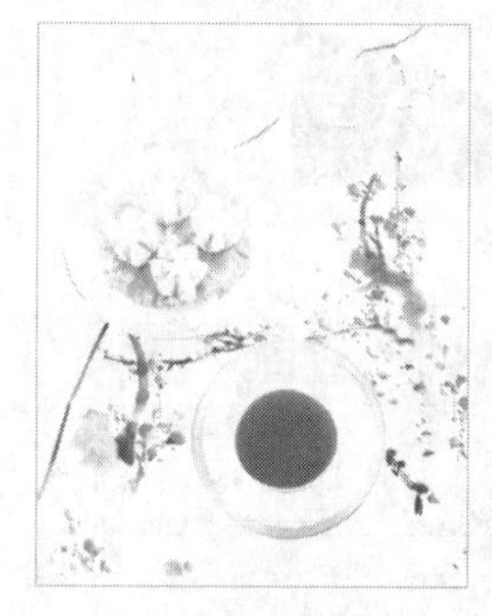

“自定”滤镜

“最大值”滤镜

“最小值”滤镜

图 10-71

10.3 课后习题——制作水墨画效果

习题知识要点

使用亮度/对比度命令调整图像的亮度效果，使用特殊模糊滤镜为图像添加模糊效果，使用中间值滤镜调整图像的中间值，使用喷溅滤镜为图像添加喷溅效果，最终效果如图 10-72 所示。

图 10-72

效果所在位置

光盘/Ch10/效果/制作水墨画效果.psd。

Photoshop CS5

图形图像处理基础与应用教程

(Photoshop CS5)

Part Two

下篇

应用篇

Photoshop CS5

11 Chapter

第 11 章 照片的基本处理技巧

本章主要针对一些常见和基本的数码照片问题，通过快捷的方法进行快速处理。本章应用多种命令讲解了更换照片背景和对复杂边缘的图像进行抠出处理的方法和技巧。通过基本工具和功能的运用，轻松解决照片处理中的常见问题。

【教学目标】

- 裁剪、拼接图形的方法
- 更换照片背景的方法
- 处理复杂边缘照片的技巧

11.1 修复倾斜照片

11.1.1 案例分析

本例将使用“裁剪工具”裁切图片，使用“添加图层样式”按钮添加图片的描边效果，最终效果如图 11-1 所示。

图 11-1

11.1.2 案例制作

1. 绘制装饰图形

STEP 1 按Ctrl + O组合键，打开光盘中的“Ch11 > 素材 > 修复倾斜照片 > 01、02”文件，效果如图11-2和图11-3所示。双击01素材的“背景”图层，弹出“新建图层”对话框，如图11-4所示。单击“确定”按钮，将“背景”图层转化为普通层，效果如图11-5所示。

图 11-2

图 11-3

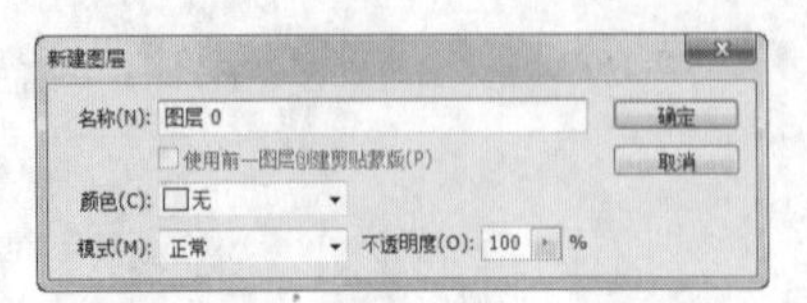

图 11-4

图 11-5

STEP 2 按Ctrl+T组合键，图像周围出现变换框，在变换框外拖曳鼠标指针，旋转图像到适当的角度，如图11-6所示，按Enter键确定操作。选择“裁剪”工具，在图像窗口中适当的位置拖曳一个裁切区域，如图11-7所示。按Enter键确定操作，图像效果如图11-8所示。

图 11-6

图 11-7

图 11-8

STEP 3 选择“移动”工具，拖曳01素材到02素材的图像窗口中的适当位置，在“图层”控制面板中生成新的图层并将其命名为“人物图片”，如图11-9所示。按Ctrl+T组合键，图像周围出现控制手柄，拖曳控制手柄调整图像的大小，按Enter键确定操作，效果如图11-10所示。

图 11-9

图 11-10

2. 添加图片描边效果

STEP 1 单击“图层”控制面板下方的“添加图层样式”按钮 fx，在弹出的菜单中选择“描边”命令，在弹出的对话框中进行设置，如图11-11所示。单击“确定”按钮，效果如图11-12所示。

STEP 2 按Ctrl + O组合键，打开光盘中的“Ch11 > 素材 > 修复倾斜照片 > 03”文件。选择“移动”工具，拖曳03图片到图像窗口的适当位置，效果如图11-13所示。在“图层”控制面板中生成新的图层并将其命名为“装饰图形”。修复倾斜照片制作完成。

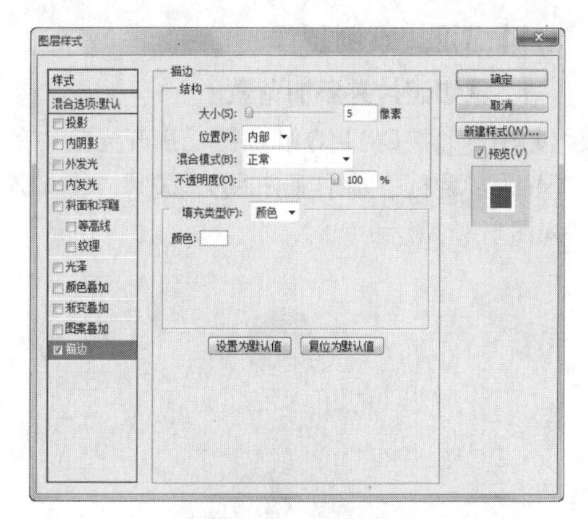

图 11-11

图 11-12

图 11-13

11.2 拼接全景照片

11.2.1 案例分析

本例将使用“Photomerge”命令制作拼接全景照片效果，最终效果如图 11-14 所示。

图 11-14

11.2.2 案例制作

STEP 1 打开Photoshop软件，选择“文件 > 自动 > Photomerge”命令，弹出“Photomerge”对话框。单击“浏览”按钮，弹出“打开”对话框，选择光盘中的“Ch11 > 素材 > 拼接全景照片 > 01、02、03”文件，如图11-15所示。单击“确定”按钮，返回“Photomerge”对话框，如图11-16所示。

图 11-15

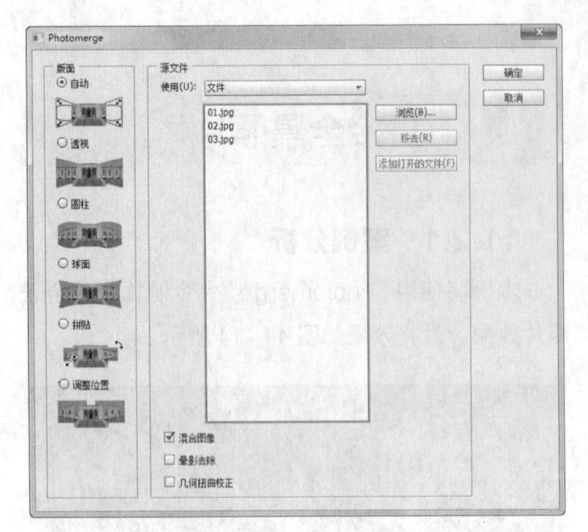

图 11-16

STEP 2 单击“确定”按钮，在图像窗口中显示自动拼接的过程，图片的拼接效果如图11-17所示。

图 11-17

STEP 3 选择“裁剪”工具，在图像上拖曳指针裁切图片，如图11-18所示。按Enter键确定，效果如图11-19所示。拼接全景照片制作完成。

图 11-18

图 11-19

11.3 制作证件照片

11.3.1 案例分析

本例将使用“裁剪”工具裁切照片，使用“魔棒”工具绘制人物轮廓，使用“曲线”命令调整背景色调，使用“定义图案”命令定义图案，最终效果如图 11-20 所示。

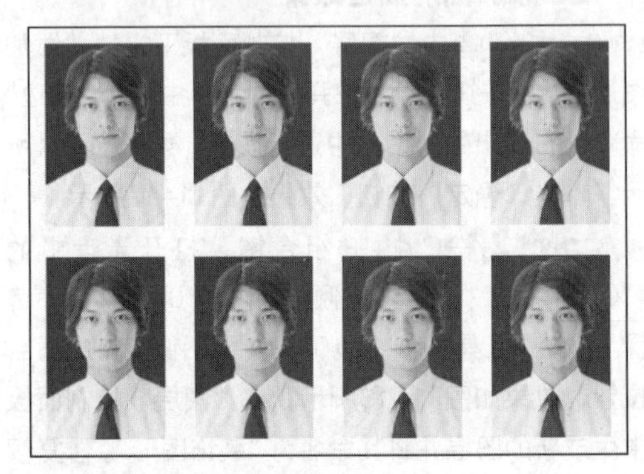

图 11-20

11.3.2 案例制作

1. 裁切照片并添加背景

STEP 1 按Ctrl + O组合键，打开光盘中的“Ch11 > 素材 > 制作证件照片 > 01”文件，效果如图11-21所示。

图 11-21

STEP 2 选择“裁剪”工具，在属性栏中将“宽度”选项设为1英寸，“高度”选项设为1.5英寸，“分辨率”选项设为300像素/英寸，在图像窗口中绘制裁切框，如图11-22所示。按Enter键确定操作，效果如图11-23所示。

图11-22　　图11-23

STEP 3 选择“魔棒”工具，在属性栏中将“容差”选项设为2，在图像窗口中的白色区域单击鼠标生成选区，效果如图11-24所示。按住Shift键的同时在头发边缘单击，增加选区，如图11-25所示。按Ctrl+Shift+I组合键，将选区反选，如图11-26所示。

图11-24　　图11-25

图11-26

STEP 4 选择“选择 > 修改 > 收缩”命令，在弹出的对话框中进行设置，如图11-27所示，单击“确定”按钮。选择“选择 > 修改 > 羽化”命令，在弹出的对话框中进行设置，如图11-28所示。单击“确定”按钮，羽化选区，效果如图11-29所示。按Ctrl+J组合键，复制选区中的内容，在“图层”控制面板中生成新的图层并将其命名为“抠出人物”。

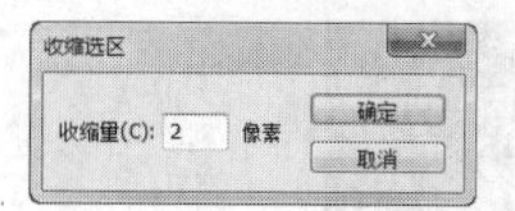

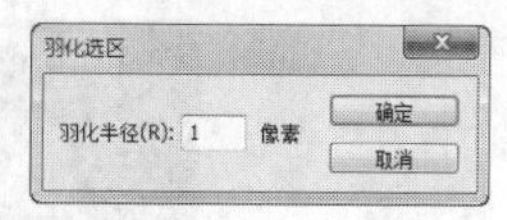

图11-27　　图11-28

图11-29

STEP 5 将前景色设为红色（其R、G、B值分别为192、0、0）。新建图层并将其命名为“背景”。将“背景”图层拖曳到“抠出人物”图层的下方，按Alt+Delete组合键，用前景色填充“背景”图层，效果如图11-30所示。选取“抠出人物”图层，选择“图像 > 调整 > 曲线”命令，弹出“曲线”对话框，在曲线上单击鼠标添加控制点，将“输入”选项设为137，“输出”选项设为183，如图11-31所示。单击“确定”按钮，效果如图11-32所示。

图11-30

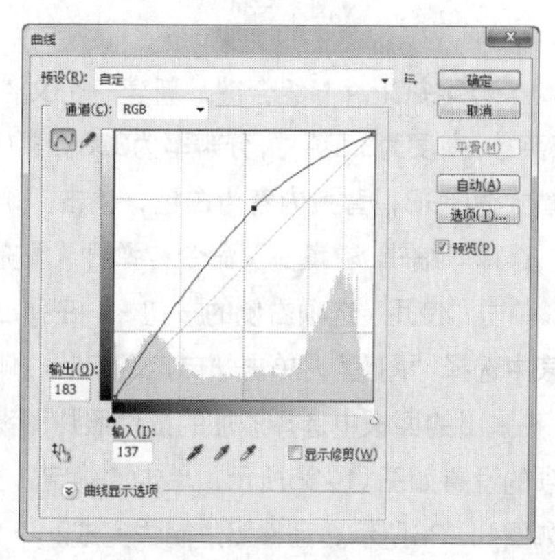

图11-31

图 11-32

2. 定义证件照片

STEP 1 选择“图像 > 画布大小”命令，在弹出的对话框中进行设置，如图11-33所示，单击“确定”按钮。选择“编辑 > 定义图案”命令，在弹出的“图案名称”对话框中进行设置，如图11-34所示，单击“确定”按钮，定义图片。

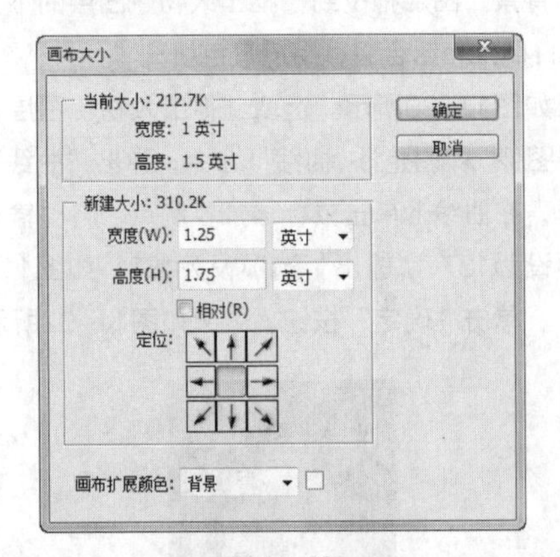

图 11-33

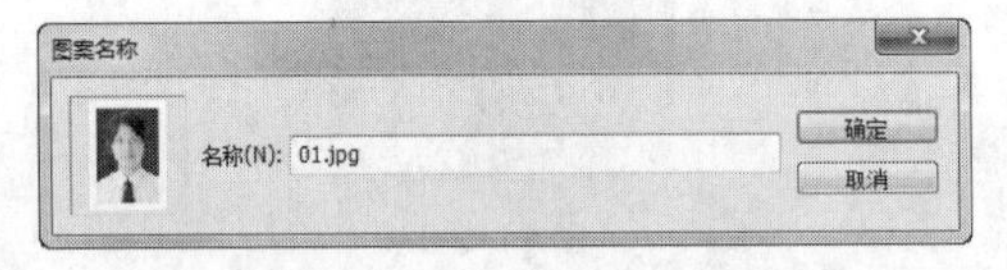

图 11-34

STEP 2 按Ctrl + N组合键，新建一个文件：宽度为5英寸，高度为3.5英寸，分辨率为300像素/英寸，颜色模式为RGB，背景内容为白色，单击“确定”按钮。选择“编辑 > 填充”命令，弹出“填充”对话框，单击“使用”选项右侧的按钮▾，在弹出的下拉列表中选择“图案”，单击“自定图案”右侧的按钮▾，在弹出的面板中选择添加的证件照片图案，其他选项的设置如图11-35所示，单击“确定”按钮，效果如图11-36所示。证件照片制作完成。

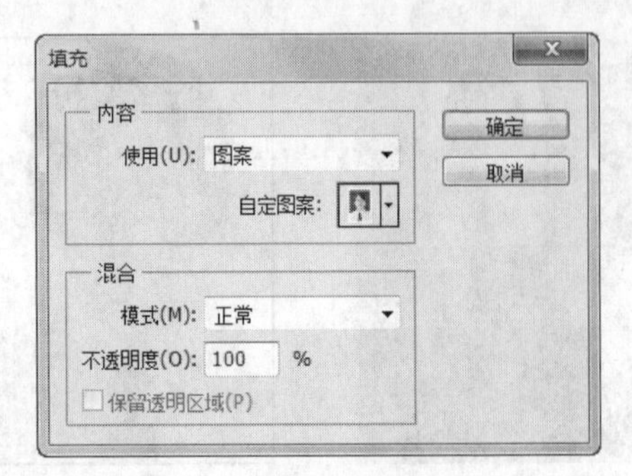

图 11-35

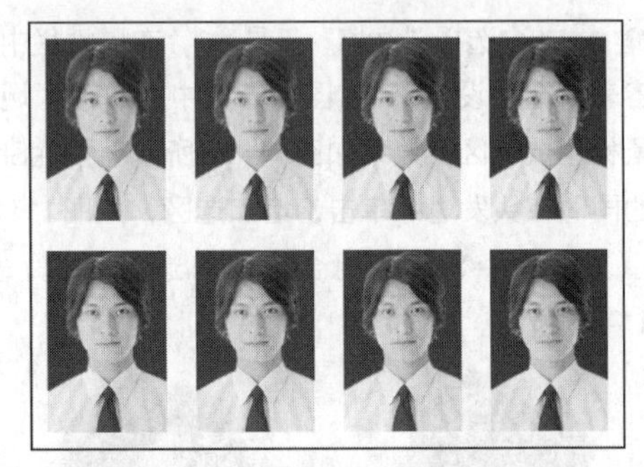

图 11-36

11.4 透视裁切照片

11.4.1 案例分析

本例将使用“裁剪”工具制作照片透视裁切效果，使用“透视”复选框调整裁切框的透视角度，最终效果如图 11-37 所示。

图 11-37

11.4.2 案例制作

STEP 1 按Ctrl + O组合键，打开光盘中的“Ch11 > 素材 > 透视裁切照片 > 01”文件，效果如图11-38所示。

STEP 2 选择“裁剪”工具，在窗口中绘制裁切框，如图11-39所示。在属性栏中勾选“透视”复选框，分别拖曳各个控制点到适当的位置，如图11-40所示，按Enter键确定操作，效果如图11-41所示。透视裁切照片制作完成。

图 11-38

图 11-39

图 11-40

图 11-41

11.5 使用“钢笔”工具更换图像

11.5.1 案例分析

本例将使用“矩形选框”工具、“添加图层样式”命令绘制背景底图，使用“创建剪贴蒙版”命令制作图片的剪贴蒙版效果，最终效果如图 11-42 所示。

图 11-42

11.5.2 案例制作

1. 添加背景图片并绘制底图

STEP 1 按Ctrl + O组合键，打开光盘中的“Ch11 > 素材 > 使用钢笔工具更换图像 > 01”文件，效果如图11-43所示。

图 11-43

STEP 2 新建图层并将其命名为“白色矩形”。选择“矩形选框”工具，在图像窗口中的适当位置绘制一个矩形选区，如图11-44所示。将前景色设为白色，按Alt+Delete组合键，用前景色填充选区，按Ctrl+D组合键，取消选区，效果如图11-45所示。按Ctrl+T组合键，图形周围出现变换框，将鼠标指针放在变换框的控制手柄外边，指针变为旋转图标，拖曳鼠标指针将图形旋转，编辑状态如图11-46所示，旋转到适当的角度松开鼠标，按Enter键确定操作。

图 11-44

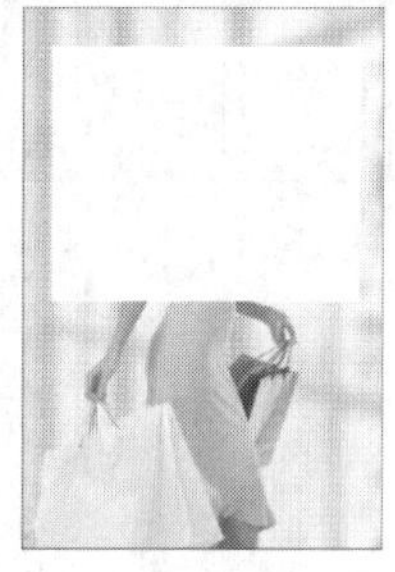

图 11-45

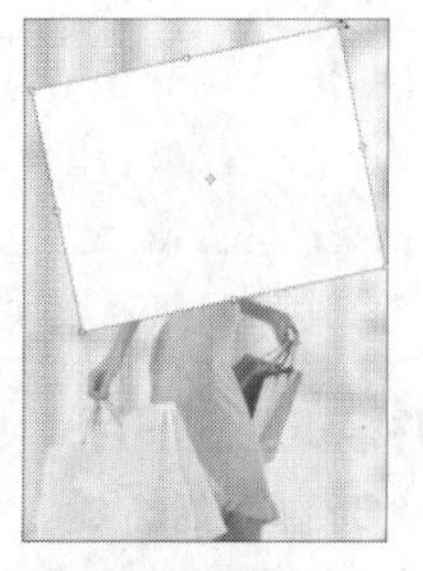

图 11-46

STEP 3 单击“图层”控制面板下方的“添加图层样式”按钮 fx，在弹出的菜单中选择“投影”命令，弹出对话框，设置如图11-47所示；选择“描边”选项，弹出相应的面板，将描边颜色设为白色，其他选项的设置如图11-48所示，单击“确定”按钮，效果如图11-49所示。

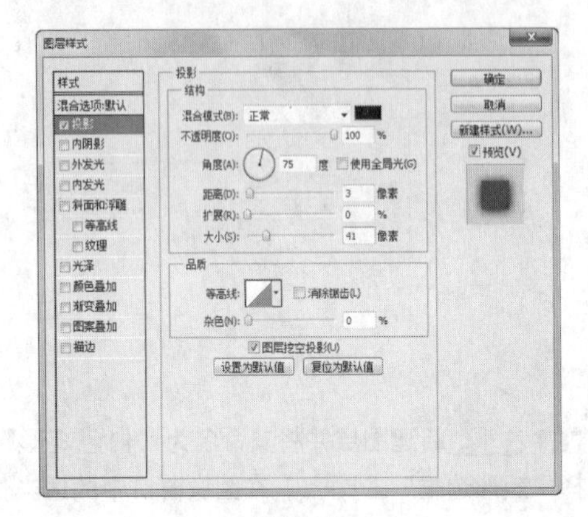

图 11-47

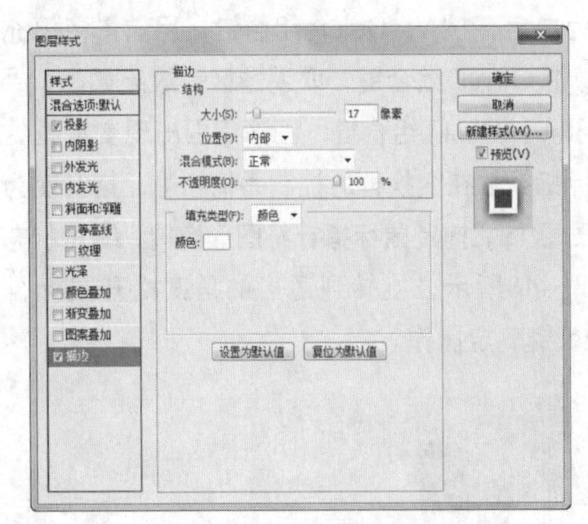

图 11-48

图 11-49

2. 添加并编辑底图图片

STEP 1 按Ctrl + O组合键，打开光盘中的“Ch11 > 素材 > 使用钢笔工具更换图像 > 02”文件，效果如图11-50所示。

图 11-50

STEP 2 选择“移动”工具，将图片拖曳到图像窗口中适当的位置，如图11-51所示，在“图层”控制面板中生成新的图层并将其命名为“图像”。按Ctrl+Alt+G组合键，为“图像”图层创建剪贴蒙版，如图11-52所示，图像效果如图11-53所示。

图 11-51

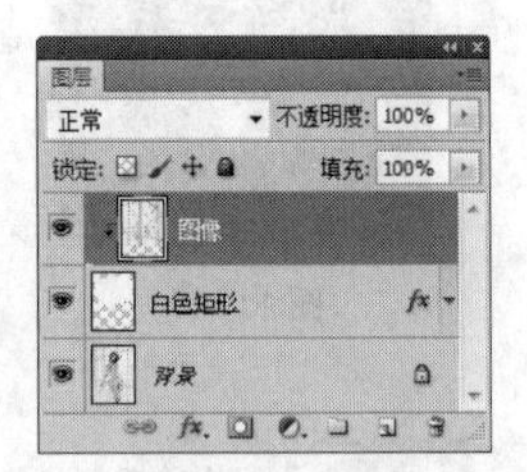

图 11-52

图 11-53

STEP 3 按Ctrl + O组合键，打开光盘中的“Ch11 > 素材 > 使用钢笔工具更换图像 > 03”文件，效果如图11-54所示。选择“移动”工具，拖曳图片到图像窗口中适当的位置，在“图层”控制面板中生成新的图层并将其命名为“人物”。将“人物”图层拖曳到“图层”控制面板下方的“创建新图层”按钮上进行复制，生成新的图层并将其命名为“人物2”，隐藏“人物2”图层。

图 11-54

STEP 4 选中“人物”图层，选择“钢笔”工具，选中属性栏中的“路径”按钮，在人物上半身绘制一个封闭路径，如图11-55所示。按Ctrl+Enter组合键，将路径转换为选区。按Ctrl+Shift+I组合键，将选区反向，如图11-56所示。按Delete键，删除选区中的内容，按Ctrl+D组合键，取消选区，效果如图11-57所示。

图 11-55

图 11-56

图 11-57

STEP 5 选中“人物2”图层，单击左边的眼睛图标，显示该图层。选择“钢笔”工具，将人物的手臂及衣袋勾出，如图11-58所示，使用相同方法将勾选部分以外的图像删除，效果如图11-59所示。

图 11-58

图 11-59

3. 绘制照片底图并添加照片

STEP 1 新建图层并将其命名为“白色矩形2”。选择“矩形”工具，选中属性栏中的“填充像素”按钮，在图像窗口中绘制白色矩形。按Ctrl+T组合键，图形周围出现变换框，旋转图形到适当的角度，按Enter键确定操作，效果如图11-60所示。

图 11-60

STEP 2 选中“白色矩形”图层，单击鼠标右键，在弹出的快捷菜单中选择“拷贝图层样式”命令；选中“白色矩形2”图层，单击鼠标右键，在弹出的快捷菜单中选择“粘贴图层样式”命令，效果如图11-61所示。

图 11-61

STEP 3 按Ctrl + O组合键，打开光盘中的

"Ch11 > 素材 > 使用钢笔工具更换图像 > 04"文件，效果如图11-62所示。

图 11-62

STEP 4 选择"移动"工具，拖曳图片到图像窗口中适当的位置，效果如图11-63所示，在"图层"控制面板中生成新的图层并将其命名为"人物3"。使用相同方法为"人物3"图层制作剪贴蒙版，效果如图11-64所示。

图 11-63　　图 11-64

STEP 5 按Ctrl+O组合键，打开光盘中的"Ch11 > 素材 > 使用钢笔工具更换图像 > 05"文件，效果如图11-65所示。选择"移动"工具，将文字拖曳到图像窗口中的左上方，效果如图11-66所示，在"图层"控制面板中生成新的图层并将其命名为"如果爱"。使用"钢笔"工具更换图像制作完成。

图 11-65　　图 11-66

11.6 使用快速蒙版更换背景

11.6.1 案例分析

本例将使用"图层蒙版"命令、"以快速蒙版模式编辑"命令、"画笔"工具和"以标准模式编辑"命令更改图片的背景，最终效果如图 11-67 所示。

图 11-67

11.6.2 案例制作

1. 更改图片背景

STEP 1 按Ctrl＋O组合键，打开光盘中的"Ch11 > 素材 > 使用快速蒙版更换背景 > 01、02"文件，效果如图11-68、图11-69所示。

图 11-68

图 11-69

STEP 2 选择"移动"工具，将人物图片拖曳到背景图像窗口中，效果如图11-70所示，在“图层”控制面板中生成新的图层并将其命名为“人物图片”。

图 11-70

STEP 3 单击“图层”控制面板下方的“添加图层蒙版”按钮，为“人物图片”添加蒙版，如图11-71所示。单击工具箱下方的“以快速蒙版模式编辑”按钮，进入快速蒙版编辑模式。将前景色设置为黑色，选择“画笔”工具，用鼠标在图像窗口中涂抹出两个人物，涂抹后的区域变为红色，如图11-72所示。

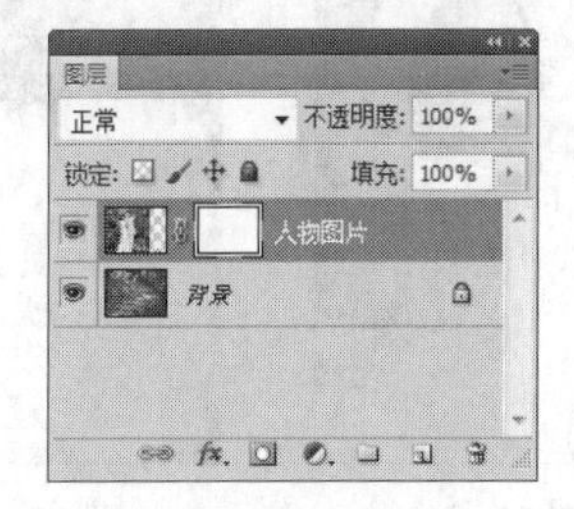

图 11-71

图 11-72

STEP 4 单击工具箱下方的“以标准模式编辑”按钮，返回标准编辑模式，红色区域以外的部分生成选区。将前景色设置为黑色，按Alt+Delete组合键，用前景色填充“人物图片”图层蒙版，效果如图11-73所示。按Ctrl+D组合键，取消选区。

图 11-73

2. 添加文字及装饰图形

STEP 1 按Ctrl + O组合键，打开光盘中的“Ch11 > 素材 > 使用快速蒙版更换背景 > 03”文件，效果如图11-74所示。

图 11-74

STEP 2 选择“移动”工具，将图形拖曳到图像窗口中的右下方，效果如图11-75所示，在“图层”控制面板中生成新的图层并将其命名为“装饰图案”。使用快速蒙版更换背景制作完成。

图 11-75

11.7 抠出整体人物

11.7.1 案例分析

本例将使用“自由钢笔”工具抠出人物图像，使用“橡皮擦”工具擦除不需要的图像，使用“色相/饱和度”命令调整图片颜色，最终效果如图 11-76 所示。

图 11-76

11.7.2 案例制作

1. 抠出人物图像

STEP 1 按Ctrl + O组合键，打开光盘中的“Ch11 > 素材 > 抠出整体人物 > 01、02”文件，效果如图11-77、图11-78所示。双击02素材“背景”图层，弹出“新建图层”对话框，设置如图11-79所示，单击“确定”按钮，将“背景”图层转换为普通图层，如图11-80所示。

图 11-77

图 11-78

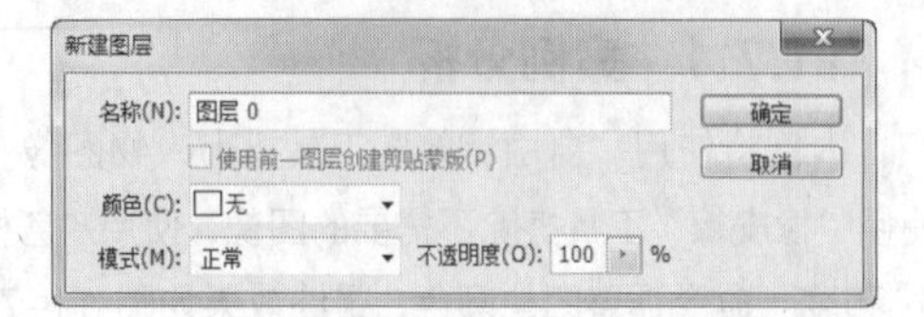

图 11-79

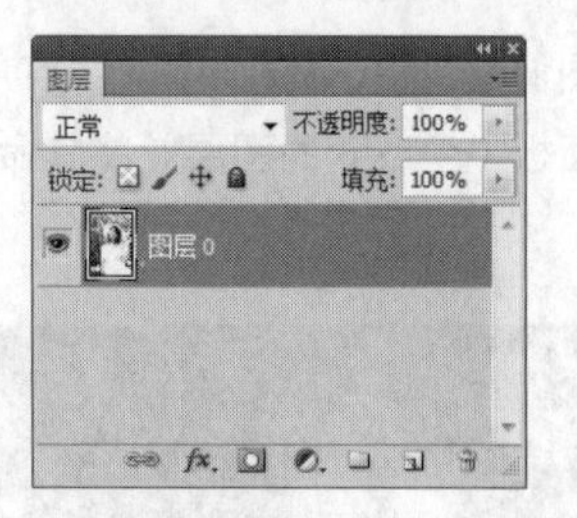

图 11-80

STEP 2 选择“自由钢笔”工具，在属性栏中勾选“磁性的”复选框，在图像窗口中勾出人物，如图11-81所示。按Ctrl+Enter组合键，将路径转换为选区，如图11-82所示。选择“移动”工具，拖曳选区中的人物到背景图像窗口中，在“图层”控制面板中生成新的图层并将其命名为“人物图片”。按Ctrl+T组合键，图像周围出现控制手柄，调整图像的大小，按Enter键确定操作，效果如图11-83所示。

图 11-81

图 11-82

图 11-83

2. 调整图片颜色

STEP 1 选择“橡皮擦”工具，在属性栏中单击“画笔”选项右侧的按钮，弹出画笔选择面板，在画笔选择面板中选择需要的画笔形状，如图11-84所示。在人物头发左下方的边缘进行涂抹，擦除不需要的图像，效果如图11-85所示。

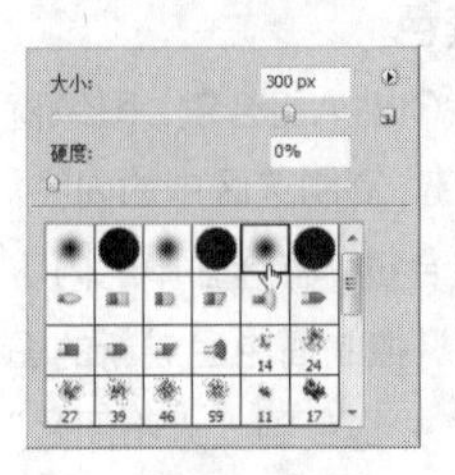

图 11-84　　图 11-85

STEP 2 按Ctrl + O组合键，打开光盘中的“Ch11 > 素材 > 抠出整体人物 > 03”文件，选择“移动”工具，拖曳文字到图像窗口中适当的位置，如图11-86所示，在“图层”控制面板中生成新的图层并将其命名为“文字”。单击“图层”控制面板下方的“创建新的填充或调整图层”按钮，在弹出的菜单中选择“色相/饱和度”命令，在“图层”控制面板中生成“色相/饱和度1”图层，同时在弹出的“色相/饱和度”面板中进行设置，如图11-87所示，单击“确定”按钮，效果如图11-88所示。抠出整体人物制作完成。

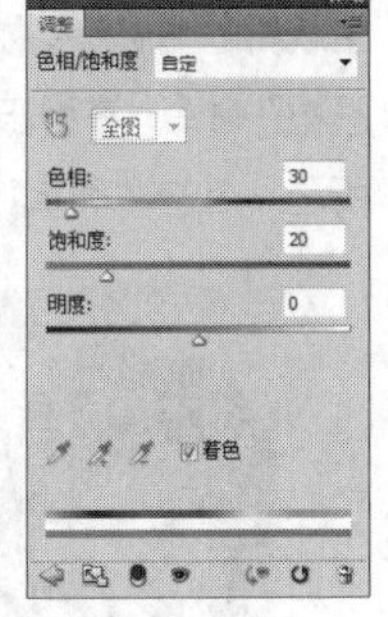

图 11-86　　图 11-87

图 11-88

11.8 抠出人物头发

11.8.1 案例分析

本例将使用“通道”控制面板、“反相”命令、“画笔”工具、“魔棒”工具抠出人物头发；使用“颗粒”滤镜命令添加图片的颗粒效果；使用“渐变映射”命令调整图片的颜色，最终效果如图 11-89所示。

图 11-89

11.8.2 案例制作

1. 抠出人物头发

STEP 1 按Ctrl + O组合键，打开光盘中的“Ch11 > 素材 > 抠出人物头发 > 01、02”文件，效果如图11-90、图11-91所示。

图 11-90　　图 11-91

STEP 2 选择“通道”控制面板，选择人物图像对比度效果最强的通道，本例中选中“蓝”通道，将其拖曳到“通道”控制面板下方的“创建新通道”按钮上进行复制，生成新的通道“蓝 副本”，如图11-92所示。按Ctrl+I组合键，将图像进行反相，效果如图11-93所示。

图11-92

图11-93

STEP 3 将前景色设置为白色。选择“画笔”工具，将人物部分涂抹为白色，效果如图11-94所示。将前景色设为黑色。选择“魔棒”工具，在属性栏中取消“连续”复选框的勾选，在图像窗口中的灰色背景上分别单击鼠标，生成选区。按Alt+Delete组合键，用前景色填充选区。按Ctrl+D组合键，取消选区，效果如图11-95所示。

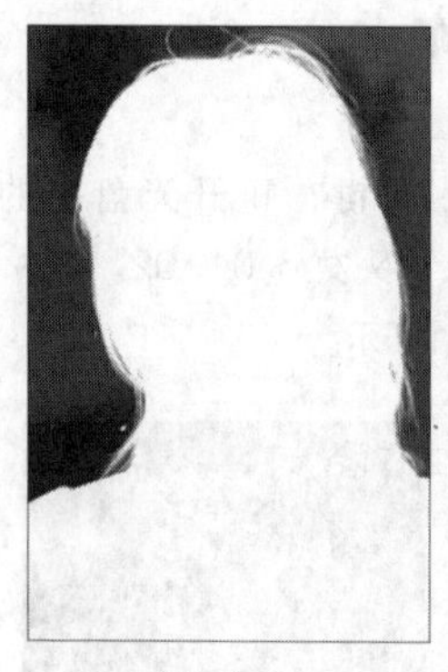
图11-94

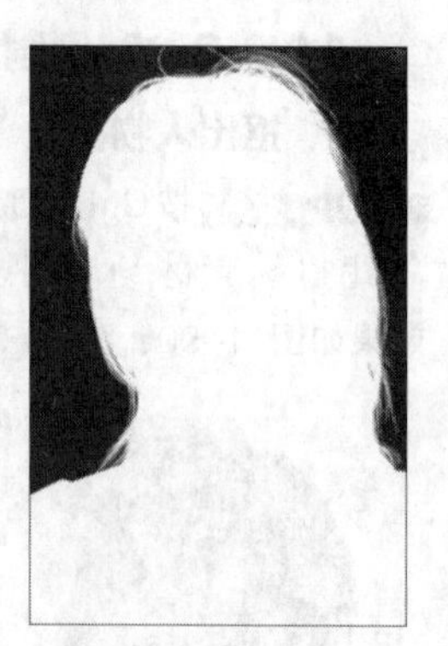
图11-95

STEP 4 按住Ctrl键的同时单击“蓝 副本”通道，白色图像周围生成选区。选中“RGB”通道，按Ctrl+C组合键，将选区中的内容复制；选择“图层”控制面板，按Ctrl+V组合键，将复制的内容粘贴，在“图层”控制面板中生成新的图层并将其命名为“人物图片”，如图11-96所示。

图11-96

2. 添加并调整图片颜色

STEP 1 选中02图片，按Ctrl+A组合键，图像窗口中生成选区，按Ctrl+C组合键，复制选区中的内容。在01图像窗口中，按Ctrl+V组合键，将选区中的内容粘贴到图像窗口中，在“图层”控制面板中生成新的图层，将其命名为“风景图片”并拖曳到“人物图片”图层的下方，图像效果如图11-97所示。

图11-97

STEP 2 将“人物图片”图层拖曳到“图层”控制面板下方的“创建新图层”按钮上进行复制，生成新的图层“人物图片 副本”。选择“滤镜 > 纹理 > 颗粒”命令，在弹出的对话框中进行设置，如图11-98所示。单击“确定”按钮，效果如图11-99所示。

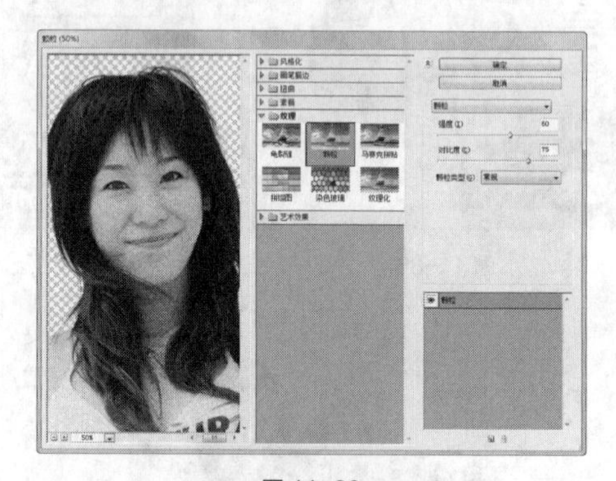
图11-98

图11-99

STEP 3 单击“图层”控制面板下方的“创建新的填充或调整图层”按钮，在弹出的菜单中选择“渐变映射”命令，在“图层”控制面板中生成“渐变映射1”图层。弹出“渐变映射”面板，单击“点按可编辑渐变”按钮，弹出“渐变编辑器”对话框。在“位置”选项中分别输入0、41、100几个位置点，分别设置几个位置点颜色的RGB值为：0（12、6、102），41（233、150、5），100（248、234、195），如图11-100所示。单击“确定”按钮，效果如图11-101所示。

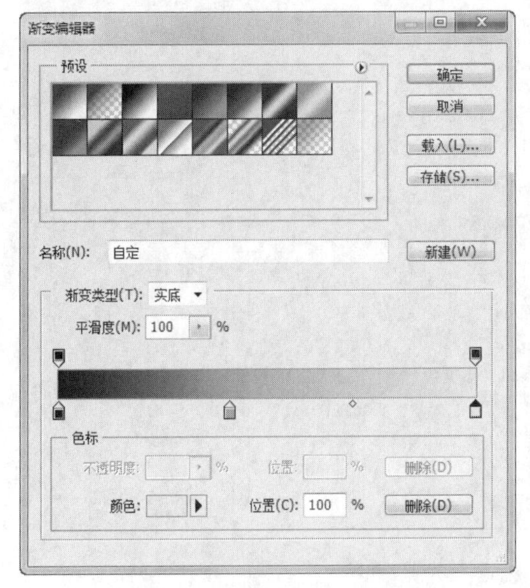

图 11-100

图 11-101

STEP 4 选择“横排文字”工具，分别在属性栏中选择合适的字体并设置文字大小，分别输入需要的文字并选取需要的文字，调整文字适当的间距和行距，效果如图11-102所示，在“图层”控制面板中分别生成新的文字图层。抠出人物头发制作完成。

图 11-102

11.9 课堂练习——抠出边缘复杂的物体

练习知识要点

使用“添加图层蒙版”按钮、“画笔”工具抠出边缘复杂的物体，效果如图 11-103 所示。

图 11-103

效果所在位置

光盘/Ch11/效果/抠出边缘复杂的物体.psd

11.10 课后习题——显示夜景中隐藏的物体

习题知识要点

使用“色阶”命令调整图片的亮度，效果如图11-104所示。

图 11-104

效果所在位置

光盘/Ch11/效果/显示夜景中隐藏的物体.psd。

Photoshop CS5

12 Chapter

第 12 章 照片的色彩调整技巧

本章主要针对数码照片的色彩进行调整和美化。在数码照片中常会出现拍摄对象的颜色产生偏色或颜色失真的问题，影响了照片的美观。本章通过颜色的特殊调整和处理来美化照片，让暗淡无光的照片变得更加生动有趣。

【教学目标】

- 使用调整命令调整照片颜色的方法
- 使用调整图层调整照片颜色的技巧

12.1 曝光过度照片的处理

12.1.1 案例分析

本例将使用“曲线”命令调整图片色调，使用“矩形选框”工具制作白边效果，使用“横排文字”工具添加文字，使用“外发光”命令添加文字发光效果，最终效果如图 12-1 所示。

图 12-1

12.1.2 案例制作

1. 添加并调整图片色调

STEP 1 按Ctrl + O组合键，打开光盘中的“Ch12 > 素材 > 曝光过度照片的处理 > 01”文件，如图12-2所示。

图 12-2

STEP 2 单击“图层”控制面板下方的“创建新的填充或调整图层”按钮，在弹出的菜单中选择“曲线”命令，在“图层”控制面板中生成“曲线1”图层。同时弹出“曲线”面板，在曲线上单击鼠标添加控制点，将“输入”选项设为82，“输出”选项设为21；再次单击鼠标添加控制点，将“输入”选项设为204，“输出”选项设为152，如图12-3所示，效果如图12-4所示。

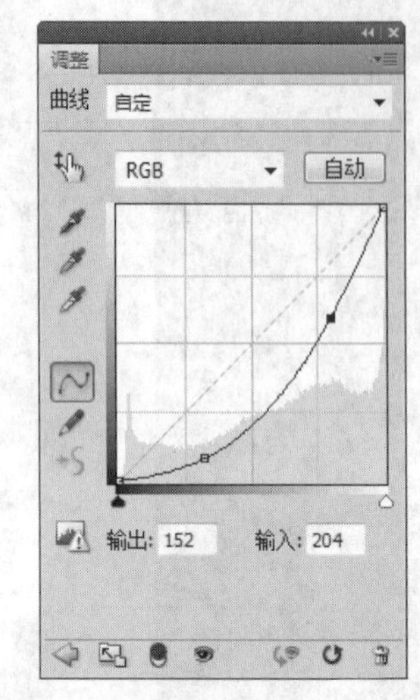

图 12-3

图 12-4

STEP 3 新建图层并将其命名为“白边”，如图12-5所示。将前景色设为白色，按Alt+Delete组合键，用前景色填充“白边”图层。选择“矩形选框”工具，在图像窗口中的适当位置绘制一个矩形选区，效果如图12-6所示。按Delete键，删除选区中的白色部分，按Ctrl+D组合键，取消选区，效果如图12-7所示。

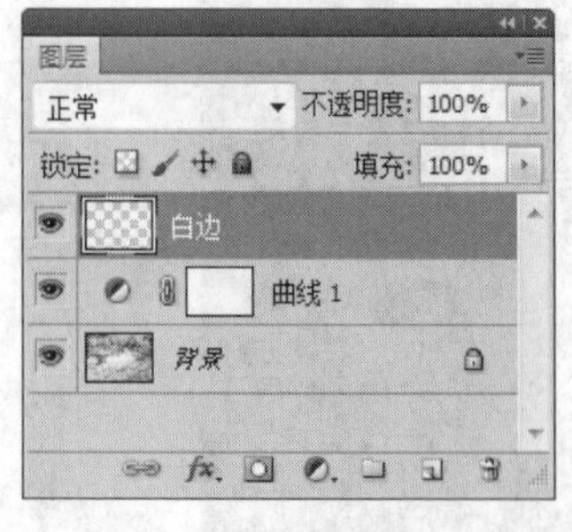

图 12-5

图 12-6

图 12-7

2. 添加并制作文字发光效果

STEP 1 将前景色设为绿色（其R、G、B的值分别为3、51、1）。选择“横排文字”工具 T，在属性栏中选择合适的字体并设置文字大小，在图像窗口中输入需要的文字，效果如图12-8所示，在“图层”控制面板中生成新的文字图层。

图 12-8

STEP 2 单击“图层”控制面板下方的“添加图层样式”按钮 fx，在弹出的菜单中选择“外发光”命令。弹出对话框，将发光颜色设为白色，其他选项的设置如图12-9所示，单击“确定”按钮，效果如图12-10所示。

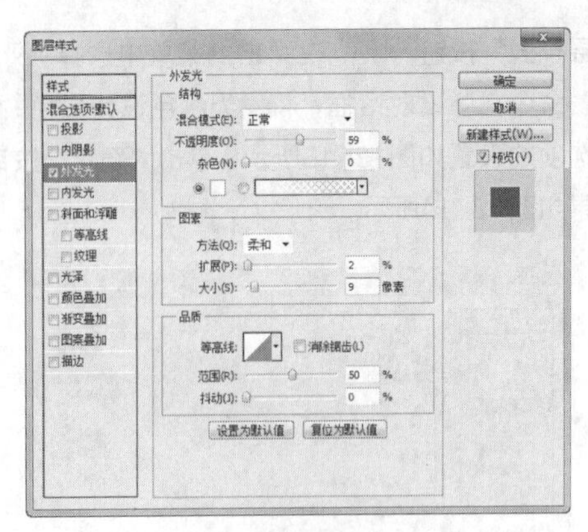

图 12-9

图 12-10

STEP 3 选择“横排文字”工具 T，在适当的位置输入需要的文字并选取文字，在属性栏中选择合适的字体并设置文字大小。按Alt+向左方向键，调整文字字距，效果如图12-11所示，在“图层”控制面板中生成新的文字图层。选中文字“这”，在属性栏中设置适当的大小，选择“移动”工具 ，取消文字选取状态，效果如图12-12所示。

图 12-11

图 12-12

STEP 4 单击“图层”控制面板下方的“添加

图层样式”按钮 fx，在弹出的菜单中选择“外发光”命令。弹出对话框，将发光颜色设为白色，其他选项的设置如图12-13所示，单击“确定”按钮，效果如图12-14所示。

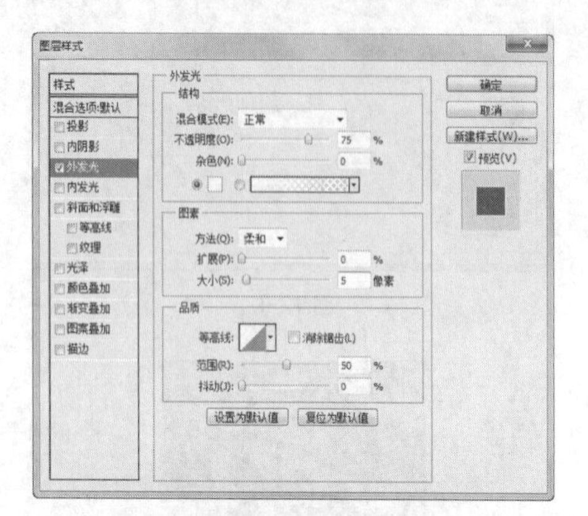

图 12-13

图 12-14

STEP 5 选择“横排文字”工具 T，在适当的位置输入需要的文字并选取文字，在属性栏中选择合适的字体并设置文字大小。按Alt+向左方向键，调整文字字距，效果如图12-15所示，在“图层”控制面板中生成新的文字图层。

图 12-15

STEP 6 选中“这季节”文字图层，单击鼠标右键，在弹出的菜单中选择“拷贝图层样式”命令；选中“树木舒展开了黄绿嫩叶的枝条……”文字图层，单击鼠标右键，在弹出的菜单中选择“粘贴图层样式”命令，效果如图12-16所示。曝光过度照片的处理制作完成，效果如图12-17所示。

图 12-16

图 12-17

12.2 调整景物变化色彩

12.2.1 案例分析

本例将使用“变化”命令调整图像颜色；使用“外发光”命令添加文字发光效果；使用“拷贝图层样式”命令和“粘贴图层样式”命令复制文字发光效果，使用直线工具绘制直线，最终效果如图 12-18所示。

图 12-18

12.2.2 案例制作

1. 添加并调整图像颜色

STEP 1 按Ctrl + O组合键，打开光盘中的

“Ch12 > 素材 > 调整景物变化色彩 > 01”文件，图像效果如图12-19所示。

图 12-19

STEP 2 选择“图像 > 调整 > 变化”命令，弹出“变化”对话框，单击“加深蓝色”缩略图，其他选项的设置如图12-20所示。单击“确定”按钮，图像效果如图12-21所示。

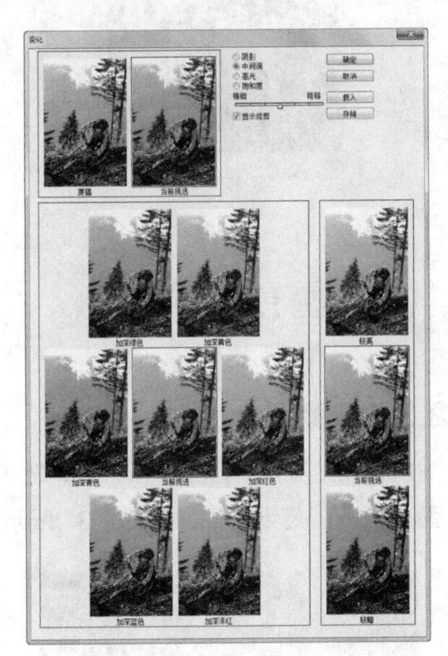

图 12-20

图 12-21

2. 为文字添加图层样式

STEP 1 将前景色设为蓝色（其R、G、B的值分别为4、74、140）。选择“横排文字”工具 T，在适当的位置输入需要的文字并选取文字，在属性栏中选择合适的字体并设置文字大小。按Alt+向右方向键，调整文字字距，效果如图12-22所示，在“图层”控制面板中生成新的文字图层。

图 12-22

STEP 2 单击“图层”控制面板下方的“添加图层样式”按钮 fx，在弹出的菜单中选择“外发光”命令。弹出对话框，将发光颜色设为白色，其他选项的设置如图12-23所示。单击“确定”按钮，图像效果如图12-24所示。

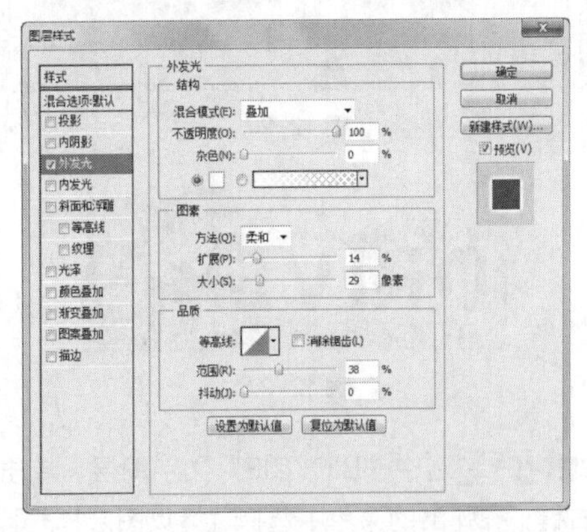

图 12-23

图 12-24

STEP 3 选择“横排文字”工具 T，在文字上方分别输入需要的文字并选取文字，在属性栏中选择合适的字体并设置文字大小。按Alt+向右方向键，分别调整文字字距，效果如图12-25所示，在“图层”控制面板中分别生成新的文字图层。

图 12-25

STEP 4 单击“图层”控制面板下方的“添加图层样式”按钮 fx，在弹出的菜单中选择“外发光”命令。弹出对话框，将发光颜色设为白色，其他选项的设置如图12-26所示。单击“确定”按钮，图像效果如图12-27所示。

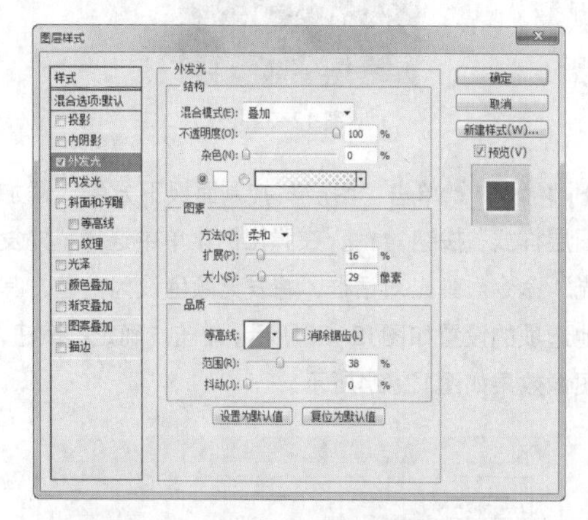

图 12-26

图 12-27

STEP 5 选中“BICYCIE”文字图层，单击鼠标右键，在弹出的菜单中选择“拷贝图层样式”命令；在“Beyond self, beyond the limits of.”文字图层上单击鼠标右键，在弹出的菜单中选择“粘贴图层样式”命令，效果如图12-28所示。

图 12-28

STEP 6 新建图层并将其命名为“线条”。选择“直线”工具，单击属性栏中的“填充像素”按钮，将“粗细”选项设置为3 px。按住Shift键的同时，在适当的位置拖曳鼠标绘制一条直线，效果如图12-29所示。调整景物变化色彩制作完成，效果如图12-30所示。

图 12-29

图 12-30

12.3 使雾景变清晰

12.3.1 案例分析

本例将使用“亮度/对比度”命令和“色阶”命令填充图片色调，最终效果如图 12-31 所示。

图 12-31

12.3.2 案例制作

STEP 1 按Ctrl + O组合键，打开光盘中的“Ch12 > 素材 > 使雾景变清晰 > 01”文件，如图12-32所示。选择“图像 > 调整 > 亮度/对比度”命令，在弹出的对话框中进行设置，如图12-33所示。单击“确定”按钮，效果如图12-34所示。

图 12-32

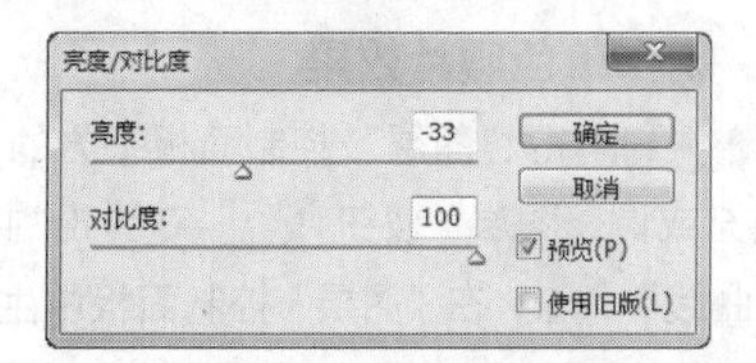

图 12-33

图 12-34

STEP 2 选择“图像 > 调整 > 色阶”命令，在弹出的对话框中进行设置，如图12-35所示。单击“确定”按钮，效果如图12-36所示。按Ctrl + O组合键，打开光盘中的“Ch12 > 素材 > 使雾景变清晰 > 02”文件，选择“移动”工具，拖曳文字到图像窗口中适当的位置，在“图层”控制面板中生成新的图层并将其命名为“文字”。使雾景变清晰制作完成，效果如图12-37所示。

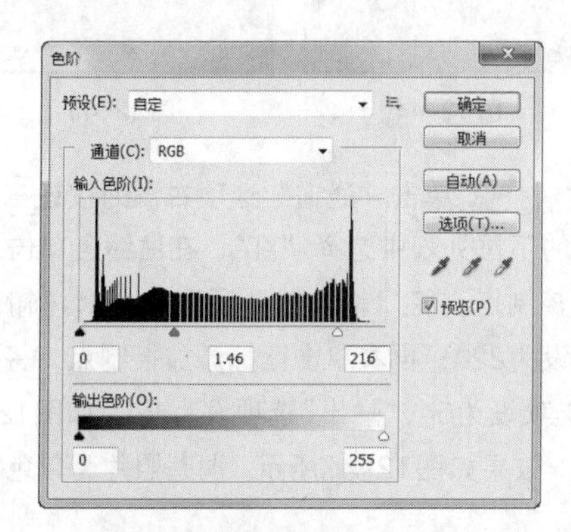

图 12-35

图 12-36

图 12-37

12.4 调整照片为单色

12.4.1 案例分析

本例将使用“去色”命令调整图片的颜色；使用“亮度/对比度”命令调整图片的亮度；使用“曲线”命令制作图片的单色照片效果，最终效果如图 12-38 所示。

图 12-38

12.4.2 案例制作

1. 调整图片的颜色和亮度

STEP 1 按Ctrl+O组合键，打开光盘中的“Ch12 > 素材 > 调整照片为单色 > 01”文件，效果如图12-39所示。

图 12-39

STEP 2 将“背景”图层拖曳到“图层”控制面板下方的“创建新图层”按钮 上进行复制，生成新的图层“背景 副本”，如图12-40所示。选择“图像 > 调整 > 去色”命令，效果如图12-41所示。

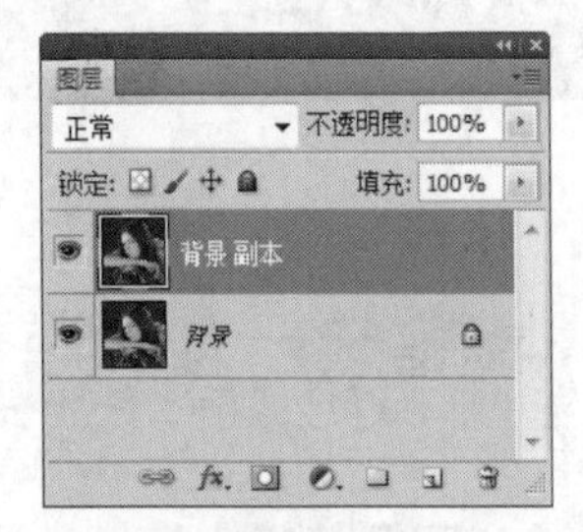

图 12-40

图 12-41

STEP 3 选择“图像 > 调整 > 亮度/对比度”命令，在弹出的对话框中进行设置，如图12-42所示。单击“确定”按钮，效果如图12-43所示。

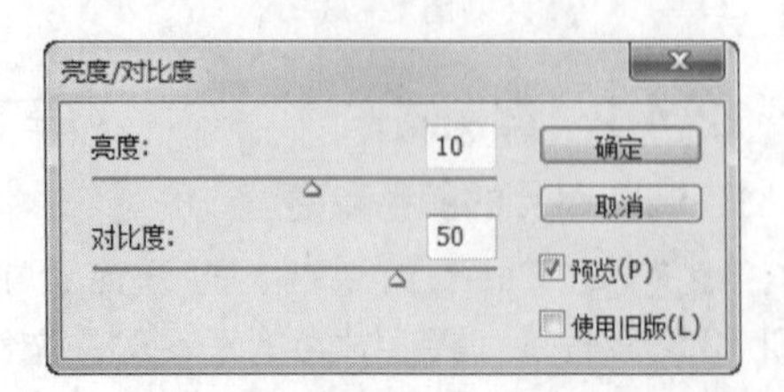

图 12-42

图 12-43

2. 制作单色照片效果

STEP 1 单击“图层”控制面板下方的“创建新的填充或调整图层”按钮 ，在弹出的菜单中选择“曲线”命令，在“图层”控制面板中生成“曲线1”图层，同时弹出“曲线”面板。单击“通道”选项右侧的按钮 ，在弹出的下拉列表中选择“蓝”，在曲线上单击鼠标添加控制点，将“输入”选项设为69，“输出”选项设为141，如图12-44所示。单击“通道”选项右侧的按钮 ，在弹出的下拉列表中选择“绿”，在曲线上单击鼠标添加控制点，将“输入”选项设为142，“输出”选项设为182，如图12-45所示。

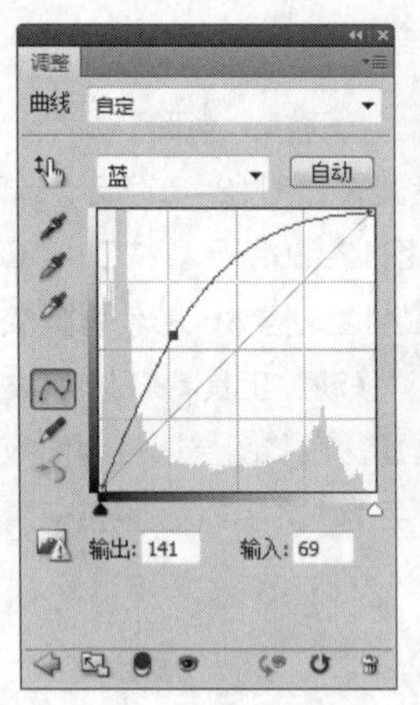

图 12-44

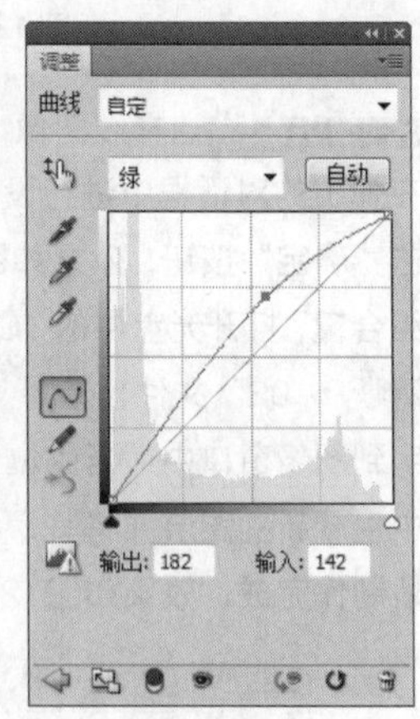

图 12-45

STEP 2 单击“通道”选项右侧的按钮 ，在弹出的下拉列表中选择“红”，在曲线上单击鼠标添加控制点，将“输入”选项设为143，“输出”选项设为224；再次单击鼠标添加控制点，将“输入”选项设为54，“输出”选项设为120，如图12-46所示，效果如图12-47所示。调整照片为单色制作完成。

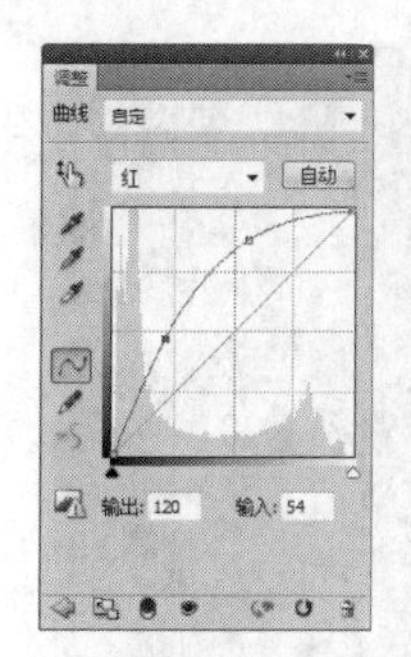

图 12-46　　图 12-47

12.5 黑白照片翻新

12.5.1 案例分析

本例将使用“色阶”命令调整图片色阶效果；使用“曲线”命令和“亮度/对比度”命令制作黑白照片翻新效果，最终效果如图 12-48 所示。

图 12-48

12.5.2 案例制作

1. 调整图片色调

STEP 1 按Ctrl + O组合键，打开光盘中的“Ch12 > 素材 > 黑白照片翻新 > 01”文件，效果如图12-49所示。

图 12-49

STEP 2 按Ctrl+L组合键，在弹出的“色阶”对话框中进行设置，如图12-50所示。单击“确定”按钮，效果如图12-51所示。

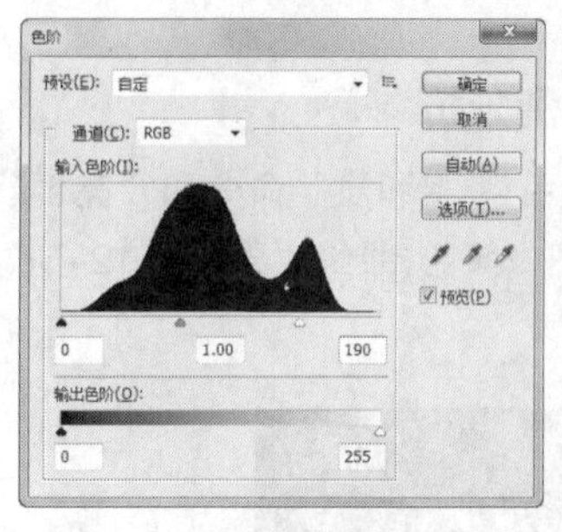

图 12-50　　图 12-51

2. 调整图片亮度/对比度效果

STEP 1 按Ctrl+M组合键，弹出“曲线”对话框，在曲线上单击鼠标添加控制点，将“输入”选项设为118，“输出”选项设为169，如图12-52所示，单击“确定”按钮，效果如图12-53所示。

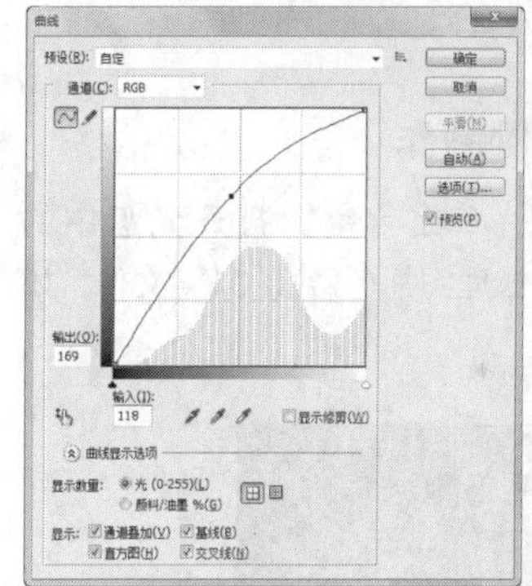

图 12-52　　图 12-53

STEP 2 选择“图像 > 调整 > 亮度/对比度”命令，在弹出的对话框中进行设置，如图12-54所示。单击“确定”按钮，效果如图12-55所示。黑白照片翻新制作完成。

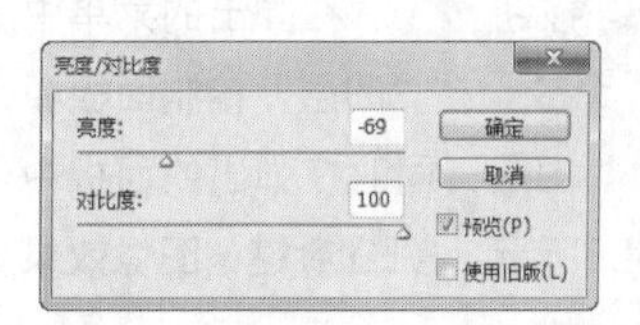

图 12-54　　图 12-55

12.6 处理图片色彩

12.6.1 案例分析

本例将使用“色相/饱和度”命令和“亮度/对比度”命令调整图像颜色，最终效果如图 12-56 所示。

图 12-56

12.6.2 案例制作

STEP 1 按Ctrl + O组合键，打开光盘中的“Ch12 > 素材 > 处理图片色彩 > 01”文件，如图12-57所示。

图 12-57

STEP 2 单击“图层”控制面板下方的“创建新的填充或调整图层”按钮 ，在弹出的菜单中选择“色相/饱和度”命令。在“图层”控制面板中生成“色相/饱和度1”图层，同时在弹出的面板中进行设置，如图12-58所示。按Enter键，图像效果如图12-59所示。

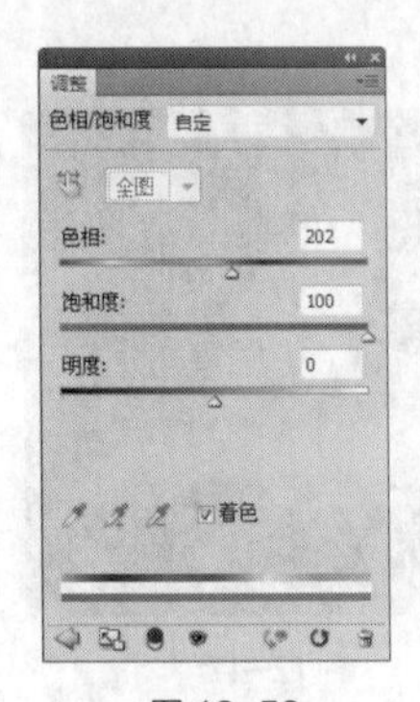

图 12-58

图 12-59

STEP 3 单击“图层”控制面板下方的“创建新的填充或调整图层”按钮 ，在弹出的菜单中选择“亮度/对比度”命令。在“图层”控制面板中生成“亮度/对比度1”图层，同时在弹出的面板中进行设置，如图12-60所示。按Enter键，图像效果如图12-61所示。

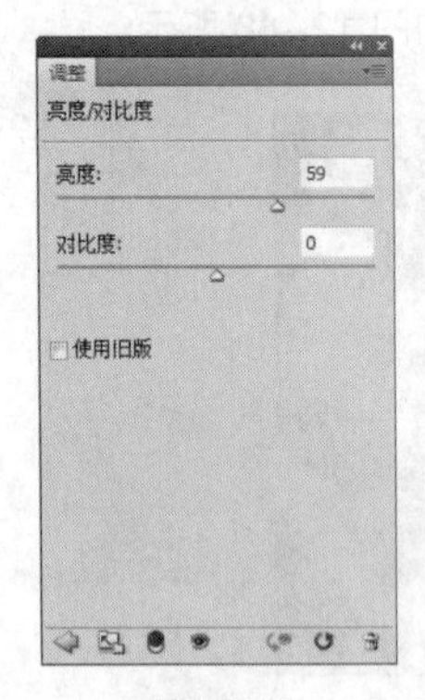

图 12-60

图 12-61

STEP 4 按Ctrl + O组合键，打开光盘中的“Ch12 > 素材 > 处理图片色彩 > 02”文件，将文字拖曳到图像窗口中的左上方，效果如图12-62所示，在“图层”控制面板中生成新的图层并将其命名为“文字”。处理图片色彩制作完成。

图 12-62

12.7 使用渐变填充调整色调

12.7.1 案例分析

本例将使用“渐变”命令、“通道混合器”命令改变图像的颜色，最终效果如图 12-63 所示。

图 12-63

12.7.2 案例制作

STEP 1 按Ctrl + O组合键，打开光盘中的“Ch12 > 素材 > 使用渐变填充调整色调 > 01、02”文件，效果如图12-64、图12-65所示。选择“移动”工具，拖曳文字到背景图像窗口的上方，效果如图12-66所示，在“图层”控制面板中生成新的图层并将其命名为“文字”。

图 12-64

图 12-65

图 12-66

STEP 2 单击“图层”控制面板下方的“创建新的填充或调整图层”按钮，在弹出的菜单中选择“渐变”命令。在“图层”控制面板中生成“渐变填充1”图层，同时弹出“渐变填充”对话框。单击“渐变”选项右侧的“点按可编辑渐变”按钮，弹出“渐变编辑器”对话框，在“位置”选项中分别输入0、30、100几个位置点，分别设置几个位置点颜色的RGB值为：0（255、192、0），30（255、0、0），100（117、207、0），如图12-67所示。单击“确定”按钮，返回到“渐变填充”对话框，如图12-68所示。单击“确定”按钮，图像效果如图12-69所示。

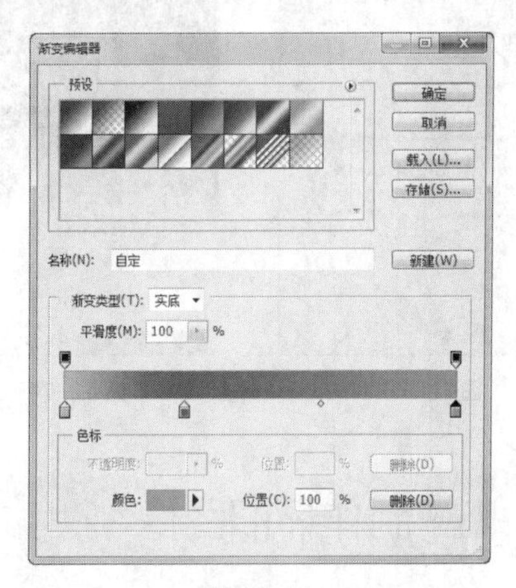

图 12-67

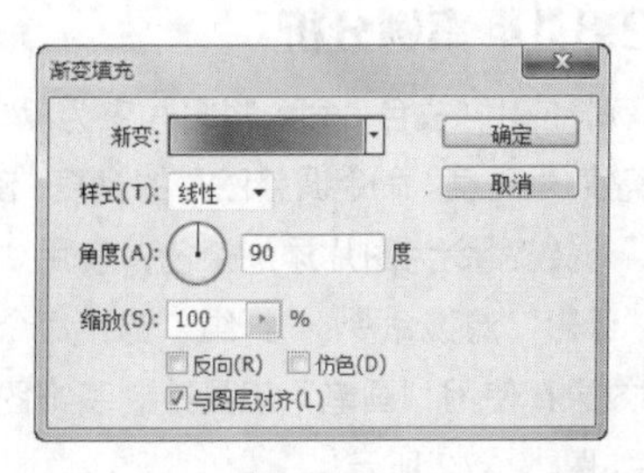

图 12-68

图 12-69

STEP 3 单击“图层”控制面板下方的“创建新的填充或调整图层”按钮，在弹出的菜单中选择“通道混合器”命令。在“图层”控制面板中生成“通道混合器1”图层，同时在弹出的“通道混合器”面板中进行设置，如图12-70所示，图像效果如图12-71所示。使用渐变填充调整色调制作完成。

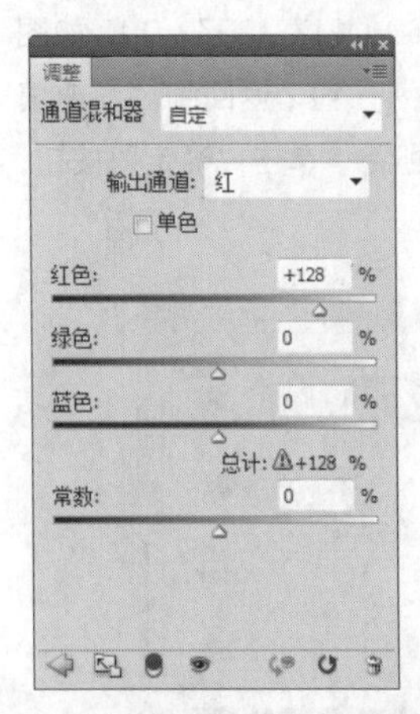

图 12-70

图 12-71

12.8 制作怀旧图像

12.8.1 案例分析

本例将使用“去色”命令将图片变为黑白效果；使用“亮度/对比度”命令调整图片的亮度；使用“添加杂色”滤镜命令为图片添加杂色；使用“变化”命令、“云彩”滤镜命令、“纤维”滤镜命令制作怀旧色调效果；使用“画笔”工具绘制装饰图形，最终效果如图 12-72 所示。

图 12-72

12.8.2 案例制作

1. 调整图片颜色

STEP 1 按Ctrl + O组合键，打开光盘中的“Ch12 > 素材 > 制作怀旧图像 > 01”文件，效果如图12-73所示。

图 12-73

STEP 2 选择“图像 > 调整 > 去色”命令，将图像去色，效果如图12-74所示。选择“图像 > 调整 > 亮度/对比度”命令，在弹出的对话框中进行设置，如图12-75所示，单击“确定”按钮，效果如图12-76所示。

图 12-74

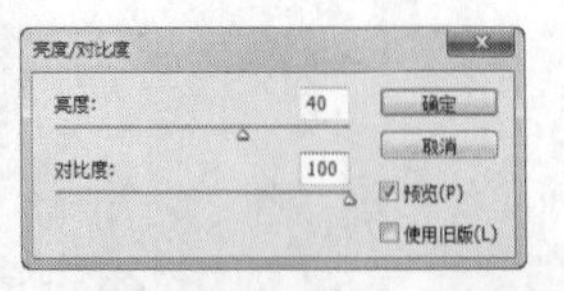

图 12-75

图 12-76

STEP 3 选择“滤镜 > 杂色 > 添加杂色”命令，在弹出的对话框中进行设置，如图12-77所示，单击“确定”按钮，效果如图12-78所示。

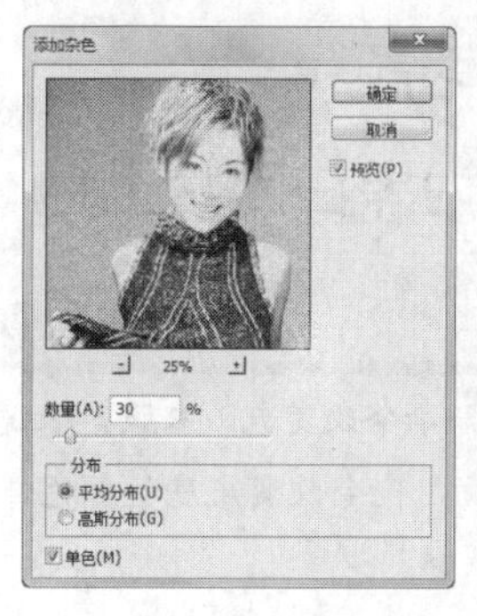

图 12-77

图 12-78

2. 制作怀旧颜色

STEP 1 选择“图像 > 调整 > 变化”命令，弹出“变化”对话框，单击两次“加深黄色”缩略图，如图12-79所示，单击“确定”按钮，图像效果如图12-80所示。

图 12-79

图 12-80

STEP 2 新建图层并将其命名为“杂色”。按D键，在工具箱中将前景色和背景色恢复成默认的黑白两色。选择“滤镜 > 渲染 > 云彩”命令，效果如图12-81所示。

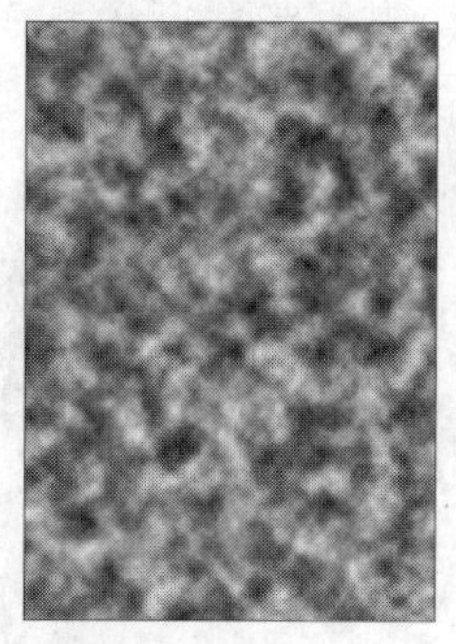

图 12-81

STEP 3 选择“滤镜 > 渲染 > 纤维”命令，在弹出的对话框中进行设置，如图12-82所示。单击“确定”按钮，效果如图12-83所示。在“图层”控制面板上方，将“杂色”图层的“混合模式”设为“颜色加深”，效果如图12-84所示。

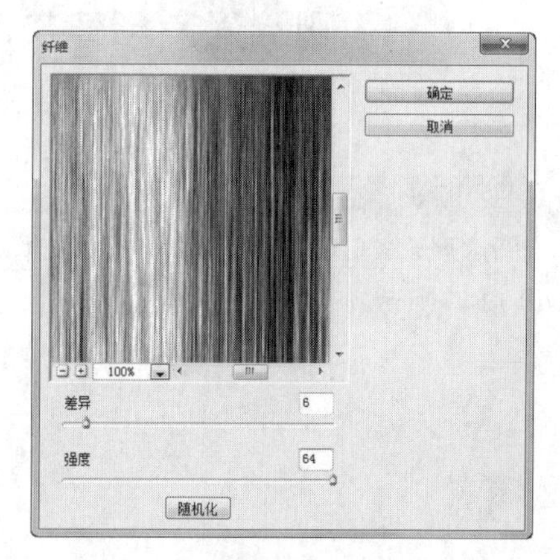

图 12-82

图 12-83

图 12-84

STEP 4 选中“背景”图层。选择“画笔”工具，在属性栏中单击画笔选项右侧的按钮，弹出画笔选择面板，单击面板右上方的按钮，在弹出的菜单中选择“复位画笔”选项，弹出提示对话框，单击“确定”按钮。在画笔选择面板中选择需要的画笔形状，其他选项的设置如图12-85所示。在图像窗口中多次单击鼠标，效果如图12-86所示。制作怀旧图像完成。

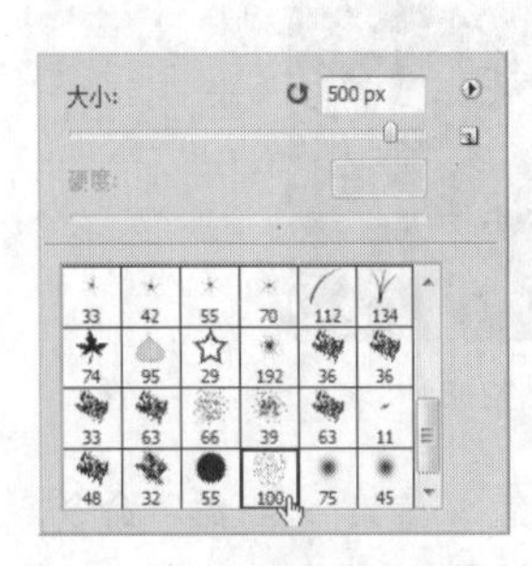

图 12-85

图 12-86

12.9 课堂练习——删除通道创建灰度

练习知识要点

使用“删除当前通道”按钮创建灰度图像，效果如图 12-87 所示。

图 12-87

效果所在位置

光盘/Ch12/效果/删除通道创建灰度.psd

12.10 课后习题——为黑白照片上色

习题知识要点

使用“色相/饱和度”命令改变包、衣服、眼镜的颜色，使用“色彩平衡”命令改变皮肤的颜色，效果如图 12-88 所示。

图 12-88

效果所在位置

光盘/Ch12/效果/为黑白照片上色.psd。

Photoshop CS5

13 Chapter

第 13 章 人物照片的美化

本章主要对人物照片中一些常见的瑕疵和缺陷进行修复。在日常生活中，多以拍摄人物照片为主，有时会因为环境、光线的问题，使照片留有些许遗憾，本章主要针对这些问题对照片进行修复，使拍摄出的人物形象更加完美。

【教学目标】

- 修复照片瑕疵的方法
- 美化照片的技巧

13.1 眼睛变大

13.1.1 案例分析

本例将使用“套索”工具勾出人物眼部图像，使用“羽化”命令羽化选区，使用“自由变换”命令调整眼睛部分，最终效果如图 13-1 所示。

图 13-1

13.1.2 案例制作

1. 添加图片并勾出眼睛部分

STEP 1 按Ctrl + O组合键，打开光盘中的“Ch13 > 素材 > 眼睛变大 > 01”文件，如图13-2所示。

图 13-2

STEP 2 选择“缩放”工具，将眼睛部分放大。选择“套索”工具，在图像窗口中绘制一个不规则的选区，将左边的眼睛选中，如图13-3所示。

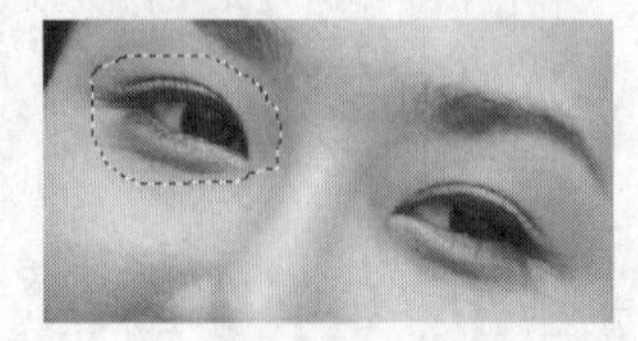

图 13-3

2. 复制图像并调整大小

STEP 1 选择“选择 > 修改 > 羽化”命令，在弹出的对话框中进行设置，如图13-4所示，单击“确定”按钮。

图 13-4

STEP 2 按Ctrl+J组合键，将选区中的内容复制，在“图层”控制面板中生成新的图层并将其命名为“左眼”，如图13-5所示。

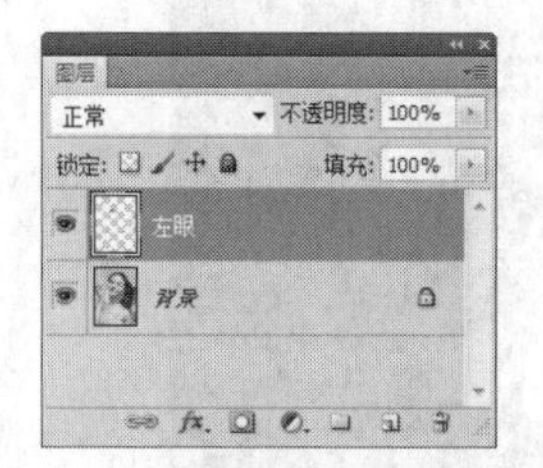

图 13-5

STEP 3 按Ctrl+T组合键，图像周围出现控制手柄，将鼠标指针放在右上方的控制手柄上，当鼠标指针变为时，按住Alt+Shift组合键的同时向外拖曳鼠标，将图像沿中心等比例放大，效果如图13-6所示。放大到合适大小，松开鼠标，按Enter键确定操作。左边的眼睛变大了，效果如图13-7所示。

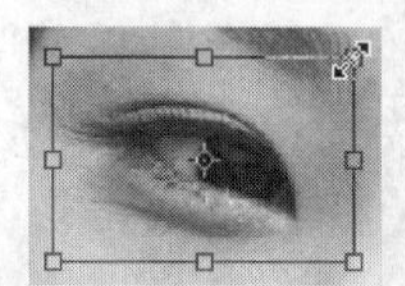

图 13-6

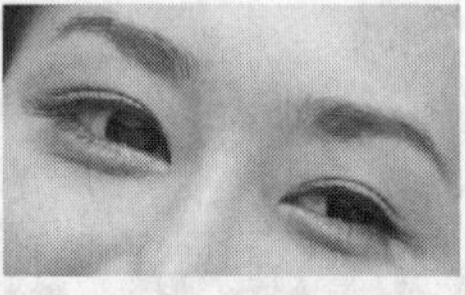

图 13-7

STEP 4 使用相同方法制作右边眼睛的效果，如图13-8所示。眼睛变大制作完成，效果如图13-9所示。

图 13-8

图 13-9

13.2 美白牙齿

13.2.1 案例分析

本例将使用“钢笔”工具将人物牙齿勾出，使用“减淡”工具美白人物牙齿，最终效果如图 13-10 所示。

图 13-10

13.2.2 案例制作

STEP 1 按Ctrl+O组合键，打开光盘中的“Ch13 > 素材 > 美白牙齿 > 01”文件，如图13-11所示。选择“缩放”工具，将图片放大到合适大小。选择“钢笔”工具，选中属性栏中的“路径”按钮，在图像窗口中沿着人物的牙齿边缘绘制路径，如图13-12所示。

图 13-11

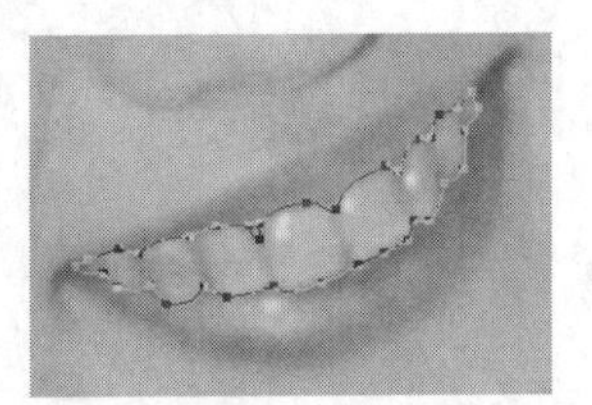

图 13-12

STEP 2 按Ctrl+Enter组合键，将路径转换为选区，如图13-13所示。选择“减淡”工具，在属性栏中将“画笔”选项设为65，单击“范围”选项右侧的按钮，在弹出的下拉列表中选择“中间调”，将“曝光度”选项设为50%，如图13-14所示。

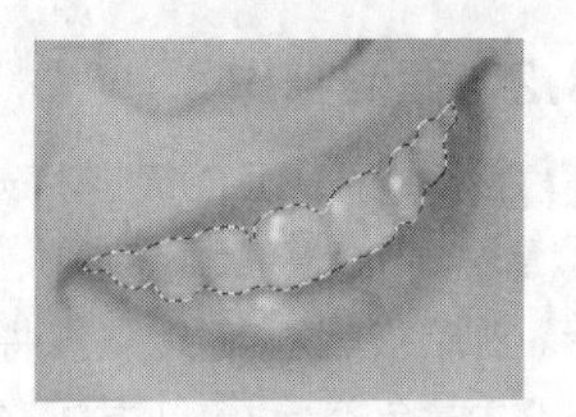

图 13-13

图 13-14

STEP 3 用鼠标在选区中进行涂抹令牙齿的颜色变浅。按Ctrl+D组合键，取消选区，效果如图13-15所示。美白牙齿制作完成，效果如图13-16所示。

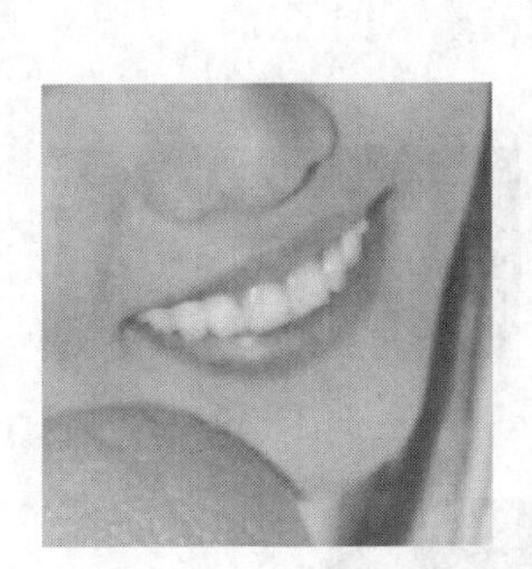

图 13-15

图 13-16

13.3 修复红眼

13.3.1 案例分析

本例将使用“缩放”工具放大人物脸部；使用“颜色替换”工具制作修复红眼效果，最终效果如图 13-17 所示。

图 13-17

13.3.2 案例制作

STEP 1 按Ctrl + O组合键，打开光盘中的“Ch13 > 素材 > 修复红眼 > 01”文件，如图13-19所示。选择“缩放”工具，将图片放大到适当大小。将前景色设为灰色（其R、G、B的值分别为221、213、215）。选择“颜色替换”工具，在属性栏中将“容差”选项设为100%，在人物右眼的红眼部分单击鼠标，效果如图13-19所示。

STEP 2 连续几次单击鼠标，并使用相同方法修复另一只眼睛。修复红眼制作完成，效果如图13-20所示。

图13-18

图13-19

图13-20

13.4 去除老年斑

13.4.1 案例分析

本例将使用“缩放”工具将图像放大，使用“修复画笔”工具选择取样点修复图像，使用“定义图案”命令、“矩形选框”工具去除老年斑，最终效果如图 13-21 所示。

图13-21

13.4.2 案例制作

STEP 1 按Ctrl + O组合键，打开光盘中的“Ch13 > 素材 > 去除老年斑 > 01”文件，效果如图13-22所示。

图13-22

STEP 2 选择“缩放”工具，将图片放大到合适大小。选择“修复画笔”工具，按住Alt键的同时在人物脸部没有老年斑的皮肤上单击，选择取样点，如图13-23所示。

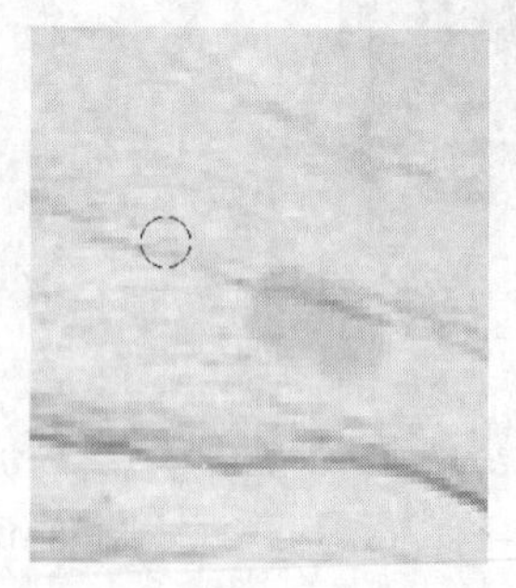

图13-23

STEP 3 将鼠标指针放到有老年斑的区域，在斑点上单击鼠标，进行修复。选择“矩形选框”工具，在人物脸部没有老年斑的区域绘制一个矩形选区，效果如图13-24所示。

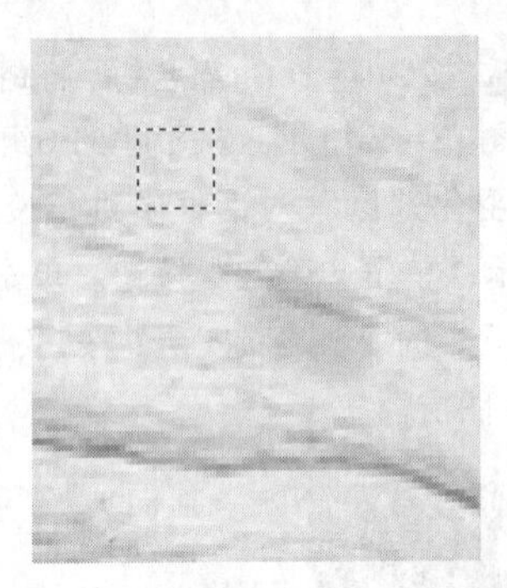

图 13-24

STEP 4 选择“编辑 > 定义图案”命令，在弹出的“图案名称”对话框中进行设置，如图13-25所示，单击“确定”按钮。

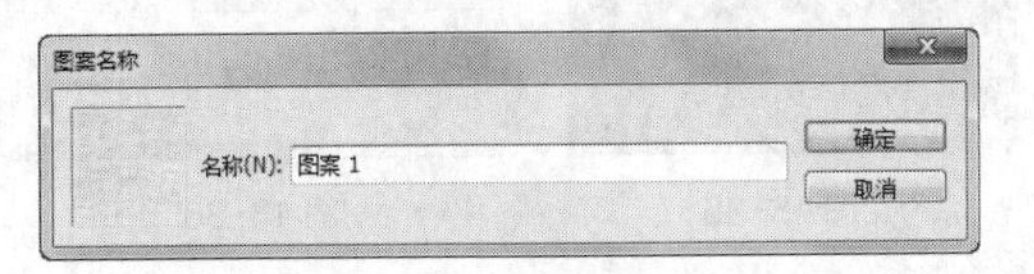

图 13-25

STEP 5 单击“图层”控制面板下方的“创建新图层”按钮，生成新的“图层1”。选择“油漆桶”工具，在属性栏中单击“设置填充区域的源”选项右侧的按钮，在弹出的菜单中选择“图案”，单击“图案”拾色器右侧的按钮，在弹出的面板中选择刚定义的图案，如图13-26所示。

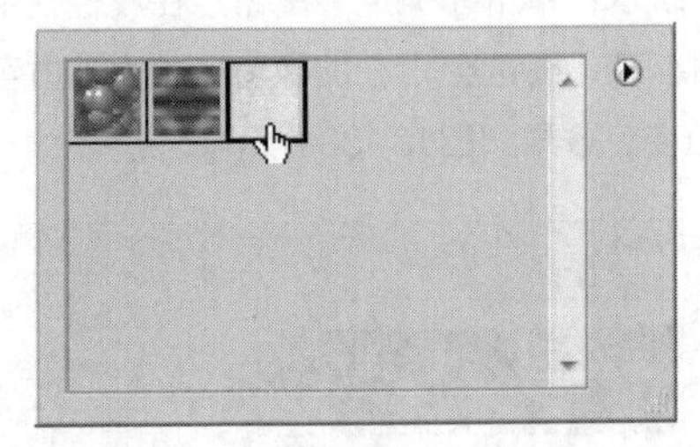

图 13-26

STEP 6 按Ctrl+D组合键，取消选区。在图像窗口中单击鼠标，用“图案1”填充“图层1”，效果如图13-27所示。选择“修复画笔”工具，按住Alt键的同时在没有拼接痕迹的位置单击，选择取样点，用鼠标在有拼接的区域涂抹，修复拼接痕迹。选择“矩形选框”工具，在拼接好的区域上拖曳一个矩形选区，如图13-28所示。

图 13-27

图 13-28

STEP 7 选择“编辑 > 定义图案”命令，在弹出的“图案名称”对话框中进行设置，如图13-29所示，单击“确定”按钮。按Delete键，将“图层1”删除。

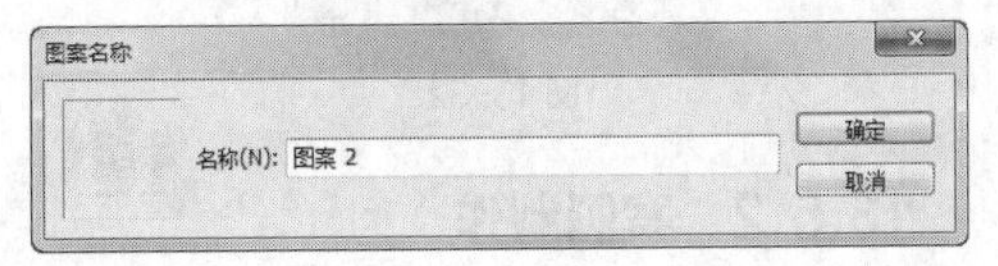

图 13-29

STEP 8 选择“修复画笔”工具，在属性栏中将画笔大小设为10，在“源”选项组中选择“图案”单选项，在“图案”拾色器中选择最后设置的图案名称，其他选项设为默认，如图13-30所示。在图像中的斑点位置进行涂抹，涂抹部位的斑点被去除并且保持一定的皮肤纹理，效果如图13-31所示。去除老年斑制作完成。

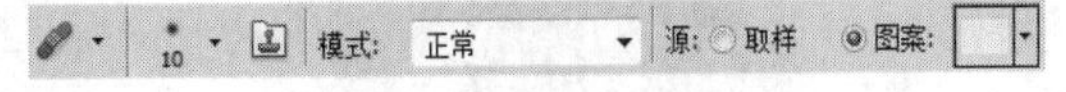

图 13-30

图 13-31

13.5 添加头发光泽

13.5.1 案例分析

本例将使用“钢笔”工具勾选人物的头发，使用“羽化”命令羽化选区，使用“渐变”工具添加渐变，使用“画笔”工具擦除人物头发以外多余的图像，最终效果如图 13-32 所示。

图 13-32

13.5.2 案例制作

STEP 1 按Ctrl + O组合键，打开光盘中的“Ch13 > 素材 > 添加头发光泽 > 01”文件，效果如图13-33所示。

图 13-33

STEP 2 选择“钢笔”工具，选中属性栏中的“路径”按钮，在图像窗口中绘制路径，如图13-34所示。

图 13-34

STEP 3 按Ctrl+Enter组合键，将路径转换为选区，如图13-35所示。按Shift+F6组合键，在弹出的“羽化选区”对话框中进行设置，如图13-36所示，单击“确定”按钮。单击“图层”控制面板下方的“创建新图层”按钮，生成“图层1”图层。

图 13-35

图 13-36

STEP 4 选择“渐变”工具，单击属性栏中的“点按可编辑渐变”按钮，弹出“渐变编辑器”对话框。在渐变色带下方的“位置”选项中分别输入0、15、32、50、68、84、100几个位置点，分别设置位置点颜色的RGB值为：0（39、39、39），15（177、178、178），32（88、88、89），50（178、178、178），68（88、88、89），84（176、176、176），100（88、88、89），如图13-37所示，单击“确定”按钮。在属性栏中选择“线性渐变”按钮，在图像窗口中由上方至下方拖曳渐变，效果如图13-38所示。

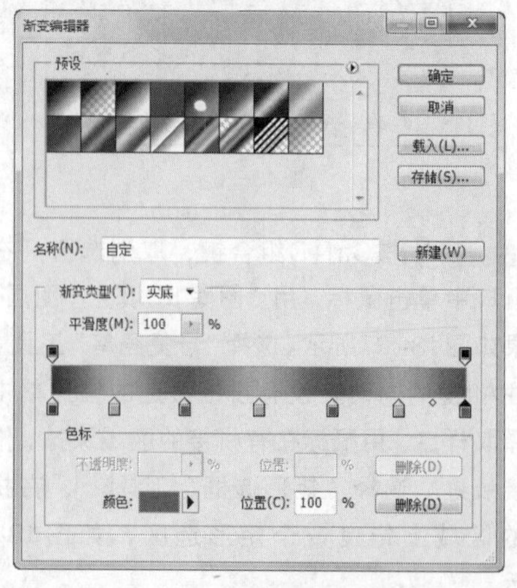

图 13-37

图 13-38

STEP 5 在"图层"控制面板中，将"混合模式"选项设为"柔光"，效果如图13-39所示。选择"画笔"工具，单击属性栏中的画笔选项，弹出画笔选择面板，在面板中选择需要的画笔形状，如图13-40所示。将属性栏中的"不透明度"选项设为77%，将"流量"选项设为44%。

图 13-39

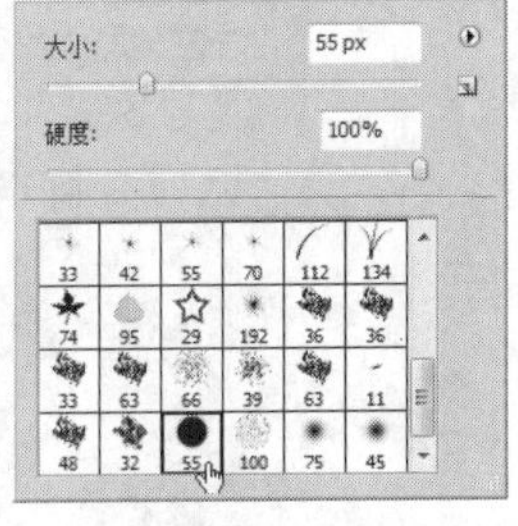

图 13-40

STEP 6 单击"图层"控制面板下方的"添加图层蒙版"按钮，为"图层1"图层添加蒙版。在图像窗口中，擦除人物头发以外多余的图像，效果如图13-41所示。添加头发光泽制作完成。

图 13-41

13.6 为人物化妆

13.6.1 案例分析

本例将使用"画笔"工具、"混合模式"选项、"不透明度"选项为人物化妆，最终效果如图 13-42 所示。

图 13-42

13.6.2 案例制作

STEP 1 按Ctrl + O组合键，打开光盘中的"Ch13 > 素材 > 为人物化妆 > 01"文件，效果如图13-43所示。

图 13-43

STEP 2 新建图层并将其命名为"白色眼影"。将前景色设为白色。选择"画笔"工具，在属性栏中单击画笔选项右侧的按钮，弹出画笔选择面板。将"主直径"选项设为25px，将"硬度"选项设为0%，在属性栏中将“不透明度”选项设为20%，在人物的上、下眼皮上拖曳鼠标指针，绘制出的效果如图13-44所示。

图 13-44

STEP 3 新建图层并将其命名为“紫色眼影”，如图13-45所示。将前景色设为紫色（其R、G、B的值分别为219、115、242）。选择“画笔”工具，在属性栏中单击画笔选项右侧的按钮，弹出画笔选择面板。将“主直径”选项设为30px，将“硬度”选项设为0%，在属性栏中将“不透明度”选项设为15%，在人物的上眼皮上拖曳鼠标指针，绘制出的效果如图13-46所示。

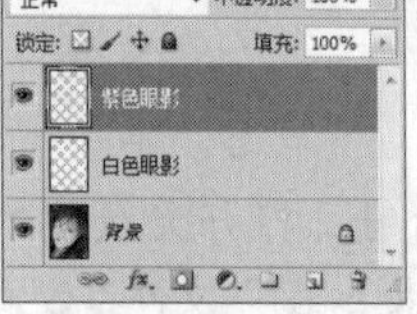

图 13-45　　图 13-46

STEP 4 选择“钢笔”工具，在图像窗口中的人物嘴上绘制一个路径，如图13-47所示。按Ctrl+Enter组合键，将路径转化为选区，效果如图13-48所示。

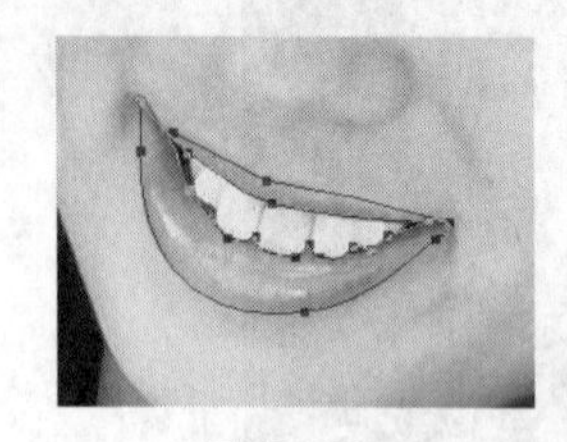

图 13-47　　图 13-48

STEP 5 新建图层并将其命名为“口红”。将前景色设为粉色（其R、G、B值分别为255、147、219），按Alt+Delete组合键，用前景色填充选区，按Ctrl+D组合键取消选区，效果如图13-49所示。

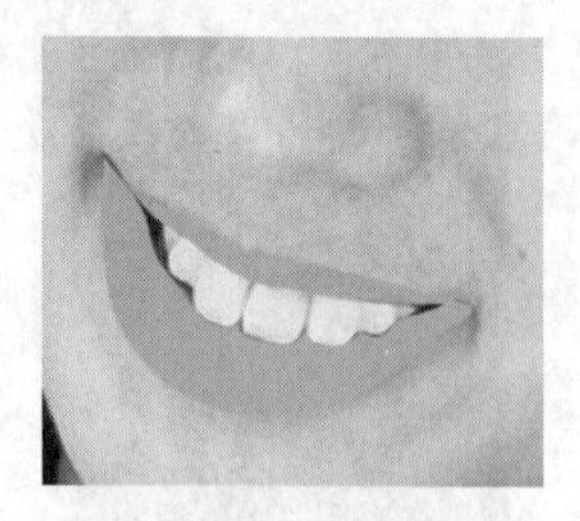

图 13-49

STEP 6 选择“滤镜 > 杂色 > 添加杂色”命令，弹出“添加杂色”对话框，选项的设置如图13-50所示。单击“确定”按钮，图像效果如图13-51所示。

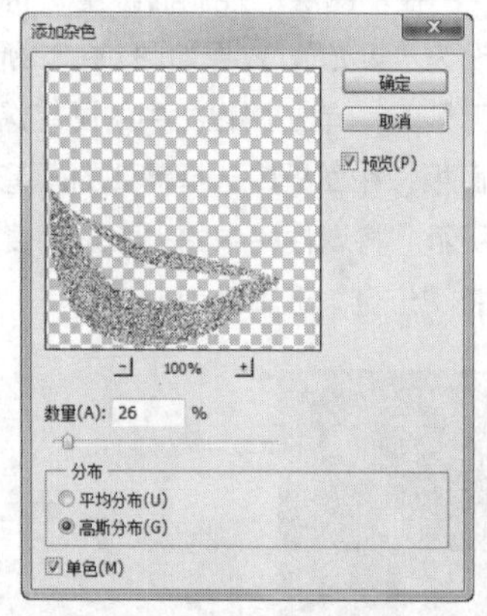

图 13-50

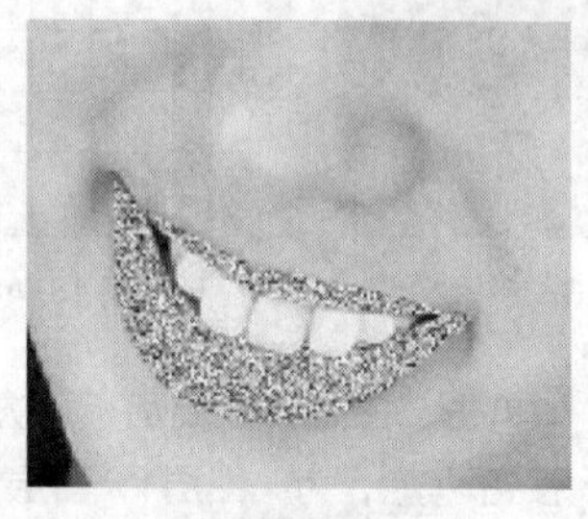

图 13-51

STEP 7 在“图层”控制面板中，将“口红”图层的“混合模式”选项设为“叠加”，“填充”选项设为70%，如图13-52所示，图像效果如图13-53所示。

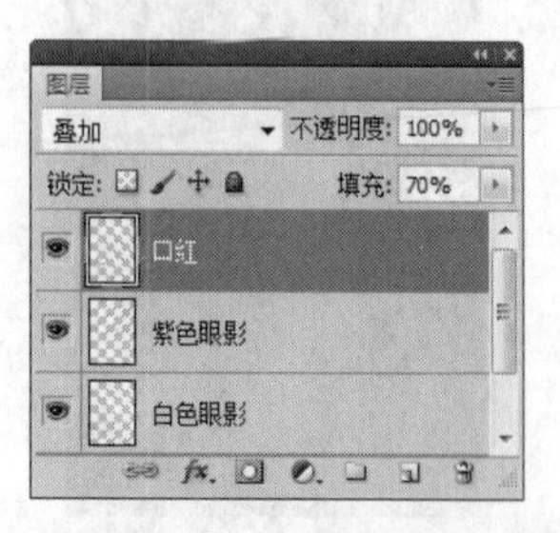

图 13-52

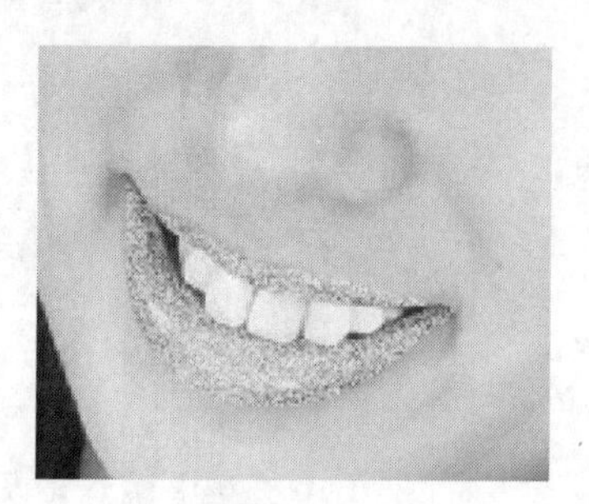

图 13-53

STEP 8 按住Ctrl键的同时单击“口红”图层的缩览图，图形周围生成选区。单击“图层”控制面板下方的“创建新的填充或调整图层”按钮，在弹出的菜单中选择“色彩平衡”命令，在“图层”控制面板中生成“色彩平衡1”图层，在弹出的“色彩平衡”面板中进行设置，如图13-54所示，图像效果如图13-55所示。

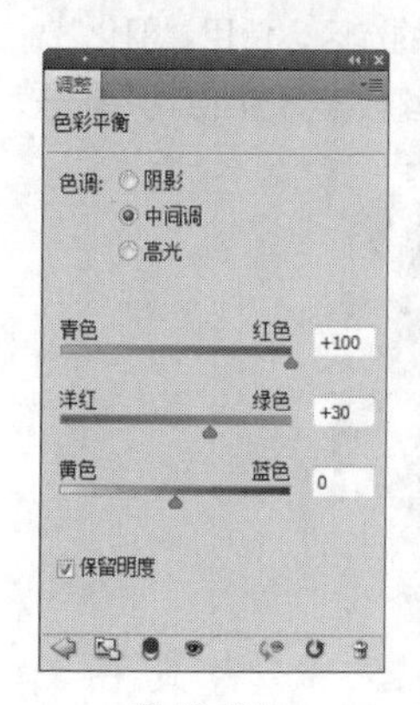

图 13-54　　图 13-55

STEP 9 选择“口红”图层。选择“图像 > 调整 > 色阶”命令，在弹出的对话框中进行设置，如图13-56所示。单击“确定”按钮，图像效果如图13-57所示。为人物化妆制作完成。

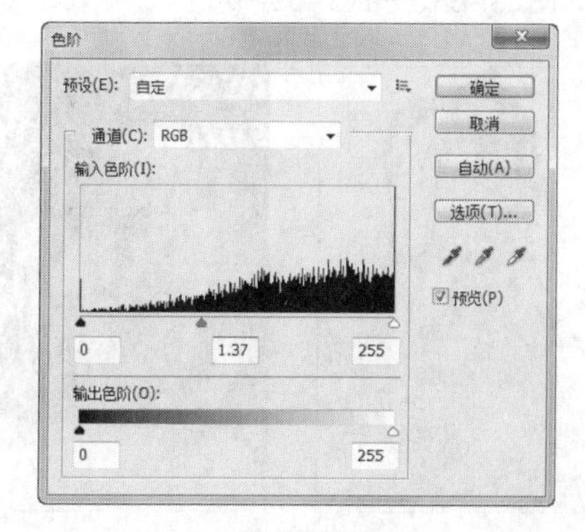

图 13-56

图 13-57

13.7 添加纹身

13.7.1 案例分析

本例将使用“变形”命令为蝴蝶变形，使用“混合模式”选项调整图片的颜色，最终效果如图13-58所示。

图 13-58

13.7.2 案例制作

STEP 1 按Ctrl + O组合键，打开光盘中的“Ch13 > 素材 > 添加纹身 > 01、02”文件，选择“移动”工具，将02图片拖曳到01图像窗口中，效果如图13-59所示。

图 13-59

STEP 2 按Ctrl+T组合键，图像周围出现变换选框，如图13-60所示。按住Shift键的同时调整图像的大小并将其拖曳到适当的位置，按Enter键确认操作，效果如图13-61所示。

图 13-60

图 13-61

STEP 3 选择“编辑 > 变换 > 变形”命令，图像周围出现变形网格，用鼠标适当调整各个节点，如图13-62所示。按Enter键确定操作，效果如图13-63所示。

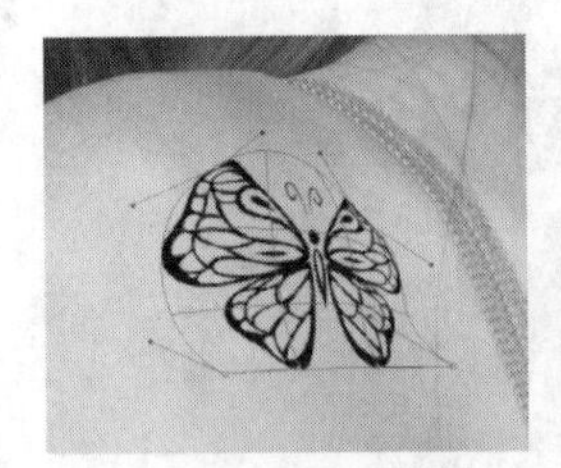

图 13-62

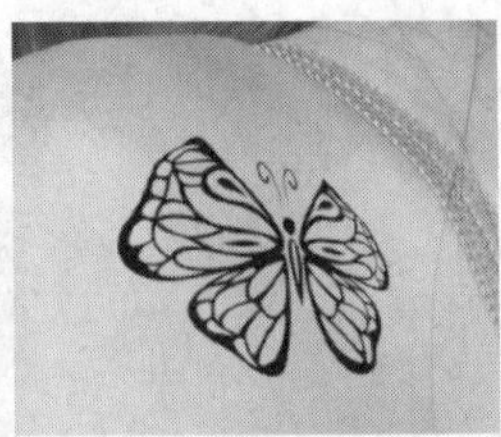

图 13-63

STEP 4 在“图层”控制面板中，将“不透明度”选项设为65%，效果如图13-64所示。将“图层1”图层拖曳到控制面板下方的“创建新图层”按钮 上进行复制，将生成新的图层“图层2”。

STEP 5 在“图层”控制面板上方将“图层2”图层的“混合模式”设为“饱和度”，将“不透明度”选项设为75%，效果如图13-65所示。添加纹身制作完成，效果如图13-66所示。

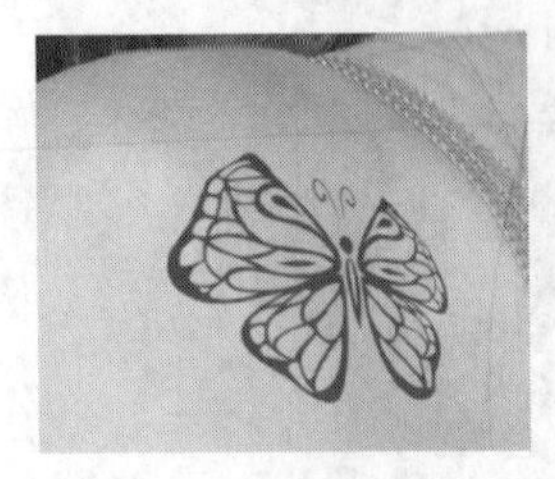

图 13-64

图 13-65

图 13-66

13.8 更换人物的脸庞

13.8.1 案例分析

本例将使用“缩放”工具放大人物脸部，使用“套索”工具勾出人物脸部需要的选区，使用“羽化”命令将人物脸部选区羽化，最终效果如图 13-67 所示。

图 13-67

13.8.2 案例制作

STEP 1 按Ctrl + O组合键，打开光盘中的“Ch13 > 素材 > 更换人物脸庞 > 01、02”文件，效果如图13-68、图13-69所示。

图 13-68

图 13-69

STEP 2 选择“缩放”工具，适当放大02图片中人物的脸部。选择“套索”工具，在图像窗口中勾出02图片人物的脸部，效果如图13-70所示。

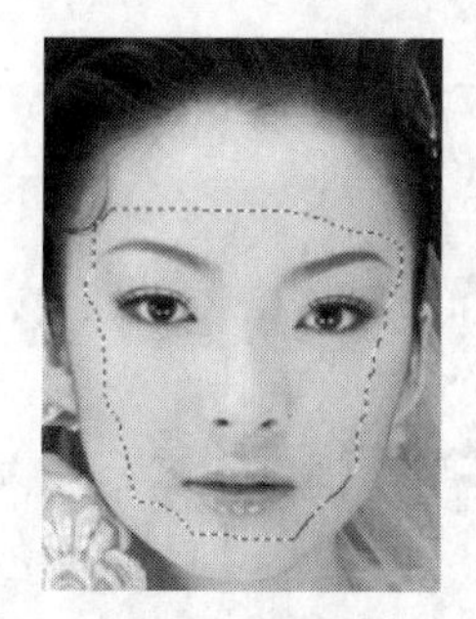

图 13-70

STEP 3 按Shift+F6组合键，在弹出的“羽化选区”对话框中进行设置，如图13-71所示。单击“确定”按钮，效果如图13-72所示。

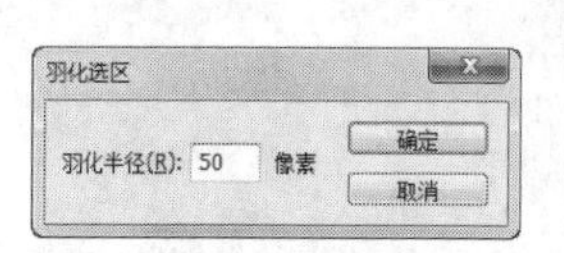

图 13-71

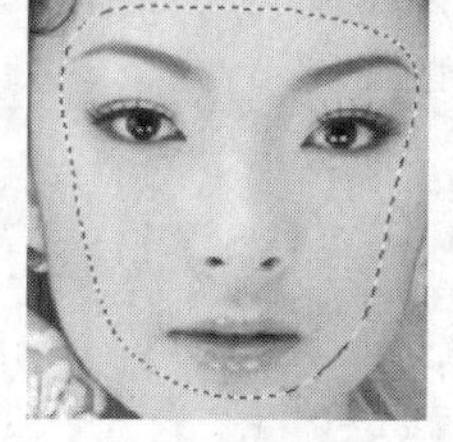

图 13-72

STEP 4 选择“移动”工具，将选区中的图像拖曳到01图片人物的脸部上，在“图层”控制面板中生成新的图层并将其命名为“羽化脸部”。

STEP 5 按Ctrl+T组合键，图像周围出现控制手柄，适当调整图像的大小，如图13-73所示，按Enter键确定操作。选择“橡皮擦”工具，在属性栏中适当调整“不透明度”及画笔的大小，将人物脸部周围的多余部分擦除，效果如图13-74所示。更换人物的脸庞制作完成。

图 13-73

图 13-74

13.9 课堂练习——美化肌肤

练习知识要点

使用“通道”控制面板、“高斯模糊”滤镜命令制作模糊图像效果，使用“色阶”命令和“曲线”命令调整图像的色调，效果如图 13-75 所示。

图 13-75

效果所在位置

光盘/Ch13/效果/美化肌肤.psd。

13.10 课后习题——修整身材

习题知识要点

使用“液化”滤镜命令修整人物身材，效果如图 13-76 所示。

图 13-76

效果所在位置

光盘/Ch13/效果/修整身材.psd。

Photoshop CS5

14 Chapter

第 14 章
风光照片的精修

本章主要讲解处理风光照片的常用技法。对于风景照片来说，拍摄环境对照片的质量影响较大。本章针对噪点、色差、层次不清晰等常见问题的解决方法进行了详细讲解，力求在原有基础上打造更加完美的视觉效果。

【教学目标】

- 对照片进行去噪和锐化的方法
- 柔化处理照片的技巧
- 增强效果和调整色调的技巧

14.1 去除噪点

14.1.1　案例分析

本例将使用“钢笔”工具和“转换为选区”命令选取图像天空部分，使用“中间值”滤镜命令去除细微的斑点，使用“色阶”命令改变图片颜色，最终效果如图 14-1 所示。

图 14-1

14.1.2　案例制作

STEP 1 按Ctrl+O组合键，打开光盘中的“Ch14 > 素材 > 去除噪点 > 01”文件，如图14-2所示。

图 14-2

STEP 2 选择“滤镜 > 杂色 > 去斑”命令，效果如图14-3所示。按Ctrl+F组合键，重复一次刚才的命令，效果如图14-4所示。

图 14-3　　图 14-4

STEP 3 选择“钢笔”工具，选中属性栏中的“路径”按钮，在图像窗口中绘制路径，如图14-5所示。按Ctrl+Enter组合键，将路径转换为选区，如图14-6所示。

图 14-5

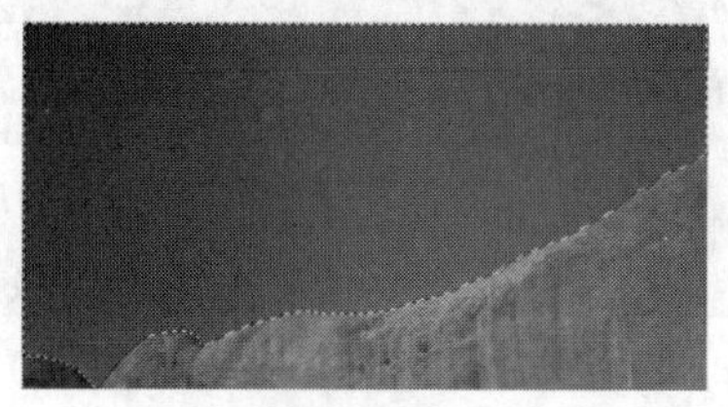

图 14-6

STEP 4 选择“滤镜 > 杂色 > 中间值”命令，在弹出的“中间值”对话框中进行设置，如图14-7所示，单击“确定”按钮。按Ctrl+D组合键，取消选区，效果如图14-8所示。用相同方法制作另一片天空，效果如图14-9所示。

图 14-7

图 14-8　　图 14-9

STEP 5 单击“图层”控制面板下方的“创建新的填充或调整图层”按钮，在弹出的菜单中选择“色阶”命令，在“图层”控制面板中生成“色阶1”图层，同时在弹出的“色阶”面板中进行设置，如图14-10所示；单击“RGB”通道右侧的按钮，在弹出的菜单中选择“红”，切换到相应的面板，设置如图14-11所示。按Enter键，图像效果如图14-12所示。去除噪点制作完成。

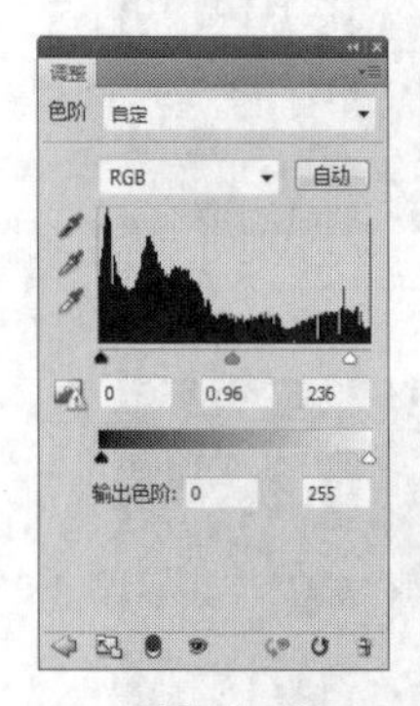

图 14-10

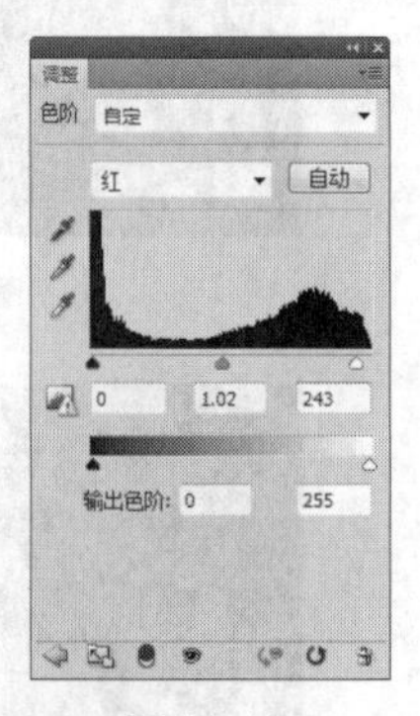

图 14-11

图 14-12

14.2 锐化照片

14.2.1 案例分析

本例将使用“USM 锐化”命令和“亮度/对比度”命令制作锐化照片效果，最终效果如图 14-13所示。

图 14-13

14.2.2 案例制作

STEP 1 按Ctrl+O组合键，打开光盘中的“Ch14 > 素材 > 锐化照片 > 01”文件，效果如图14-14所示。

图 14-14

STEP 2 选择“滤镜 > 锐化 > USM锐化”命令，在弹出的对话框中进行设置，如图14-15所示，单击“确定”按钮，效果如图14-16所示。

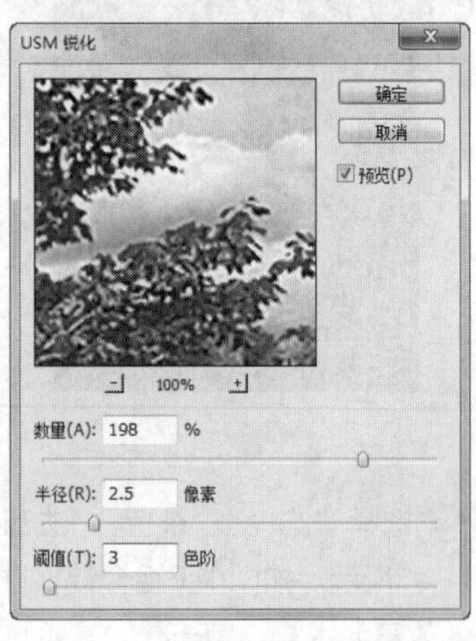

图 14-15

图 14-16

STEP 3 选择“图像 > 调整 > 亮度/对比度”命令，在弹出的对话框中进行设置，如图14-17所示。单击“确定”按钮，效果如图14-18所示。锐化照片制作完成。

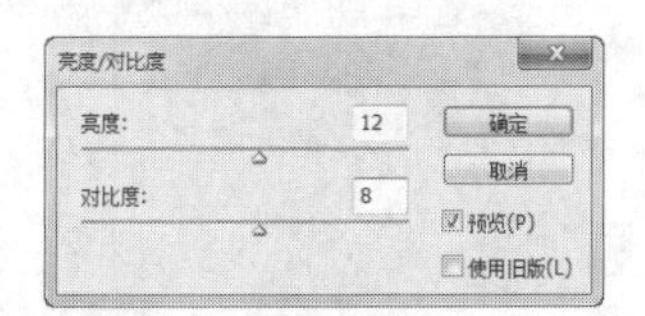

图 14-17

图 14-18

14.3 高反差保留锐化图像

14.3.1 案例分析

本例将使用“去色”命令制作图片去色效果。使用“高反差保留”滤镜命令制作图片清晰效果，最终效果如图 14-19 所示。

图 14-19

14.3.2 案例制作

1. 添加图片并复制图层

STEP 1 按Ctrl+O组合键，打开光盘中的“Ch14 > 素材 > 高反差保留锐化图像 > 01”文件，效果如图14-20所示。

图 14-20

STEP 2 将“背景”图层拖曳到“图层”控制面板下方的“创建新图层”按钮 上进行复制，生成新的图层“背景 副本”，如图14-21所示。

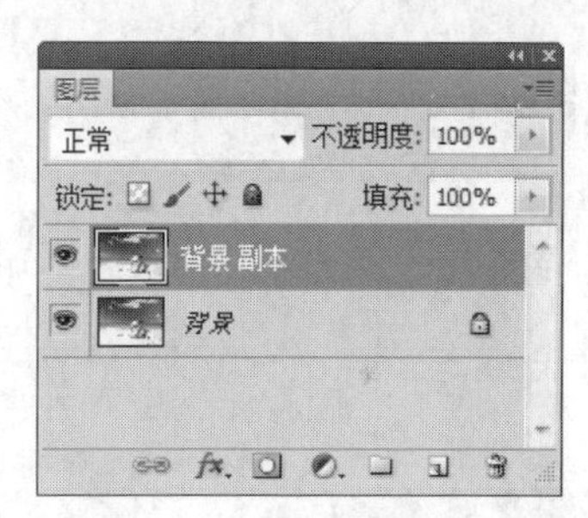

图 14-21

2. 制作图片清晰效果

STEP 1 选择“图像 > 调整 > 去色”命令，效果如图14-22所示。在“图层”控制面板上方将“背景 副本”图层的“混合模式”选项设为“叠加”，效果如图14-23所示。

图 14-22

图 14-23

STEP 2 选择“滤镜 > 其他 > 高反差保留”命令，在弹出的对话框中进行设置，如图14-24所示。单击“确定”按钮，效果如图14-25所示。

图 14-24

图 14-25

STEP 3 将“背景 副本”图层拖曳到“图层”控制面板下方的“创建新图层”按钮 上进行复制，将其复制两次，如图14-26所示。按住Shift键的同时单击“背景 副本2”图层和“背景 副本”图层，将3个图层同时选中，单击鼠标右键，在弹出的菜单中选择“合并图层”命令，将选中的图层合并，如图14-27所示。

图 14-26

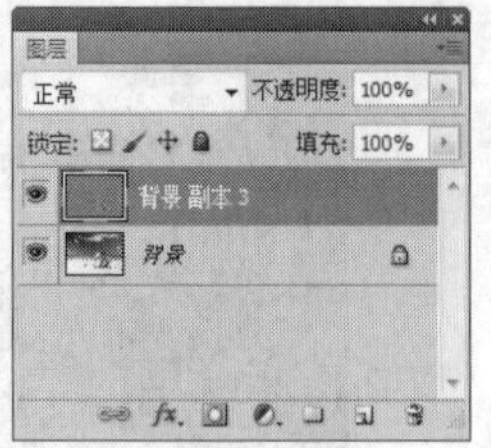

图 14-27

STEP 4 在“图层”控制面板上方将“背景 副本3”图层的“混合模式”设为“叠加”，如图14-28所示，图像效果如图14-29所示。高反差保留锐化图像制作完成。

图 14-28

图 14-29

14.4 高斯柔化图像

14.4.1 案例分析

本例将使用“椭圆选框”工具绘制圆形选区；使用“羽化”命令将选区羽化；使用“反选”命令将选区反选；使用“高斯模糊”滤镜命令添加图片柔化效果，最终效果如图 14-30 所示。

图 14-30

14.4.2 案例制作

STEP 1 按Ctrl + O组合键，打开光盘中的“Ch14 > 素材 > 高斯柔化图像 > 01”文件。选择“椭圆选框”工具，按住Shift键的同时，在图像窗口中绘制一个圆形选框，如图14-31所示。

图 14-31

STEP 2 选择“选择 > 修改 > 羽化”命令，在弹出的对话框中进行设置，如图14-32所示，单击“确定”按钮。

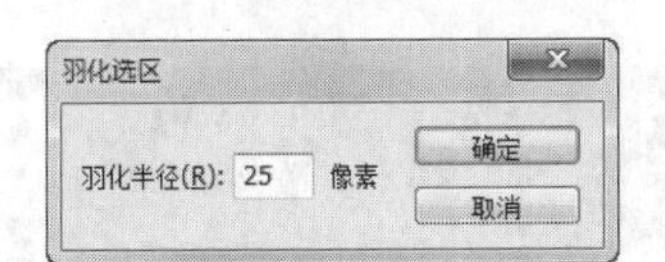

图 14-32

STEP 3 按Shift+Ctrl+I组合键，将选区进行反选，如图14-33所示。选择“滤镜 > 模糊 > 高斯模糊”命令，在弹出的对话框中进行设置，如图14-34所示，单击“确定”按钮。按Ctrl+D组合键，取消选区，效果如图14-35所示。高斯柔化图像制作完成。

图 14-33

图 14-34

图 14-35

14.5 图层柔化图像

14.5.1 案例分析

本例将使用“调色刀”滤镜命令调整图像色调，使用“动感模糊”滤镜命令和图层的“混合模式”选项制作图像的柔化效果，最终效果如图 14-36 所示。

图 14-36

14.5.2 案例制作

STEP 1 按Ctrl+O组合键，打开光盘中的“Ch14 > 素材 > 图层柔化图像 > 01、02”文件，如图14-37和图14-38所示。选择“移动”工具▶+，将02文件拖曳到01图像窗口中的适当位置，效果如图14-39所示。

图 14-37

图 14-38

图 14-39

STEP 2 选择“滤镜 > 艺术效果 > 调色刀”命令，在弹出的对话框中进行设置，如图14-40所示。单击“确定”按钮，图像效果如图14-41所示。

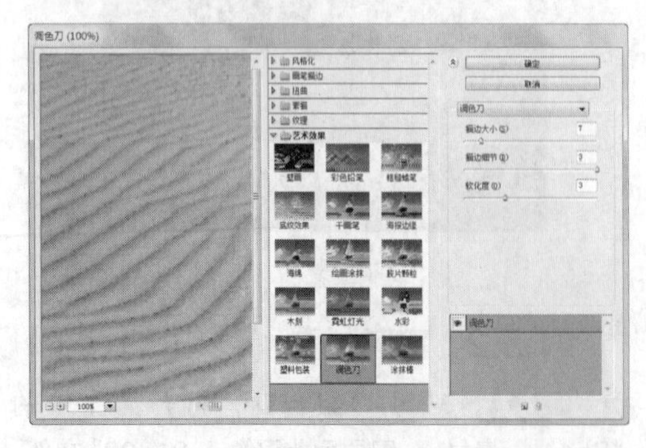

图 14-40

图 14-41

STEP 3 选择“滤镜 > 模糊 > 动感模糊”命令，在弹出的对话框中进行设置，如图14-42所示。单击“确定”按钮，效果如图14-43所示。

图 14-42

图 14-43

STEP 4 单击“图层”控制面板下方的“添加图层蒙版”按钮 ◻，为“图层1”图层添加蒙版。选择“多边形套索”工具，在图像窗口中绘制选区，如图14-44所示。将前景色设为黑色，按Alt+Delete组合键，用前景色填充选区，按Ctrl+D组合键取消选区，效果如图14-45所示。

图 14-44

图 14-45

STEP 5 在“图层”控制面板中将“背景”图层拖曳到控制面板下方的“创建新图层”按钮 上进行复制，生成“背景 副本”图层，并将其拖曳到“图层1”的上方，如图14-46所示。

图 14-46

STEP 6 在“图层”控制面板中将“背景 副本”图层的“混合模式”选项设为“强光”，效果如图14-47所示。图层柔化图像制作完成。

图 14-47

14.6 增强灯光效果

14.6.1 案例分析

本例将使用“色阶”命令和“曲线”命令调整图片的颜色；使用“USM 锐化”命令制作 USM 锐化图像效果，最终效果如图 14-48 所示。

图 14-48

14.6.2 案例制作

STEP 1 按Ctrl + O组合键，打开光盘中的“Ch14 > 素材 > 增强灯光效果 > 01”文件，效果如图14-49所示。

图 14-49

STEP 2 按Ctrl + J组合键，复制“背景”图层，在“图层”控制面板中生成“图层1”图层。按Ctrl + L组合键，在弹出的“色阶”对话框中进行设置，如图14-50所示。单击“确定”按钮，效果如图14-51所示。

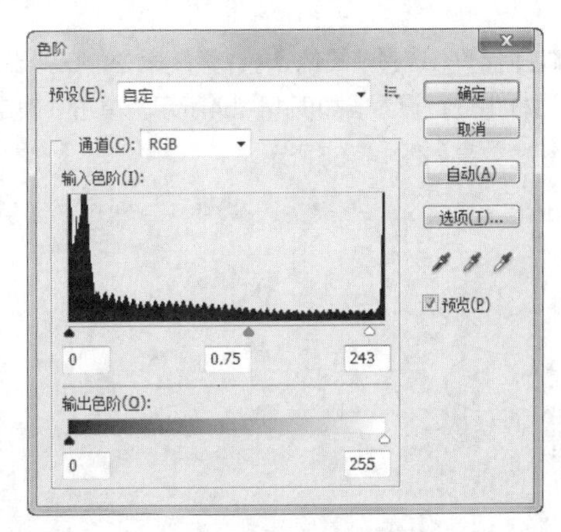

图 14-50

图 14-51

STEP 3 按Ctrl + M组合键，弹出“曲线”对话框，在曲线上单击鼠标添加控制点，将“输入”选项设为114，“输出”选项设为146，如图14-52所示。单击“确定”按钮，图像效果如图14-53所示。

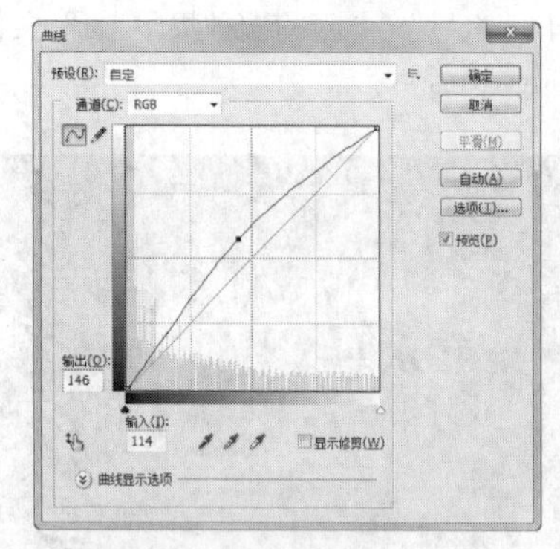

图 14-52

图 14-53

STEP 4 选择“图像 > 计算”命令，在弹出的对话框中进行设置，如图14-54所示。单击“确定”按钮，效果如图14-55所示。

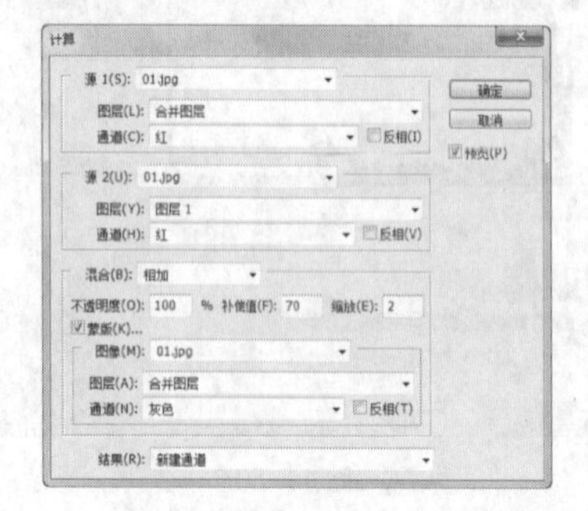

图 14-54

图 14-55

STEP 5 选择“窗口 > 通道”命令，弹出“通道”控制面板，在控制面板中生成“Alpha 1”通道，如图14-56所示。

图 14-56

STEP 6 单击“通道”控制面板底部的“将通道作为选区载入”按钮 ，单击“RGB”通道，返回“图层”控制面板。选中“图层1”图层，按Ctrl + J组合键，复制图层，在控制面板中生成“图层2”图层。

STEP 7 选择“滤镜 > 锐化 > USM锐化”命令，在弹出的“USM锐化”对话框中进行设置，如图14-57所示。单击“确定”按钮，效果如图14-58所示。增强灯光效果制作完成。

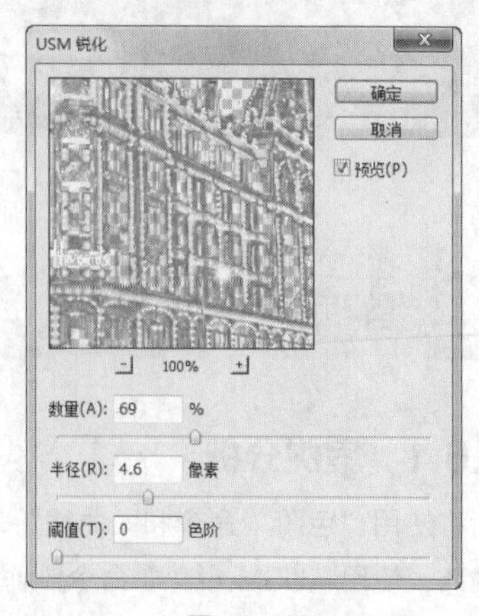

图 14-57

图 14-58

14.7 为照片添加光效

14.7.1　案例分析

本例将使用“色阶”和“曲线”命令调整图片颜色；使用“径向模糊”滤镜命令添加光效；使用“添加图层蒙版”按钮和“画笔”工具擦除不需要的图像，最终效果如图 14-59 所示。

图 14-59

14.7.2　案例制作

STEP 1 按Ctrl + O组合键，打开光盘中的“Ch14 > 素材 > 为照片添加光效 > 01”文件，效果如图14-60所示。

图 14-60

STEP 2 单击“图层”控制面板下方的“创建新的填充或调整图层”按钮，在弹出的菜单中选择“色阶”命令，在“图层”控制面板中生成“色阶1”图层，同时在弹出的“色阶”面板中进行设置，如图14-61所示，图像效果如图14-62所示。

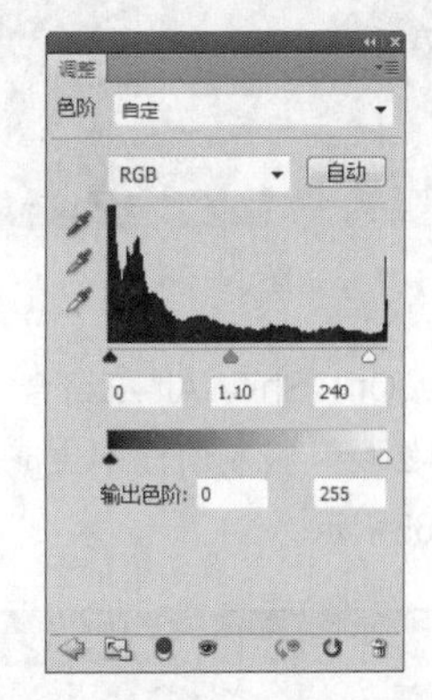

图 14-61

图 14-62

STEP 3 单击“图层”控制面板下方的“创建新的填充或调整图层”按钮，在弹出的菜单中选择“曲线”命令，在“图层”控制面板中生成“曲线1”图层。同时弹出“曲线”面板，在曲线上单击鼠标添加控制点，将“输入”选项设为108，“输出”选项设为122，如图14-63所示，图像效果如图14-64所示。

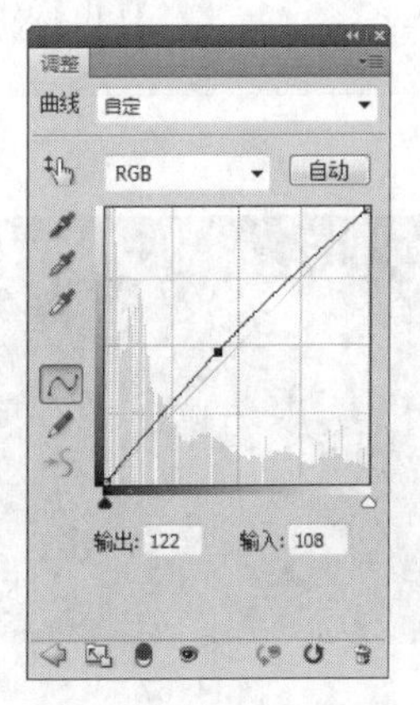

图 14-63

图 14-64

STEP 4 按Ctrl+Shift+Alt+E组合键，合并并复制图层，在“图层”控制面板中生成“图层1”图层，如图14-65所示。

图 14-65

STEP 5 选择“滤镜 > 模糊 > 径向模糊”命令，在弹出的“径向模糊”对话框中进行设置，如图14-66所示。单击“确定”按钮，效果如图14-67所示。

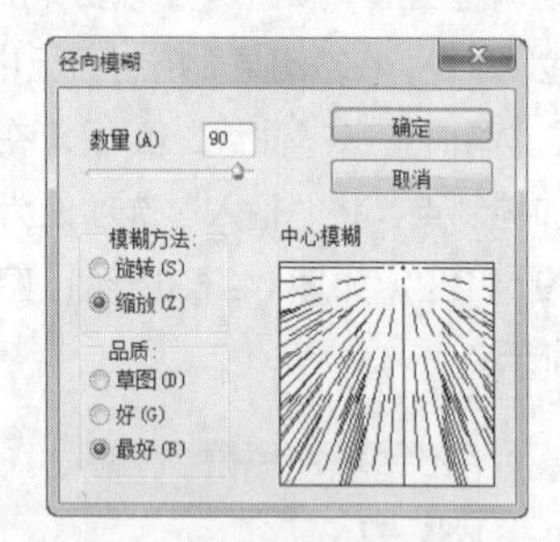

图 14-66

图 14-67

STEP 6 单击“图层”控制面板下方的“添加图层蒙版”按钮，为“图层1”图层添加蒙版，并将“不透明度”选项设为50%。将前景色设置为白色，选择“画笔”工具，单击属性栏中画笔选项右侧的按钮，在弹出的画笔选择面板中选择需要的画笔形状，如图14-68所示。将属性栏中的“不透明度”选项设为80%，在图像窗口中进行擦除，效果如图14-69所示。为照片添加光效制作完成。

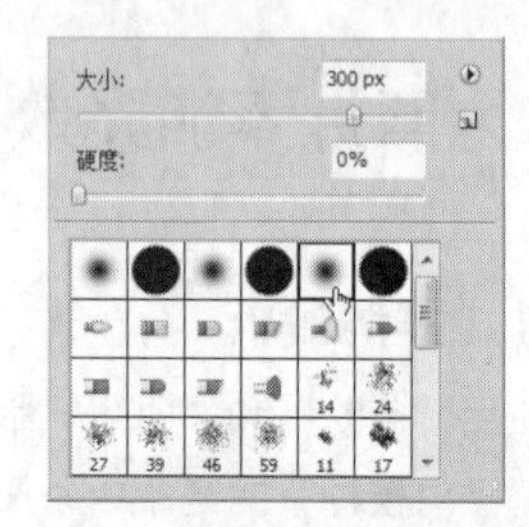

图 14-68

图 14-69

14.8 季节变化

14.8.1 案例分析

本例将使用“色相/饱和度”命令和“通道混合器”命令调整图片色调，最终效果如图 14-70所示。

图 14-70

14.8.2　案例制作

STEP 1 按Ctrl+O组合键，打开光盘中的“Ch14 > 素材 > 季节变化 > 01”文件，效果如图14-71所示。

图 14-71

STEP 2 单击“图层”控制面板下方的“创建新的填充或调整图层”按钮 ，在弹出的菜单中选择“色相/饱和度”命令，在“图层”控制面板中生成“色相/饱和度1”图层，同时在弹出的“色相/饱和度”面板中进行设置，如图14-72所示。按Enter键，图像效果如图14-73所示。

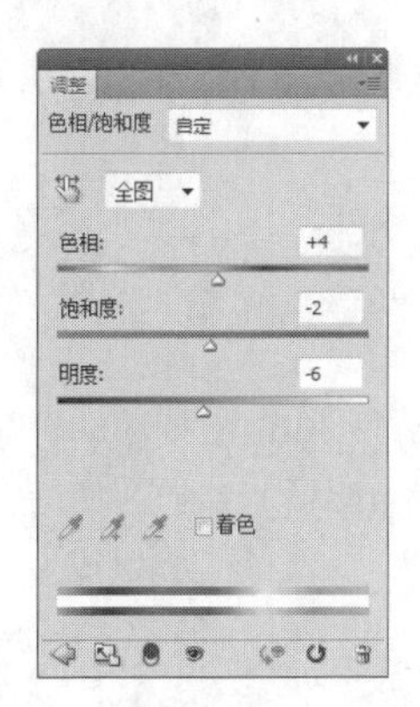

图 14-72

图 14-73

STEP 3 单击“图层”控制面板下方的“创建新的填充或调整图层”按钮 ，在弹出的菜单中选择“通道混合器”命令，在“图层”控制面板中生成“通道混合器1”图层，同时在弹出的“通道混合器”面板中进行设置，如图14-74所示。按Enter键，图像效果如图14-75所示。季节变化效果制作完成。

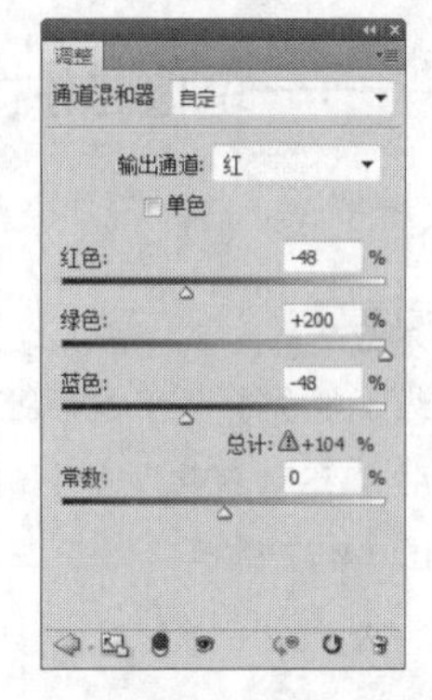

图 14-74

图 14-75

14.9 课堂练习——色调变化效果

练习知识要点

使用“渐变映射”命令和“亮度/对比度”命令调整图片色调，效果如图 14-76 所示。

图 14-76

效果所在位置

光盘/Ch14/效果/色调变化效果.psd。

14.10 课后习题——增强照片的层次感

习题知识要点

使用“曲线”命令和“可选颜色”命令调整图片的颜色，使用“USM 锐化”命令制作 USM 锐化图像效果，如图 14-77 所示。

图 14-77

效果所在位置

光盘/Ch14/效果/增强照片的层次感.psd。

Photoshop CS5

15 Chapter

第 15 章 照片的艺术特效

本章主要讲解的是将生活中的普通照片制作成具有艺术效果的特效照片。通过应用不同的制作方法和技巧，对照片进行特效处理，增加照片的意境和韵味。

【教学目标】

- 制作人物特效照片的方法
- 制作风光特效照片的技巧

15.1 老照片效果

15.1.1 案例分析

本例将使用“创建剪贴蒙版”命令制作图片剪贴蒙版效果，使用“去色”命令将图片去色，使用“添加杂色”滤镜命令添加图片杂色效果，使用“颗粒”滤镜命令添加图片颗粒效果，使用“画笔”工具绘制线条，使用“动感模糊”滤镜命令添加线条模糊效果，最终效果如图 15-1 所示。

图 15-1

15.1.2 案例制作

1. 调整图片颜色效果

STEP 1 按Ctrl＋N组合键，新建一个文件：宽度为21厘米，高度为29.7厘米，分辨率为300像素/英寸，颜色模式为RGB，背景内容为白色，单击“确定”按钮。

STEP 2 将前景色设为黑色，按Alt+Delete组合键，用前景色填充“背景”图层。按Ctrl＋O组合键，打开光盘中的“Ch15 > 素材 > 老照片效果 > 01”文件。选择“移动”工具，将图形拖曳到图像窗口的中心位置，效果如图15-2所示，在“图层”控制面板中生成新的图层并将其命名为“杂边”。

图 15-2

STEP 3 按Ctrl＋O组合键，打开光盘中的“Ch15 > 素材 > 老照片效果 > 02”文件，选择“移动”工具，将人物图片拖曳到图像窗口的中心位置，效果如图15-3所示，在“图层”控制面板中生成新的图层并将其命名为“人物图片”。

图 15-3

STEP 4 在“图层”控制面板中，按住Alt键的同时将鼠标指针放在“人物图片”图层和“杂边”图层的中间，鼠标指针变为，单击鼠标，为“人物图片”图层创建剪贴蒙版，图像效果如图15-4所示。

图 15-4

STEP 5 将“人物图片”图层拖曳到“图层”控制面板下方的“创建新图层”按钮上进行复制，生成新的图层“人物图片 副本”，如图15-5所示。

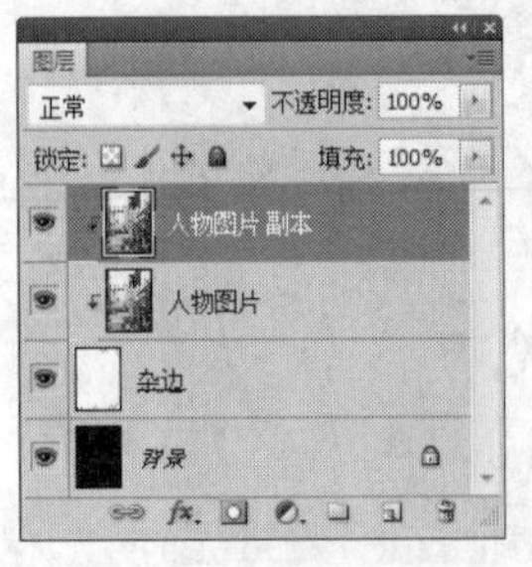

图 15-5

STEP 6 选择“图像 > 调整 > 去色”命令，将图片去色，效果如图15-6所示。选择“滤镜 > 杂色 > 添加杂色”命令，在弹出的对话框中进行设置，如图15-7所示，单击“确定”按钮。选择“滤镜 > 纹理 > 颗粒”命令，在弹出的对话框中进行设置，如图15-8所示，单击“确定”按钮，效果如图15-9所示。

图 15-6

图 15-7

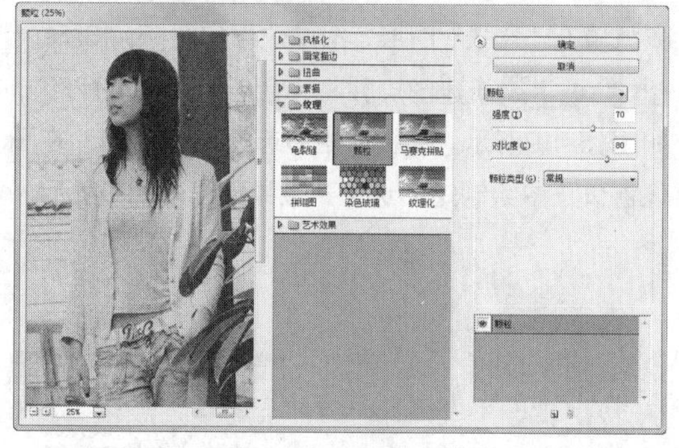

图 15-8

图 15-9

2. 制作模糊线条效果

STEP 1 新建图层并将其命名为“划痕”。将前景色设为白色。选择“画笔”工具，在属性栏中单击画笔选项右侧的按钮，在弹出的画笔选择面板中选择需要的画笔形状，其他选项的设置如图15-10所示。按住Shift键的同时在图像窗口中拖曳鼠标指针，绘制多条垂直的线条。选择“滤镜 > 模糊 > 动感模糊”命令，在弹出的对话框中进行设置，如图15-11所示，单击“确定”按钮，效果如图15-12所示。在控制面板的上方，将“划痕”图层的“混合模式”选项设为“柔光”，效果如图15-13所示。

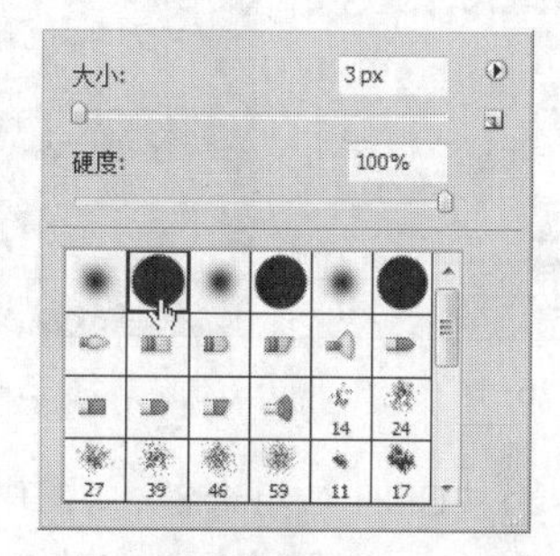

图 15-10

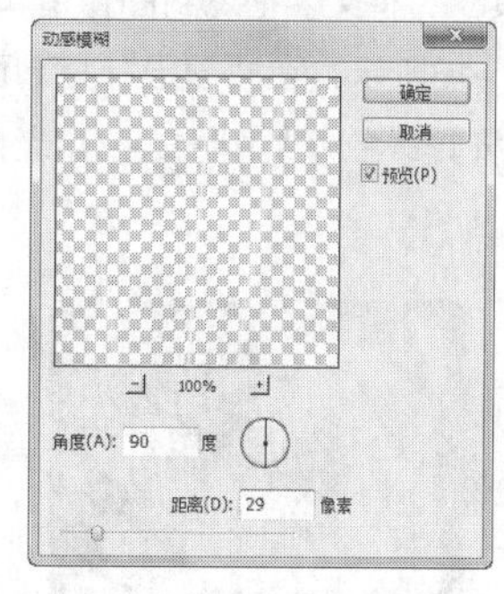

图 15-11

图 15-12

图 15-13

STEP 2 单击“图层”控制面板下方的“创建新的填充或调整图层”按钮，在弹出的菜单中选择“色相/饱和度”命令，在“图层”控制面板中生成“色相/饱和度1”图层，同时在弹出的“色相/饱和度”面板中进行设置，如图15-14所示。按Enter键，图像效果如图15-15所示。

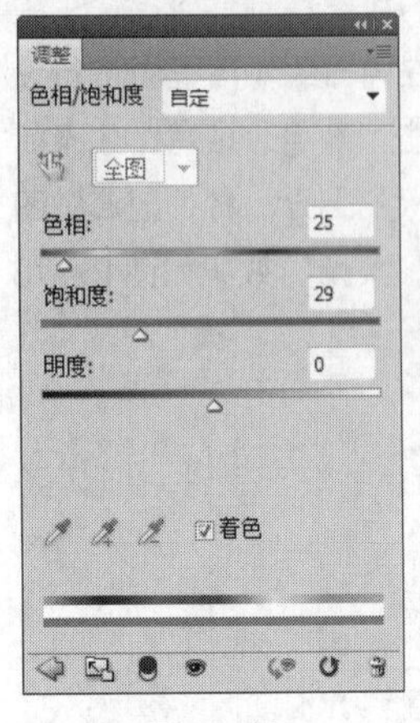

图 15-14

图 15-15

STEP 3 按Ctrl + O组合键，打开光盘中的“Ch15 > 素材 > 老照片效果 > 03”文件，选择“移动”工具，将文字拖曳到图像窗口的左下方，效果如图15-16所示，在“图层”控制面板中生成新的图层并将其命名为“说明文字”。老照片效果制作完成。

图 15-16

15.2 制作肖像印章

15.2.1 案例分析

本例将使用“矩形选框”工具绘制矩形选区，使用“玻璃”滤镜命令制作肖像印章背景图形，使用“橡皮擦”工具擦除不需要的图形，使用“阈值”命令调整图片的颜色，使用“色彩范围”命令制作肖像印章效果，最终效果如图 15-17 所示。

图 15-17

15.2.2 案例制作

1. 制作肖像印章背景图形

STEP 1 按Ctrl + N组合键，新建一个文件：宽度为21厘米，高度为21厘米，分辨率为200像素/英寸，颜色模式为RGB，背景内容为白色，单击“确定”按钮。将前景色设为黄色（其R、G、B的值分别为238、238、202），按Alt+Delete组合键，用前景色填充“背景”图层，图像效果如图15-18所示。

STEP 2 新建图层并将其命名为“红色矩形”，如图15-19所示。选择“矩形选框”工具，在图像窗口正中绘制矩形选区，效果如图15-20所示。

图 15-18

图 15-19

图 15-20

STEP 3 选择“通道”控制面板，单击面板下方的"创建新通道"按钮，生成新的通道"Alpha 1"，如图15-21所示。将前景色设为白色，按Alt+Delete组合键，用前景色填充选区，按Ctrl+D组合键，取消选区，效果如图15-22所示。

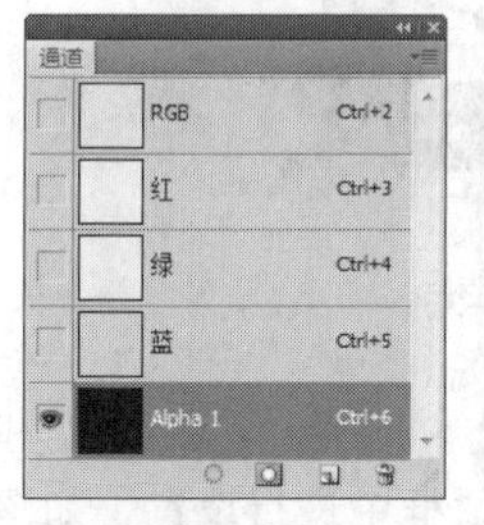

图 15-21

图 15-22

STEP 4 选择"滤镜 > 扭曲 > 玻璃"命令，在弹出的对话框中进行设置，如图15-23所示，单击"确定"按钮，效果如图15-24所示。

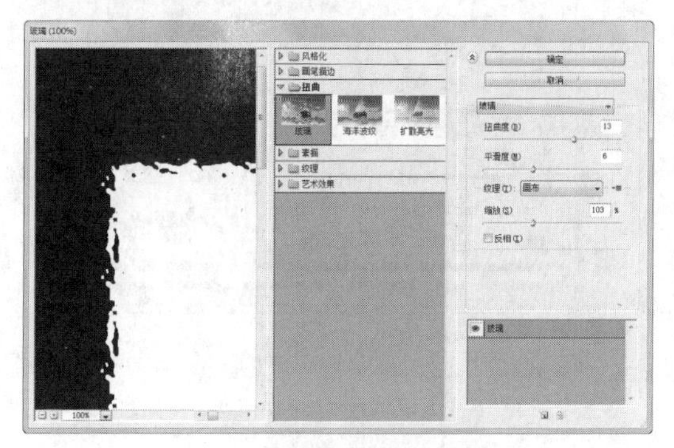

图 15-23

图 15-24

STEP 5 按住Ctrl键的同时，单击"Alpha 1"通道的缩览图，图形周围生成选区，如图15-25所示。选中"RGB"通道，通道效果如图15-26所示。返回到"图层"控制面板，效果如图15-27所示。

图 15-25

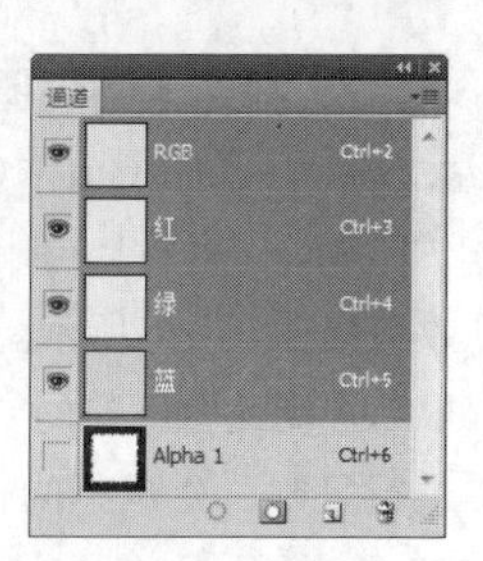

图 15-26

图 15-27

STEP 6 选中"红色矩形"图层。将前景色设为红色（其R、G、B的值分别为184、24、24），按Alt+Delete组合键，用前景色填充选区，按Ctrl+D组合键，取消选区，效果如图15-28所示。

图 15-28

STEP 7 选择"橡皮擦"工具，在属性栏中单击画笔选项右侧的按钮，在弹出的画笔选择面板中选择需要的画笔形状，如图15-29所示。在属性栏中将"不透明度"选项设为80%，在图像窗口中涂抹图形的4个角，效果如图15-30所示。

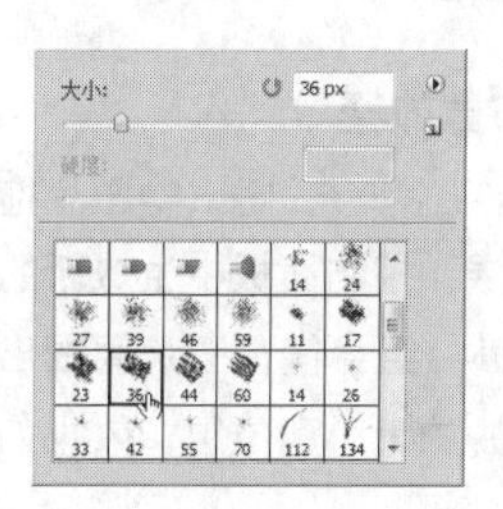

图 15-29

图 15-30

2. 制作人物阈值效果

STEP 1 按Ctrl + O组合键，打开光盘中的“Ch15 > 素材 > 制作肖像印章 > 01”文件，效果如图15-31所示。将“背景”图层拖曳到“图层”控制面板下方的“创建新图层”按钮 上进行复制，生成新的“背景 副本”图层，如图15-32所示。

图 15-31

图 15-32

STEP 2 选择“图像 > 调整 > 阈值”命令，在弹出的对话框中进行设置，如图15-33所示。单击“确定”按钮，效果如图15-34所示。

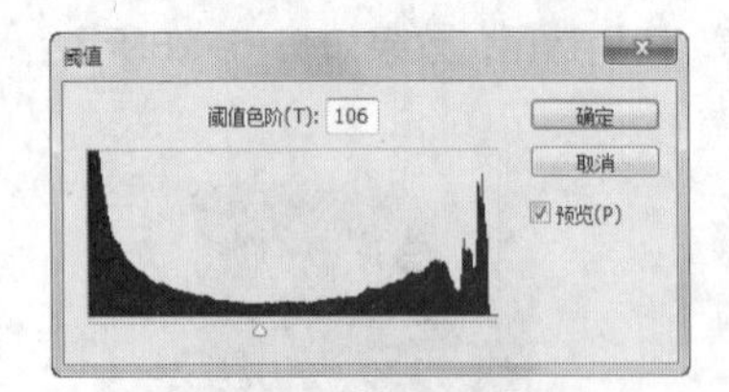

图 15-33

图 15-34

3. 制作人物肖像印章效果

STEP 1 选择“移动”工具 ，将人物图片拖曳到图像窗口中，在“图层”控制面板中生成新的图层“背景 副本”。按Ctrl+T组合键，图片周围出现控制手柄，适当调整图片的大小和位置，效果如图15-35所示。

图 15-35

STEP 2 选择“图像 > 调整 > 色相/饱和度”命令，在弹出的对话框中进行设置，如图15-36所示。单击“确定”按钮，效果如图15-37所示。

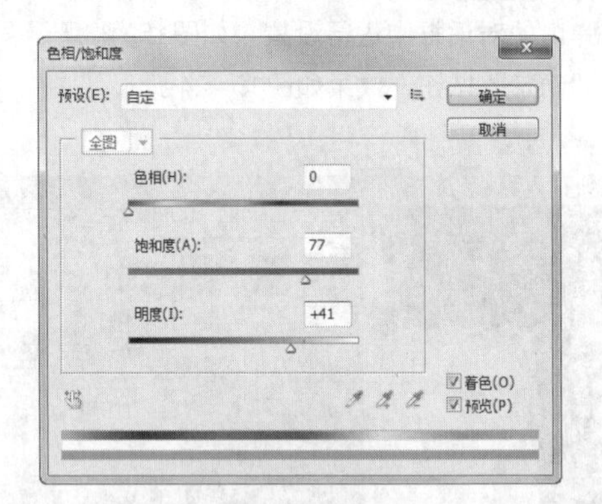

图 15-36

图 15-37

STEP 3 选择“选择 > 色彩范围”命令，弹出“色彩范围”对话框，在图像窗口中的白色区域单击鼠标，其他选项的设置如图15-38所示。单击“确定”按钮，白色区域生成选区，效果如图15-39所示。

图 15-38

图 15-39

STEP 4 隐藏“背景 副本”图层，选中“红色矩形”图层，按Delete键，将选区中的内容删除，按Ctrl+D组合键，取消选区，效果如图15-40所示。制作肖像印章完成。

图 15-40

15.3 绚彩效果

15.3.1 案例分析

本例将使用“添加图层蒙版”按钮、“画笔”工具、“不透明度”选项制作图片特殊效果，使用“色相/饱和度”命令调整图片颜色，使用“亮度/对比度”命令调整图片亮度，使用“渐变映射”命令添加图片渐变色，最终效果如图 15-41 所示。

图 15-41

15.3.2 案例制作

1. 添加并编辑图片

STEP 1 按Ctrl + O组合键，打开光盘中的“Ch15 > 素材 > 绚彩效果 > 01”文件，效果如图15-42所示。

图 15-42

STEP 2 按Ctrl + O组合键，打开光盘中的“Ch15 > 素材 > 绚彩效果 > 02”文件，将图片拖曳到图像窗口的中心位置，在“图层”控制面板中生成新的图层并将其命名为“图片1”。将“图片1”图层的“混合模式”选项设为“叠加”，效果如图15-43所示。

图 15-43

STEP 3 单击“图层”控制面板下方的“添加图层蒙版”按钮，为“图片1”图层添加蒙版。选择“画笔”工具，在属性栏中单击画笔选项右侧的按钮，在弹出的画笔选择面板中选择需要的画笔形状，如图15-44所示。在属性栏中将“不透明度”选项设为50%，在图像窗口中的黄色图像上单击鼠标将颜色减淡，图像效果如图15-45所示。

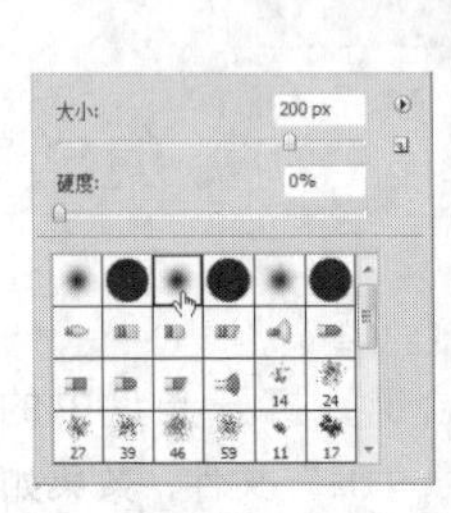

图15-44

图15-45

STEP 4 按Ctrl + O组合键，打开光盘中的“Ch15 > 素材 > 绚彩效果 > 03”文件，选择“移动”工具，将图片拖曳到图像窗口中的上方，在“图层”控制面板中生成新的图层并将其命名为“图片2”。单击“图层”控制面板下方的“添加图层蒙版”按钮，为“图片2”图层添加蒙版。选择“画笔”工具，在属性栏中单击画笔选项右侧的按钮，在弹出的画笔选择面板中选择需要的画笔形状，如图15-46所示。在图片的右侧和左下方进行涂抹，图像效果如图15-47所示。

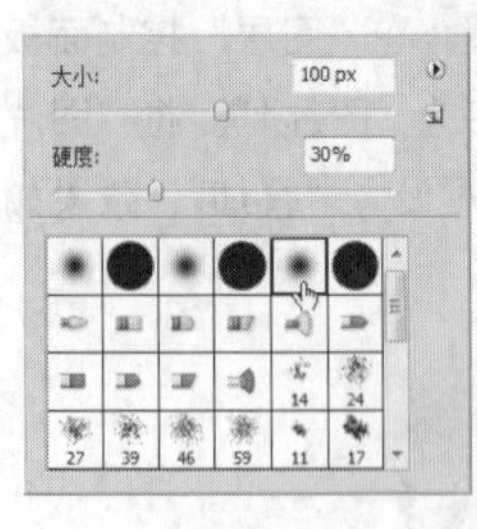

图15-46

图15-47

2. 调整图片颜色

STEP 1 单击“图层”控制面板下方的“创建新的填充或调整图层”按钮，在弹出的菜单中选择“色相/饱和度”命令，在“图层”控制面板中生成“色相/饱和度1”图层，同时在弹出的“色相/饱和度”面板中进行设置，如图15-48所示。按Enter键，图像效果如图15-49所示。

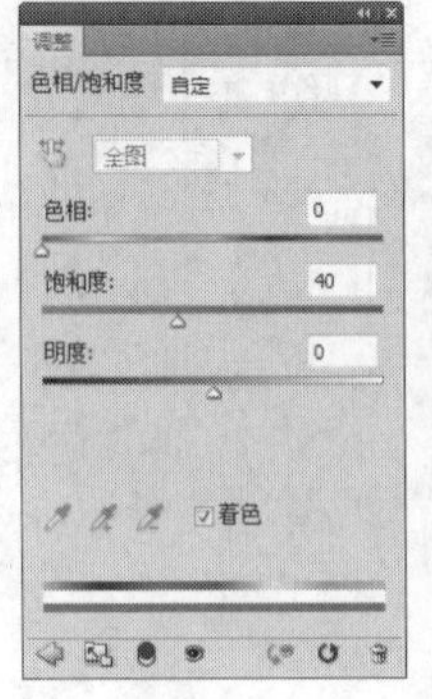

图15-48

图15-49

STEP 2 单击“图层”控制面板下方的“创建新的填充或调整图层”按钮，在弹出的菜单中选择“亮度/对比度”命令，在“图层”控制面板中生成“亮度/对比度1”图层，同时在弹出的“亮度/对比度”面板中进行设置，如图15-50所示。按Enter键，图像效果如图15-51所示。

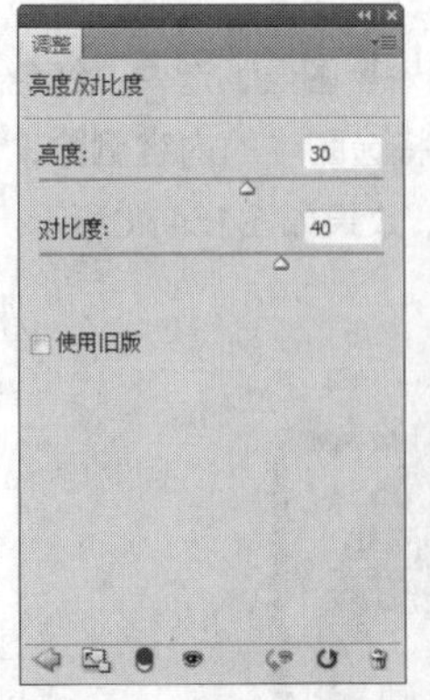

图15-50

图15-51

STEP 3 单击“图层”控制面板下方的“创建新的填充或调整图层”按钮，在弹出的菜单中选择“渐变映射”命令，在“图层”控制面板中生成“渐变映射1”图层，同时弹出“渐变映射”面板。单击“点按可编辑渐变”按钮，弹出“渐变编辑器”对话框，将渐变色设为从红色（其R、G、B值分别为225、0、25）到黄色（其R、G、B值分别为225、255、0），如图15-52所示。单击“确定”按钮，返回到“渐变映射”面板，如图15-53所示。

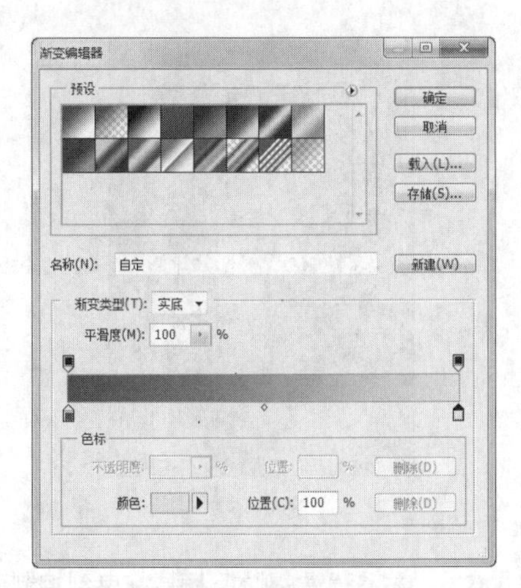

图 15-52

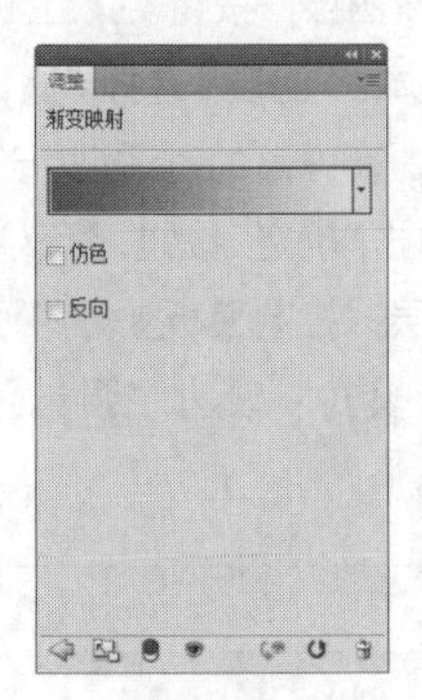

图 15-53

STEP 4 选择“渐变”工具，单击属性栏中的“点按可编辑渐变”按钮，弹出“渐变编辑器”对话框，将渐变色设为从黑色到白色，如图15-54所示，单击“确定”按钮。选择属性栏中的“菱形渐变”按钮，在图像窗口中由左上方至右下方拖曳渐变。在“图层”控制面板中将“渐变映射1”图层的“混合模式”设为“叠加”，图像效果如图15-55所示。

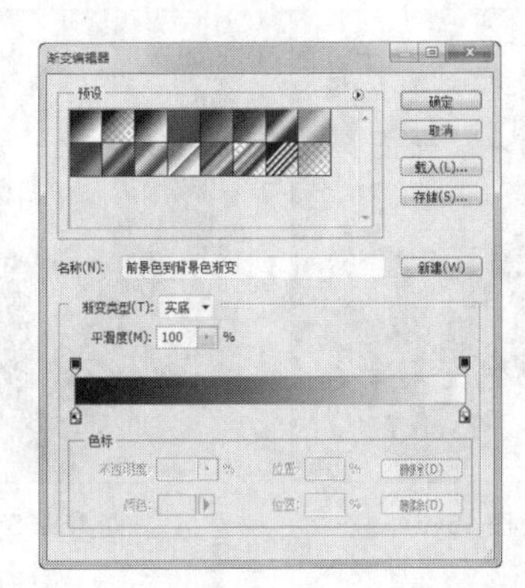

图 15-54

图 15-55

STEP 5 单击“图层”控制面板下方的“创建新的填充或调整图层”按钮，在弹出的菜单中选择“色相/饱和度”命令，在“图层”控制面板中生成“色相/饱和度2”图层，同时在弹出的“色相/饱和度”面板中进行设置，如图15-56所示。按Enter键，图像效果如图15-57所示。

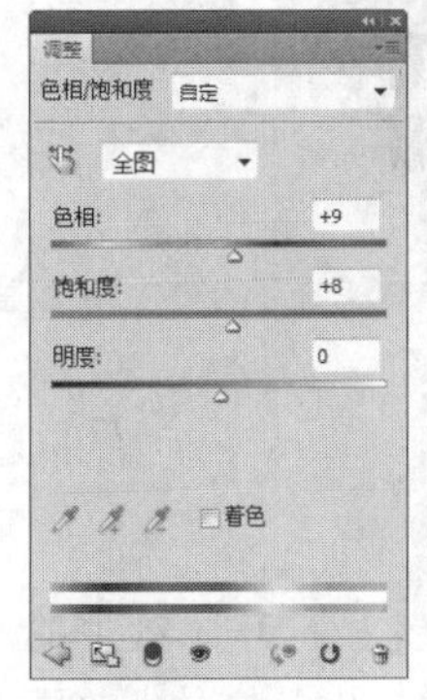

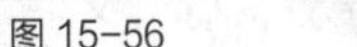

图 15-56　　图 15-57

STEP 6 按Ctrl + O组合键，打开光盘中的“Ch15 > 素材 > 绚彩效果 > 04”文件，选择“移动”工具，将文字拖曳到图像窗口中，效果如图15-58所示，在“图层”控制面板中生成新的图层并将其命名为“说明文字”。绚彩效果制作完成。

图 15-58

15.4 栅格特效

15.4.1 案例分析

本例将使用“混合模式”选项调整图像的颜色，使用“马赛克”滤镜命令制作图像马赛克效果，使用“椭圆选框”工具绘制装饰圆形，最终效果如图15-59所示。

图15-59

15.4.2 案例制作

1. 调整图像的颜色

STEP 1 按Ctrl + O组合键，打开光盘中的“Ch15 > 素材 > 栅格特效 > 01”文件，效果如图15-60所示。选择“图层”控制面板，将“背景”图层拖曳到控制面板下方的“创建新图层”按钮上进行复制，生成新的“背景 副本”图层。将“背景 副本”图层的“混合模式”设为“叠加”，如图15-61所示，图像效果如图15-62所示。

图15-60

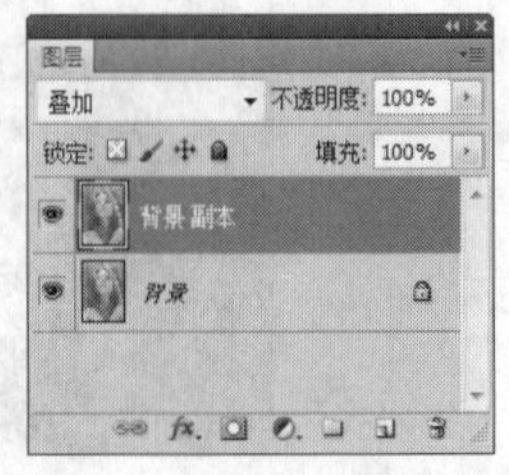

图15-61

图15-62

STEP 2 将“背景 副本”图层拖曳到控制面板下方的“创建新图层”按钮上进行复制，生成新的“背景 副本2”图层。选择“滤镜 > 像素化 > 马赛克”命令，在弹出的对话框中进行设置，如图15-63所示。单击“确定”按钮，图像效果如图15-64所示。在“图层”控制面板上方将“背景 副本2”图层的“混合模式”设为“强光”，图像效果如图15-65所示。

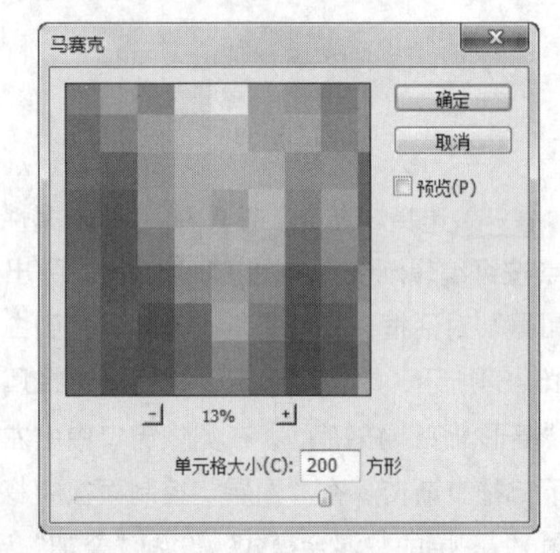

图15-63

图15-64

图15-65

STEP 3 按Ctrl + O组合键，打开光盘中的

“Ch15 > 素材 > 栅格特效 > 02”文件，选择“移动”工具，拖曳文字到图像窗口的下方，效果如图15-66所示。在“图层”控制面板中生成新的图层并将其命名为“文字”，如图15-67所示。

图 15-66

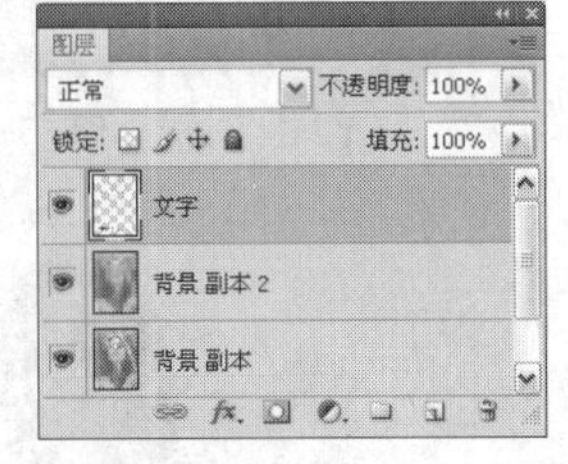

图 15-67

2. 绘制装饰圆形

STEP 1 新建图层并将其命名为“圆形”。选择“椭圆选框”工具，按住Shift键的同时在图像窗口中的右下方绘制一个圆形选区，如图15-68所示。单击属性栏中的“从选区减去”按钮，在选区内部再绘制一个圆形选区，如图15-69所示。将前景色设为白色，用前景色填充选区并取消选区，效果如图15-70所示。

图 15-68

图 15-69

图 15-70

STEP 2 在“图层”控制面板上方，将“圆形”图层的“混合模式”设为“叠加”，“不透明度”选项设为62%，如图15-71所示，图像效果如图15-72所示。

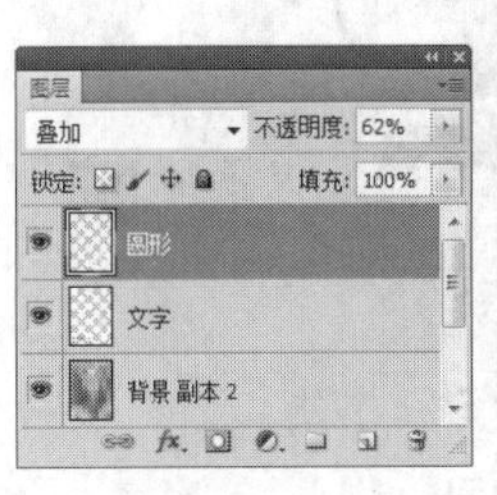

图 15-71

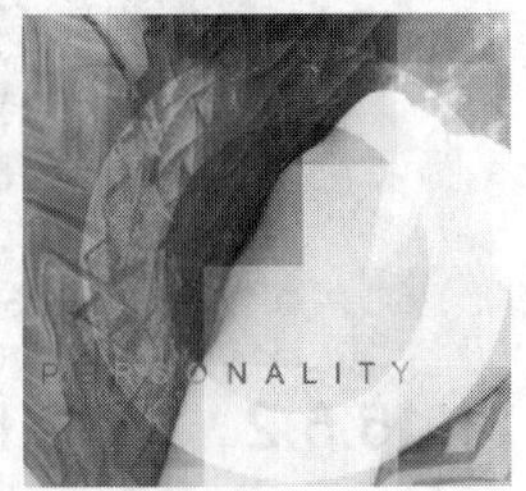

图 15-72

STEP 3 将“圆形”图层拖曳到“图层”控制面板下方的“创建新图层”按钮上进行复制，生成新的图层“圆形 副本”。选择“移动”工具，拖曳复制的圆形到适当的位置。按Ctrl+T组合键，图形周围出现控制手柄，拖曳控制手柄调整图形的大小，按Enter键确定操作，效果如图15-73所示。栅格特效制作完成，效果如图15-74所示。

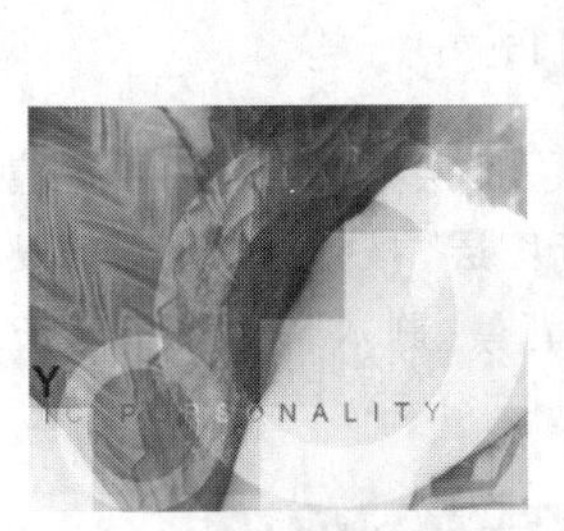

图 15-73

图 15-74

15.5 彩色铅笔效果

15.5.1 案例分析

本例将使用“颗粒”滤镜命令添加图片颗粒效果，使用“画笔描边”滤镜命令添加图片描边效果，使用“查找边缘”滤镜命令调整图片色调，使用“影印”滤镜命令制作图片影印效果，最终效果如图15-75 所示。

图 15-75

15.5.2 案例制作

1. 添加图片颗粒效果

STEP 1 按Ctrl + O组合键，打开光盘中的“Ch15 > 素材 > 彩色铅笔效果 > 01”文件，效果如图15-76所示。

图 15-76

STEP 2 将“背景”图层拖曳到“图层”控制面板下方的“创建新图层”按钮 上进行复制，生成新的图层“背景 副本”，如图15-77所示。

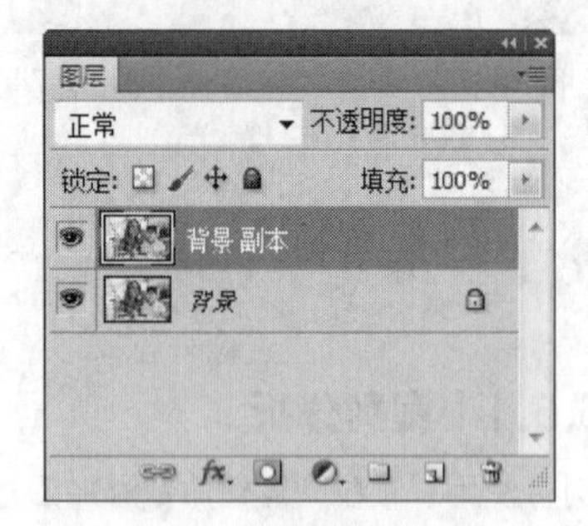

图 15-77

STEP 3 选择“滤镜 > 纹理 > 颗粒”命令，在弹出的对话框中进行设置，如图15-78所示，单击“确定”按钮，图像效果如图15-79所示。

图 15-78

图 15-79

STEP 4 选择“滤镜 > 画笔描边 > 成角的线条”命令，在弹出的对话框中进行设置，如图15-80所示。单击“确定”按钮，效果如图15-81所示。

图 15-80

图 15-81

STEP 5 将“背景 副本”图层连续两次拖曳到

"图层"控制面板下方的"创建新图层"按钮 上进行复制，生成"背景 副本2"和"背景 副本3"图层，并隐藏这两个图层。选中"背景 副本"图层，单击"图层"控制面板下方的"添加图层蒙版"按钮 ，为"背景 副本"图层添加图层蒙版，效果如图15-82所示。

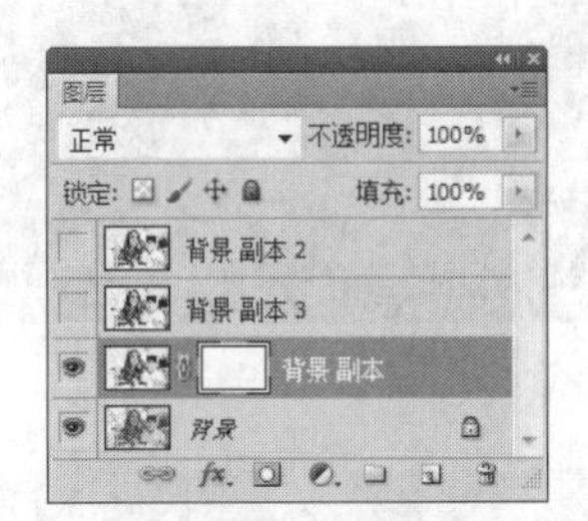

图 15-82

STEP 6 按D键，将工具箱中的前景色和背景色恢复为默认黑白两色。选择"画笔"工具 ，在图像窗口中涂抹女孩的脸部，将女孩的脸部显示，效果如图15-83所示。

图 15-83

2. 制作彩色铅笔效果

STEP 1 显示并选中"背景 副本3"图层。选择"滤镜 > 风格化 > 查找边缘"命令，效果如图15-84所示。将"背景 副本3"图层的"混合模式"设为"叠加"，"不透明度"选项设为80%，如图15-85所示，图像效果如图15-86所示。

图 15-84

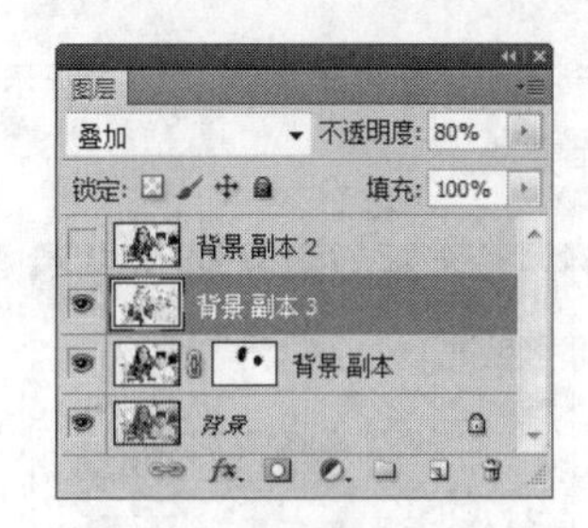

图 15-85

图 15-86

STEP 2 显示并选中"背景 副本2"图层。选择"滤镜 > 素描 > 影印"命令，在弹出的对话框中进行设置，如图15-87所示。单击"确定"按钮，图像效果如图15-88所示。

图 15-87

图 15-88

STEP 3 将"背景 副本2"图层的"混合模式"设为"颜色加深"，"不透明度"选项设为80%，如

图15-89所示，图像效果如图15-90所示。彩色铅笔效果制作完成。

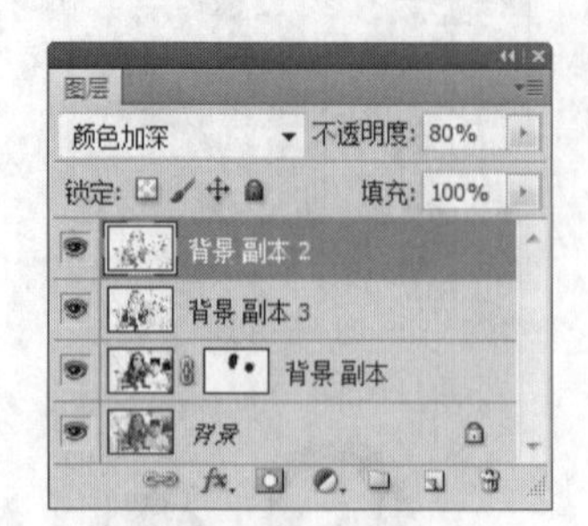

图 15-89

图 15-90

15.6 小景深效果

15.6.1 案例分析

本例将使用“磁性套索”工具勾出荷花，使用“羽化”命令将选区羽化，使用“高斯模糊”滤镜命令添加荷花的模糊效果，使用“画笔”工具绘制星光，最终效果如图 15-91 所示。

图 15-91

15.6.2 案例制作

1. 勾出荷花并添加模糊效果

STEP 1 按Ctrl + O组合键，打开光盘中的“Ch15 > 素材 > 小景深效果 > 01”文件，效果如图15-92所示。选择“磁性套索”工具，沿着荷花边缘绘制荷花的轮廓，如图15-93所示。松开鼠标，效果如图15-94所示。

图 15-92

图 15-93

图 15-94

STEP 2 按Shift+F6组合键，在弹出的“羽化选区”对话框中进行设置，如图15-95所示。单击“确定”按钮，效果如图15-96所示。按Shift+Ctlr+I组合键，将选区反选，如图15-97所示。

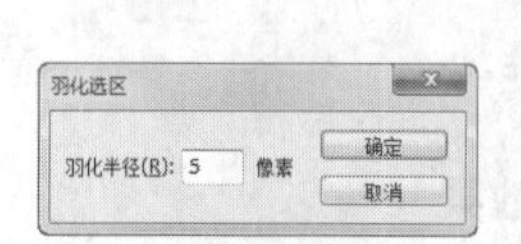

图 15-95

图 15-96

图 15-97

STEP 3 选择“滤镜 > 模糊 > 高斯模糊”命令，在弹出的对话框中进行设置，如图15-98所示。单击“确定”按钮，效果如图15-99所示。

图 15-98

图 15-99

STEP 4 打开光盘中的“Ch15 > 素材 > 小景深效果 > 02”文件。选择“移动”工具，拖曳文字到图像窗口中的右下方，效果如图15-100所示，在“图层”控制面板中生成新的图层并将其命名为“文字”。

图 15-100

2. 绘制星光图形

STEP 1 新建图层并将其命名为“装饰画笔”。将前景色设为白色。选择“画笔”工具，在属性栏中单击画笔选项右侧的按钮，弹出画笔选择面板，在画笔选择面板中选择需要的画笔形状，其他选项的设置如图15-101所示。在图像窗口的左上方单击鼠标，效果如图15-102所示。在键盘上按[键、]键，调整画笔的大小，分别在图像窗口中适当的位置单击鼠标，效果如图15-103所示。

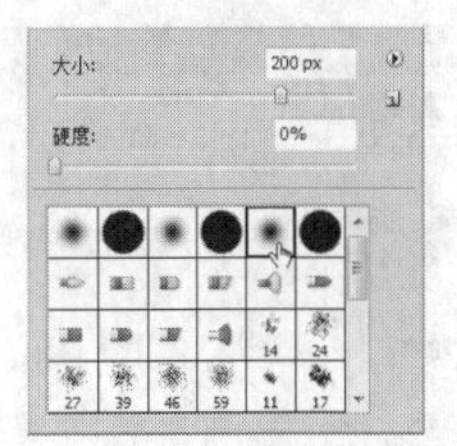

图 15-101

图 15-102

图 15-103

STEP 2 单击属性栏中的“切换画笔面板”按钮，弹出“画笔”控制面板，选择“画笔笔尖形状”选项，在弹出的相应面板中进行设置，如图15-104所示。勾选“散布”选项，在弹出的相应面板中进行设置，如图15-105所示。勾选“双重画笔”选项，在弹出的相应面板中进行设置，如图15-106所示。在图像窗口中拖曳鼠标指针进行绘制，效果如图15-107所示。小景深效果制作完成。

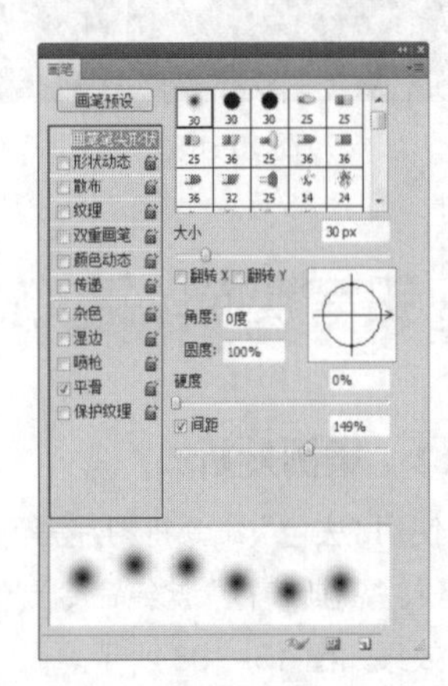

图 15-104

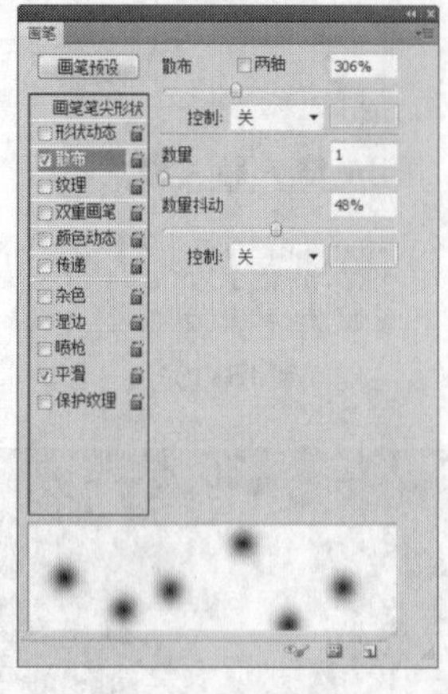

图 15-105

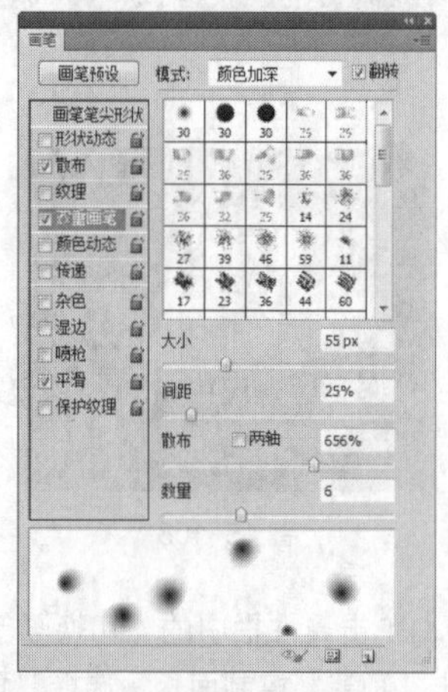

图 15-106

图 15-107

15.7 铅笔素描效果

15.7.1 案例分析

本例将使用“去色”命令将图片去色，使用“混合模式”选项、“高斯模糊”滤镜命令制作图片素描效果，最终效果如图 15-108 所示。

图 15-108

15.7.2 案例制作

1. 制作素描效果

STEP 1 按Ctrl + O组合键，打开光盘中的“Ch15 > 素材 > 铅笔素描效果 > 01”文件，效果如图15-109所示。选择“图像 > 调整 > 去色”命令，效果如图15-110所示。

图 15-109

图 15-110

STEP 2 将“背景”图层拖曳到“图层”控制面板下方的“创建新图层”按钮 上进行复制，生成新的“背景 副本”图层，如图15-111所示。选择“图像 > 调整 > 反相”命令，效果如图15-112所示。将“背景 副本”图层的“混合模式”设为“颜色减淡”。

图 15-111

图 15-112

STEP 3 选择“滤镜 > 模糊 > 高斯模糊”命令，在弹出的对话框中进行设置，如图15-113所示，单击“确定”按钮，效果如图15-114所示。

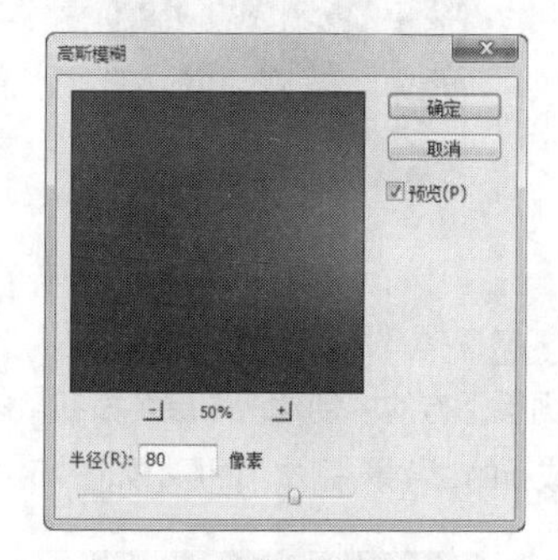

图 15-113

图 15-114

STEP 4 按住Shift键的同时，在“图层”控制面板中选中“背景”图层，如图15-115所示。按Ctrl + E组合键，合并为“背景”图层。双击“背景”图层，在弹出的“新建图层”对话框中进行设置，如图15-116所示。单击“确定”按钮，图层效果如图15-117所示。

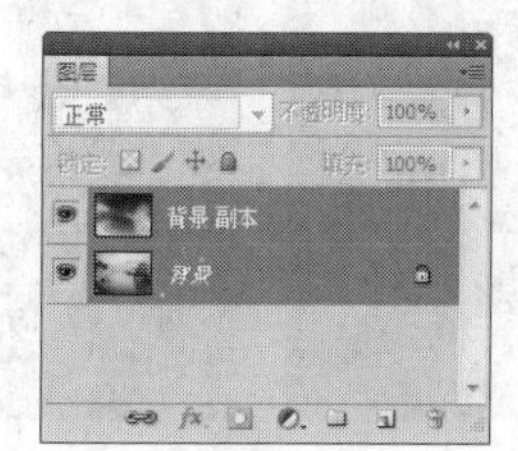

图 15-115

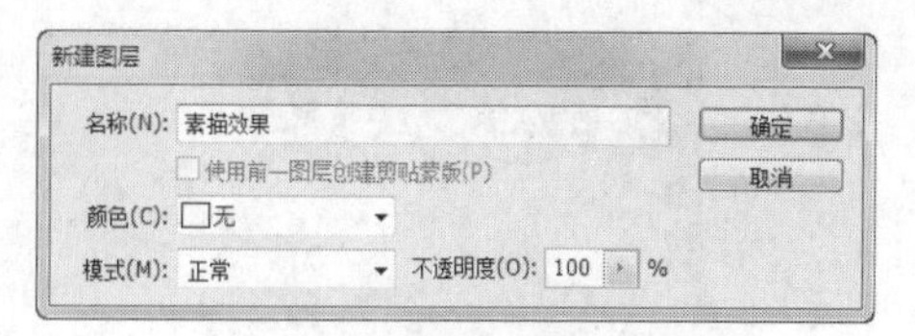

图 15-116

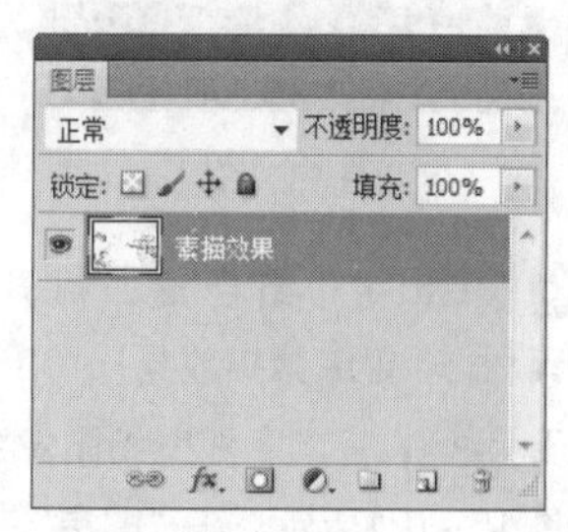

图 15-117

2. 添加图片

STEP 1 按Ctrl + O组合键，打开光盘中的“Ch15 > 素材 > 铅笔素描效果 > 02”文件，效果如图15-118所示。选择“移动”工具，拖曳01图片到02图像窗口中，在“图层”控制面板中生成新的图层并将其命名为“素描效果”。按Ctrl+T组合键，图像周围出现控制手柄，调整图像的大小，按Enter键确定操作，效果如图15-119所示。将“素描效果”图层的“混合模式”设为“正片叠底”，图像效果如图15-120所示。

图 15-118

图 15-119

图 15-120

STEP 2 按Ctrl + O组合键，打开光盘中的“Ch15 > 素材 > 铅笔素描效果 > 03”文件，选择“移动”工具，将文字拖曳到图像窗口中的左侧，效果如图15-121所示，在“图层”控制面板中生成新的图层并将其命名为“说明文字”。铅笔素描效果制作完成。

图 15-121

15.8 动感效果

15.8.1 案例分析

本例将使用“椭圆选框”工具绘制选区，使用“径向模糊”滤镜命令添加图片的模糊效果，最终效果如图 15-122 所示。

图 15-122

15.8.2 案例制作

1. 添加图片并绘制选区

STEP 1 按Ctrl + O组合键，打开光盘中的“Ch15 > 素材 > 动感效果 > 01”文件，效果如图15-123所示。

图 15-123

STEP 2 选择“图层”控制面板，将“背景”图层拖曳到面板下方的“创建新图层”按钮上进行复制，生成新的“背景 副本”图层，如图15-124所示。

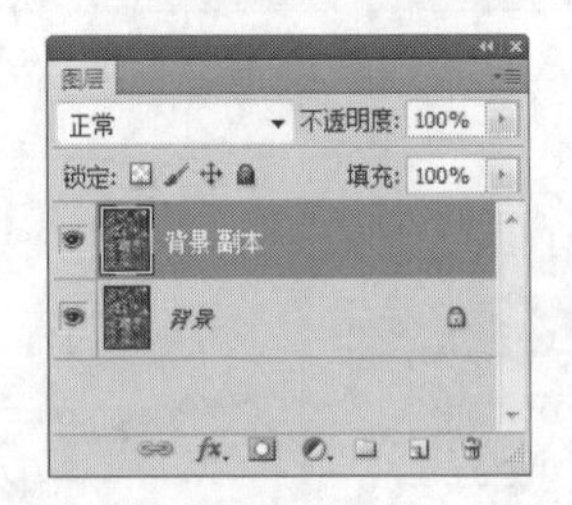

图 15-124

STEP 3 选择“椭圆选框”工具，在图像窗口中的适当位置绘制椭圆形选区，效果如图15-125所示。在选区中单击鼠标右键，在弹出的菜单中选择“变换选区”命令，选区周围出现控制手柄，适当旋转选区的角度，按Enter键确定操作，效果如图15-126所示。

图 15-125　　图 15-126

STEP 4 按Shift+F6组合键，在弹出的“羽化选区”对话框中进行设置，如图15-127所示。单击“确定”按钮，图像效果如图15-128所示。

羽化选区
羽化半径(R): 25 像素
确定
取消

图 15-127

图 15-128

2. 添加图片的模糊效果

STEP 1 按Ctrl+J组合键，将选区中的图像复制，在“图层”控制面板中生成新的图层并将其命名为“羽化选区”，如图15-129所示。

图 15-129

STEP 2 选中“背景 副本”图层。选择“滤镜 > 模糊 > 径向模糊”命令，在弹出的对话框中进行设置，如图15-130所示。单击“确定”按钮，图像效果如图15-131所示。动感效果制作完成。

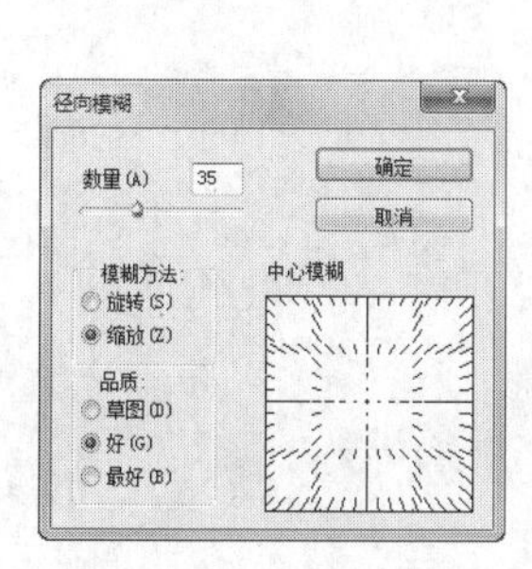

图 15-130

图 15-131

15.9 课堂练习——绘画艺术效果

练习知识要点

使用“添加杂色”滤镜命令为图片添加杂色，使用“成角的线条”滤镜命令和“海洋波纹”滤镜命令制作图片特殊效果，使用“色阶”命令和“色相/饱和度”命令调整图片的颜色，效果如图 15-132 所示。

图 15-132

效果所在位置

光盘/Ch15/效果/绘画艺术效果.psd。

15.10 课后习题——彩虹效果

习题知识要点

使用“渐变”工具制作彩虹渐变效果，使用“橡皮擦”工具和“不透明度”选项制作渐隐的彩虹效果，使用“混合模式”选项改变彩虹的颜色效果，效果如图 15-133 所示。

图 15-133

效果所在位置

光盘/Ch15/效果/彩虹效果.psd。

Photoshop CS5

16 Chapter

第 16 章 影楼后期艺术处理

本章主要讲解的是影楼后期艺术处理。通过添加文字和制作特效，使普通的照片变得生动有趣，并且包含一定的寓意。通过本章的学习，可以充分发挥想象力和创造力，制作出更加有特色的合成照片。

【教学目标】

- 制作个性照片模板的方法
- 制作可爱照片模板的技巧
- 制作婚纱照片模板的方法
- 制作温馨照片模板的技巧

16.1 浪漫心情

16.1.1　案例分析

个性写真是目前最流行的摄影项目之一，深受年轻人的喜爱。本例采用多角度的人物照片，搭配变化不一的条纹图案，展示出女孩青春、时尚的魅力。

本例使用图层的“混合模式”和“不透明度”选项调整矩形的颜色，使用“创建剪贴蒙版”命令将图片剪贴到矩形中，使用“自定形状”工具绘制心形，使用“横排文字”工具添加文字。

16.1.2　案例设计

本案例设计流程如图 16-1 所示。

图 16-1

16.1.3　案例制作

1. 制作背景效果

STEP 1 按Ctrl + N组合键，新建一个文件：宽度为29厘米，高度为21厘米，分辨率为200像素/英寸，颜色模式为RGB，背景内容为白色，单击“确定”按钮。将前景色设为乳黄色（其R、G、B的值分别为255、206、174），按Alt+Delete组合键，用前景色填充“背景”图层，效果如图16-2所示。

图 16-2

STEP 2 新建图层生成“图层1”。选择“矩形选框”工具[]，在适当的位置绘制一个矩形选区，如图16-3所示。将前景色设为黑色，按Alt+Delete组合键，用前景色填充选区。按Ctrl+D组合键，取消选区，效果如图16-4所示。在“图层”控制面板上方将“图层1”图层的“混合模式”设为“叠加”，将“不透明度”选项设为61%，效果如图16-5所示。

图 16-3

图 16-4

图 16-5

STEP 3 用相同的方法分别在不同的图层上绘制矩形，并填充为黑色，将所有图层的“混合模式”均设为“叠加”，效果如图16-6所示。将“图层4”和“图层6”图层的“不透明度”选项设为50%，将“图层1”和“图层5”图层的“不透明度”选项设为61%，图像效果如图16-7所示。

图 16-6

图 16-7

STEP 4 选中“图层6”图层，按住Shift键的同时单击“图层1”，将两个图层之间的所有图层选取，如图16-8所示。按Ctrl+G组合键，将其群组并重命名为“背景矩形”，如图16-9所示。

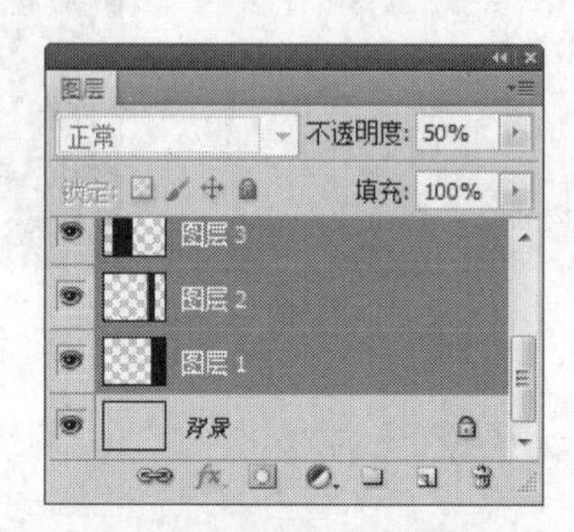

图 16-8

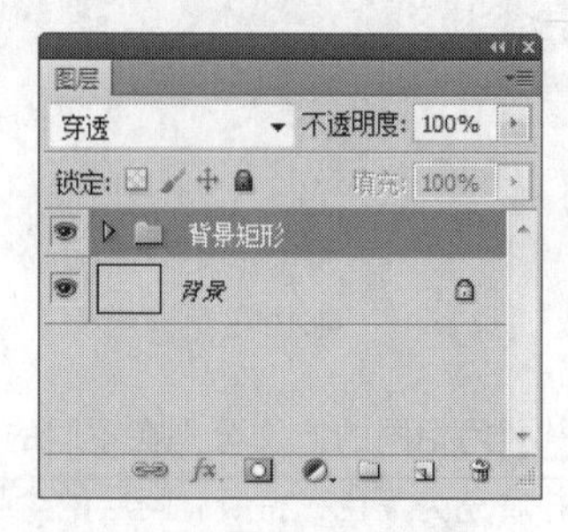

图 16-9

2. 置入图片并绘制装饰图形

STEP 1 按Ctrl + O组合键，打开光盘中的“Ch16 > 素材 > 浪漫心情 > 01”文件，选择“移动”工具，将人物图片拖曳到图像窗口中的适当位置，效果如图16-10所示。在“图层”控制面板中生成新的图层并将其命名为“人物”，如图16-11所示。

图 16-10

图 16-11

STEP 2 单击“图层”控制面板下方的“添加图层样式”按钮 *fx*，在弹出的菜单中选择“投影”命令，在弹出的对话框中进行设置，如图16-12所示。单击“确定”按钮，效果如图16-13所示。

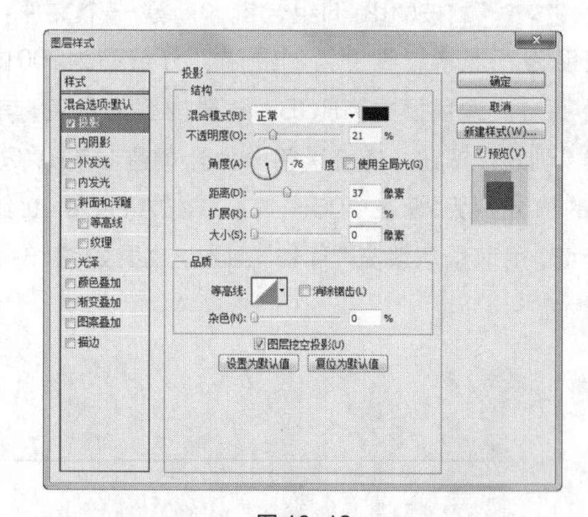

图 16-12

STEP 3 新建图层并将其命名为“白色图形”，将前景色设为白色。选择“圆角矩形”工具，选中属性栏中的“路径”按钮，将“半径”选项设为40px，在图像窗口中拖曳鼠标指针绘制路径，如图16-14所示。

图 16-13

图 16-14

STEP 4 按Ctrl+Enter组合键，将路径转换为选区。按Alt+Delete组合键，用前景色填充选区，如图16-15所示。按Ctrl+D组合键，取消选区。用相同的方法制作多个图形，效果如图16-16所示。

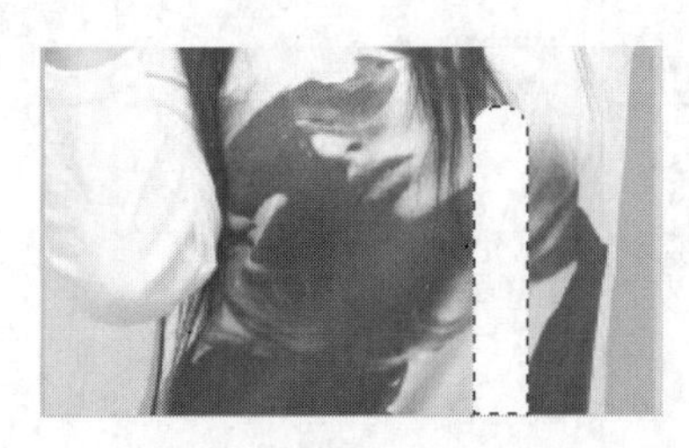

图 16-15

图 16-16

STEP 5 单击“图层”控制面板下方的“添加图层样式”按钮 fx，在弹出的菜单中选择“投影”命令，弹出对话框，选项的设置如图16-17所示。单击“确定”按钮，效果如图16-18所示。

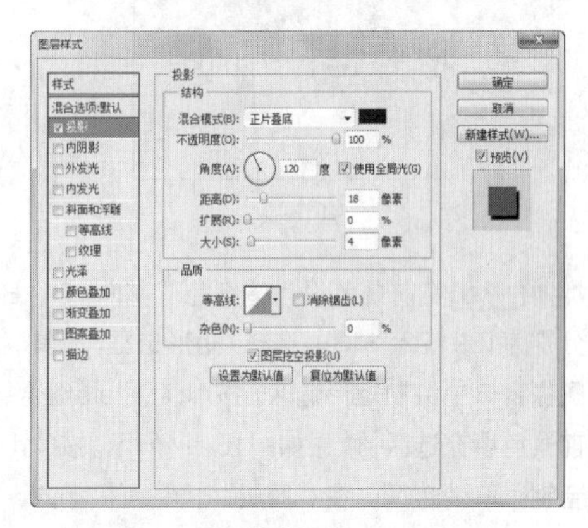

图 16-17

图 16-18

3. 制作照片组合

STEP 1 新建图层并将其命名为“透明方框”，将前景色设为紫红色（其R、G、B的值分别为137、0、119）。选择“矩形选框”工具，在图像窗口中绘制矩形选区，效果如图16-19所示。

图 16-19

STEP 2 按Alt+Delete组合键，用前景色填充选区，按Ctrl+D组合键，取消选区。用相同的方法绘制多个图形，效果如图16-20所示。

图 16-20

STEP 3 将前景色设为暗红色（其R、G、B的值分别为189、72、113）。选择“矩形选框”工具 ，在图像窗口中绘制矩形选区。按Alt+Delete组合键，用前景色填充选区，效果如图16-21所示。按Ctrl+D组合键，取消选区。在“图层”控制面板上方，将“透明方框”图层的“不透明度”选项设为10%，效果如图16-22所示。

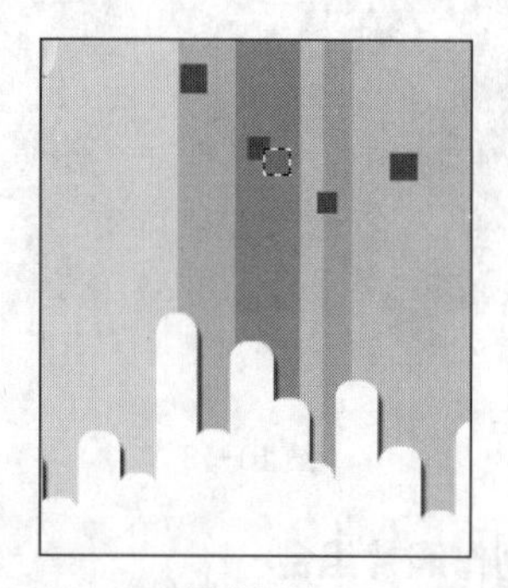

图 16-21

图 16-22

STEP 4 新建图层并将其命名为“矩形”。将前景色设为深红色（其R、G、B的值分别为190、85、85）。选择“矩形选框”工具 ，在图像窗口中绘制矩形选区，如图16-23所示。按Alt+Delete组合键，用前景色填充选区，效果如图16-24所示。按Ctrl+D组合键，取消选区。

图 16-23

图 16-24

STEP 5 单击“图层”控制面板下方的“添加图层样式”按钮 fx，在弹出的菜单中选择“描边”选项。弹出对话框，将描边颜色设为白色，其他选项的设置如图16-25所示。单击“确定”按钮，效果如图16-26所示。

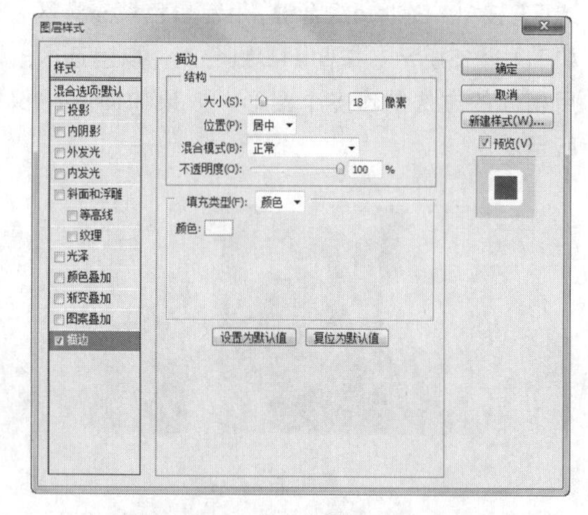

图 16-25

图 16-26

STEP 6 按Ctrl + O组合键，打开光盘中的“Ch16 > 素材 > 浪漫心情 > 02”文件，选择“移动”工具，将人物图片拖曳到图像窗口的右下方，效果如图16-27所示。在“图层”控制面板中生成新的图层并将其命名为“人物2”。在“人物2”图层上单击鼠标右键，在弹出的菜单中选择“创建剪贴蒙版”命令，效果如图16-28所示。

图16-27

图16-28

STEP 7 用上述方法绘制出其他矩形，效果如图16-29所示，新建图层并将其命名为“矩形5”。选择“矩形选框”工具，在图像窗口中绘制矩形选区。用白色填充选区，效果如图16-30所示。按Ctrl+D组合键，取消选区。

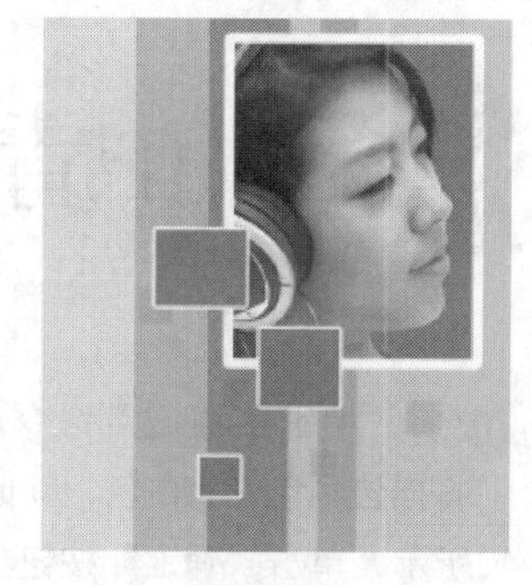

图16-29

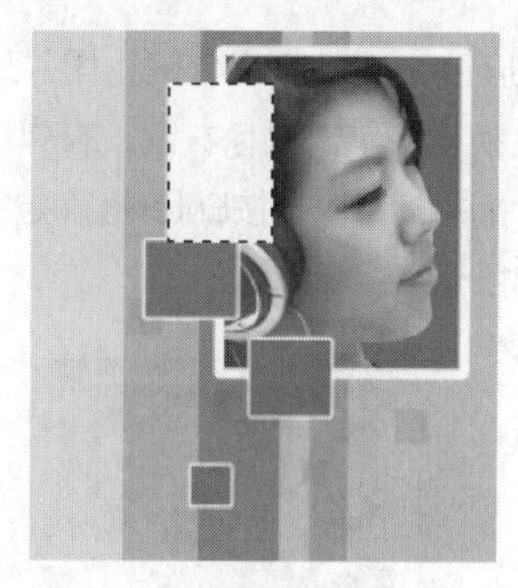

图16-30

STEP 8 单击“图层”控制面板下方的“添加图层样式”按钮 *fx*，在弹出的菜单中选择“描边”选项。弹出对话框，设置描边颜色为白色，其他选项的设置如图16-31所示。单击“确定”按钮，效果如图16-32所示。

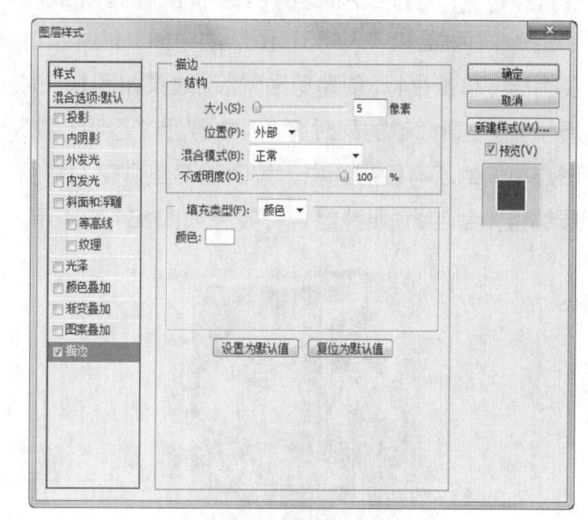

图16-31

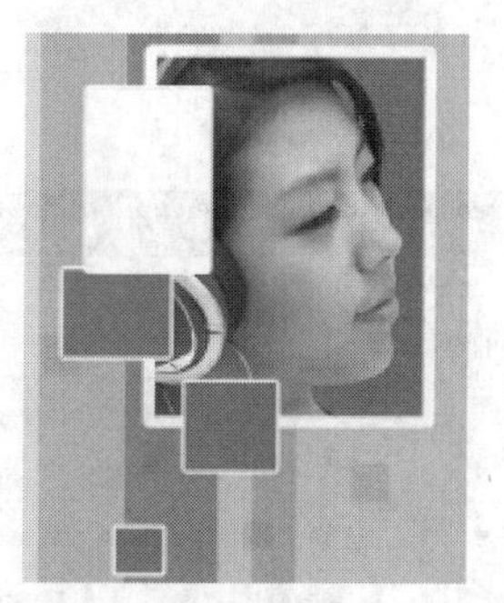

图16-32

STEP 9 按Ctrl + O组合键，打开光盘中的“Ch16 > 素材 > 浪漫心情 > 03”文件，选择“移动”工具，将人物图片拖曳到图像窗口中的适当位置，在“图层”控制面板中生成新图层并将其命名为“人物3”。按Ctrl+T组合键，图片周围出现变换框，在变换框中单击鼠标右键，在弹出的菜单中选择“水平翻转”命令，按Enter键确定操作，效果如图16-33所示。

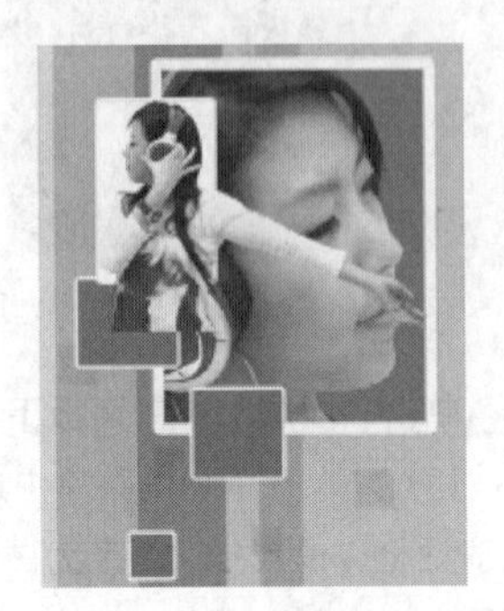

图 16-33

STEP 10 按住Alt键的同时将鼠标指针放在“矩形5”图层和“人物3”图层的中间，鼠标指针变为，单击鼠标，创建剪贴蒙版，效果如图16-34所示。按住Shift键的同时将“人物3”和“透明方框”图层中间的所有图层选中，按Ctrl+G组合键，将图层编组并命名为“照片组合”，效果如图16-35所示。

图 16-34

图 16-35

4．添加并编辑文字

STEP 1 单击“图层”控制面板下方的“创建新组”按钮，生成新的图层组并将其命名为“文字组合”。选择“横排文字”工具，分别在属性栏中选择合适的字体并设置大小，在图像窗口中分别输入文字，如图16-36所示。在“图层”控制面板中生成新的文字图层，如图16-37所示。选择“横排文字”工具，选取文字“心”，填充为红色（其R、G、B的值分别为180、0、0），效果如图16-38所示。

图 16-36

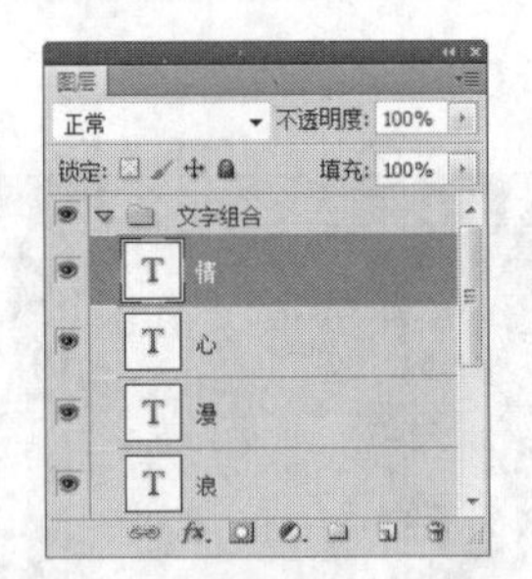

图 16-37

图 16-38

STEP 2 新建图层并将其命名为“圆形描边”。选择“椭圆选框”工具，按住Shift键的同时在图像窗口中绘制圆形选区，如图16-39所示。

图 16-39

STEP 3 选择“编辑 > 描边”命令，弹出“描边”对话框，将描边颜色设为白色，其他选项的设置如图16-40所示，单击“确定”按钮。按Ctrl+D组合键，取消选区，效果如图16-41所示。

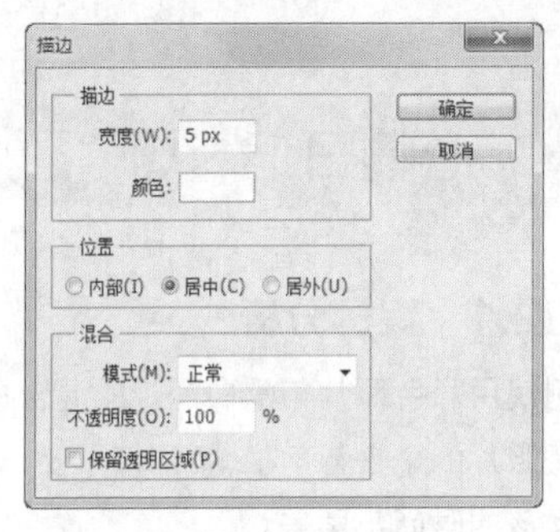

图 16-40

图 16-41

STEP 4 单击“图层”控制面板下方的“添加图层蒙版”按钮，为“圆形描边”图层添加蒙版。选择“渐变”工具，单击属性栏中的“点按可编辑渐变”按钮，弹出“渐变编辑器”对话框，将渐变色设为从黑色到白色，如图16-42所示，单击“确定”按钮。选中属性栏中的“线性渐变”按钮，在圆形上由下至上拖曳渐变，效果如图16-43所示。

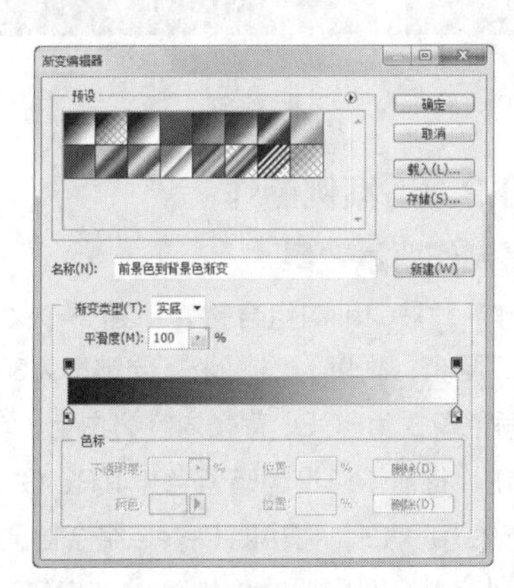

图 16-42

图 16-43

STEP 5 新建图层并将其命名为“心形”。将前景色设为白色。选择“自定形状”工具，单击属性栏中的“形状”选项，弹出“形状”面板，选中“红心形卡”，如图16-44所示。

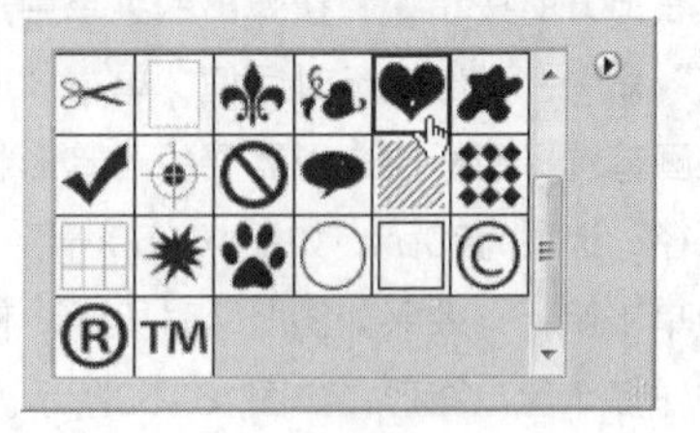

图 16-44

STEP 6 选中属性栏中的“填充像素”按钮，按住Shift键的同时绘制图形，效果如图16-45所示。按Ctrl+T组合键，图形周围出现变换框，将鼠标指针放在变换框的控制手柄外边，指针变为旋转图标，拖曳鼠标将图像旋转到适当的角度，按Enter键确定操作，效果如图16-46所示。

图 16-45

图 16-46

STEP 7 新建图层并将其命名为“星星”。选择“椭圆选框”工具，按住Shift键的同时在图像窗口中绘制圆形选区，如图16-47所示。

STEP 8 选择“选择 > 修改 > 羽化”命令，在弹出的“羽化选区”对话框中进行设置，如图16-48所示，单击“确定”按钮。按Alt+Delete组合键，用白色填充选区，取消选区，效果如图16-49所示。

图 16-47

图 16-48

图 16-49

STEP 9 选择“画笔”工具，在属性栏中单击画笔选项右侧的按钮，弹出画笔选择面板。单击面板右上方的按钮，在弹出的菜单中选择“混合画笔”命令，弹出提示对话框，单击“追加”按钮。在画笔选择面板中选择需要的画笔形状，设置“主直径”选项为70px，如图16-50所示。在图像窗口中单击鼠标，效果如图16-51所示。使用上述方法制作多个星星图形，如图16-52所示。

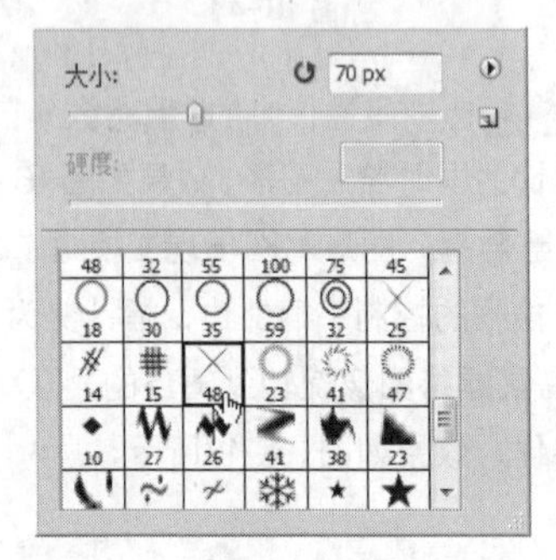

图16-50

图16-51

图16-52

STEP 10 选择“横排文字”工具，分别在属性栏中选择合适的字体并设置大小，在图像窗口中分别输入需要的文字，填充文字适当的颜色，效果如图16-53所示，在“图层”控制面板中分别生成新的文字图层。浪漫心情制作完成。

图16-53

16.2 心情日记

16.2.1 案例分析

本例使用彩色照片与黑白照片的混合搭配，展示了写真照片的个性与前卫，搭配富于变化的图案，表现出女孩的时尚与柔美。

使用“钢笔”工具、“渐变”工具和“减淡”工具制作背景效果，使用“喷色描边”滤镜命令制作日记背景，使用“移动”工具和“图层”控制面板置入并编辑图片，使用“钢笔”工具和“横排文字”工具制作标题文字，使用“画笔”工具添加装饰图形。

16.2.2 案例设计

本案例设计流程如图 16-54 所示。

制作背景效果

制作日记

最终效果

图16-54

16.2.3 案例制作

1. 制作背景效果

STEP 1 按Ctrl+N组合键，新建一个文件：宽度为29.7厘米，高度为21厘米，分辨率为300像素/英寸，颜色模式为RGB，背景内容为白色，单击“确定”按钮。将前景色设为暗紫色（其R、G、B的值分别为59、0、43），按Alt+Delete组合键，用前景色填充“背景”图层，效果如图16-55所示。

图16-55

STEP 2 选择“钢笔”工具，选中属性栏中的“路径”按钮，绘制一个路径，如图16-56所示。按Ctrl+Enter组合键，将路径转化为选区，如图16-57所示。

图 16-56

图 16-57

STEP 3 选择“选择 > 修改 > 羽化”命令，弹出“羽化选区”对话框，选项的设置如图16-58所示，单击“确定”按钮，效果如图16-59所示。

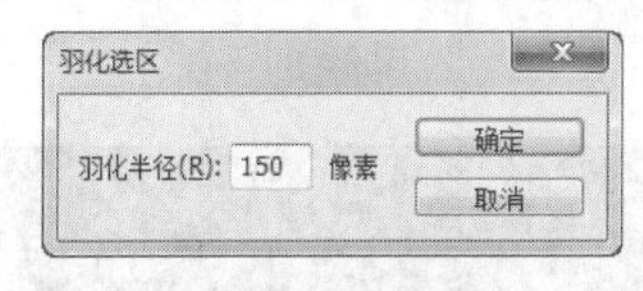

图 16-58

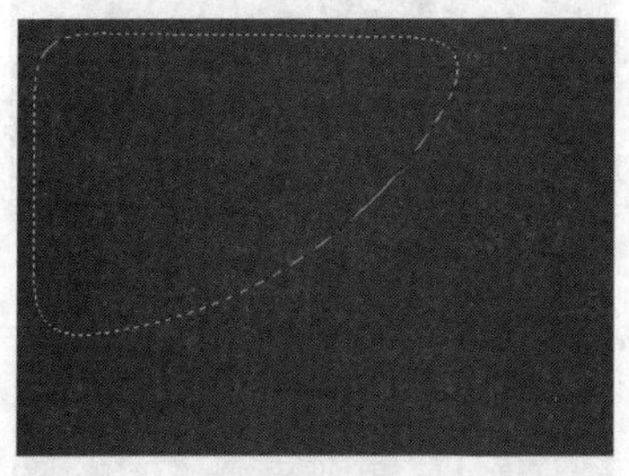

图 16-59

STEP 4 将前景色设为粉红色（其R、G、B的值分别为233、1、138）。选择“渐变”工具，单击属性栏中的“点按可编辑渐变”按钮，弹出“渐变编辑器”对话框，选择“预设”选项框中的“前景色到透明渐变”，如图16-60所示，单击“确定”按钮。选中属性栏中的“线性渐变”按钮，在图像窗口中从左上方向右下方拖曳渐变色，效果如图16-61所示。按Ctrl+D组合键，取消选区。

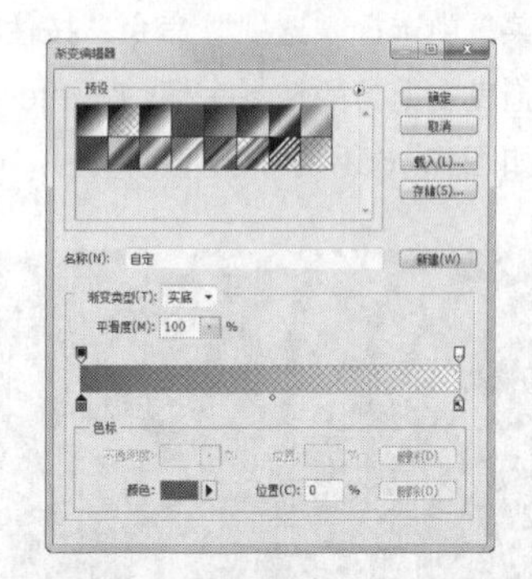

图 16-60

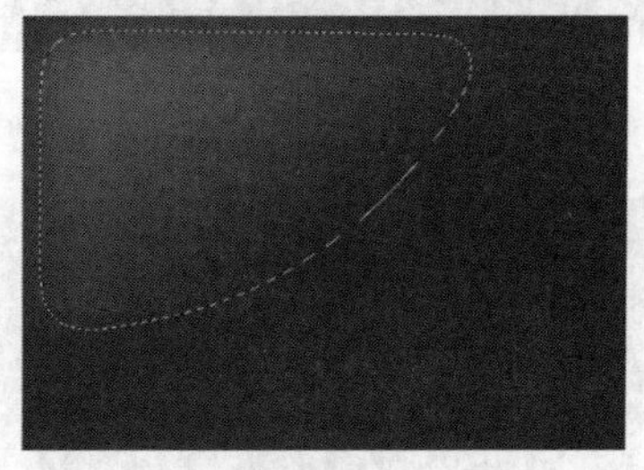

图 16-61

STEP 5 选择“减淡”工具，在属性栏中单击“画笔”选项右侧的按钮，弹出画笔选择面板，选择需要的画笔形状，如图16-62所示。在图像窗口右下方拖曳鼠标指针，绘制出的效果如图16-63所示。

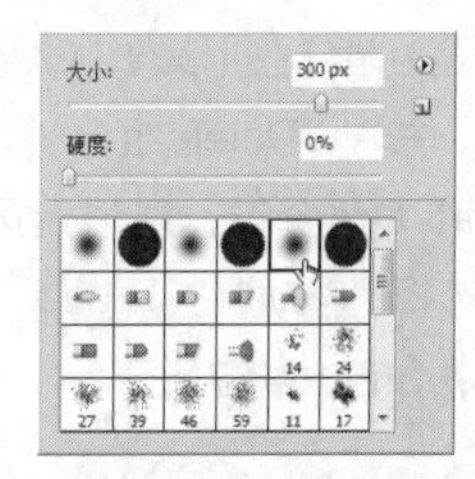

图 16-62

图 16-63

STEP 6 新建图层生成“图层1”。选择“矩形”工具，选中属性栏中的“路径”按钮，绘制出一个路径，如图16-64所示。按Ctrl+T组合键，路径周围出现变换框，在变换框中单击鼠标右键，在弹出的菜单中选择“透视”命令，按住Shift键的同时向内拖曳左上方的控制手柄，按Enter键确认操作，效果如图16-65所示。

图 16-64

图 16-65

STEP 7 按Ctrl+Enter组合键，将路径转化为选区。将前景色设为暗红色（其R、G、B的值分别为115、2、67），按Alt+Delete组合键，用前景色填充选区。按Ctrl+D组合键，取消选区，效果如图16-66所示。选择“移动”工具，将图形拖曳到图像窗口下方，如图16-67所示。

图 16-66

图 16-67

STEP 8 按Ctrl+Alt+T组合键，图形周围出现变换框，选取旋转中心并将其拖曳到适当的位置，如图16-68所示。拖曳鼠标将图形旋转到适当的位置，按Enter键确认操作，如图16-69所示。多次按Ctrl+Alt+Shift+T组合键，复制多个图形，效果如图16-70所示。在“图层”控制面板中，按住Shift键的同时单击“图层1”，将“图层1”及其副本图层同时选取，按Ctrl+G组合键，将其编组并命名为“射线”，如图16-71所示。

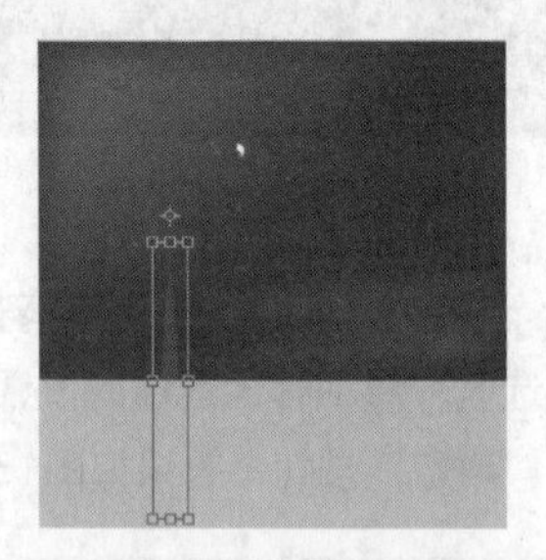

图 16-68

图 16-69

图 16-70

图16-71

STEP 9 单击“图层”控制面板下方的“添加图层蒙版”按钮，为“射线”图层组添加蒙版，如图16-72所示。选择“渐变”工具，单击属性栏中的“点按可编辑渐变”按钮，弹出“渐变编辑器”对话框，将渐变色设为从白色到黑色，如图16-73所示，单击“确定”按钮。选中属性栏中的“径向渐变”按钮，在图像窗口中从中间向右下方拖曳渐变色，效果如图16-74所示。

图16-72

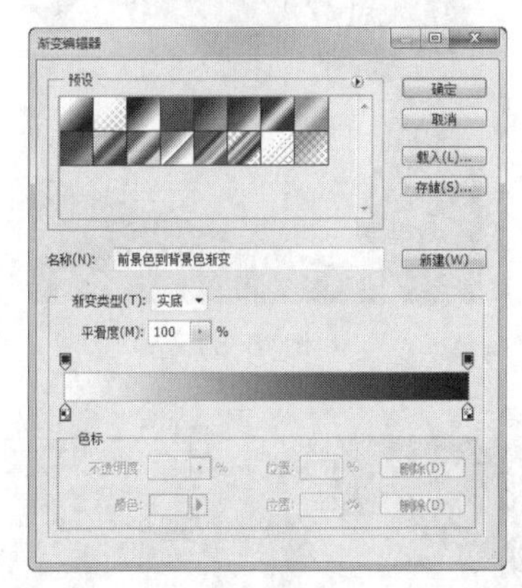

图16-73

STEP 10 新建图层并将其命名为“圆形”。将前景色设为白色。选择“椭圆选框”工具，在属性栏中将“羽化”选项设为30px，在图像窗口中绘制椭圆选区，如图16-75所示。按Alt+Delete组合键，用前景色填充选区。按Ctrl+D组合键，取消选区，效果如图16-76所示。

图16-74

图16-75

图16-76

STEP 11 在“图层”控制面板中，将“圆形”图层的“混合模式”选项设为“叠加”，“不透明度”选项设为40%，如图16-77所示，图像效果如图16-78所示。

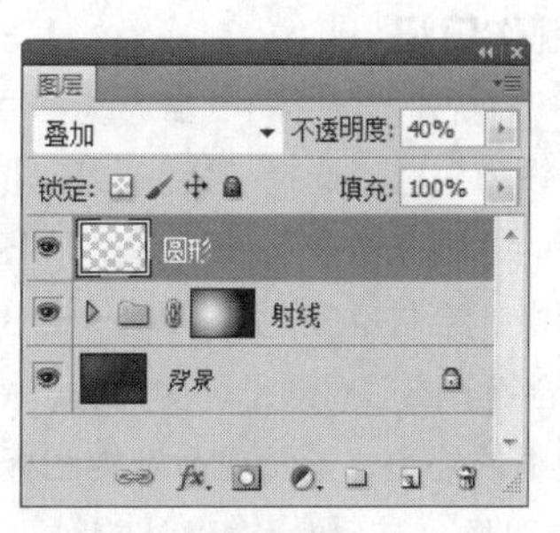

图16-77

图 16-78

STEP 12 用相同的方法在不同图层上绘制多个圆形，并分别调整其“混合模式”和“不透明度”，效果如图16-79所示。按住Shift键的同时单击“射线”图层组，将除“背景”图层外的所有图层同时选取，按Ctrl+G组合键，将其编组并命名为“背景图”，如图16-80所示。

图 16-79

图 16-80

2. 制作日记

STEP 1 新建图层并将其命名为“白色矩形”。将前景色设为白色，选择“矩形”工具，选中属性栏中的“填充像素”按钮，在图像窗口中拖曳鼠标指针绘制矩形，效果如图16-81所示。按Ctrl+T组合键，图形周围出现变换框，将鼠标指针放在变换框的外边，指针变为旋转图标，拖曳鼠标旋转图像，按Enter键确认操作，效果如图16-82所示。

图 16-81

图 16-82

STEP 2 按住Ctrl键的同时单击“白色矩形”图层的图层缩览图，图形周围生成选区。单击工具箱下方的“以快速蒙版模式编辑”按钮，进入快速蒙版模式编辑状态，如图16-83所示。选择“滤镜 > 画笔描边 > 喷色描边”命令，在弹出的对话框中进行设置，如图16-84所示，单击“确定”按钮。单击工具箱下方的“以标准模式编辑”按钮，返回标准模式编辑状态。按Shift+Ctlr+I组合键，将选区反选，如图16-85所示。按Delete键，删除选区中的图像，按Ctrl+D组合键，取消选区，效果如图16-86所示。

图 16-83

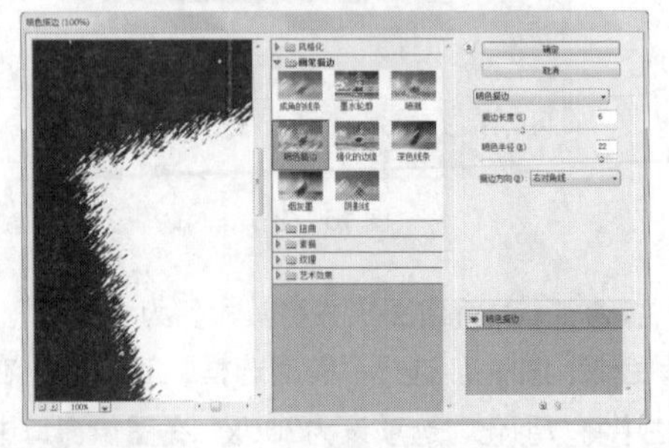

图 16-84

图 16-85

图 16-86

STEP 3 单击“图层”控制面板下方的“添加图层样式”按钮 fx，在弹出的菜单中选择“投影”命令，在弹出的对话框中进行设置，如图16-87所示。单击“确定”按钮，效果如图16-88所示。

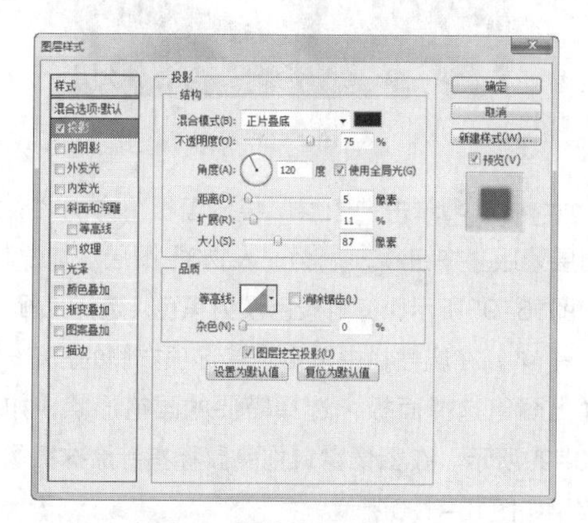

图 16-87

图 16-88

STEP 4 按Ctrl+O组合键，打开光盘中的“Ch16 > 素材 > 心情日记 > 01”文件。选择“移动”工具，将人物图片拖曳到图像窗口中的适当位置，如图16-89所示，在“图层”控制面板中生成新的图层并将其命名为“人物1”。

图 16-89

STEP 5 单击“图层”控制面板下方的“添加图层样式”按钮 fx，在弹出的菜单中选择“外发光”命令，弹出对话框，将发光颜色设为白色，其他选项的设置如图16-90所示。单击“确定”按钮，效果如图16-91所示。

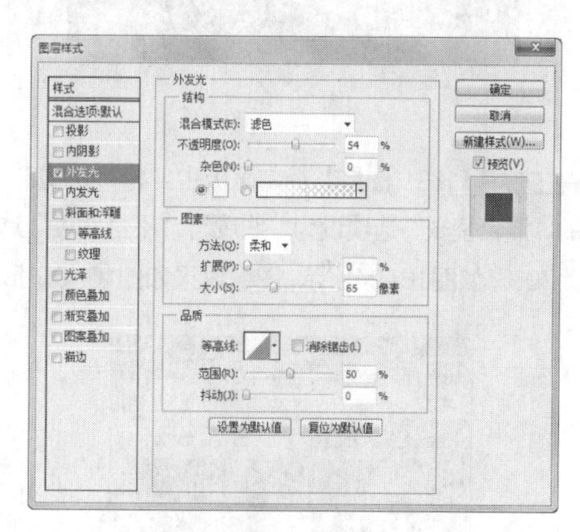

图 16-90

图 16-91

STEP 6 按Ctrl+O组合键，打开光盘中的“Ch16 > 素材 > 心情日记 > 02”文件。选择“移动”工具，将人物图片拖曳到图像窗口中的适当位置，如图16-92所示，在“图层”控制面板中生成新的图层并将其命名为“人物2”。按Ctrl+T组合键，在图像周围出现变换框，拖曳鼠标将其旋转到适当的位置，按Enter键确认操作，效果如图16-93所示。

图 16-92

图 16-93

STEP 7 在“图层”控制面板中，将“人物2”图层的“混合模式”选项设为“明度”，“不透明度”选项设为70%，如图16-94所示，图像效果如图16-95所示。

图 16-94

图 16-95

STEP 8 按Ctrl+O组合键，打开光盘中的“Ch16 > 素材 > 心情日记 > 03”文件。选择“移动”工具，将人物图片拖曳到图像窗口中的适当位置，如图16-96所示，在“图层”控制面板中生成新的图层并将其命名为“人物3”。按Ctrl+T组合键，在图像周围出现变换框，拖曳鼠标将其旋转到适当的位置，按Enter键确认操作，效果如图16-97所示。

图 16-96

图 16-97

STEP 9 单击“图层”控制面板下方的“添加图层蒙版”按钮，为“人物3”图层添加蒙版，如图16-98所示，将前景色设为黑色。选择“画笔”工具，在属性栏中单击画笔选项右侧的按钮，弹出画笔选择面板，选择需要的画笔形状，如图16-99所示。在图像窗口拖曳鼠标指针涂抹图像，效果如图16-100所示。

图 16-98

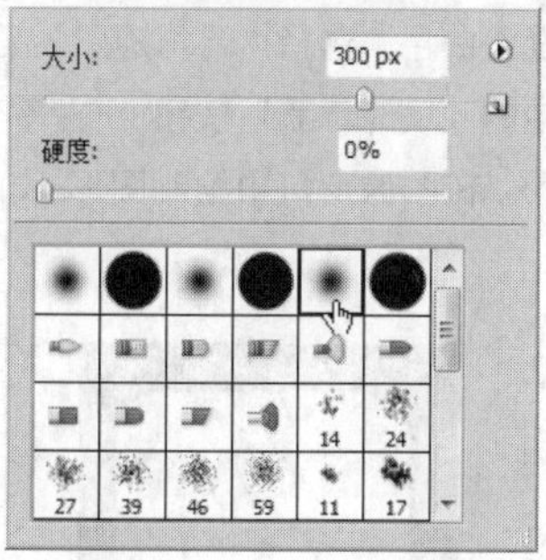

图 16-99

图 16-100

STEP 10 在“图层”控制面板中，将“人物3”图层的“混合模式”选项设为“明度”，“不透明度”选项设为64%，如图16-101所示，图像效果如图16-102所示。

图 16-101

图 16-102

STEP 11 将前景色设为暗紫色（其R、G、B的值分别为117、2、69）。选择“钢笔”工具，选中属性栏中的“路径”按钮，绘制一个路径，如图16-103所示。选择“横排文字”工具，将鼠标指针置于路径中，当指针变为图标时，单击鼠标右键，插入光标，如图16-104所示。

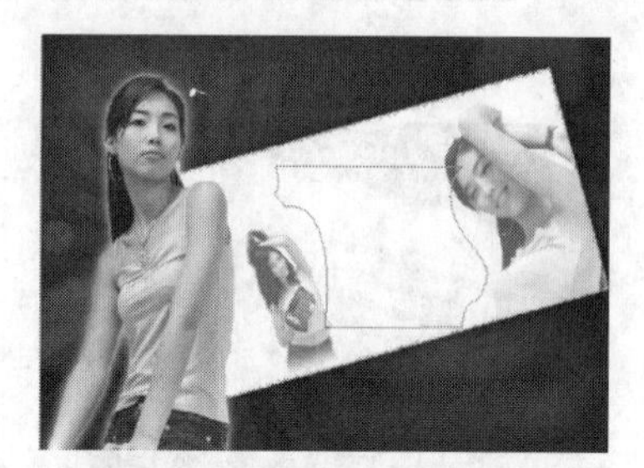

图 16-103

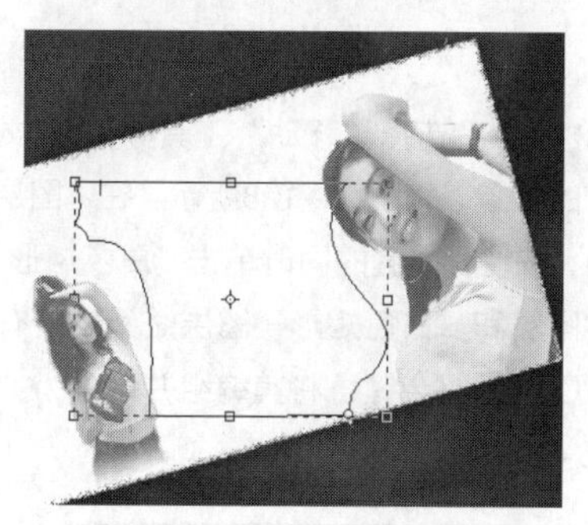

图 16-104

STEP 12 双击打开光盘中的“Ch16 > 素材 > 心情日记 > 记事本”文件，按Ctrl+A组合键，将文字选取，单击鼠标右键，在弹出的菜单中选择“复制”命令，如图16-105所示。在Photoshop中，按Ctrl+V组合键，将文字贴入路径中，如图16-106所示，在“图层”控制面板中生成新的文字图层。将光标置于路径外，拖曳鼠标，将文字旋转到适当的角度，效果如图16-107所示。

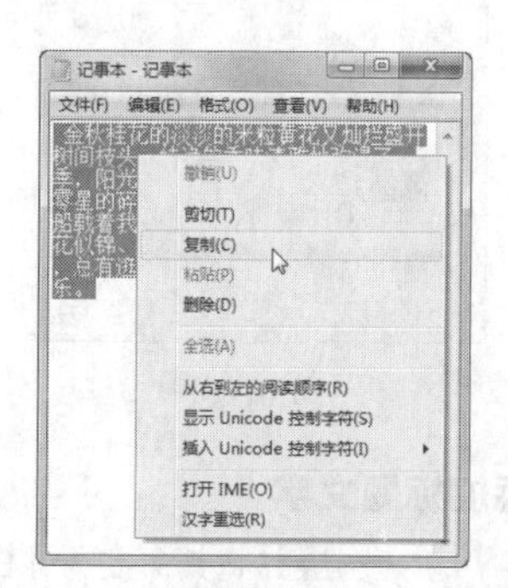

图 16-105

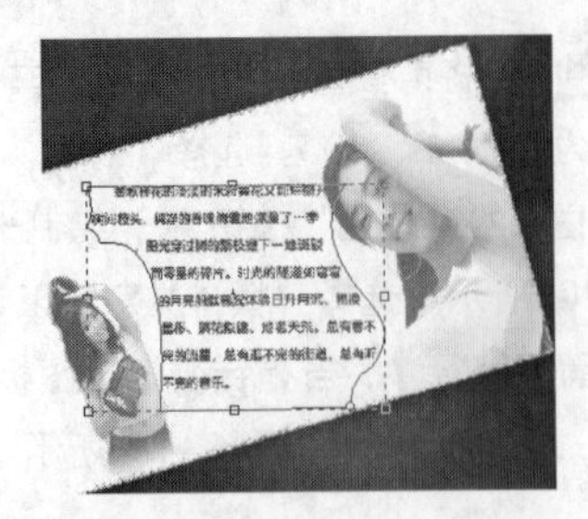
图 16-106

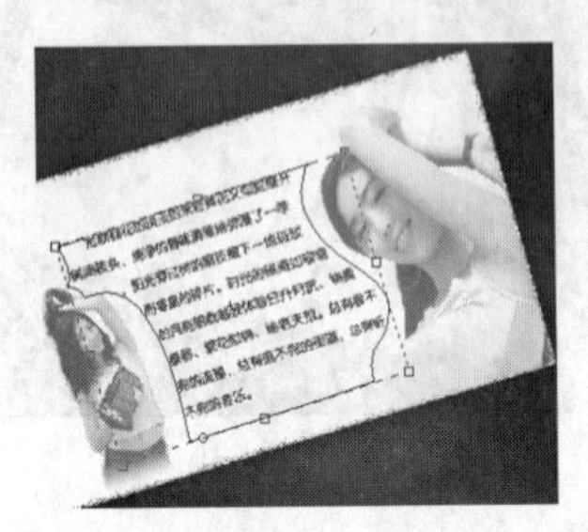
图 16-107

STEP 13 选择“移动”工具，将文字拖曳到适当的位置，如图16-108所示。在“图层”控制面板中，按住Shift键的同时单击“白色矩形”图层，将文字图层和“白色矩形”图层之间的所有图层选取，按Ctrl+G组合键，将其编组并命名为“日记”，如图16-109所示。

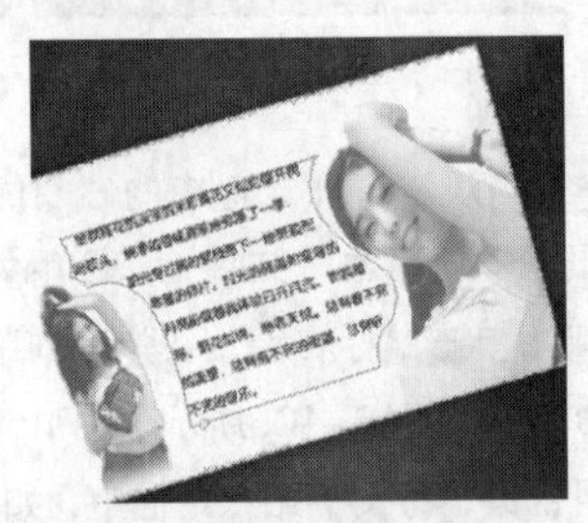
图 16-108

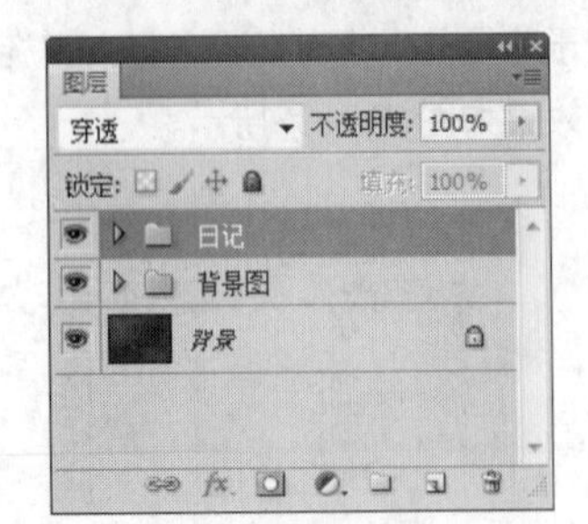

图 16-109

3. 添加标题文字

STEP 1 新建图层并将其命名为“白色矩形”。将前景色设为白色。选择“圆角矩形”工具，选中属性栏中的“填充像素”按钮，将“半径”选项设为40px，在图像窗口中绘制图形，如图16-110所示。

图 16-110

STEP 2 单击“图层”控制面板下方的“添加图层样式”按钮 fx，在弹出的菜单中选择“投影”命令，弹出对话框，选项的设置如图16-111所示。单击“确定”按钮，效果如图16-112所示。

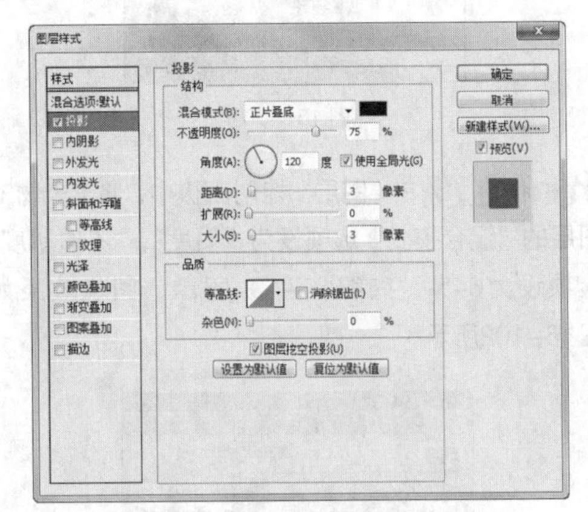

图 16-111

图 16-112

STEP 3 单击“图层”控制面板下方的“添加图层样式”按钮 fx，在弹出的菜单中选择“斜面和浮雕”命令，在弹出的对话框中进行设置，如图16-113所示。单击“确定”按钮，效果如图16-114所示。

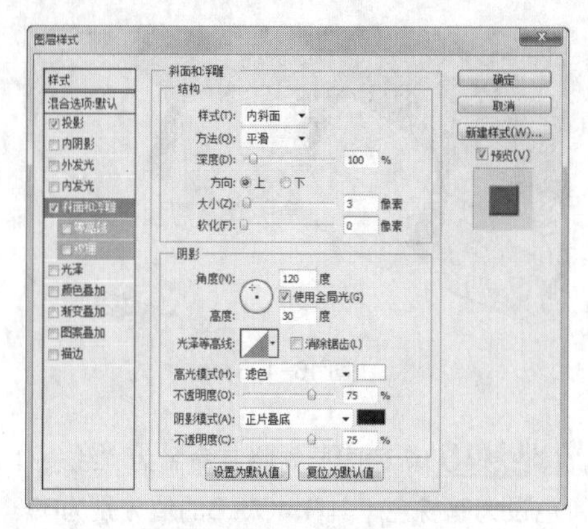

图 16-113

STEP 4 按Ctrl+T组合键，在图像周围出现变换框，单击鼠标右键，在弹出的菜单中单击“斜切”命令，向右拖曳上方中间的控制手柄到适当的位置，按Enter键确认操作，效果如图16-115所示。

图 16-114

图 16-115

STEP 5 新建图层并将其命名为“绿色方块”。将前景色设为浅绿色（其R、G、B的值分别为206、226、113）。按住Ctrl键的同时单击“白色矩形”图层的图层缩览图，图形周围生成选区。按Alt+Delete组合键，用前景色填充选区，效果如图16-116所示。按Ctrl+D组合键，取消选区。按Ctrl+T组合键，在图像周围出现变换框，按住Shift+Alt组合键的同时向内拖曳控制手柄，等比例缩小图形，按Enter键确认操作，效果如图16-117所示。

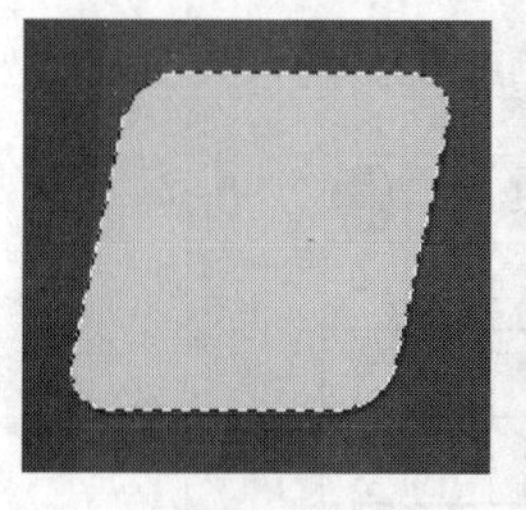

图 16-116

图 16-117

STEP 6 在“图层”控制面板中，按住Shift键的同时单击“白色矩形”图层，将其与“绿色方块”图层同时选取。按Ctrl+T组合键，在图像周围出现变换框，拖曳鼠标旋转图形，并将其拖曳到适当的位置，效果如图16-118所示。

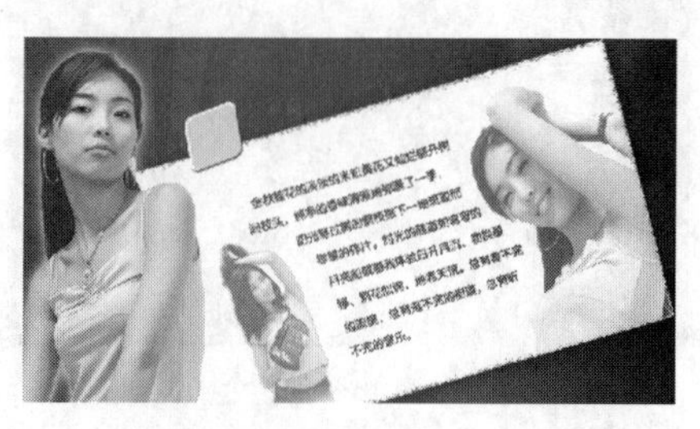

图 16-118

STEP 7 保持图层的选取状态，将其拖曳到“图层”控制面板下方的“创建新图层”按钮 上进行复制，生成新的副本图层，如图16-119所示。在图像窗口中，将复制的图形拖曳到适当的位置并旋转适当的角度，效果如图16-120所示。

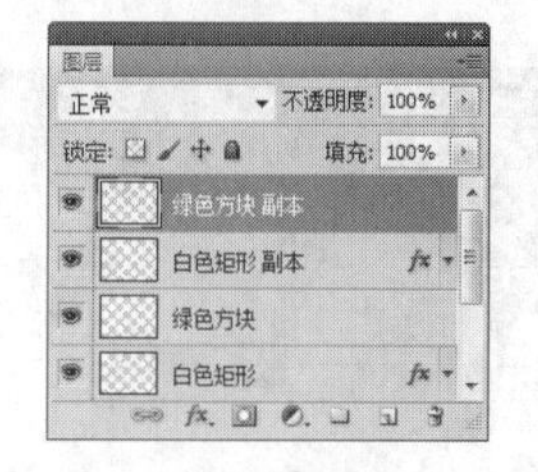

图 16-119

图 16-120

STEP 8 选中“绿色方块 副本”图层。单击“图层”控制面板下方的“添加图层样式”按钮 fx，在弹出的菜单中选择“颜色叠加”命令，弹出对话框，将叠加颜色选项设为粉色（其R、G、B的值分别为248、233、225），其他选项的设置如图16-121所示。单击“确定”按钮，效果如图16-122所示。用相同的方法再制作其余两个图形，效果如图16-123所示。

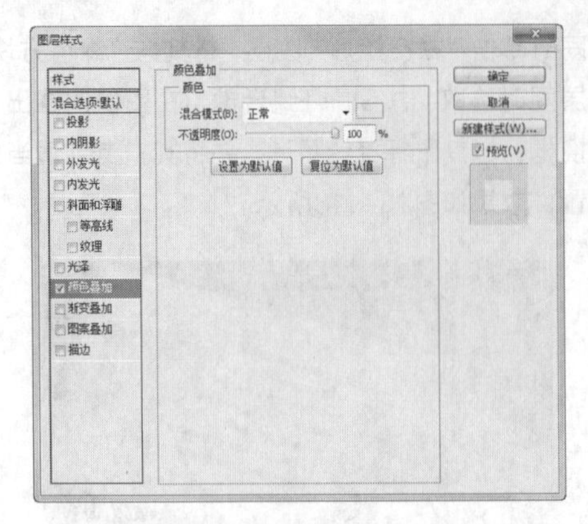

图 16-121

图 16-122

图 16-123

STEP 9 选择“椭圆选框”工具，在属性栏中将“羽化”选项设为0，按住Shift键的同时绘制一个圆形选区，如图16-124所示。选中“绿色方块”图层，按Delete键，删除选区中的图像，效果如图16-125所示。将选区分别拖曳到适当的位置并选中需要的图层，按Delete键，删除选区中的图像，效果如图16-126所示。

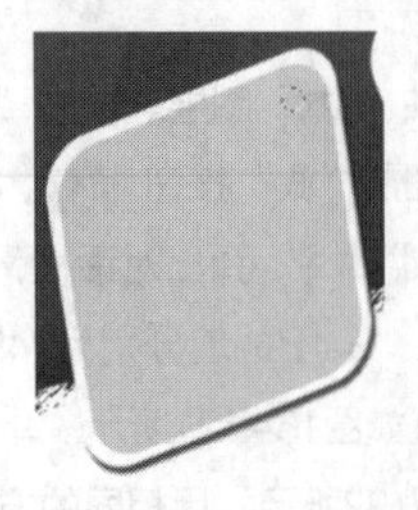

图 16-124

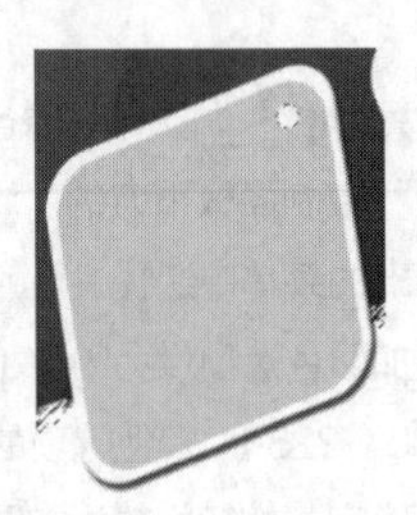

图 16-125

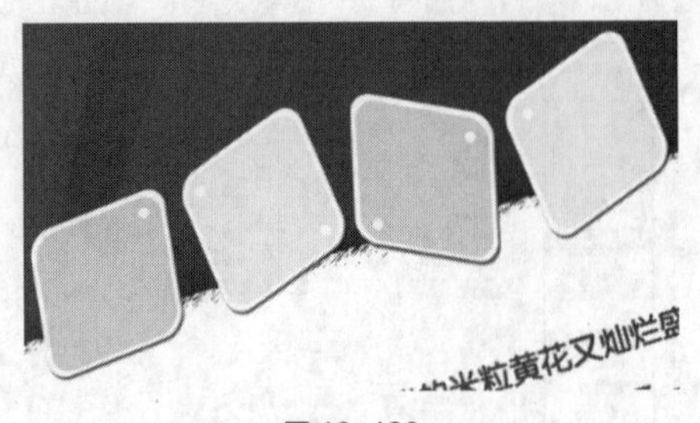

图 16-126

STEP 10 新建图层并将其命名为“线条”。将前景色设为暗棕色（其R、G、B的值分别为69、6、4）。选择“钢笔”工具，选中属性栏中的“路径”按钮，在适当的位置绘制多条路径，如图16-127所示。

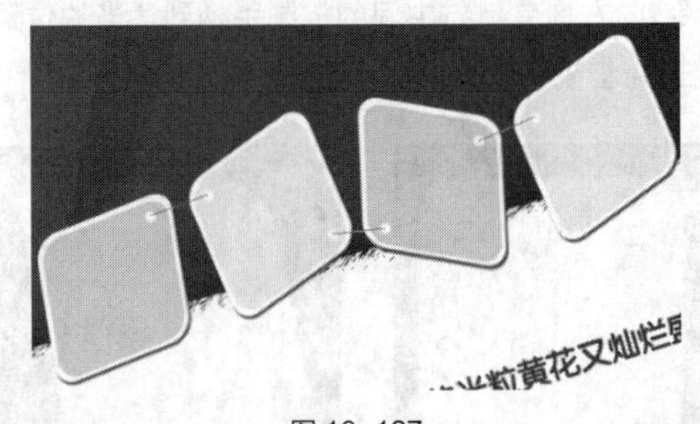

图 16-127

STEP 11 选择“画笔”工具，在属性栏中单击“画笔”选项右侧的按钮，弹出画笔选择面板，选择需要的画笔形状，如图16-128所示。选择“路径选择”工具，将绘制的路径同时选取，如图16-129所示。在图像窗口中单击鼠标右键，在弹出的菜单中选择“描边路径”命令，弹出“描边路径”对话框，选项的设置如图16-130所示，单击“确定”按钮，效果如图16-131所示。

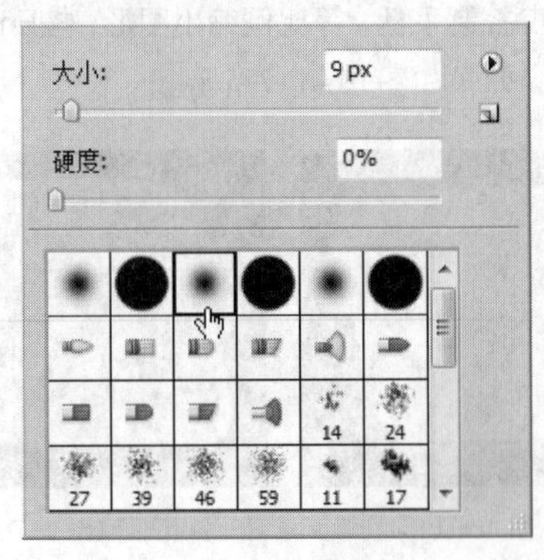

图 16-128

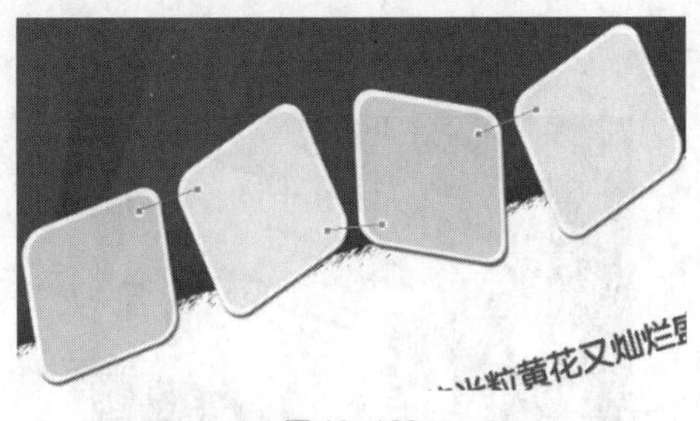

图 16-129

图 16-130

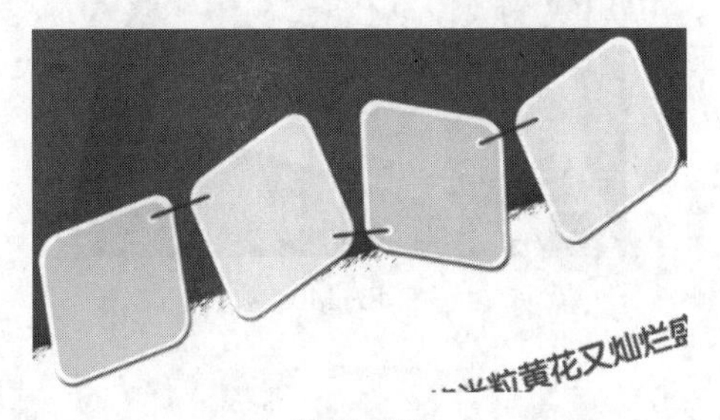

图 16-131

STEP 12 选择“横排文字”工具 T，在属性栏中选择合适的字体并设置大小，分别输入需要的白色文字，在“图层”控制面板中生成新的文字图层。分别将文字旋转到需要的角度，效果如图16-132所示。

图 16-132

STEP 13 选中“心”文字图层。单击“图层”控制面板下方的“添加图层样式”按钮 fx，在弹出的菜单中选择“投影”命令，弹出对话框，将颜色选项设为深绿色（其R、G、B的值分别为28、77、15），其他选项的设置如图16-133所示。单击“确定”按钮，效果如图16-134所示。

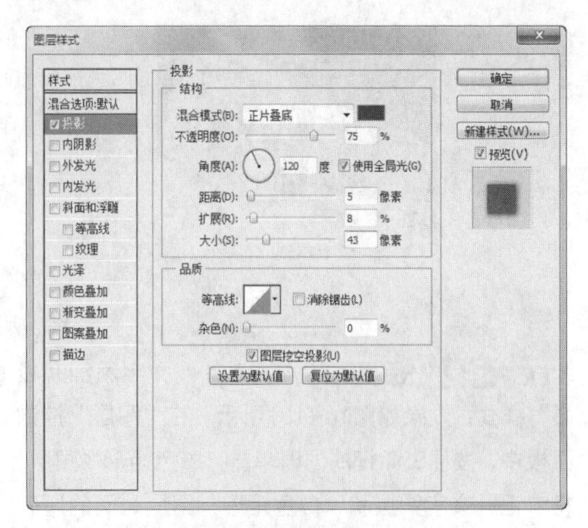

图 16-133

图 16-134

STEP 14 选中“情”文字图层。单击“图层”控制面板下方的“添加图层样式”按钮 fx，在弹出的菜单中选择“投影”命令，弹出对话框，将颜色选项设为深红色（其R、G、B的值分别为113、0、0），其他选项的设置如图16-135所示。单击“确定”按钮，效果如图16-136所示。

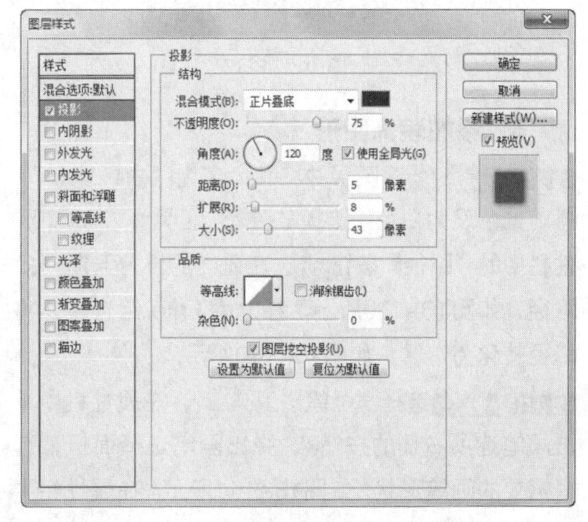

图 16-135

图 16-136

STEP 15 用相同的方法为其他文字添加“投影”样式，效果如图16-137所示。在“图层”控制面板中，按住Shift键的同时单击“白色矩形”图层，将“记”文字图层和“白色矩形”图层之间的所有图层同时选取，按Ctrl+G组合键，将其编组并命名为“文字”，如图16-138所示。

图 16-137

图 16-138

4. 添加装饰图形

STEP 1 新建图层并将其命名为“白色宽条”。将前景色设为白色。选择“钢笔”工具，选中属性栏中的“路径”按钮，在适当的位置绘制一条路径，如图16-139所示。按Ctrl+Enter组合键，将路径转化为选区，如图16-140所示。

STEP 2 选择“画笔”工具，在属性栏中单击画笔选项右侧的按钮，弹出画笔选择面板，选择需要的画笔形状，如图16-141所示。在属性栏中将“不透明度”选项设为10%，在选区边缘拖曳鼠标指针。按Ctrl+D组合键，取消选区，效果如图16-142所示。

图 16-139

图 16-140

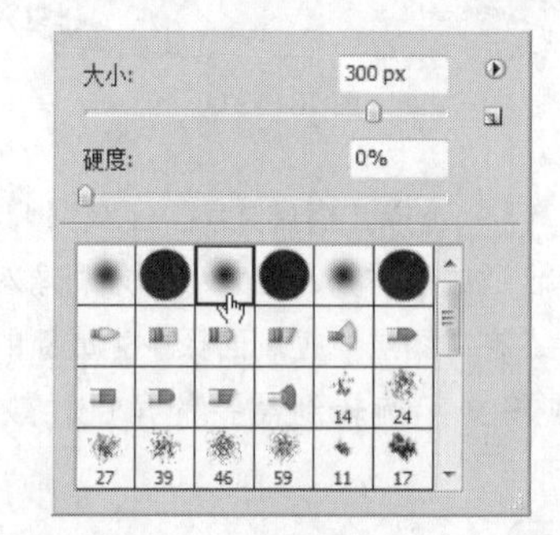

图 16-141

图 16-142

STEP 3 选择“橡皮擦”工具，在属性栏中单击画笔选项右侧的按钮，弹出画笔选择面板，选择需要的画笔形状，如图16-143所示，在属性栏中将“不透明度”选项设为100%。在胳膊下方的白色图形上多次单击，效果如图16-144所示。

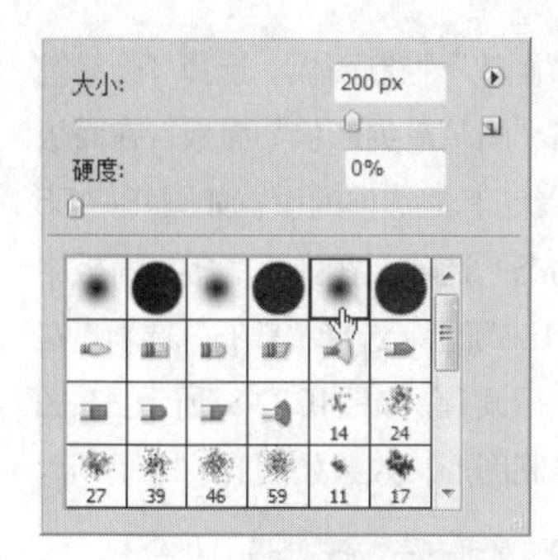

图16-143

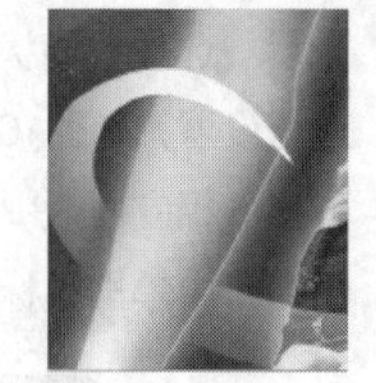

图16-144

STEP 4 单击“图层”控制面板下方的“添加图层样式”按钮 fx，在弹出的菜单中选择“外发光”命令，弹出对话框，将发光颜色设为白色，其他选项的设置如图16-145所示。单击“确定”按钮，效果如图16-146所示。

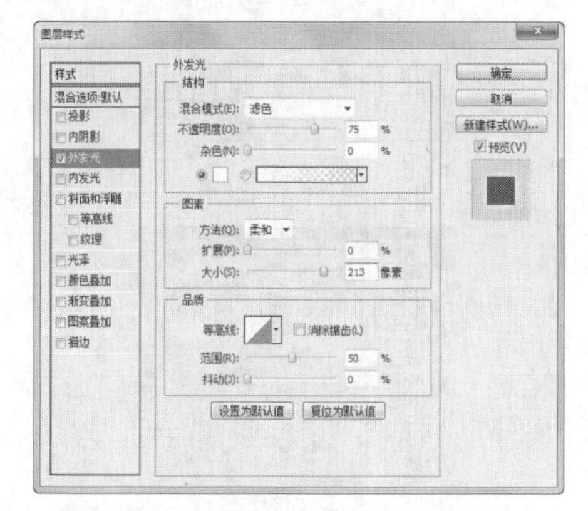

图16-145

图16-146

STEP 5 新建图层并将其命名为“细线”。选择“钢笔”工具，选中属性栏中的“路径”按钮，在适当的位置绘制一条路径，如图16-147所示。

图16-147

STEP 6 选择“画笔”工具，在属性栏中单击画笔选项右侧的按钮，弹出画笔选择面板，选择需要的画笔形状，如图16-148所示。选择“路径选择”工具，将绘制的路径选取。在图像窗口中单击鼠标右键，在弹出的菜单中选择“描边路径”命令，弹出“描边路径”对话框，单击“确定”按钮，效果如图16-149所示。选择“移动”工具，按住Alt键的同时拖曳鼠标复制两条曲线，效果如图16-150所示。

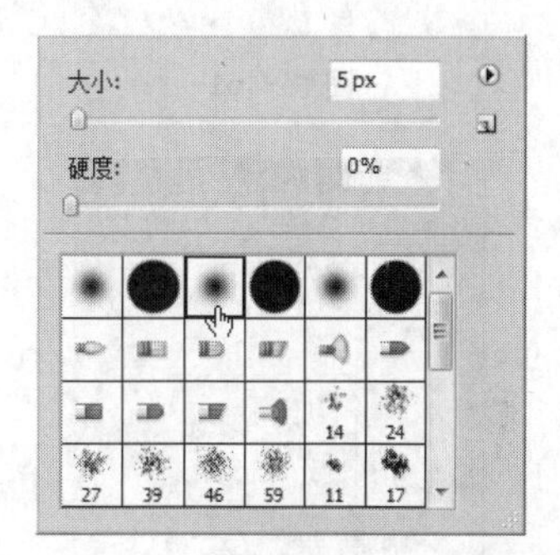

图16-148

图16-149

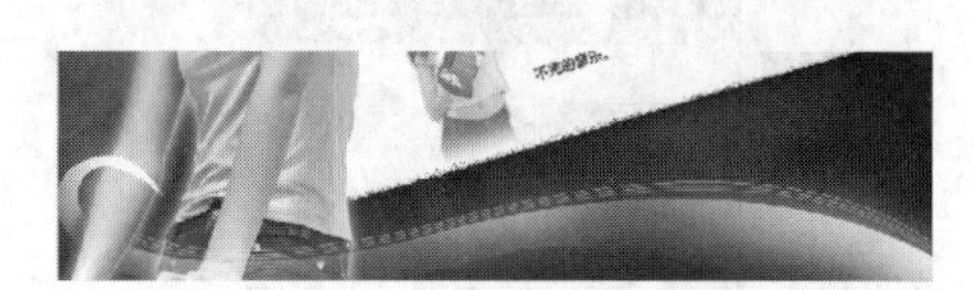

图16-150

STEP 7 新建图层并将其命名为“旋转图形”。选择“画笔”工具，单击属性栏中的“切换画笔面板”按钮，弹出“画笔”控制面板。单击“画笔预设”按钮 画笔预设，弹出“画笔预设”控制面板。单击控制面板右上方的图标，在弹出的菜单中选择“混合画笔”命令，弹出提示对话框，单击“确定”按钮。选择“画笔笔尖形状”选项，切换到相应的面板中进行设置，如图16-151所示。选择“形状动态”选项，切换到相应面板中进行设置，如图16-152所示。选择“散布”选项，切换到相应面板中进行设置，如图16-153所示。在图像窗口中单击鼠标绘制图形，效果如图16-154所示。

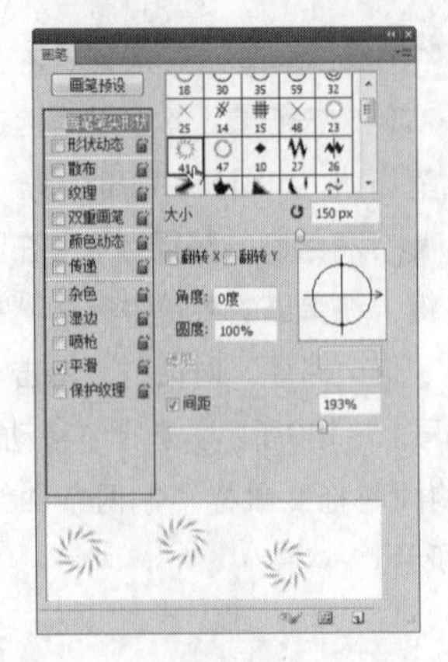

图 16-151

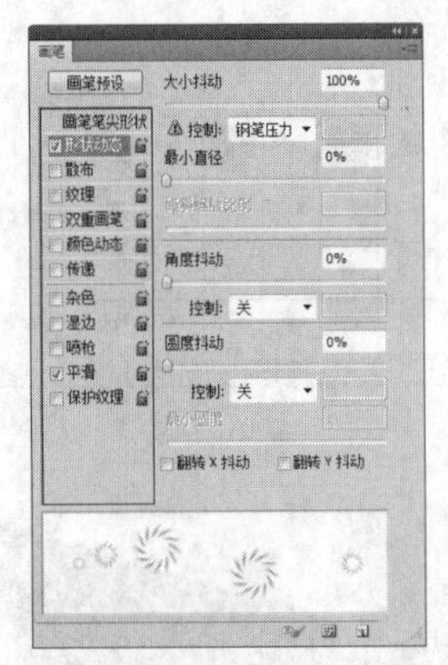

图 16-152

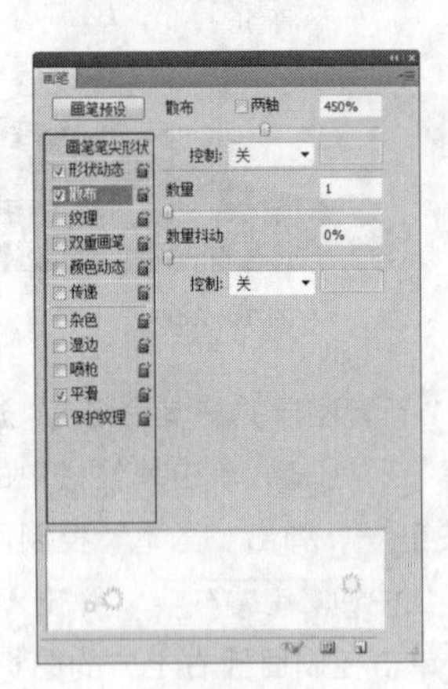

图 16-153

图 16-154

STEP 8 新建图层并将其命名为“五角星形”。选择“画笔”工具，单击属性栏中的“切换画笔面板”按钮，弹出“画笔”控制面板。选择“画笔笔尖形状”选项，弹出“画笔笔尖形状”面板，在面板中选择需要的画笔形状，其他选项的设置如图16-155所示。选择“形状动态”选项，在弹出的相应面板中进行设置，如图16-156所示。选择“散布”选项，在弹出的相应面板中进行设置，如图16-157所示。在图像窗口中单击鼠标绘制图形，效果如图16-158所示。

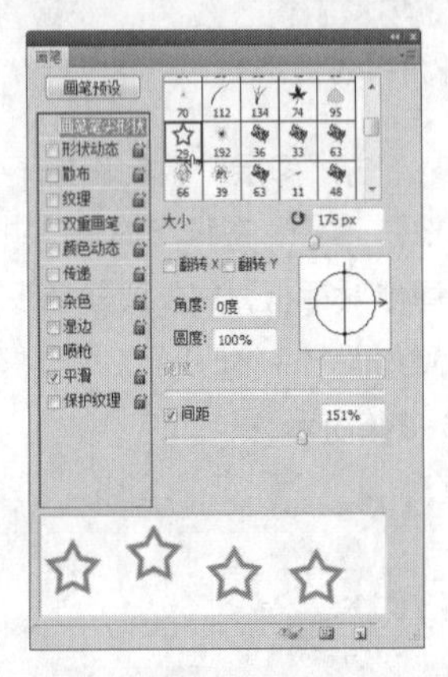

图 16-155

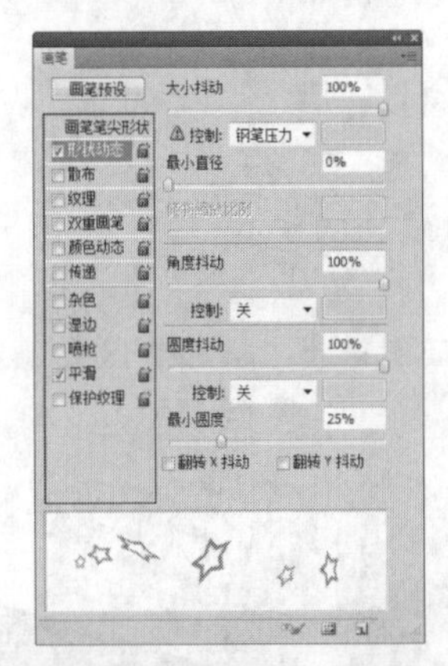

图 16-156

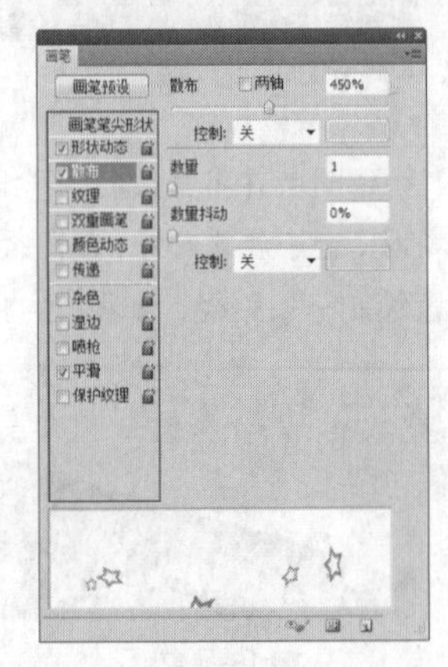

图 16-157

图 16-158

STEP 9 新建图层并将其命名为“星星”。选择“画笔”工具，单击属性栏中的“切换画笔面板”按钮，弹出“画笔”控制面板。选择“画笔笔尖形状”选项，弹出“画笔笔尖形状”面板，在面板中选择需要的画笔形状，其他选项的设置如图16-159所示。选择“形状动态”选项，在弹出的相应面板中进行设置，如图16-160所示。选择“散布”选项，在弹出的相应面板中进行设置，如图16-161所示。在图像窗口中单击鼠标绘制图形，效果如图16-162所示。

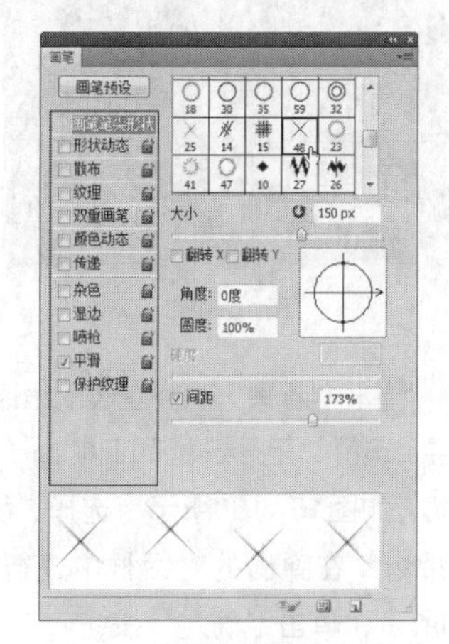

图 16-159

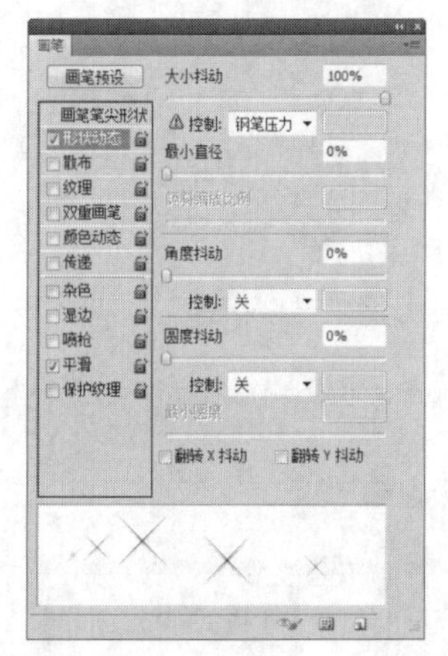

图 16-160

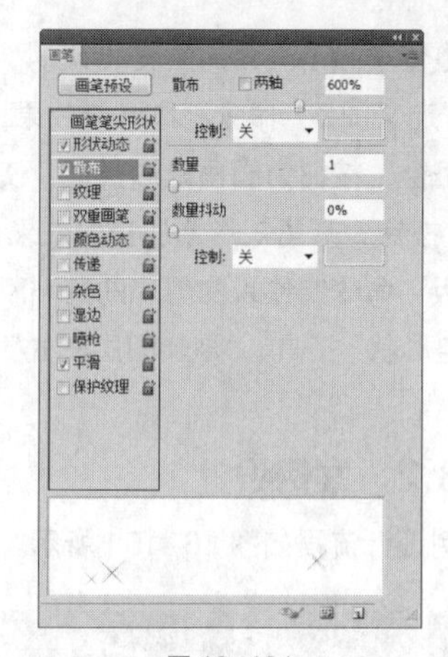

图 16-161

图 16-162

STEP 10 在“图层”控制面板中，按住Shift键的同时单击“白色宽条”图层，将“星星”图层和“白色宽条”图层之间的所有图层同时选取，按Ctrl+G组合键，将其编组并命名为“装饰”，如图16-163所示。心情日记制作完成。

图 16-163

16.3 童话故事

16.3.1 案例分析

本例是为儿童设计的艺术照片，通过照片的巧妙组合，展示了儿童的可爱和活泼。绽放的花朵和可爱的花边也增强了画面的甜美气氛。

使用“定义图案”命令制作背景效果，使用“用画笔描边路径”按钮为圆角矩形描边，使用“添加图层样式”按钮为圆角矩形添加特殊效果，使用“创建剪贴蒙版”命令制作人物图片的剪贴蒙版效果，使用“自定形状”工具、“添加图层样式”按钮添加装饰图片。

16.3.2 案例设计

本案例设计流程如图 16-164 所示。

图 16-164

16.3.3 案例制作

1. 制作底图效果

STEP 1 按Ctrl+N组合键，新建一个文件：宽度为29.7厘米，高度为21厘米，分辨率为300像素/英寸，颜色模式为RGB，背景内容为白色，单击“确定”按钮。

STEP 2 将前景色设为粉色（其R、G、B的值分别为225、82、166），按Alt+Delete组合键，用前景色填充“背景”图层，如图16-165所示。

图 16-165

STEP 3 新建图层并将其命名为“背景图”。将前景色设为白色。选择“自定形状”工具，单击属性栏中的“形状”选项，弹出“形状”面板。单击面板右上方的按钮，在弹出的菜单中选择“形状”选项，弹出提示对话框，如图16-166所示。单击“追加”按钮，在“形状”面板中选中图形“红心形卡”，如图16-167所示。选中属性栏中的“填充像素”按钮，绘制图形，如图16-168所示。

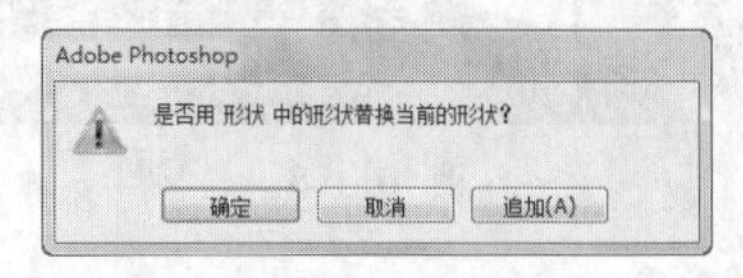

图 16-166

图 16-167

图 16-168

STEP 4 单击“背景”图层左边的眼睛图标，隐藏该图层。选择“矩形选框”工具，在心形周围绘制选区，如图16-169所示。选择“编辑 > 定义图案”命令，在弹出的对话框中进行设置，如图16-170所示，单击“确定”按钮。

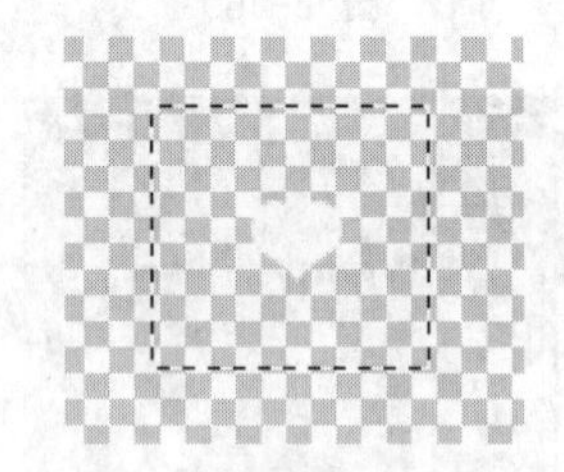

图 16-169

图 16-170

STEP 5 按Delete键，将选区中的心形删除，按Ctrl+D组合键，取消选区。单击“背景”图层左边的空白图标，显示背景图层。选择“编辑 > 填充”

命令，弹出“填充”对话框，在对话框中进行设置，如图16-171所示。单击“确定”按钮，效果如图16-172所示。在“图层”控制面板的上方将“背景图”图层的“不透明度”选项设为20%，效果如图16-173所示。

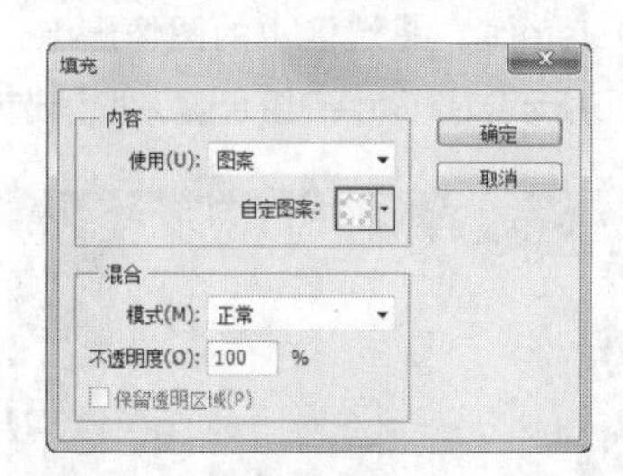

图 16-171

图 16-172

图 16-173

STEP 6 单击“图层”控制面板下方的“创建新图层”按钮，生成新的图层并将其命名为“白色矩形”，如图16-174所示。选择“圆角矩形”工具，选中属性栏中的“填充像素”按钮，将“圆角半径”选项设为60px，在图像窗口中绘制圆角矩形，如图16-175所示。

图 16-174

图 16-175

STEP 7 按Ctrl+T组合键，图像周围出现变换框，将鼠标指针放在变换框的控制手柄外边，指针变为旋转图标，拖曳鼠标将图像旋转至适当的位置，按Enter键确定操作，效果如图16-176所示。新建图层并将其命名为“花边”，如图16-177所示。按住Ctrl键的同时单击“白色矩形”图层的缩览图，图形周围生成选区，如图16-178所示。

图 16-176

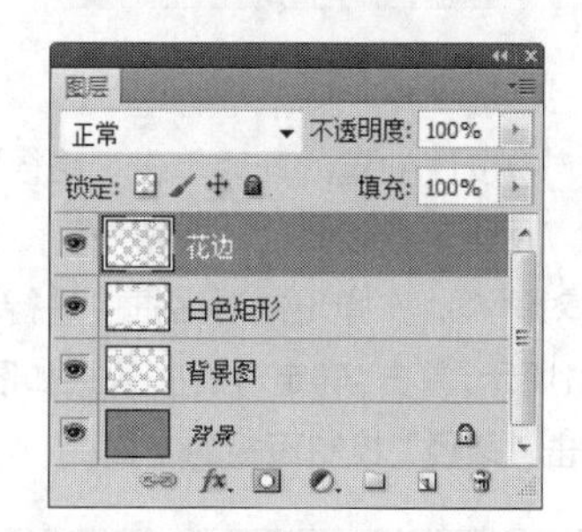

图 16-177

图 16-178

STEP 8 单击“路径”控制面板下方的“从选区生成工作路径”按钮，选区生成路径，如图16-179所示。选择“画笔”工具，单击属性栏中的“切换画笔面板”按钮，弹出“画笔”控制面板，选择“画笔笔尖形状”选项，切换到相应的面板中进行设置，如图16-180所示。

图 16-179

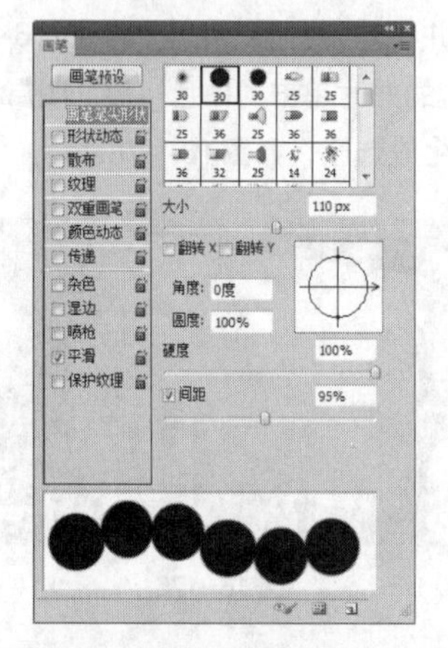

图 16-180

STEP 9 按住Alt键的同时单击“路径”控制面板下方的“用画笔描边路径”按钮，弹出“描边路径”对话框，在弹出的对话框中进行设置，如图16-181所示，单击“确定”按钮，效果如图16-182所示。单击“路径”控制面板的空白处，隐藏路径。

图 16-181

图 16-182

STEP 10 按住Ctrl键的同时单击“花边”图层的缩览图，图形周围生成选区，如图16-183所示。选择“选择 > 修改 > 收缩”命令，在弹出的对话框中进行设置，如图16-184所示，单击“确定”按钮。按Delete键，将选区中的图像删除，效果如图16-185所示。按Ctrl+D组合键，取消选区。

图 16-183

图 16-184

图 16-185

STEP 11 按Ctrl+O组合键，打开光盘中的“Ch16 > 素材 > 童话故事 > 01”文件，选择“移动”工具，将素材图片拖曳到图像窗口中并调整其位置，如图16-186所示。在“图层”控制面板中生成新的图层并将其命名为“图画”，如图16-187所示。

图 16-186

图 16-187

2. 绘制圆角矩形底图并编辑图片

STEP 1 单击“图层”控制面板下方的“创建新组”按钮，生成新的图层组并将其命名为“小图”。新建图层并将其命名为“矩形1”，如图16-188所示。将前景色设为白色，选择“矩形”工具，选中属性栏中的“填充像素”按钮，在图像窗口中绘制两个大小不等的矩形。

图 16-188

STEP 2 单击“图层”控制面板下方的“添加图层样式”按钮，在弹出的菜单中选择“投影”命令，在弹出的对话框中进行设置，如图16-189所示，单击“确定”按钮，效果如图16-190所示。

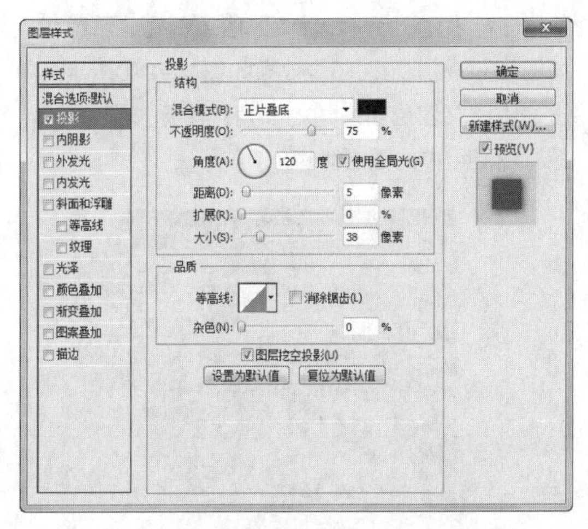

图 16-189

图 16-190

STEP 3 按Ctrl+O组合键，打开光盘中的“Ch16 > 素材 > 童话故事 > 02”文件，选择“移动”工具，将人物图片拖曳到图像窗口中的左侧。按Ctrl+T组合键，图像周围出现变换框，将鼠标指针放在变换框的控制手柄外边，指针变为旋转图标，拖曳鼠标将图像旋转至适当的位置，按Enter键确定操作，效果如图16-191所示。在“图层”控制面板中生成新的图层并将其命名为“人物1”，如图16-192所示。

图 16-191

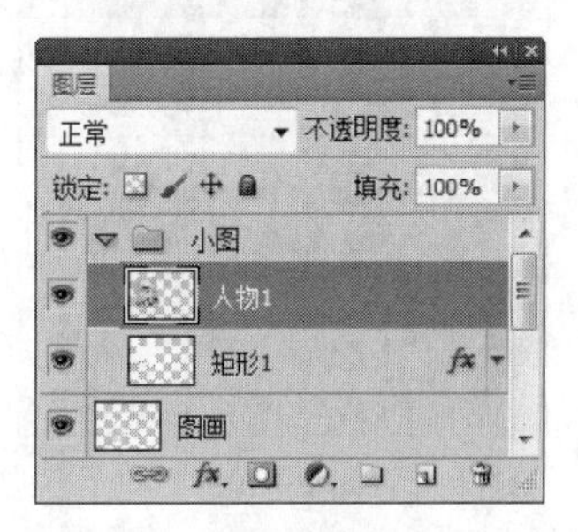

图 16-192

STEP 4 按住Alt键的同时将鼠标指针放在“人物1”图层和“矩形1”图层的中间，指针变为，单击鼠标右键，为“人物1”图层创建剪贴蒙版，如图16-193所示，效果如图16-194所示。

图 16-193

图 16-194

STEP 5 单击“图层”控制面板下方的“创建新图层”按钮 ，生成新的图层并将其命名为“矩形2”，如图16-195所示。将前景色设为白色，选择“矩形”工具 ，选中属性栏中的“填充像素”按钮 ，在图像窗口的绘制两个大小不等的矩形。

STEP 6 选中“矩形1”图层，单击鼠标右键，在弹出的菜单中选择“复制图层样式”命令；选中“矩形2”图层，单击鼠标右键，在弹出的菜单中选择“粘贴图层样式”命令，效果如图16-196所示。

图 16-195

图 16-196

STEP 7 按Ctrl+O组合键，打开光盘中的“Ch16 > 素材 > 童话故事 > 03”文件，选择“移动”工具 ，将人物图片拖曳到图像窗口中的适当位置，在“图层”控制面板中生成新的图层并将其命名为“人物2”，如图16-197所示。按Ctrl+T组合键，图像周围出现变换框，将鼠标指针放在变换框的控制手柄外边，指针变为旋转图标 ，拖曳鼠标将图像旋转至适当的位置，按Enter键确定操作，效果如图16-198所示。

图 16-197

图 16-198

STEP 8 按住Alt键的同时将鼠标指针放在“人物2”图层和“矩形2”图层的中间，指针变为 ，单击鼠标右键，为“人物2”图层创建剪贴蒙版，如图16-199所示，图像效果如图16-200所示。单击“小图”图层组左边的三角形图标 ，将“小图”图层组中的图层隐藏。

图 16-199

图 16-200

STEP 9 按Ctrl+O组合键，打开光盘中的“Ch16 > 素材 > 童话故事 > 04”文件，选择“移动”工具，将人物图片拖曳到图像窗口中的右侧，如图16-201所示。在“图层”控制面板中生成新的图层并将其命名为“人物3”，如图16-202所示。

图 16-201

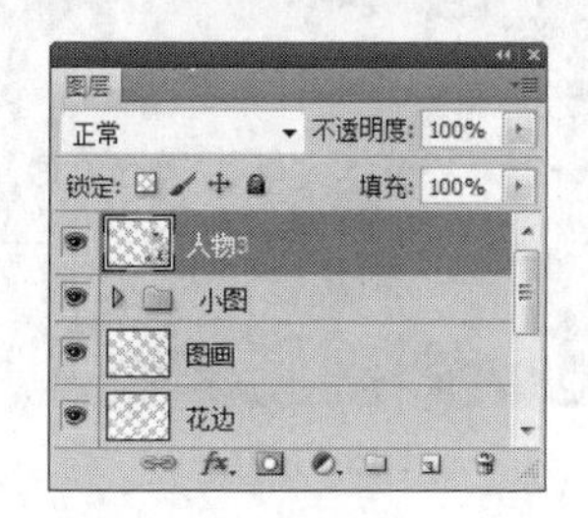

图 16-202

STEP 10 单击“图层”控制面板下方的“添加图层蒙版”按钮，为“人物3”图层添加蒙版，如图16-203所示。将前景色设为黑色。选择“画笔”工具，在属性栏中单击画笔选项右侧的按钮，弹出画笔选择面板，选择需要的画笔，如图16-204所示。拖曳鼠标，在图片的左下方擦除图像，效果如图16-205所示。

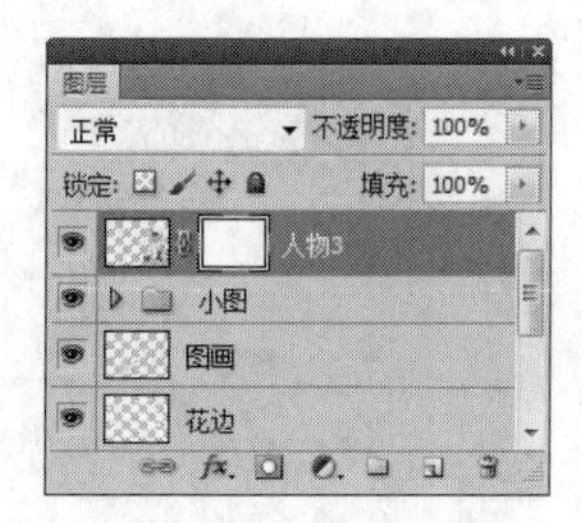

图 16-203

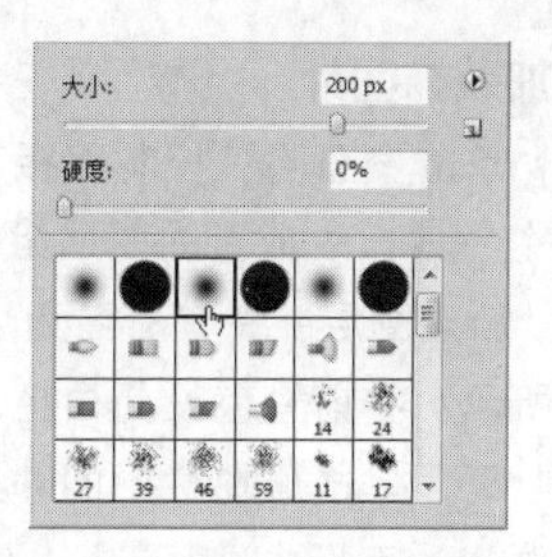

图 16-204

图 16-205

STEP 11 单击“图层”控制面板下方的“添加图层样式”按钮，在弹出的菜单中选择“投影”命令，在弹出的对话框中进行设置，如图16-206所示。单击“确定”按钮，效果如图16-207所示。

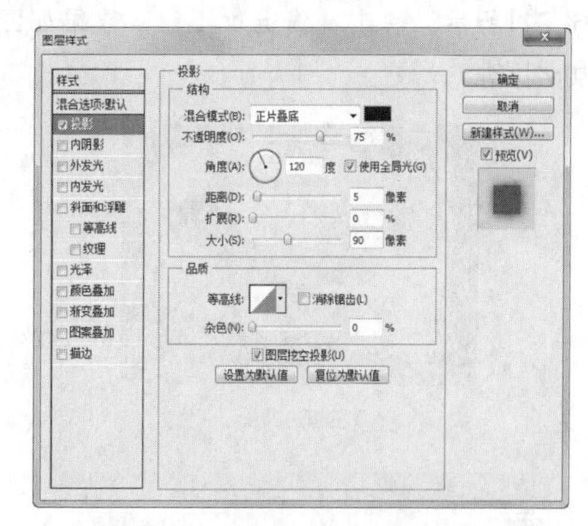

图 16-206

图 16-207

3. 添加装饰图片

STEP 1 单击“图层”控制面板下方的“创建新组”按钮，生成新的图层组并将其命名为“星星”。新建图层并将其命名为“星星”，如图16-208所示。将前景色设为白色。选择“多边形”工具，单击属性栏中的“几何选项”按钮，在弹出的面板中进行设置，如图16-209所示。

图 16-208

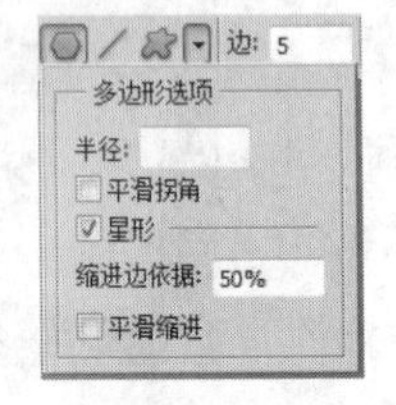

图 16-209

STEP 2 选中属性栏中的“填充像素”按钮，在图像窗口中的左上方绘制星形，如图16-210所示。单击“图层”控制面板下方的“添加图层样式”按钮，在弹出的菜单中选择“投影”命令，在弹出的对话框中进行设置，如图16-211所示。单击“确定”按钮，效果如图16-212所示。

图 16-210

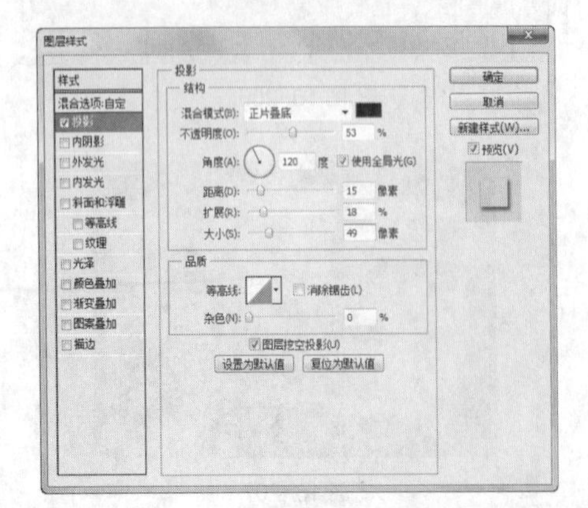

图 16-211

图 16-212

STEP 3 在“图层”控制面板上方，将“填充”选项设为0%，如图16-213所示，效果如图16-214所示。

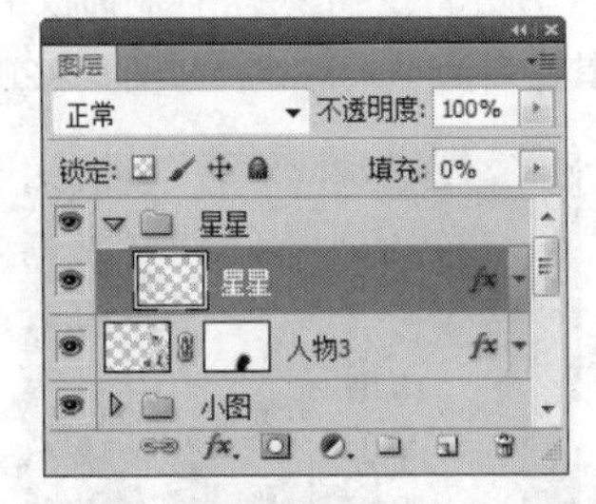

图 16-213

图 16-214

STEP 4 将“星星”图层拖曳到“图层”控制面板下方的“创建新图层”按钮上进行复制，生成新的图层“星星 副本”。选择“移动”工具，拖曳复制图形到适当的位置并调整其大小，如图16-215所示。用相同的方法再复制一个图形并调整图形的位置及大小，如图16-216所示。单击“星星”图层组左边的三角形图标，将“星星”图层组中的图层隐藏。

图 16-215

图 16-216

STEP 5 按Ctrl+O组合键，打开光盘中的“Ch16 > 素材 > 童话故事 > 05”文件，选择“移动”工具，将花朵图片拖曳到图像窗口中的左侧，如图16-217所示，在“图层”控制面板中生成新的图层并将其命名为“花朵”，如图16-218所示。

图 16-217

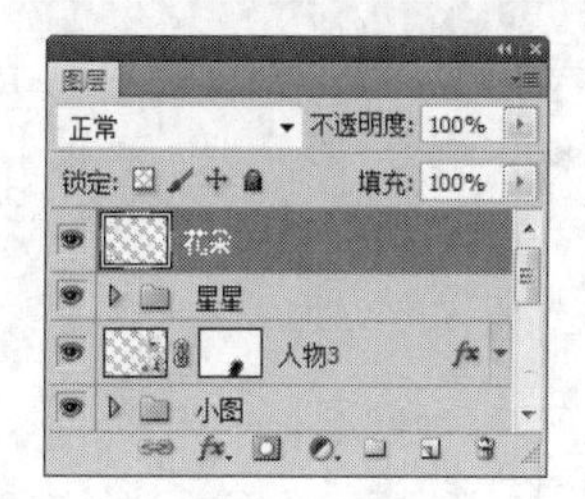

图 16-218

STEP 6 单击“图层”控制面板下方的“添加图层样式”按钮，在弹出的菜单中选择“投影”命令，在弹出的对话框中进行设置，如图16-219所示。单击“确定”按钮，效果如图16-220所示。

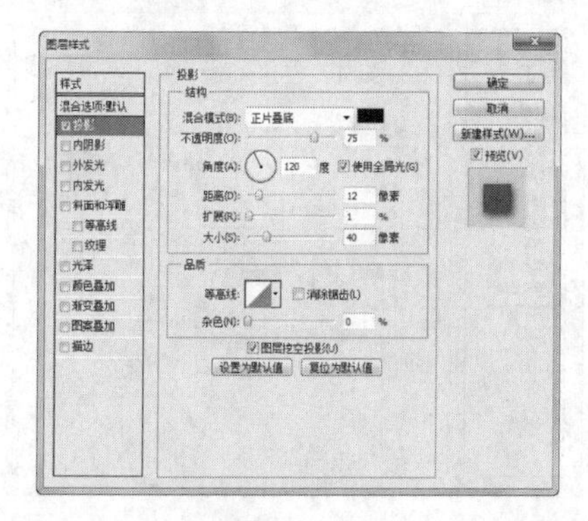

图 16-219

图 16-220

4. 添加特殊文字效果

STEP 1 单击“图层”控制面板下方的“创建新组”按钮，生成新的图层组并将其命名为“文字”。将前景色设为棕色（其R、G、B的值分别为163、111、11）。选择“横排文字”工具，在属性栏中选择合适的字体并设置文字大小，在图像窗口中输入需要的文字，如图16-221所示。选取文字，单击属性栏中的“创建文字变形”按钮，弹出“变形文字”对话框，选项的设置如图16-222所示。单击“确定”按钮，效果如图16-223所示。

图 16-221

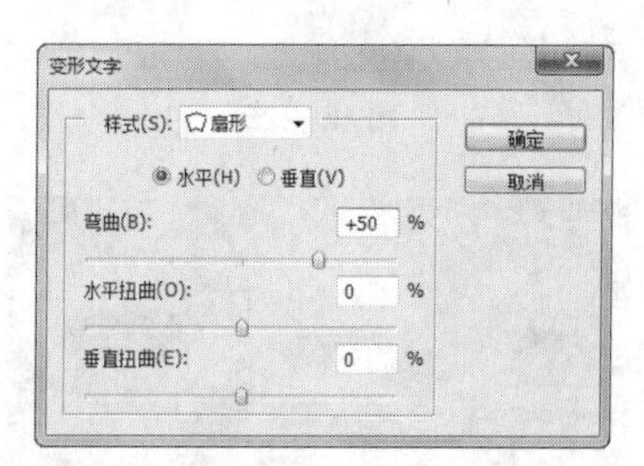

图 16-222

图 16-223

STEP 2 单击“图层”控制面板下方的“添加图层样式”按钮 fx，在弹出的菜单中选择“投影”命令，在弹出的对话框中进行设置，如图16-224所示。选择“描边”选项，弹出“描边”面板，将描边颜色设为白色，其他选项的设置如图16-225所示。单击“确定”按钮，效果如图16-226所示。

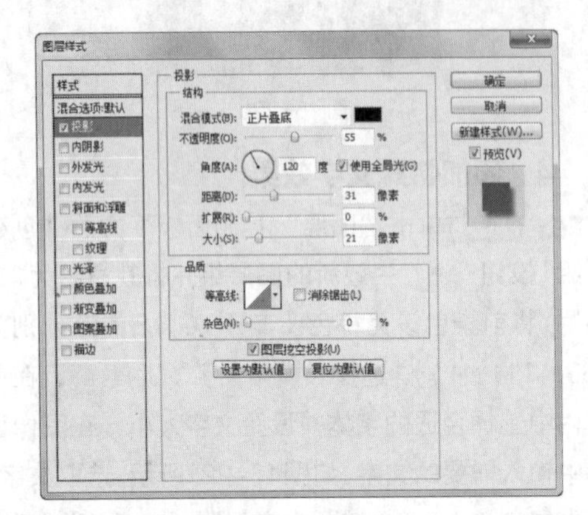

图 16-224

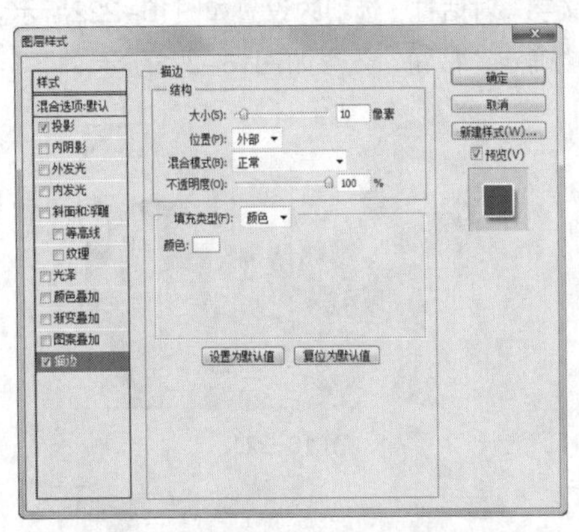

图 16-225

图 16-226

STEP 3 新建图层并将其命名为“桃心”。将前景色设为白色。选择“自定形状”工具，单击属性栏中的“形状”选项，弹出“形状”面板。单击面板右上方的按钮，在弹出的菜单中选择“形状”选项。弹出提示对话框，单击“追加”按钮，在“形状”面板中选中图形“红心形卡”，如图16-227所示。选中属性栏中的“填充像素”按钮，在文字的左上方绘制图形。

图 16-227

STEP 4 单击“图层”控制面板下方的“添加图层样式”按钮 fx，在弹出的菜单中选择“投影”命令，弹出对话框，将阴影颜色设为棕色（其R、G、B的值分别为143、105、12），其他选项的设置如图16-228所示。选择“内阴影”选项，弹出相应的对话框，将阴影颜色设为棕色（其R、G、B的值分别为152、87、48），其他选项的设置如图16-229所示。单击“确定”按钮，效果如图16-230所示。

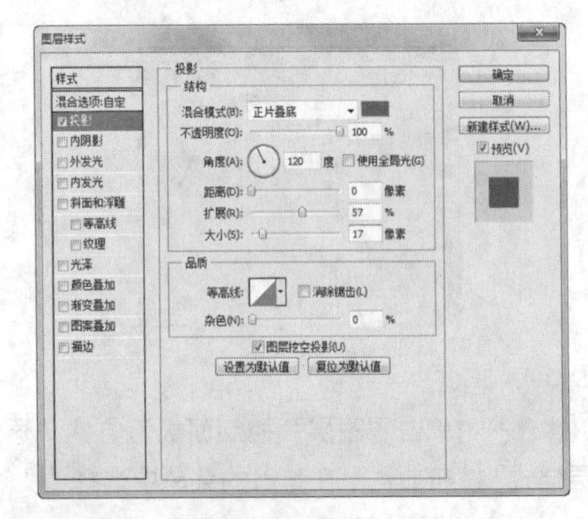

图 16-228

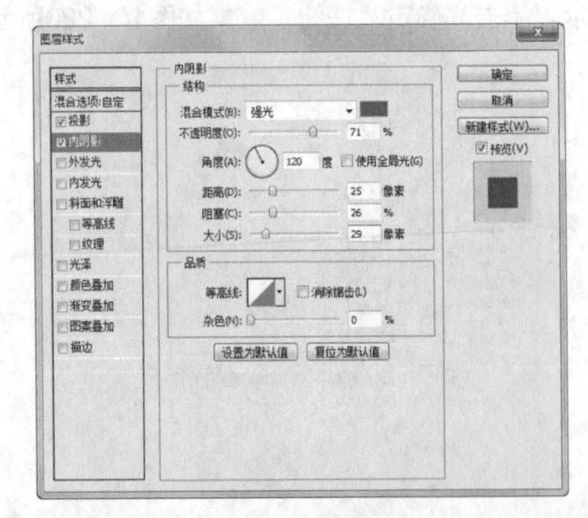

图 16-229

图 16-230

STEP 5 单击“图层”控制面板下方的“添加图层样式”按钮 fx，在弹出的菜单中选择“外发光”命令，弹出对话框。将发光颜色设为黄色（其R、G、B的值分别为252、255、31），其他选项的设置如图16-231所示。选择“内发光”选项，弹出相应的对话框，将发光颜色设为青色（其R、G、B的值分别为179、255、249），其他选项的设置如图16-232所示。单击“确定”按钮，效果如图16-233所示。

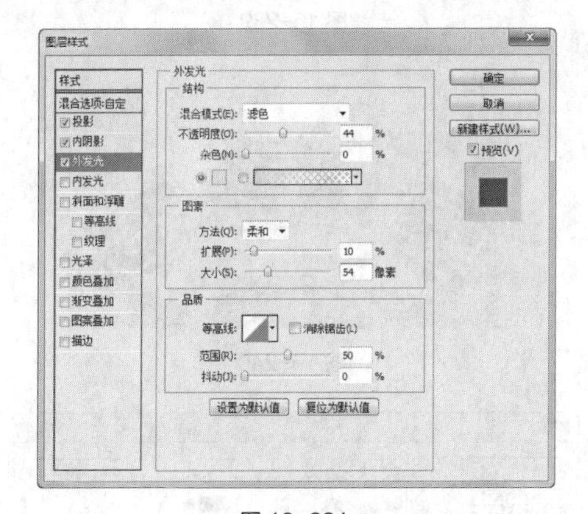

图 16-231

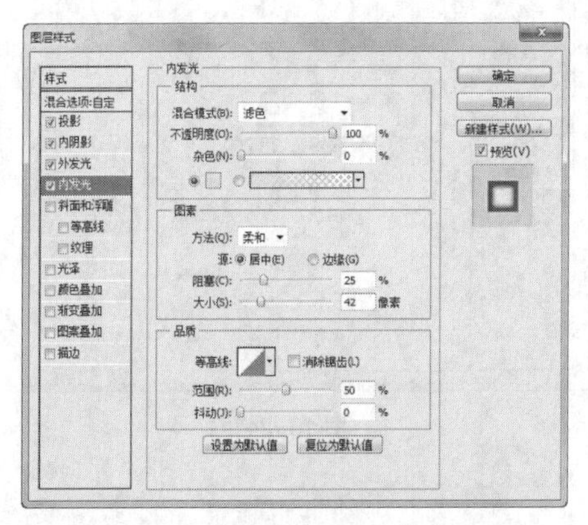

图 16-232

图 16-233

STEP 6 单击“图层”控制面板下方的“添加图层样式”按钮 fx，在弹出的菜单中选择“斜面和浮雕”命令，弹出对话框。单击“光泽等高线”按钮，弹出“等高线编辑器”对话框。在曲线上单击鼠标添加控制点，将“输入”选项设为69，“输出”选项设为0。再次单击鼠标添加控制点，将“输入”选项设为87，“输出”选项设为84，如图16-234所示。单击“确定”按钮，返回“斜面和浮雕”对话框中，将高光颜色设为浅蓝色（其R、G、B的值分别为230、241、255），阴影颜色设为深红色（其R、G、B的值分别为83、14、14），其他选项的设置如图16-235所示。

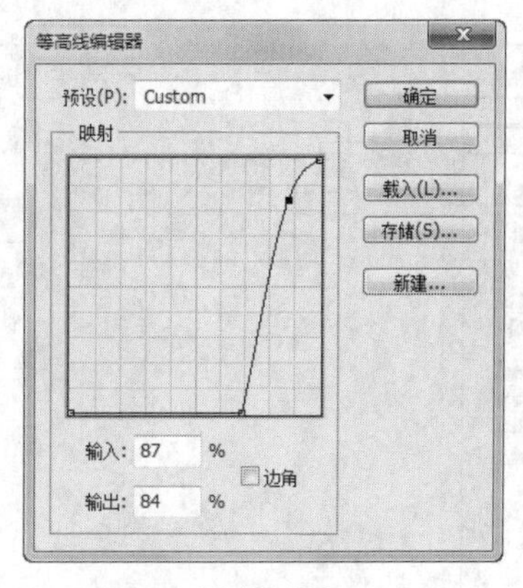

图 16-234

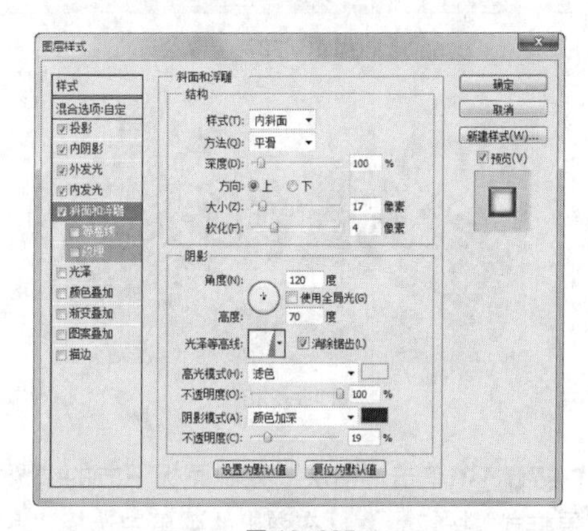

图 16-235

STEP 7 勾选“等高线”选项，弹出相应的对话框。单击“等高线”按钮，弹出“等高线编辑器”对话框，在曲线上单击鼠标添加控制点，将“输入”选项设为27，“输出”选项设为3。再次单击鼠标添加控制点，将“输入”选项设为59，“输出”选项设为56，如图16-236所示。单击“确定”按钮，返回到“等高线”对话框中，设置如图16-237所示。单击“确定”按钮，效果如图16-238所示。

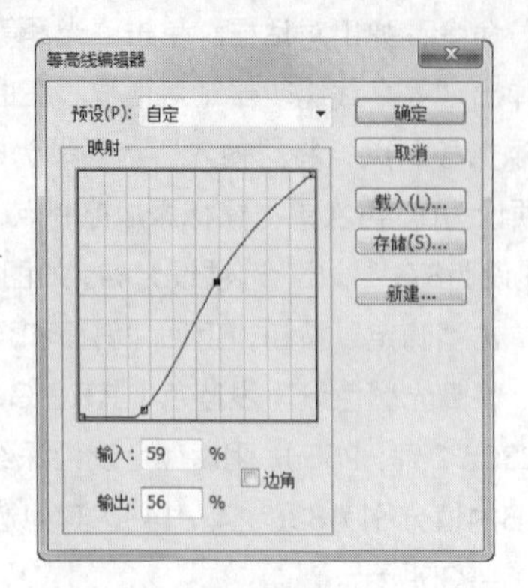

图 16-236

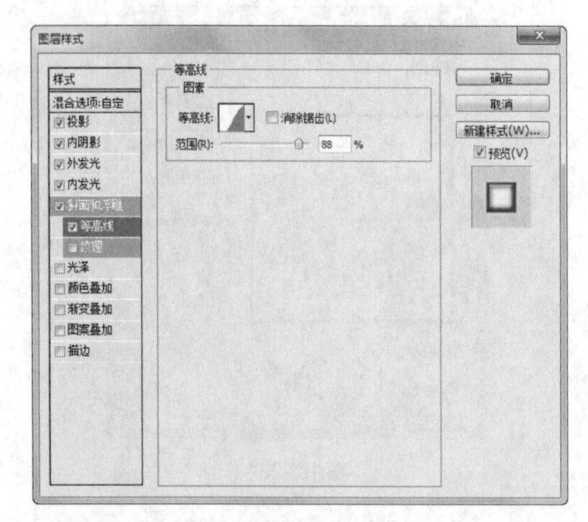

图 16-237

图 16-238

STEP 8 单击“图层”控制面板下方的“添加图层样式”按钮 fx，在弹出的菜单中选择“颜色叠加”命令，弹出对话框。将叠加颜色设为黄色（其R、G、B的值分别为252、243、99），其他选项的设置如图16-239所示。单击“确定”按钮，效果如图16-240所示。

STEP 9 单击“图层”控制面板下方的“添加图层样式”按钮 fx，在弹出的菜单中选择“光泽”命令，弹出对话框，将效果颜色设为暗紫色（其R、G、B的值分别为73、23、55），其他选项的设置如图16-241所示。单击“确定”按钮，效果如图16-242所示。

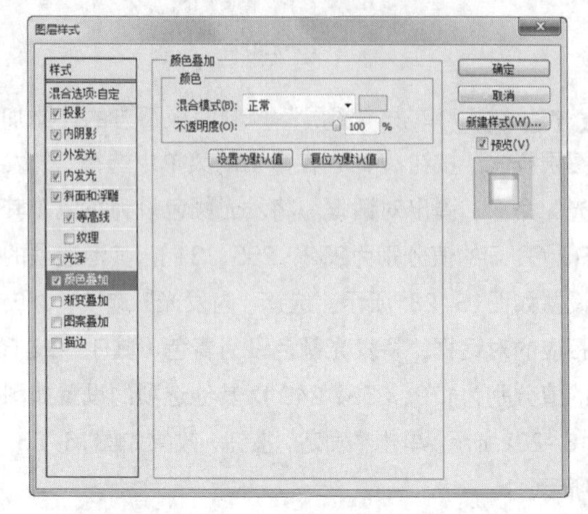

图 16-239

图 16-240

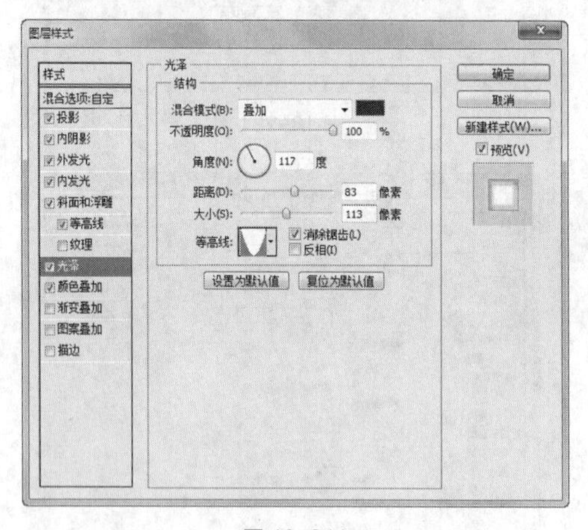

图 16-241

图 16-242

STEP 10 将“桃心”图层拖曳到“图层”控制面板下方的“创建新图层”按钮上进行复制，在“图层”控制面板生成新的图层“桃心 副本”。选择“移动”工具，将复制的图形拖曳到图像窗口中的适当的位置并调整其大小，效果如图16-243所示。童话故事制作完成，如图16-244所示。

图 16-243

图 16-244

16.4 快乐伙伴

16.4.1 案例分析

本例为表现快乐童年的艺术照片，要通过对儿童照片进行艺术处理，烘托出活泼的气氛。在设计中要突出儿童的灵秀和美丽，同时搭配充满趣味的卡通图形，制作出赏心悦目的艺术效果。

使用“画笔”工具为路径添加描边效果，使用“色相/饱和度”命令为图形调整颜色，使用“渐变”工具为图形添加渐变效果，使用“自定形状”工具绘制装饰图形，使用“定义图案”命令定义需要的图案，使用“横排文字”工具和“添加图层样式”按钮为文字制作特殊效果。

16.4.2 案例设计

本案例设计流程如图 16-245 所示。

图 16-245

16.4.3 案例制作

1. 制作背景并添加人物图片

STEP 1 按Ctrl + N组合键，新建一个文件：宽度为29.7厘米，高度为21厘米，分辨率为200像素/英寸，颜色模式为RGB，背景内容为白色，单击“确定”按钮。将前景色设为褐色（其R、G、B的值分别为132、84、36），按Alt+Delete组合键，用前景色填充“背景”图层。

STEP 2 单击“图层”控制面板下方的“创建新图层”按钮，生成新的图层并将其命名为“黄色花边”。将前景色设为乳黄色（其R、G、B的值分别为245、236、207）。选择“钢笔”工具，选中属性栏中的“路径”按钮，在图像窗口的上方绘制路径，如图16-246所示。按Ctrl+Enter组合键，将路径转化为选区。按Alt+Delete组合键，用前景色填充选区。按Ctrl+D组合键，取消选区，效果如图16-247所示。

图 16-246

图 16-247

STEP 3 新建图层并将其命名为“粉色花边”。将前景色设为粉色（其R、G、B的值分别为209、159、212）。选择“钢笔”工具，绘制花边路径。按Ctrl+Enter组合键，将路径转化为选区。按Alt+Delete组合键，用前景色填充选区。按Ctrl+D组合键，取消选区，效果如图16-148所示。

图16-248

STEP 4 新建图层并将其命名为“画笔1”。按住Ctrl键的同时单击“粉色花边”图层的缩览图，生成选区。选择“选择 > 修改 > 收缩”命令，在弹出的对话框中进行设置，如图16-249所示，单击“确定”按钮。选择“椭圆选框”工具，在选区中单击鼠标右键，在弹出的菜单中选择“建立工作路径”命令，弹出对话框，将“差值”选项设为2，单击“确定”按钮，效果如图16-250所示。

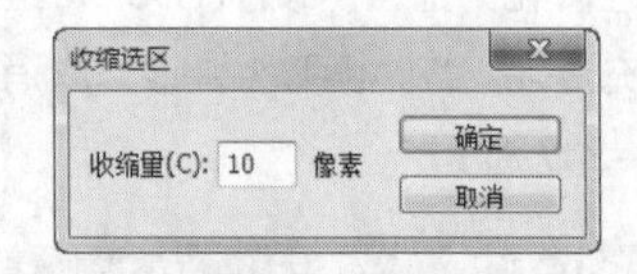

图16-249

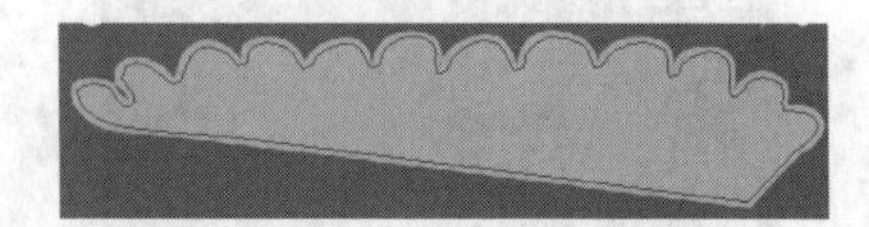

图16-250

STEP 5 将前景色设为白色。选择“画笔”工具，单击属性栏中的“切换画笔面板”按钮，弹出“画笔”控制面板。单击 画笔预设 按钮，弹出“画笔预设”控制面板。单击面板右上方的图标，在弹出的菜单中选择“方头画笔”选项，弹出提示对话框。单击“追加”按钮，返回到“画笔”控制面板中选择“画笔笔尖形状”选项，切换到相应的面板，选项的设置如图16-251所示。选择“路径选择”工具，选取路径，单击鼠标右键，在弹出的菜单中选择“描边路径”命令，弹出对话框，单击“确定”按钮，描边路径。将路径删除，图像效果如图16-252所示。

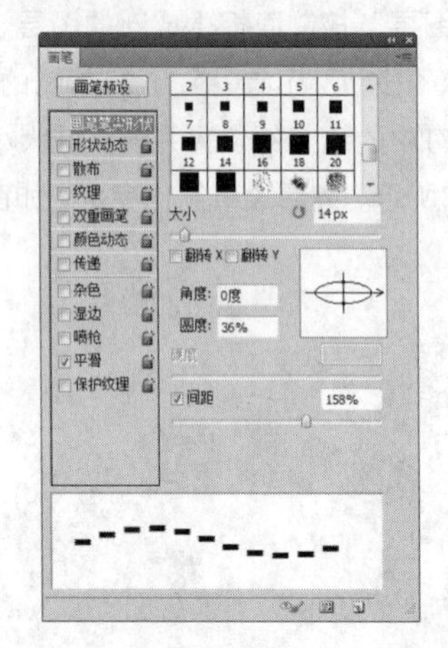

图16-251

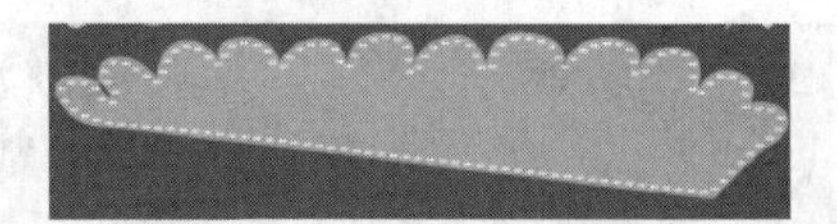

图16-252

STEP 6 单击“图层”控制面板下方的“添加图层样式”按钮，在弹出的菜单中选择“投影”命令，弹出对话框，选项的设置如图16-253所示。单击“确定”按钮，图像效果如图16-254所示。

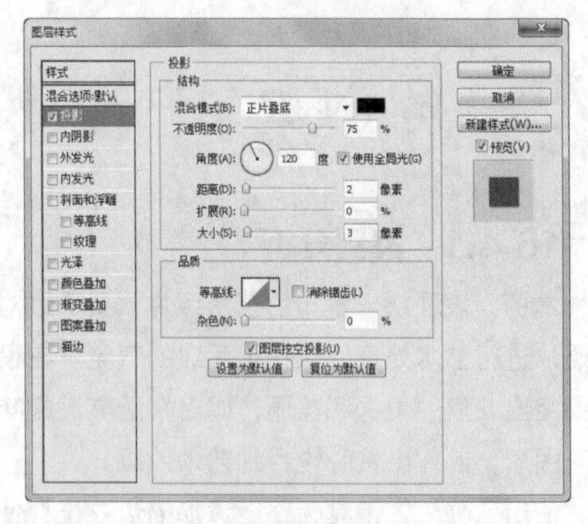

图16-253

图16-254

STEP 7 新建图层并将其命名为“圆角底图”。将前景色设为土黄色（其R、G、B的值分别为239、

215、188)。选择"圆角矩形"工具，选中属性栏中的"路径"按钮和"添加到路径区域(+)"按钮，将"半径"选项设为315px，绘制路径。将"半径"选项设为137px，再绘制一个路径，效果如图16-255所示。

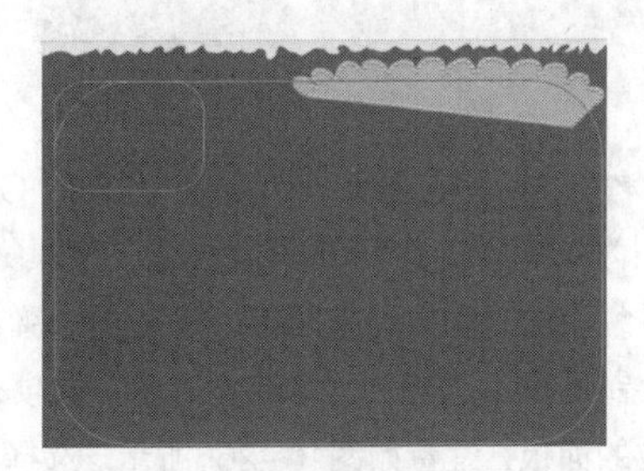

图 16-255

STEP 8 按Ctrl+Enter组合键，将路径转化为选区。按Alt+Delete组合键，用前景色填充选区，按Ctrl+D组合键，取消选区，效果如图16-256所示。

图 16-256

STEP 9 选择"加深"工具，在属性栏中单击画笔选项右侧的按钮，弹出画笔选择面板，选择需要的画笔形状，如图16-257所示。将"主直径"选项设为300px，"硬度"选项设为0%，在圆角矩形的边缘处拖曳鼠标指针。选择"减淡"工具，在圆角矩形的中心拖曳鼠标指针，效果如图16-258所示。

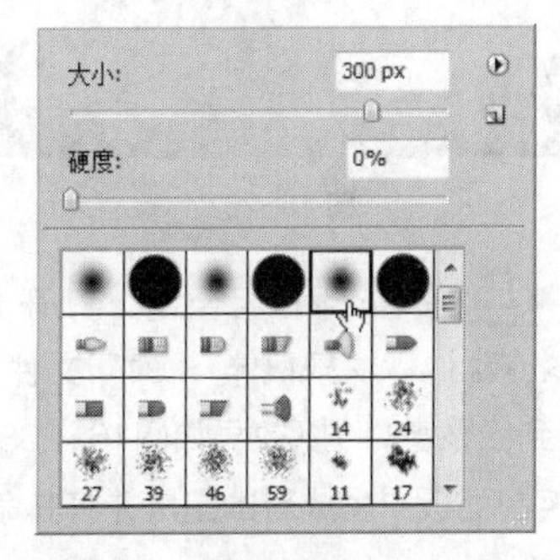

图 16-257

图 16-258

STEP 10 单击"图层"控制面板下方的"添加图层样式"按钮，在弹出的菜单中选择"投影"命令，在弹出的对话框中进行设置，如图16-259所示。单击"确定"按钮，效果如图16-260所示。

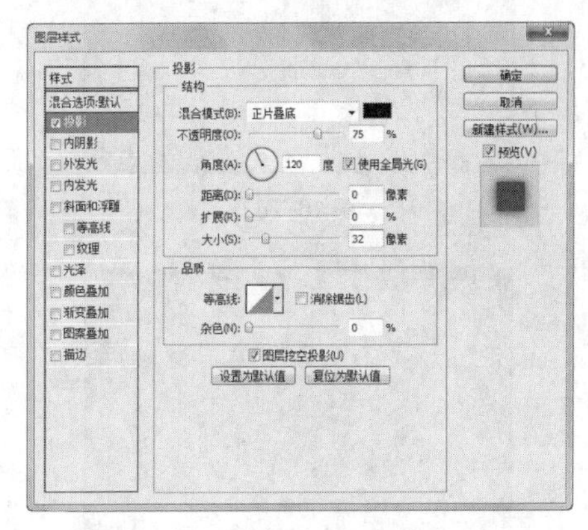

图 16-259

图 16-260

STEP 11 新建图层并将其命名为"羽化图形1"。将前景色设为橘黄色(其R、G、B的值分别为253、182、102)。选择"椭圆选框"工具，绘制选区，如图16-261所示。按Ctrl+Alt+D组合键，弹出"羽化选区"对话框，将"羽化半径"选项设为200，单击"确定"按钮。按Alt+Delete组合键，用前景色填充选区。按Ctrl+D组合键，取消选区，效果如图16-262所示。

STEP 12 新建图层并将其命名为"羽化图形2"。将前景色设为淡红色(其R、G、B的值分别为252、142、114)。用相同的方法制作出另一个羽化图形，效果如图16-263所示。

图 16-261

图 16-262

图 16-263

STEP 13 新建图层并将其命名为“画笔2”。按住Ctrl键的同时在“图层”控制面板中单击“圆角底图”图层的缩览图，如图16-264所示，生成选区。选择“选择 > 修改 > 收缩”命令，弹出对话框，将“收缩量”选项设为40，单击“确定”按钮。选择“椭圆选框”工具，在选区中单击鼠标右键，在弹出的菜单中选择“建立工作路径”命令，弹出对话框，将“差值”选项设为2，单击“确定”按钮，路径效果如图16-265所示。

图 16-264

图 16-265

STEP 14 将前景色设为褐色（其R、G、B的值分别为107、0、0）。选择“画笔”工具，单击属性栏中的“切换画笔面板”按钮，弹出“画笔”控制面板。选择“画笔笔尖形状”选项，切换到相应的面板，设置如图16-266所示。选择“路径选择”工具，选取路径，单击鼠标右键，在弹出的菜单中选择“描边路径”命令，弹出对话框，单击“确定”按钮，将路径描边。将路径删除后，图像效果如图16-267所示。

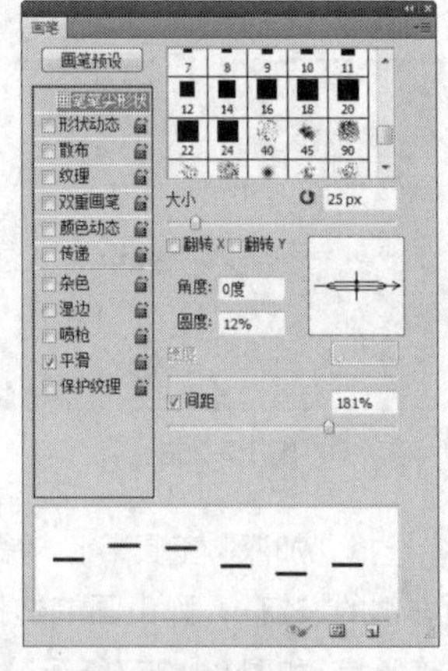

图 16-266

图 16-267

STEP 15 按Ctrl + O组合键，打开光盘中的“Ch16 > 素材 > 快乐伙伴 > 01”文件，将人物图片拖曳到图像窗口中，效果如图16-268所示，在“图层”控制面板中生成新的图层并将其命名为“人物1”。

图 16-268

2. 绘制装饰图形

STEP 1 新建图层并将其命名为“粉红矩形”。选择“圆角矩形”工具，选中属性栏中的“路径”按钮，将“半径”选项设为25px，按住Shift键的同时在图像窗口的左上方绘制路径，如图16-269所示。

STEP 2 按Ctrl+Enter组合键，将路径转化为选区。选择“渐变”工具，单击属性栏中的“点按可编辑渐变”按钮，弹出“渐变编辑器”对话框。将渐变色设为从红色（其R、G、B的值分别为208、84、71）到白色，单击“确定”按钮。选中属性栏中的“径向渐变”按钮，在选区中从外部向中心拖曳渐变色，按Ctrl+D组合键，取消选区，效果如图16-270所示。

图 16-269

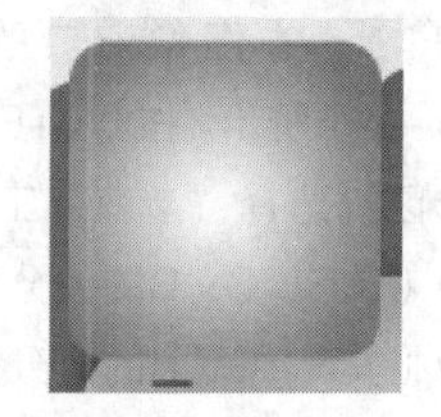

图 16-270

STEP 3 单击“图层”控制面板下方的“添加图层样式”按钮 *fx*，在弹出的菜单中选择“投影”命令，在弹出的对话框中进行设置，如图16-271所示，单击“确定”按钮。

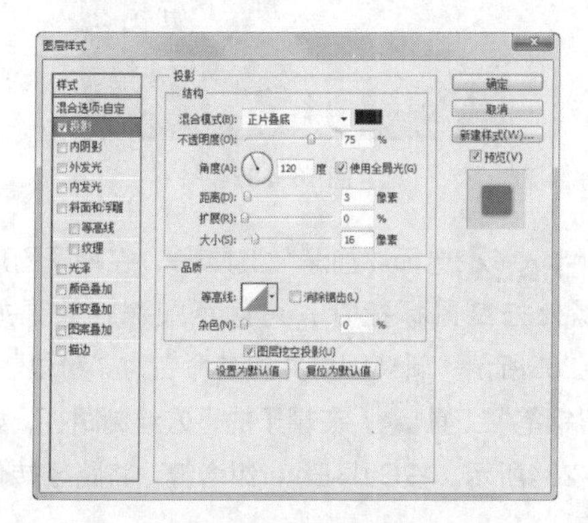

图 16-271

STEP 4 在“图层”控制面板上方，将该图层的“填充”选项设为80%，图像效果如图16-272所示。新建图层并将其命名为“心形”。将前景色设为橙色（其R、G、B的值分别为255、150、0）。选择“自定形状”工具，单击属性栏中的“形状”选项，弹出“形状”面板，单击右上方的按钮，在弹出的菜单中选择“形状”选项，弹出提示对话框，单击“确定”按钮，在“形状”面板中选中“红心”图形，如图16-273所示。选中属性栏中的“填充像素”按钮，绘制图形，效果如图16-274所示。

图 16-272

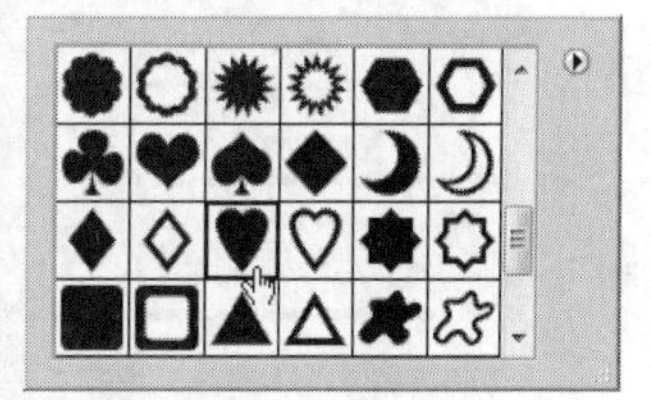

图 16-273

STEP 5 在“粉红矩形”图层上单击鼠标右键，在弹出的菜单中选择“复制图层样式”命令。在“心形”图层上单击鼠标右键，在弹出的菜单中选择“粘贴图层样式”命令，图像效果如图16-275所示。

图 16-274

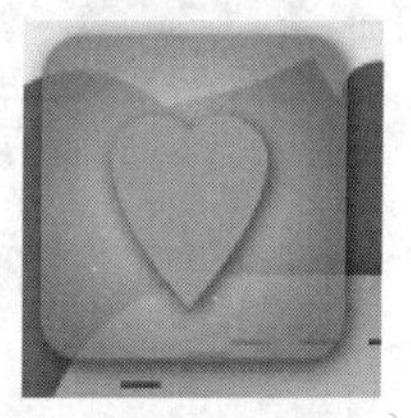

图 16-275

STEP 6 将“心形”图层和“粉红矩形”图层同时选取，3次拖曳到控制面板下方的“创建新图层”按钮上进行复制，生成3个副本图层。选择“移动”工具，将复制的图形分别拖曳到适当的位置并调整其大小，效果如图16-276所示。分别选择复制出的“心形 副本3”和“心形 副本”图层，按Ctrl+U组合键，弹出“色相/饱和度”对话框，选项的设置如图16-277所示。单击“确定”按钮，效果如图16-278所示。

STEP 7 选择复制出的“心形 副本2”图层。按Ctrl+U组合键，弹出“色相/饱和度”对话框，选项的设置如图16-279所示。单击“确定”按钮，效果如图16-280所示。

图 16-276

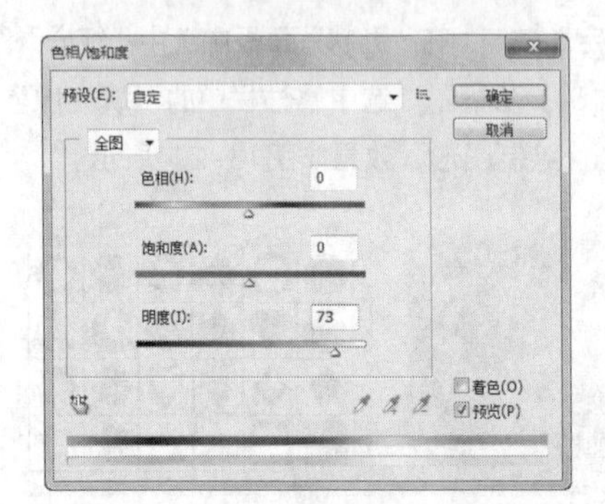

图 16-277

图 16-278

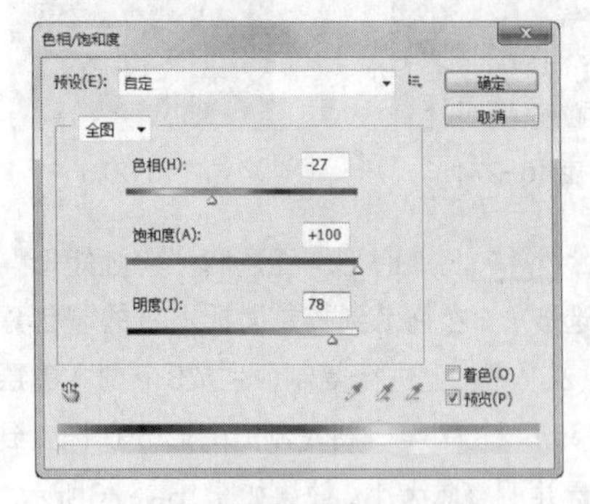

图 16-279

图 16-280

STEP 8 选择“粉红矩形 副本2”图层。按住Ctrl键的同时单击该图层的缩览图，生成选区。选择“渐变”工具，单击属性栏中的“点按可编辑渐变”按钮，弹出“渐变编辑器”对话框，将渐变色设为从白色到粉色（其R、G、B的值分别为226、133、151），单击“确定”按钮。在选区中从左上方向右下方拖曳渐变色，按Ctrl+D组合键，取消选区，效果如图16-281所示。

图 16-281

3. 绘制帽子

STEP 1 新建图层并将其命名为“帽子”。选择“钢笔”工具，选中属性栏中的“路径”按钮，在图像窗口的右下方绘制路径，如图16-282所示。按Ctrl+Enter组合键，将路径转化为选区。选择“渐变”工具，将渐变色设为从褐色（其R、G、B的值分别为188、37、15）到橘黄色（其R、G、B的值分别为240、168、71），在选区中从外部向中心拖曳渐变色。按Ctrl+D组合键，取消选区。

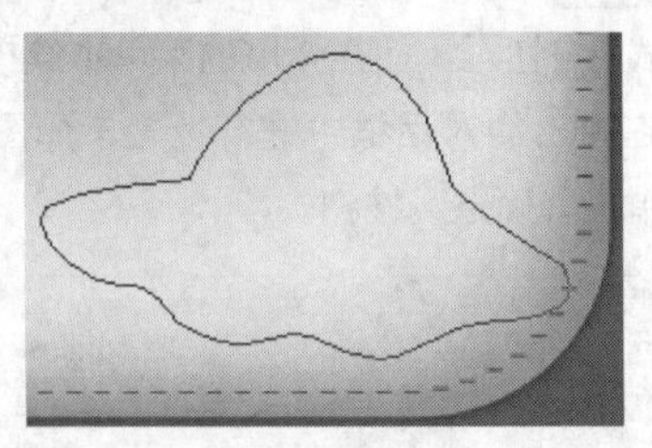

图 16-282

STEP 2 选择“加深”工具，在帽子图形的边缘处拖曳鼠标指针，将颜色加深，效果如图16-283所示。新建图层并将其命名为“粉边”。选择“钢笔”工具，在帽子的下方绘制路径，如图16-284所示。按Ctrl+Enter组合键，将路径转化为选区。

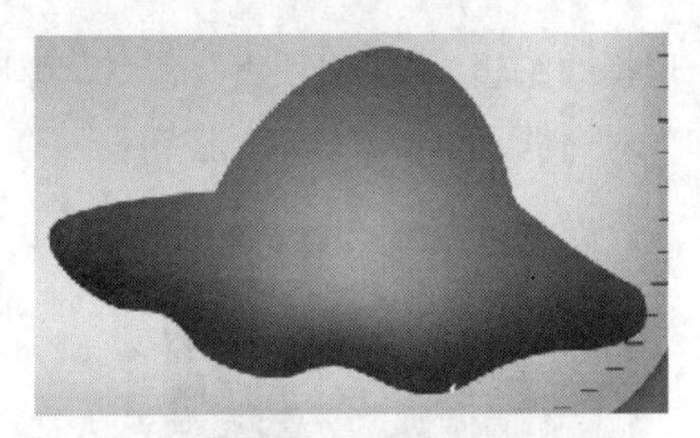

图 16-283

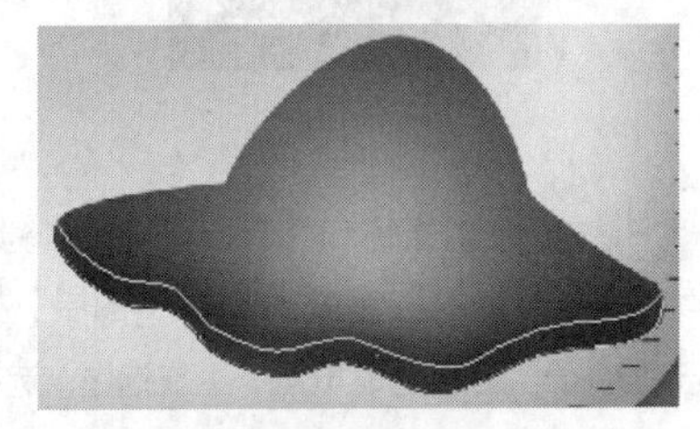

图 16-284

STEP 3 将前景色设为粉色（其R、G、B的值分别为249、193、202），背景色设为白色，按Ctrl＋Delete组合键，用背景色填充选区，如图16-285所示。选择“画笔”工具，在属性栏中单击画笔选项右侧的按钮，弹出画笔选择面板，选择需要的画笔形状，如图16-286所示。在选区中垂直拖曳鼠标指针，按[键或]键改变画笔的直径，绘制出的效果如图16-287所示。按Ctrl+D组合键，取消选区。

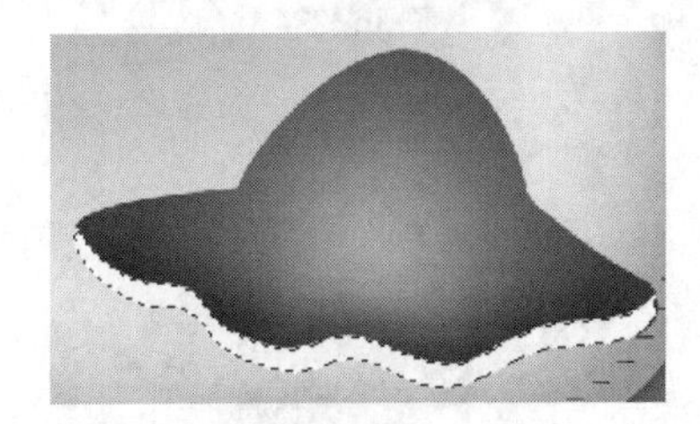

图 16-285

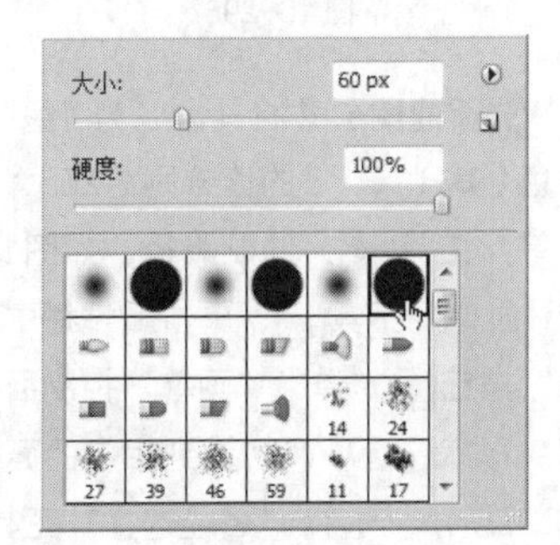

图 16-286

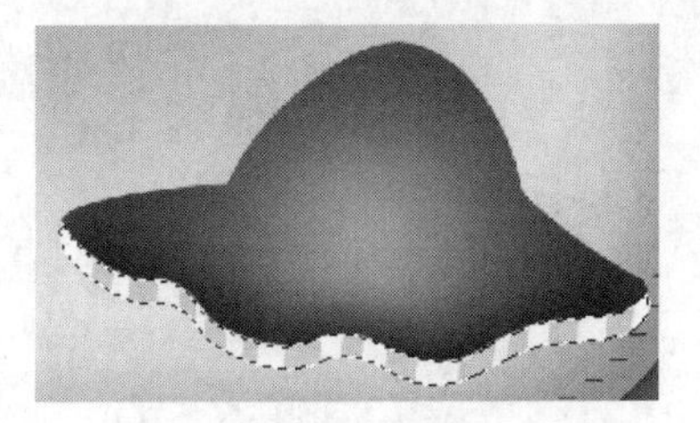

图 16-287

STEP 4 单击“图层”控制面板下方的“添加图层样式”按钮 fx，在弹出的菜单中选择“投影”命令，在弹出的对话框中进行设置，如图16-288所示。单击“确定”按钮，图像效果如图16-289所示。

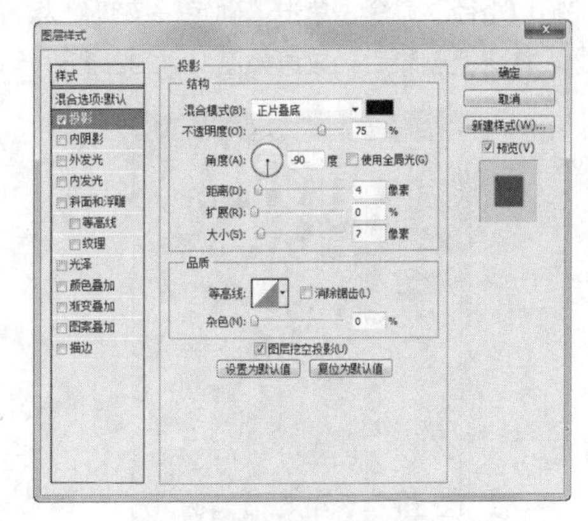

图 16-288

图 16-289

STEP 5 新建图层并将其命名为“画笔3”。将前景色设为褐色（其R、G、B的值分别为125、13、0）。按住Ctrl键的同时，在“图层”控制面板中单击“帽子”图层的缩览图，生成选区。选择“选择 > 修改 > 扩展”命令，在弹出的对话框中将“扩展量”选项设为18，单击“确定”按钮。选择“椭圆选框”工具，在选区中单击鼠标右键，在弹出的菜单中选择“建立工作路径”命令，弹出对话框，将“差值”选项设为2，单击“确定”按钮，效果如图16-290所示。

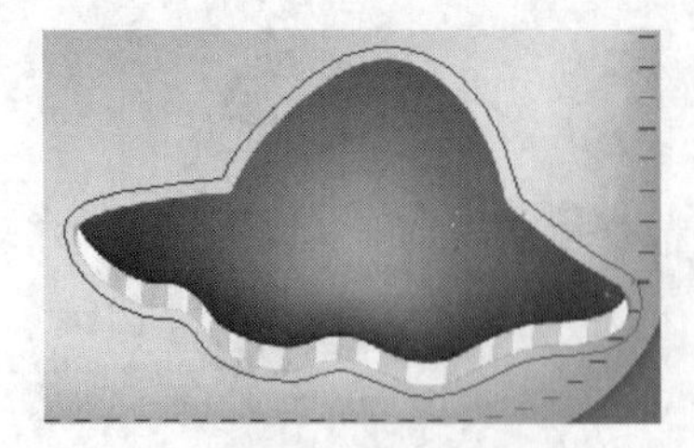

图 16-290

STEP 6 选择“画笔”工具，单击属性栏中的“切换画笔面板”按钮，弹出“画笔”控制面板。选择“画笔笔尖形状”选项，切换到相应的面板，设置如图16-291所示。选择“路径选择”工具，选取路径，单击鼠标右键，在弹出的菜单中选择“描边路径”命令，单击“确定”按钮，为路径描边。将路径删除后，效果如图16-292所示。

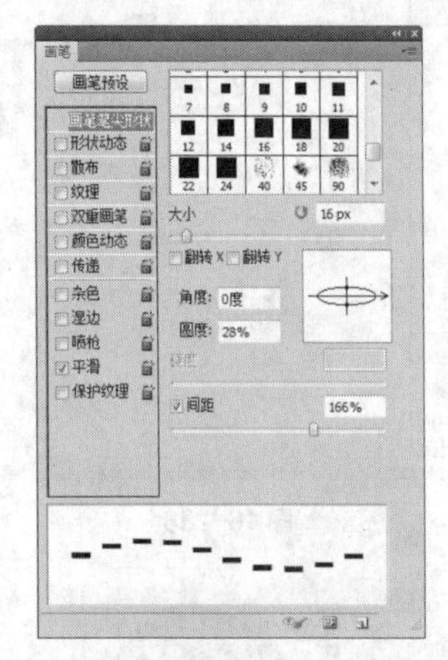

图 16-291

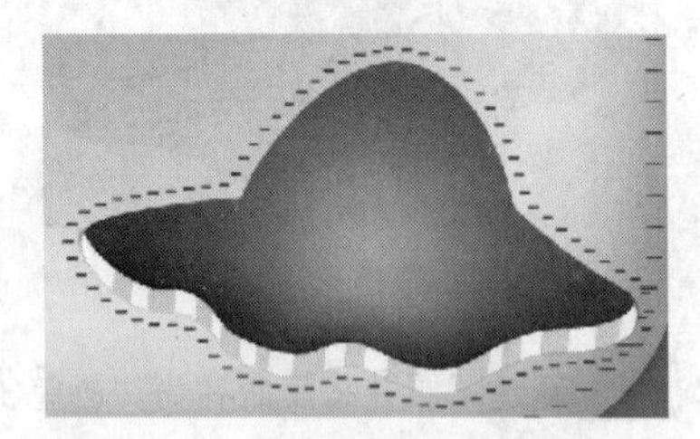

图 16-292

STEP 7 按Ctrl + N组合键，新建一个文件：宽度为1厘米，高度为1厘米，分辨率为200像素/英寸，颜色模式为RGB，背景内容为白色，单击“确定”按钮。将背景色设为黑色，前景色设为白色，按Ctrl + Delete组合键，用背景色填充“背景”图层。新建图层生成“图层1”。选择“自定形状”工具，绘制心形图形。选择“矩形选框”工具，按住Shift键的同时绘制选区，如图16-293所示。隐藏“背景”图层。选择“编辑 > 定义图案”命令，弹出“图案名称”对话框，单击“确定”按钮。

图 16-293

STEP 8 在原图像窗口中新建图层并将其命名为“图案填充”。按住Ctrl键的同时在“图层”控制面板中单击“帽子”图层的缩览图，生成选区。选择“编辑 > 填充”命令，在弹出的对话框中进行设置，如图16-294所示，单击“确定”按钮，填充选区。按Ctrl+D组合键，取消选区，效果如图16-295所示。

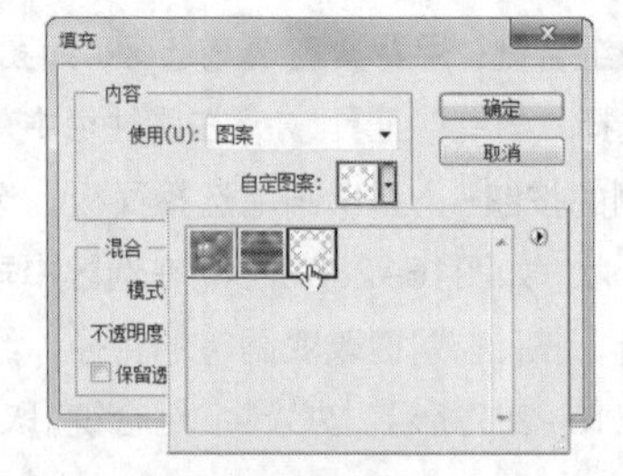

图 16-294

图 16-295

STEP 9 新建图层并将其命名为“线”。将前景色设为黄色（其R、G、B的值分别为255、188、5）。选择“钢笔”工具，绘制路径，如图16-296所示。选择“画笔”工具，单击属性栏中的“切换画笔面板”按钮，弹出“画笔”控制面板。选择“画笔笔尖形状”选项，切换到相应的面板，设置如图16-297所示。选择“路径选择”工具，选择路径，单击鼠标右键，在弹出的菜单中选择“描边路径”命令，单击“确定”按钮，为路径描边。将路径删除后，效果如图16-298所示。

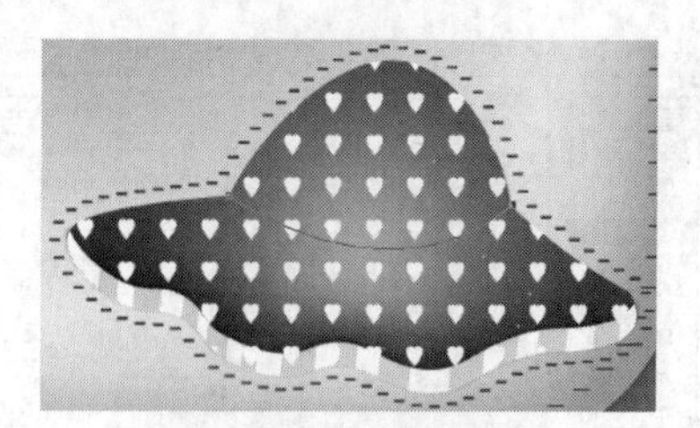

图 16-296

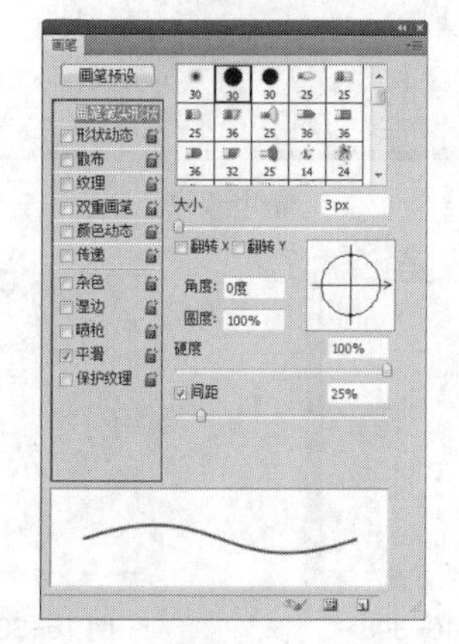

图 16-297

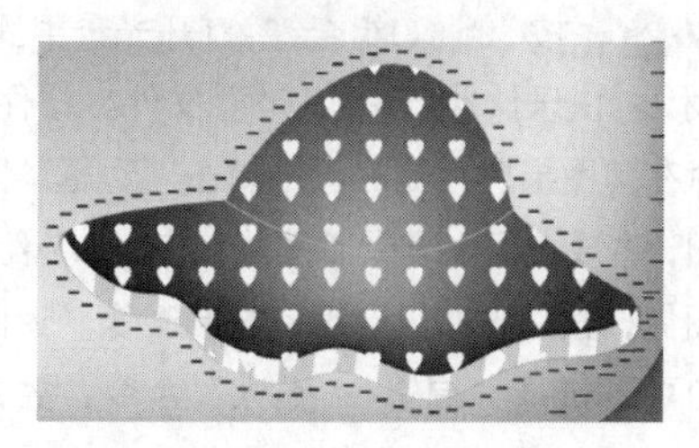

图 16-298

STEP 10 单击“图层”控制面板下方的“添加图层样式”按钮 *fx*，在弹出的菜单中选择“投影”命令，在弹出的对话框中进行设置，如图16-299所示。单击“确定”按钮，图像效果如图16-300所示。

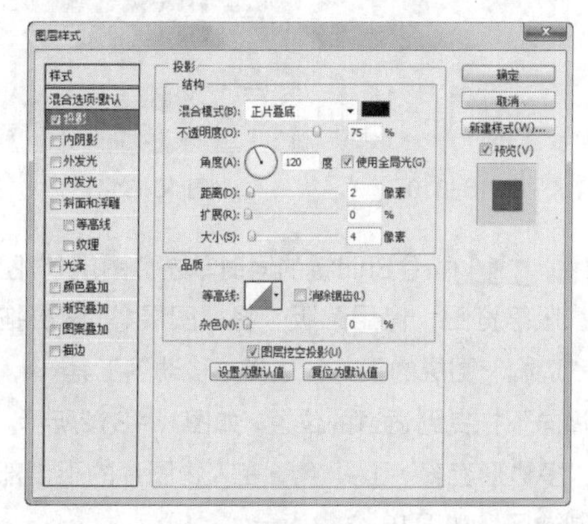

图 16-299

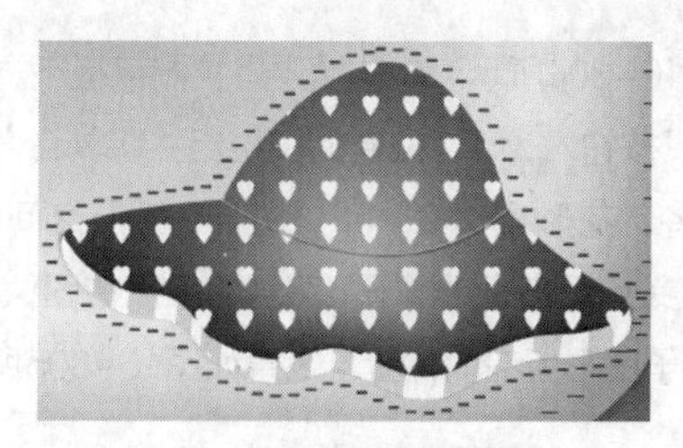

图 16-300

STEP 11 新建图层并将其命名为“花形”。将前景色设为紫色（其R、G、B的值分别为255、101、192）。选择“自定形状”工具，单击属性栏中的“形状”选项，弹出“形状”面板。单击右上方的按钮，在弹出的菜单中选择“装饰”选项，弹出提示对话框，单击“确定”按钮。在面板中选取图形“花形装饰2”，选中属性栏中的“路径”按钮，绘制路径，效果如图16-301所示。

图 16-301

STEP 12 选择“直接选择”工具，选取不需要的节点，按Delete键将其删除。选择“路径选择”工具，选取剩余的路径，改变其位置和角度，效果如图16-302所示。按Ctrl+Enter组合键，将路径转化为选区。按Alt+Delete组合键，用前景色填充选区。按Ctrl+D组合键，取消选区，效果如图16-303所示。

图 16-302

图 16-303

STEP 13 将“花形”图层拖曳到“图层”控制面板下方的“创建新图层”按钮 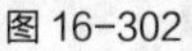 上复制两次。在图像窗口中分别调整复制图形的大小，填充为白色和粉色（其R、G、B的值分别为255、187、227），效

果如图16-304所示。单击“图层”控制面板下方的“创建新组”按钮，生成新的图层组并将其命名为“帽子”，将“花形 副本2”和“帽子”图层之间的所有图层拖曳到新建的“帽子”图层组中。在图像窗口中调整帽子图形所在的位置，效果如图16-305所示。

图 16-304

图 16-305

4. 添加人物照片

STEP 1 新建图层并将其命名为“边框”。将前景色设为白色，选择“圆角矩形”工具，选中属性栏中的“填充像素”按钮，将“半径”选项设为10px，绘制图形，如图16-306所示。

STEP 2 单击“图层”控制面板下方的“添加图层样式”按钮，在弹出的菜单中选择“外发光”命令，弹出对话框。将发光颜色设为暗红色（其R、G、B的值分别为161、0、0），其他选项的设置如图16-307所示。单击“确定”按钮，效果如图16-308所示。在“图层”控制面板上方，将“填充”选项设为0%，图像效果如图16-309所示。

图 16-306

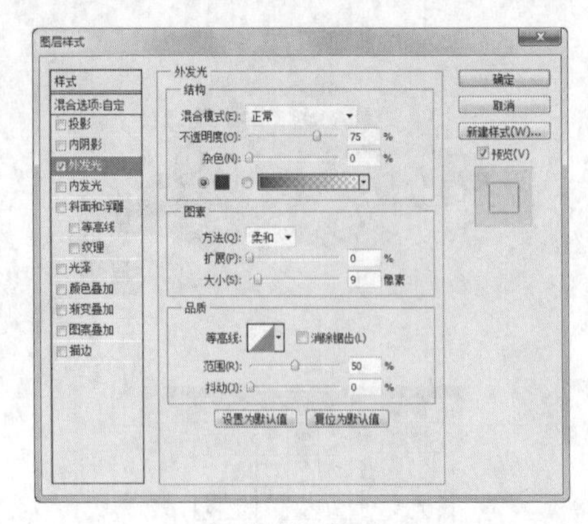

图 16-307

图 16-308

图 16-309

STEP 3 按Ctrl＋O组合键，打开光盘中的“Ch8 > 素材 > 快乐伙伴 > 02、03”文件。按住Ctrl键的同时在“图层”控制面板中单击“边框”图层的缩览图，生成选区。选择03图片，按Ctrl+A组合键，全选图像，按Ctrl+C组合键，复制图像。返回到图像窗口中，选择“编辑 > 贴入”命令，效果如图16-310所示，“图层”控制面板如图16-311所示。

图 16-310

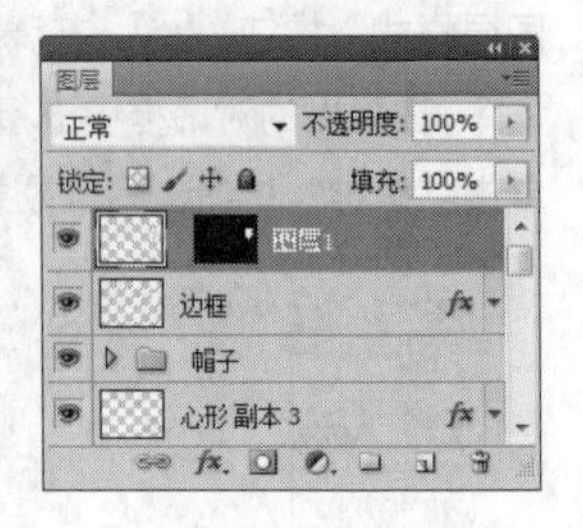

图 16-311

STEP 4 按住Shift键的同时单击“图层1”图层的蒙版缩览图，停用蒙版。将“图层1”图层拖曳到“边框”图层的下方，选择“移动”工具，将图片向下拖曳到适当的位置，如图16-312所示。选择“多边形套索”工具，在人物图片的下半部分绘制选区，如图16-313所示。

图 16-312

图 16-313

STEP 5 在“图层1”图层的蒙版缩览图上单击鼠标右键，在弹出的菜单中选择“启用图层蒙版”命令。按Alt+Delete组合键，用前景色填充选区。将“图层1”图层拖曳到“边框”图层的上方，并将其重命名为“人物2”，图像效果如图16-314所示。用相同的方法制作出如图16-315所示的效果，“图层”控制面板如图16-316所示。

图 16-314

图 16-315

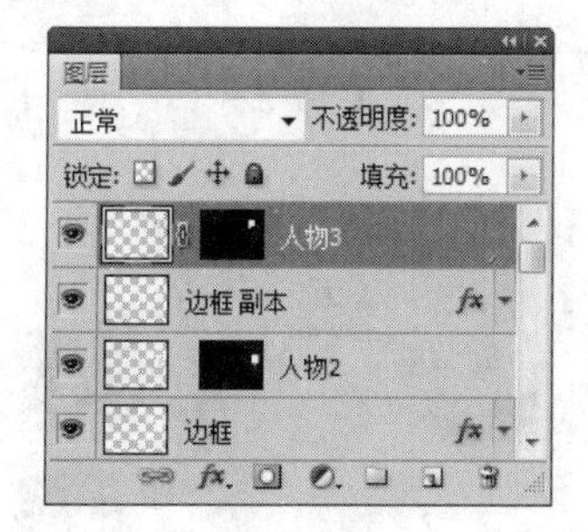

图 16-316

5. 制作特殊文字效果

STEP 1 新建图层并将其命名为“方框”。选择“自定形状”工具，单击属性栏中的“形状”选项，弹出“形状”面板。单击右上方的按钮，在弹出的菜单中选择“形状”选项，弹出提示对话框，单击“确定”按钮。在“形状”面板中选取图形“窄边方形边框”，选中属性栏中的“填充像素”按钮，按住Shift键的同时绘制两个图形，效果如图16-317所示。

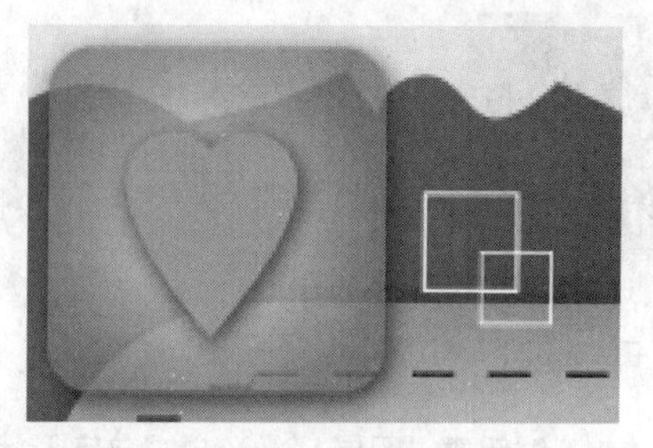
图 16-317

STEP 2 选择“横排文字”工具，在属性栏中选择合适的字体并设置文字大小，在方框的右侧输入白色文字，效果如图16-318所示。

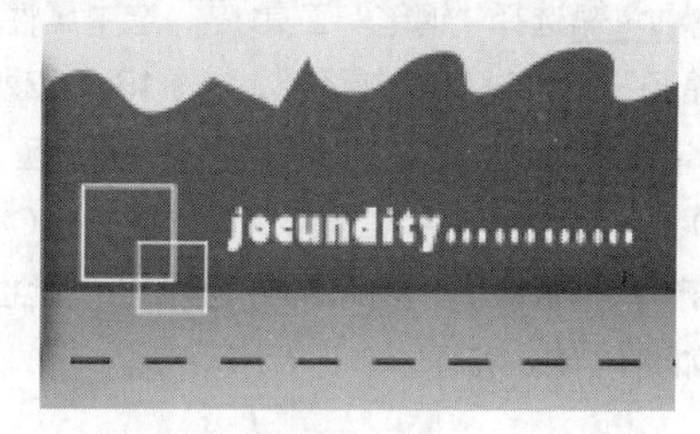

图 16-318

STEP 3 将前景色设为深红色（其R、G、B的值分别为169、0、0）。选择“横排文字”工具，在属性栏中选择合适的字体并设置文字大小，在图像窗口中分别输入文字，效果如图16-319所示，在“图层”控制面板中分别生成新的文字图层。

图 16-319

STEP 4 选择“的”图层，单击鼠标右键，在弹出的菜单中选择“栅格化文字”命令，将图层转化为普通图层。选择“椭圆选框”工具，在图像窗口绘制选区，如图16-320所示。按Delete键将选区中的图像删除。用相同的方法删除其他文字中不需要的笔画，如图16-321所示。

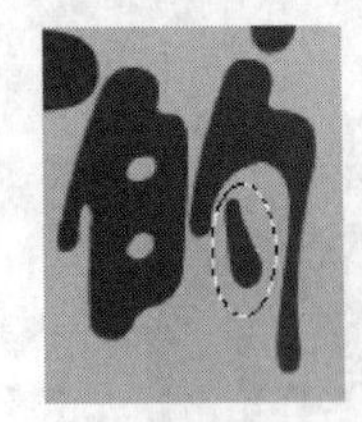

图 16-320

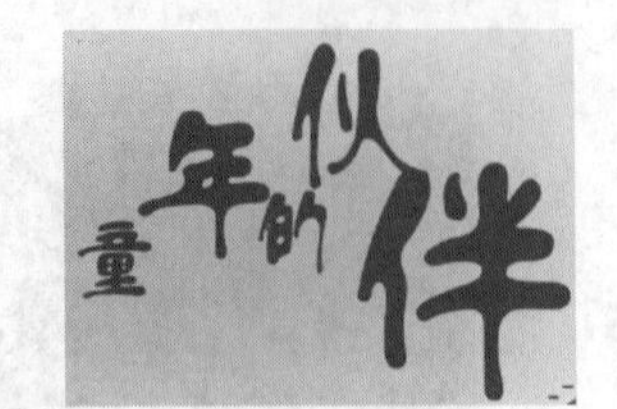

图 16-321

STEP 5 新建“图层1”。选择“自定形状”工具，单击属性栏中的“形状”选项，弹出“形状”面板。选取“红心”图形，选中属性栏中的“填充像素”按钮，绘制图形，并将其旋转至适当的角度，效果如图16-322所示。

STEP 6 选择“钢笔”工具，选中属性栏中的“路径”按钮，绘制路径，如图16-323所示。按Ctrl+Enter组合键，将路径转化为选区，按Alt+Delete组合键，用前景色填充选区，按Ctrl+D组合键，取消选区。用相同的方法绘制出其他图形，效果如图16-324所示。

图 16-322

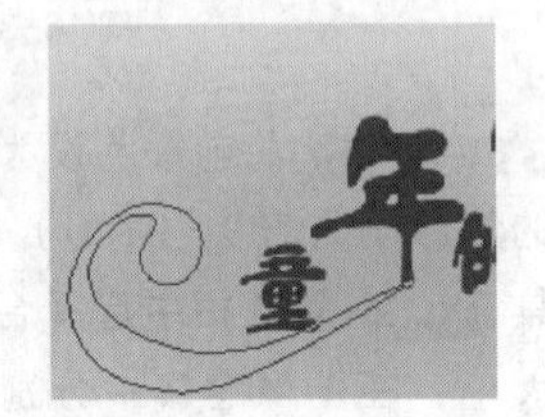

图 16-323

图 16-324

STEP 7 在“图层”控制面板中，按住Shift键的同时单击“童”图层和“图层1”图层，选中两个图层之间的所有图层，按Ctrl+E组合键，合并图层并将其命名为“文字”。单击“图层”控制面板下方的“添加图层样式”按钮 fx，在弹出的菜单中选择“投影”命令，弹出对话框，选项的设置如图16-325所示，单击“确定”按钮。单击“图层”控制面板下方的“添加图层样式”按钮 fx，在弹出的菜单中选择“内阴影”命令，弹出对话框，将发光颜色设为灰色（其R、G、B的值分别为97、97、97），其他选项的设置如图16-326所示。单击“确定”按钮，图像效果如图16-327所示。

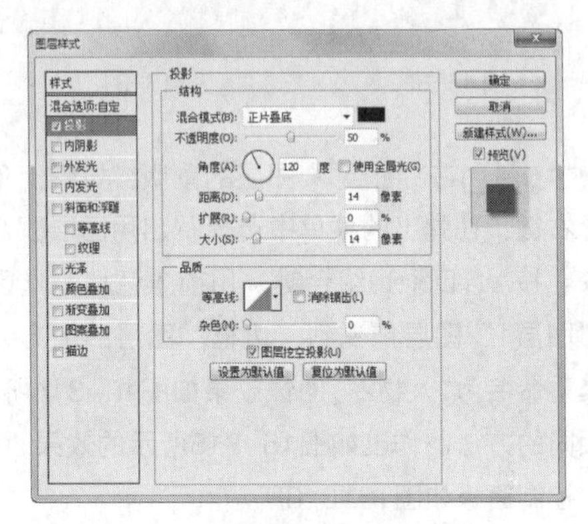

图 16-325

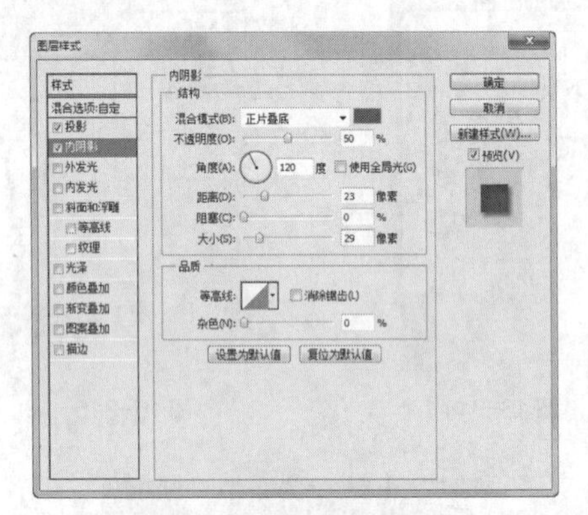

图 16-326

图 16-327

STEP 8 单击“图层”控制面板下方的“添加图层样式”按钮 fx，在弹出的菜单中选择“内发光”命令，弹出对话框。将发光颜色设为灰色（其R、G、B的值分别为103、103、103），其他选项的设置如图16-328所示。单击“确定”按钮，效果如图16-329所示。

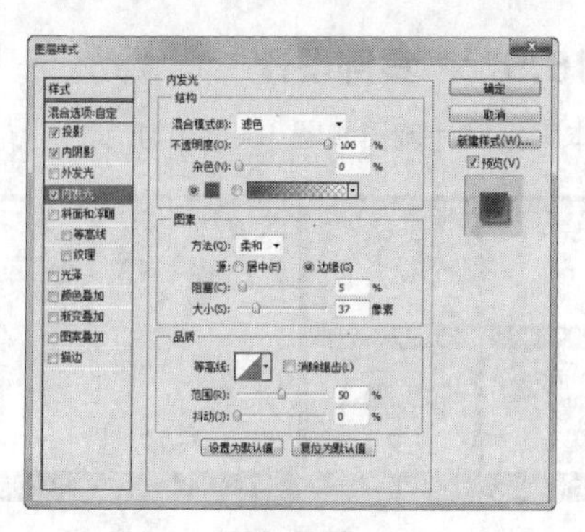

图 16-328

图 16-329

STEP 9 单击“图层”控制面板下方的“添加图层样式”按钮 fx，从弹出的菜单中选择“斜面和浮雕”命令，弹出对话框。单击“光泽等高线”选项右侧的按钮，从弹出的面板中选择预设的等高线，如图16-330所示。返回到“斜面和浮雕”面板，其他选项的设置如图16-331所示。单击左侧的“等高线”选项，弹出相应的面板，单击“等高线”选项，在弹出的对话框中进行设置，如图16-332所示。单击“确定”按钮，返回到“等高线”面板，其他选项的设置如图16-333所示。单击“确定”按钮，效果如图16-334所示。

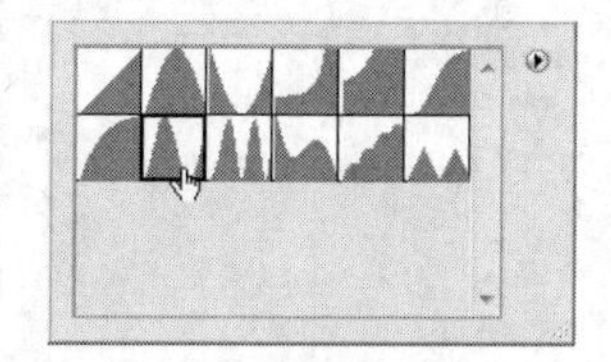

图 16-330

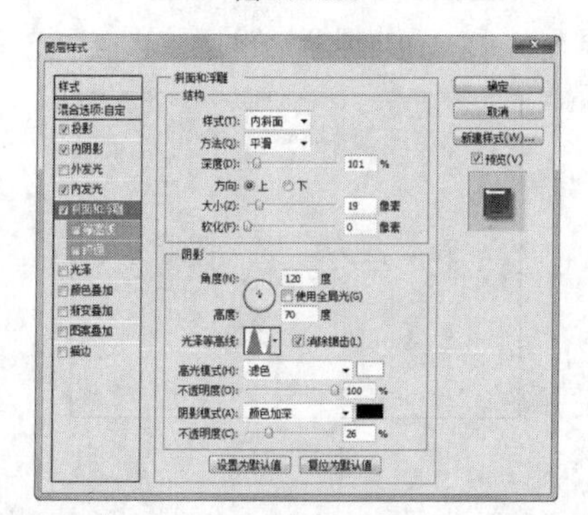

图 16-331

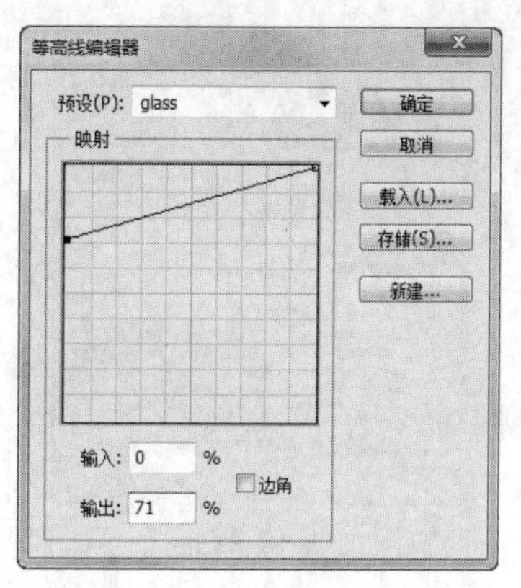

图 16-332

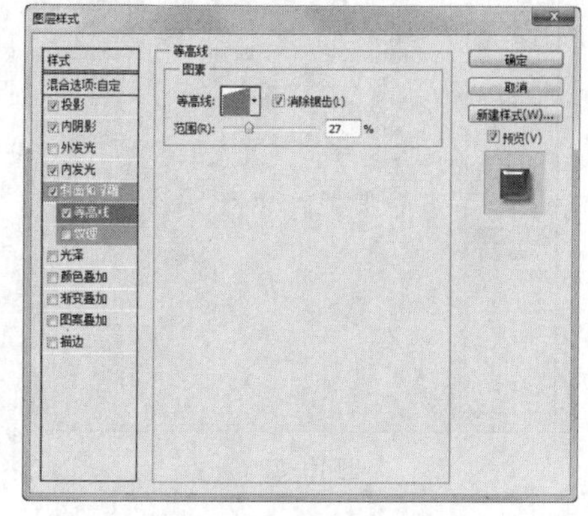

图 16-333

图 16-334

STEP 10 单击“图层”控制面板下方的“添加图层样式”按钮 fx，从弹出的菜单中选择“渐变叠加”命令，弹出对话框。单击“渐变”选项右侧的“点按可编辑渐变”按钮，弹出“渐变编辑器”对话框，将渐变色设为从白色到粉色（其R、G、B的值分别为249、102、171），如图16-335所示。单击“确定”按钮，返回到“渐变叠加”面板中，其他选项的设置如图16-336所示。单击“确定”按钮，效果如图16-337所示。快乐伙伴制作完成。

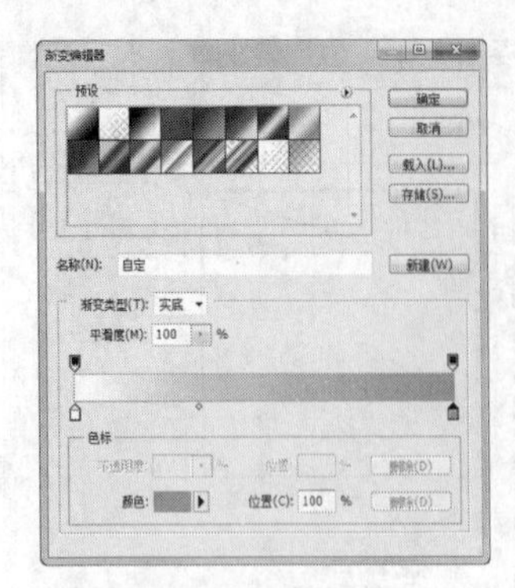

图 16-335

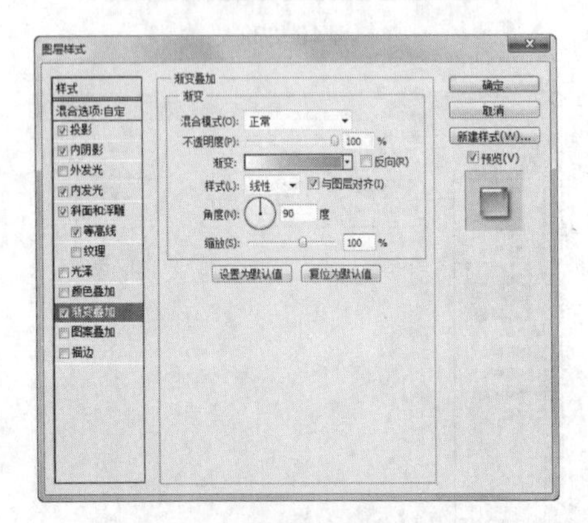

图 16-336

图 16-337

16.5 柔情时刻

16.5.1 案例分析

本例将情侣的照片进行艺术美化和处理，使之产生温馨、甜蜜的感觉。柔和的粉色增添了浪漫的气氛，烘托出情侣间亲密的氛围。

使用“渐变”工具制作背景，使用“画笔”工具制作装饰线条和画笔图形，使用“混合模式”选项、“不透明度”选项、“创建剪贴蒙版”命令制作人物图片特殊效果，使用“自定形状”工具制作心形。

16.5.2 案例设计

本案例设计流程如图 16-338 所示。

图 16-338

16.5.3 案例制作

1. 绘制背景

STEP 1 按Ctrl＋N组合键，新建一个文件：宽度为29.7厘米，高度为21厘米，分辨率为200像素/英寸，颜色模式为RGB，背景内容为白色，单击“确定”按钮。

STEP 2 选择“渐变”工具，单击属性栏中的“点按可编辑渐变”按钮，弹出“渐变编辑器”对话框。将渐变色设为从粉红色（其R、G、B的值分别为255、144、206）到白色，如图16-339所示，单击“确定”按钮。选中属性栏中的“线性渐变”按钮，在图像窗口中由上至下拖曳渐变，效果如图16-340所示。

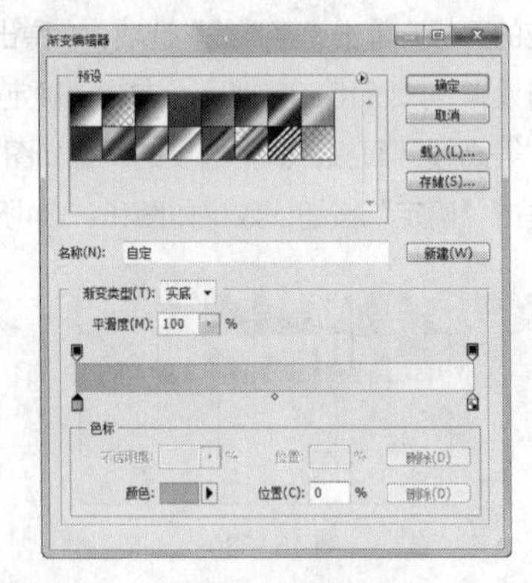

图 16-339

图 16-340

STEP 3 新建图层并将其命名为“线条”。选择

“画笔”工具，在属性栏中单击画笔选项右侧的按钮，弹出画笔选择面板，在画笔选择面板中选择需要的画笔形状，如图16-341所示。在图像窗口拖曳鼠标指针绘制线条，效果如图16-342所示。

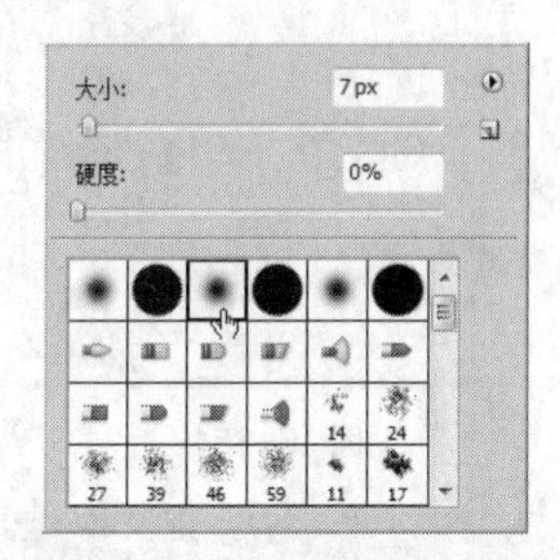

图 16-341

图 16-342

STEP 4 在“图层”控制面板上方，将“线条”图层的“不透明度”选项设为20%，如图16-343所示，图像效果如图16-344所示。

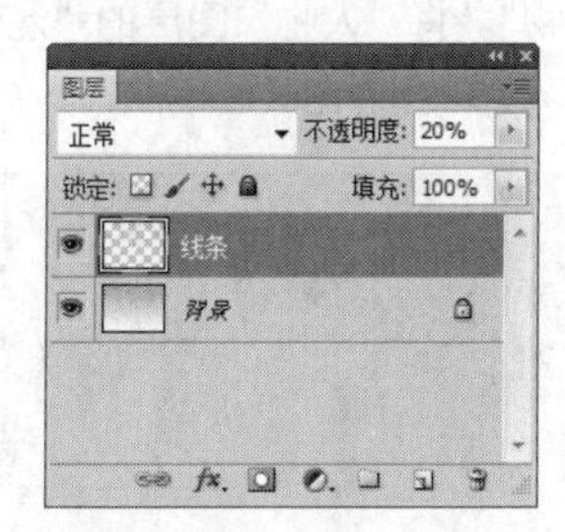

图 16-343

图 16-344

STEP 5 新建图层并将其命名为“绘画画笔”。将前景色设为白色。选择“画笔”工具，单击属性栏中的“切换画笔面板”按钮，弹出“画笔”控制面板。选择“画笔笔尖形状”选项，弹出“画笔笔尖形状”面板。选择需要的画笔形状，其他选项的设置如图16-345所示。选择“形状动态”选项，在相应的面板中进行设置，如图16-346所示。选择“散布”选项，在相应的面板中进行设置，如图16-347所示。在图像窗口中拖曳鼠标指针绘制图形，效果如图16-348所示。

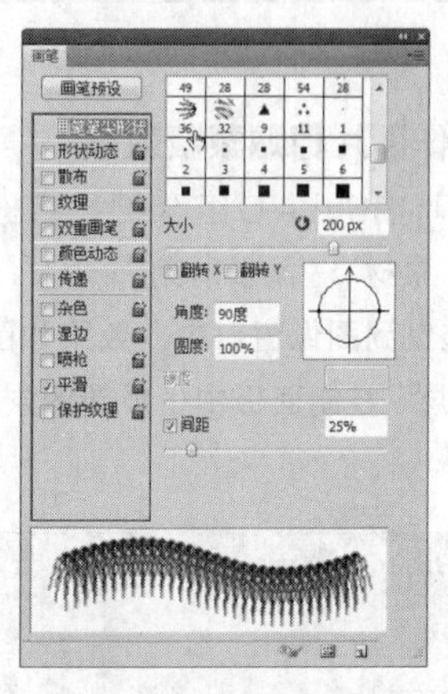

图 16-345

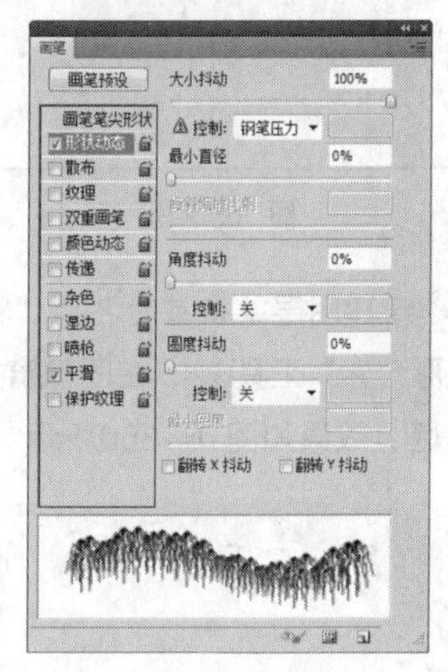

图 16-346

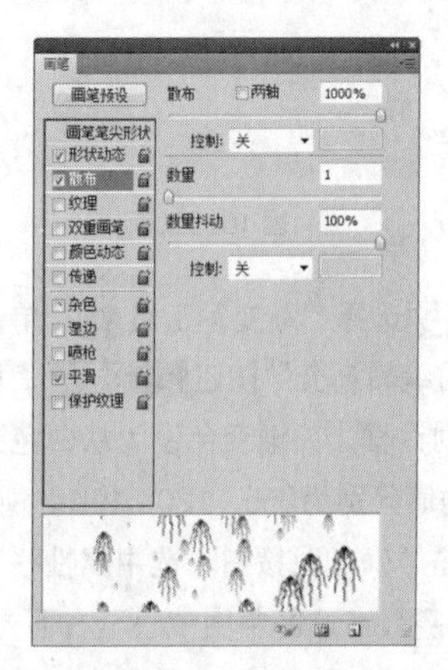

图 16-347

图16-348

2. 制作图片剪贴蒙版效果

STEP 1 按Ctrl + O组合键，打开光盘中的“Ch16 > 素材 > 柔情时刻 > 01”文件，将不规则图形拖曳到图像窗口中，效果如图16-349所示，在“图层”控制面板中生成新图层并将其命名为“相框”。

图16-349

STEP 2 新建图层并将其命名为“相框渐变”。选择“多边形套索”工具，在图像窗口中绘制一个不规则选区，效果如图16-350所示。

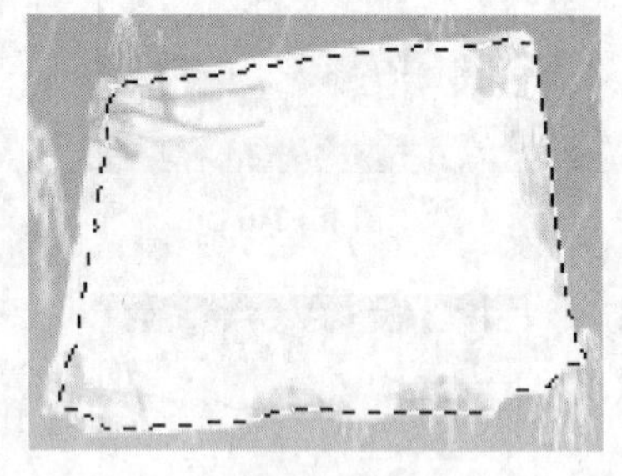

图16-350

STEP 3 选择“渐变”工具，单击属性栏中的“点按可编辑渐变”按钮，弹出“渐变编辑器”对话框。将渐变色设为从白色到粉色（其R、G、B的值分别为255、120、196），如图16-351所示，单击“确定”按钮。选中属性栏中的“径向渐变”按钮，在选区中由中心至右下方拖曳渐变，按Ctrl+D组合键，取消选区，效果如图16-352所示。

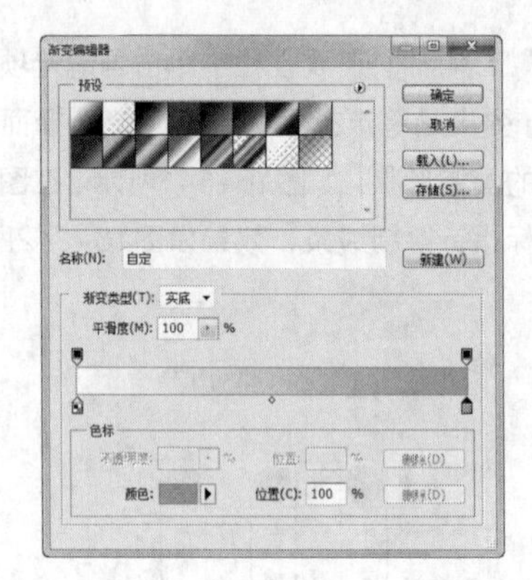

图16-351

图16-352

STEP 4 按Ctrl + O组合键，打开光盘中的“Ch16 > 素材 > 柔情时刻 > 02”文件，将人物图片拖曳到图像窗口的中心位置，效果如图16-353所示，在“图层”控制面板中生成新的图层并将其命名为“人物”。将“人物”图层的“混合模式”设为“明度”，效果如图16-354所示。

图16-353

图16-354

STEP 5 在“人物”图层上单击鼠标右键，在弹出的菜单中选择“创建剪贴蒙版”命令，如图16-355所示，图像效果如图16-356所示。

图 16-355

图 16-356

STEP 6 新建图层并将其命名为“透明渐变”。选择“渐变”工具，单击属性栏中的“点按可编辑渐变”按钮，弹出“渐变编辑器”对话框。将渐变色设为从白色到白色，在色带上方选取左侧的不透明度色标，将“不透明度”选项设为0，如图16-357所示，单击“确定”按钮。按住Shift键的同时由中心至右下方拖曳渐变，效果如图16-358所示。

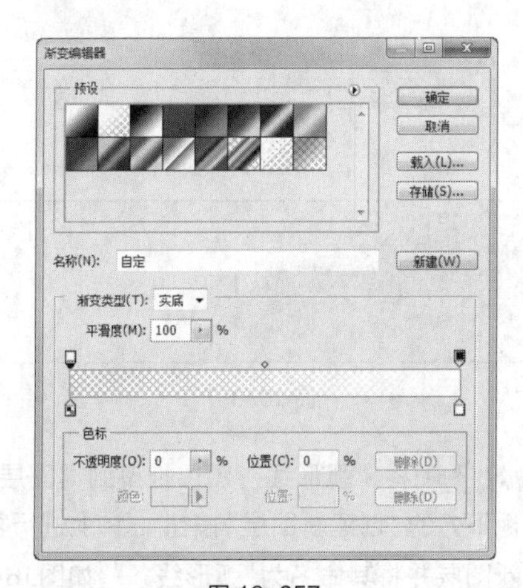

图 16-357

图 16-358

STEP 7 单击“图层”控制面板下方的“添加图层蒙版”按钮，为“透明渐变”图层添加蒙版。将前景色设为黑色。选择“画笔”工具，在属性栏中单击画笔选项右侧的按钮，弹出画笔选择面板，在画笔选择面板中选择需要的画笔形状，如图16-359所示。在图像窗口中人物图片周围涂抹，使图片更清晰，效果如图16-360所示。

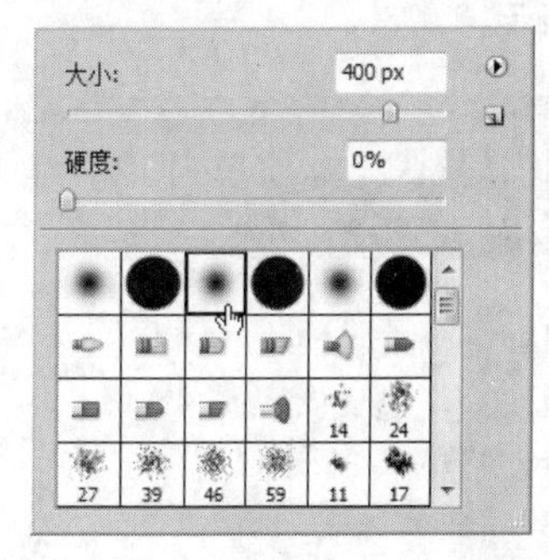

图 16-359

图 16-360

3. 绘制装饰图形

STEP 1 新建图层并将其命名为“弧形线”。选择“钢笔”工具，选中属性栏中的“路径”按钮，在图像窗口中绘制路径，效果如图16-361所示。

图 16-361

STEP 2 按Ctrl+Enter组合键，将路径转换为选区。选择“渐变”工具，单击属性栏中的“点按可编辑渐变”按钮，弹出“渐变编辑器”对话框。将渐变色设为从粉色（其R、G、B的值分别为243、157、210）到白色，如图16-362所示，单击“确定”按钮。选中属性栏中的“线性渐变”按钮，按住Shift键的同时在选区中由上至下拖曳渐变，按Ctrl+D组合键，取消选区，图像效果如图16-363所示。

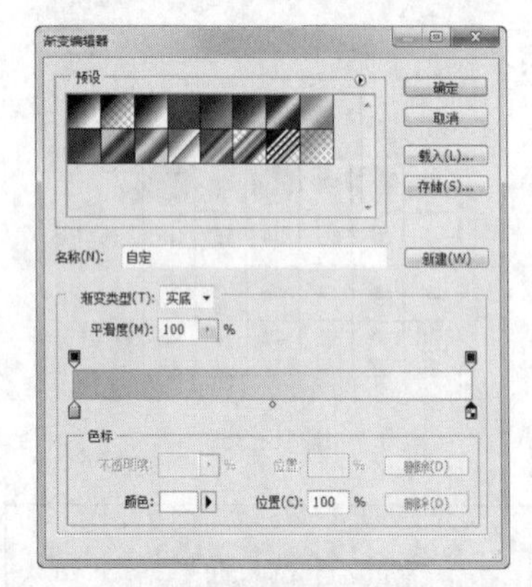

图 16-362

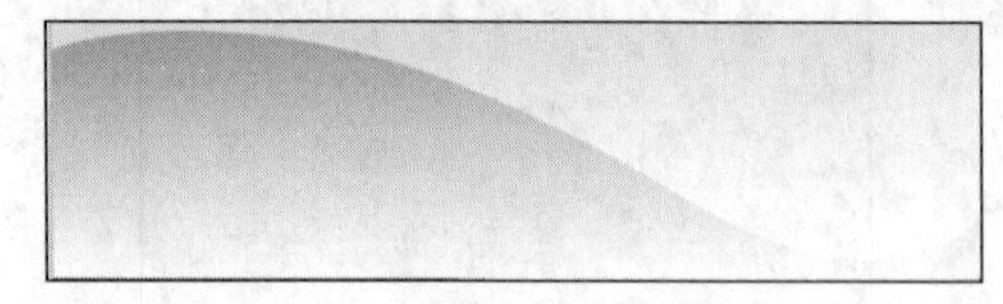

图 16-363

STEP 3 将“弧形线”图层拖曳到“图层”控制面板下方的“创建新图层”按钮上进行复制，生成新图层“孤形线 副本”，如图16-364所示。选择“移动”工具，将复制出的图形向下拖曳到适当的位置。按住Ctrl键的同时单击“孤形线 副本”图层的缩览图，图形周围生成选区，如图16-365所示。

图 16-364

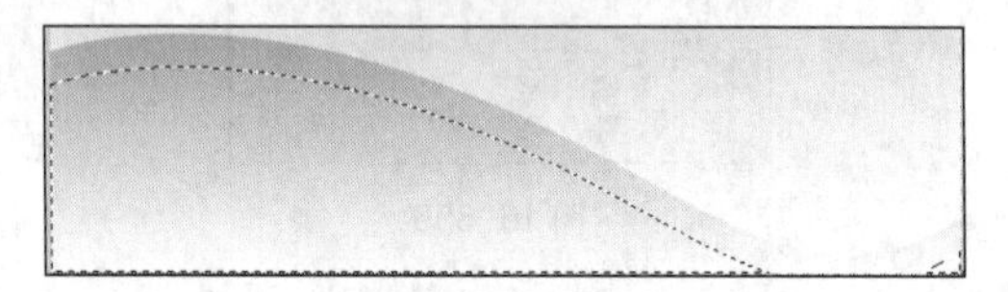

图 16-365

STEP 4 选择“渐变”工具，单击属性栏中的“点按可编辑渐变”按钮，弹出“渐变编辑器”对话框。将渐变色设为从粉色（其R、G、B的值分别为232、69、169）到白色，如图16-366所示，单击“确定”按钮。按住Shift键的同时在选区中由上至下拖曳渐变色，按Ctrl+D组合键，取消选区，图像效果如图16-367所示。

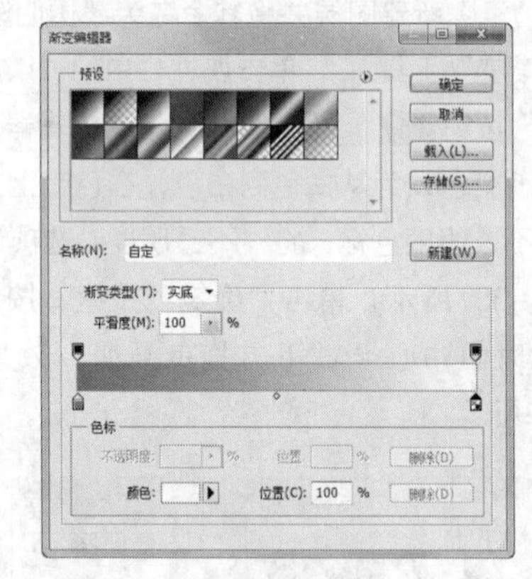

图 16-366

图 16-367

STEP 5 将“弧形线”图层拖曳到“图层”控制面板下方的“创建新图层”按钮上进行复制，生成新图层并将其命名为“弧形线条”，如图16-368所示。选择“移动”工具，将复制出的图形向上拖曳到适当的位置。按住Ctrl键的同时单击“弧形线条”图层的缩览图，图形周围生成选区，如图16-369所示。

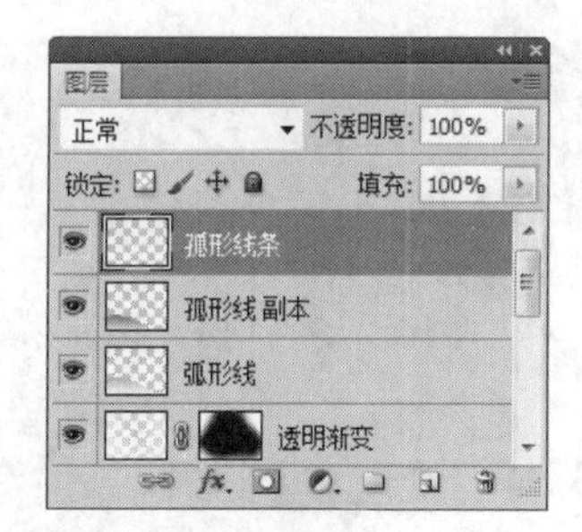

图 16-368

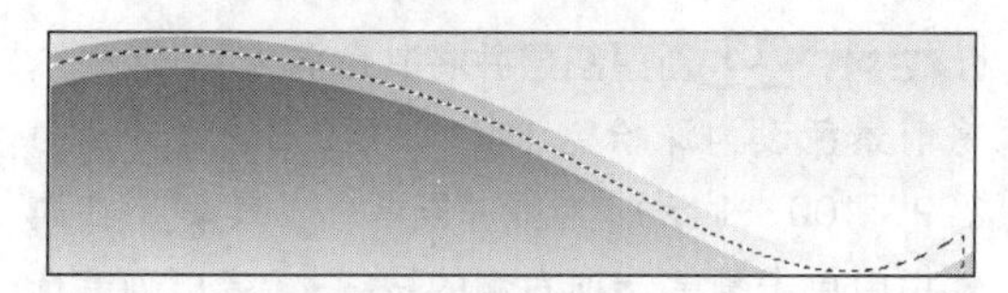

图 16-369

STEP 6 按Delete键删除选区中的内容。选择“编辑 > 描边”命令，弹出“描边”对话框，将描边颜色设为白色，其他选项的设置如图16-370所示，单击“确定”按钮。按Ctrl+D组合键，取消选区，效果如图16-371所示。

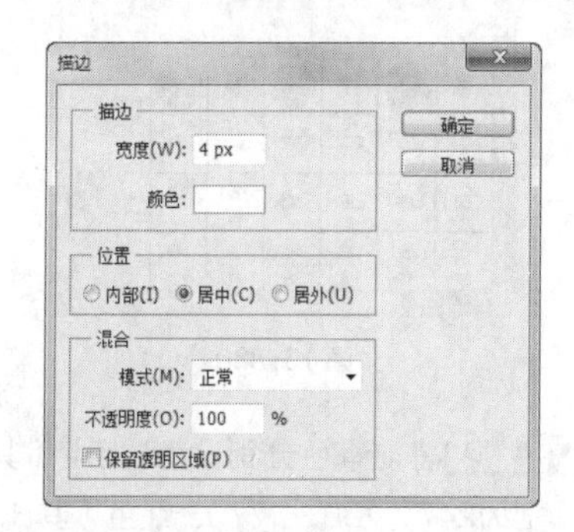

图 16-370

图 16-371

STEP 7 新建图层并将其命名为“白色心形”。将前景色设为白色。选择“自定形状”工具，单击属性栏中的“形状”选项，弹出“形状”面板。单击右上方的按钮，在弹出的菜单中选择“全部”选项，弹出提示对话框，单击“追加”按钮。在“形状”面板中选中“红心形卡”，如图16-372所示。选中属性栏中的“路径”按钮，拖曳鼠标绘制路径，如图16-373所示。

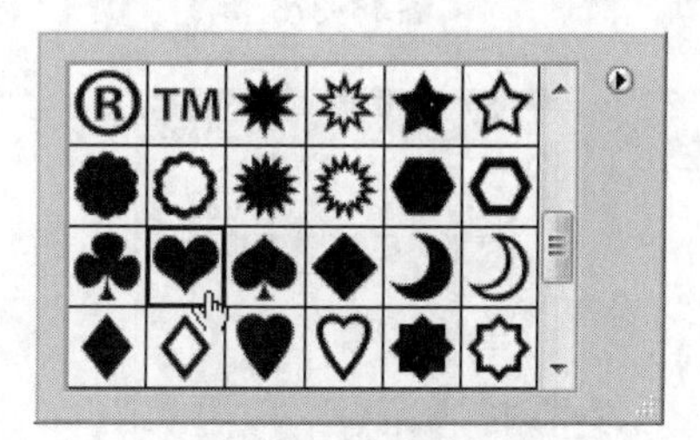

图 16-372

图 16-373

STEP 8 选择“画笔”工具，在属性栏中单击画笔选项右侧的按钮，弹出画笔选择面板，在画笔选择面板中选择需要的画笔形状，如图16-374所示。单击“路径”控制面板下方的“用画笔描边路径”按钮，路径被描边，并隐藏路径。

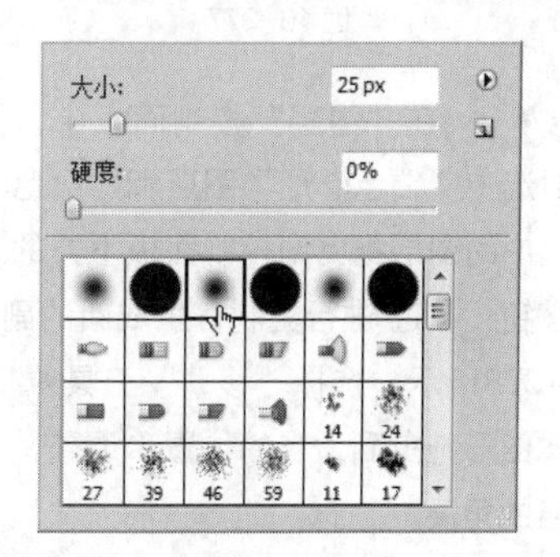

图 16-374

STEP 9 按Ctrl+T组合键，图形周围出现变换框，将鼠标指针放在变换框的控制手柄外边，指针变为旋转图标，拖曳鼠标将图形旋转到适当的角度，按Enter键确定操作，效果如图16-375所示。在“图层”控制面板上方，将“白色心形”图层的“不透明度”选项设为80%，如图16-376所示。

图 16-375

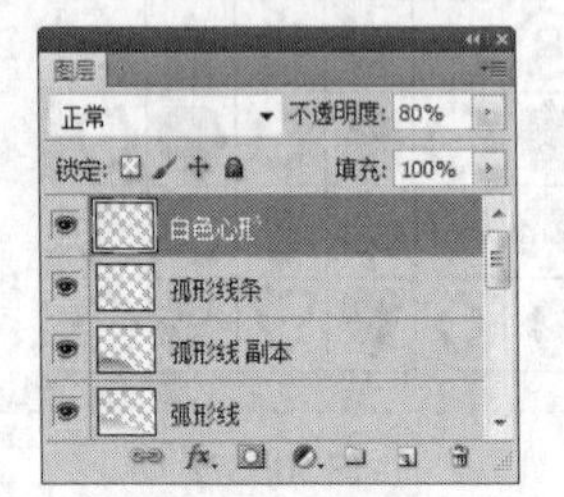

图 16-376

STEP 10 新建图层并将其命名为“颜色心形”。将前景色设为紫色（其R、G、B的值分别为216、126、179）。用上述方法制作如图16-377所示的效果。

图 16-377

STEP 11 在“图层”控制面板中，按住Shift键的同时选中“白色心形”图层和“颜色心形”图层，将选中的图层拖曳到控制面板下方的“创建新图层”按钮 上进行复制，生成新的副本图层，如图16-378所示。选择“移动”工具，将复制出的副本图形拖曳到适当的位置，调整其大小并旋转到适当的角度。

图 16-378

STEP 12 在“图层”控制面板上方，将“白色心形 副本”图层的“不透明度”选项设为100%，效果如图16-379所示。

图 16-379

STEP 13 新建图层并将其命名为“外边框”。将前景色设为深粉色（其R、G、B的值分别为229、100、145）。选择“画笔”工具，在属性栏中单击画笔选项右侧的按钮，弹出画笔选择面板。在画笔选择面板中选择需要的画笔形状，如图16-380所示。在图像窗口中拖曳鼠标指针绘制线条。

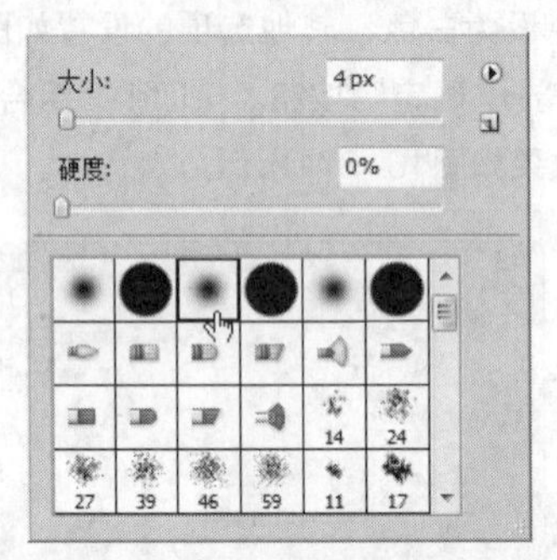

图 16-380

STEP 14 将前景色分别设为淡粉色（其R、G、B的值分别为247、130、177）、红色（其R、G、B的值分别为222、65、117），分别拖曳鼠标绘制不规则线条边框，效果如图16-381所示。

图 16-381

4．为人物添加蒙版效果

STEP 1 按Ctrl＋O组合键，打开光盘中的“Ch16 > 素材 > 柔情时刻 > 03”文件，将人物图片拖曳到图像窗口中的右下方，效果如图16-382所示，在“图层”控制面板中生成新图层并将其命名为“形状图片”。单击“图层”控制面板下方的“添加图层蒙版”按钮 ，为“形状图片”图层添加蒙版。

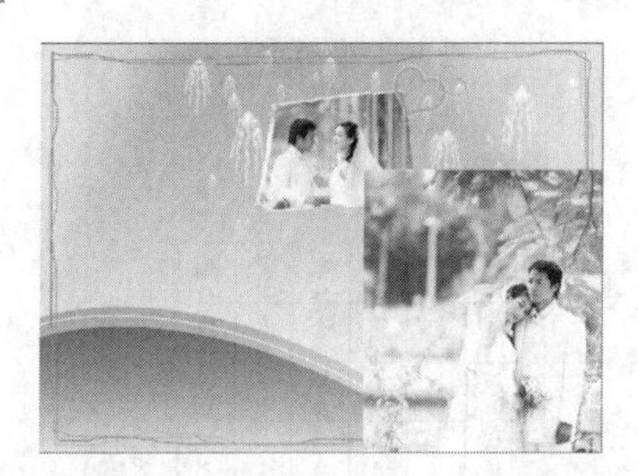

图 16-382

STEP 2 选择“自定形状”工具 ，单击属性栏中的“形状”选项，弹出“形状”面板。在“形状”面板中选中图形“三叶草”，如图16-383所示。选中“路径”按钮 ，按住Shift键的同时在图像窗口中绘制路径，效果如图16-384所示。

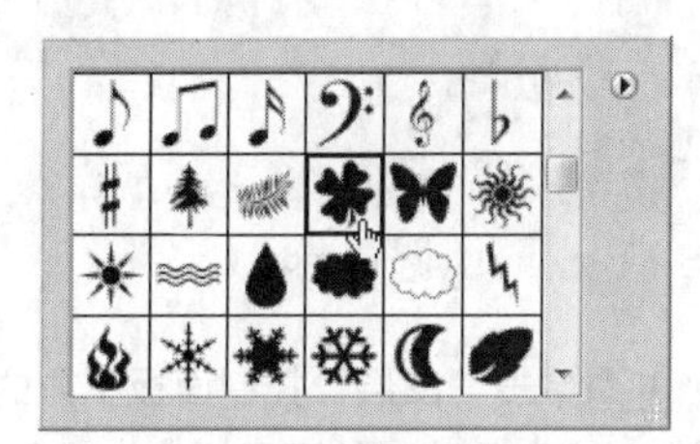

图 16-383

图 16-384

STEP 3 按Ctrl+Enter组合键，将路径转换为选区。按Ctrl+Shift+I组合键，将选区反选，用黑色填充选区。按Ctrl+D组合键，取消选区，效果如图16-385所示。

图 16-385

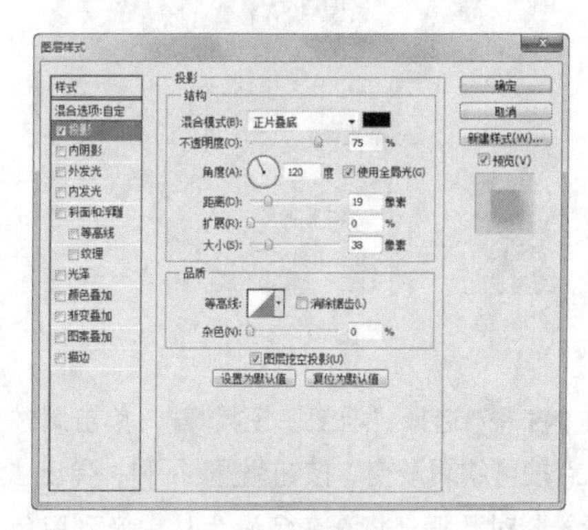

图 16-386

STEP 4 单击“图层”控制面板下方的“添加图层样式”按钮 ，在弹出的菜单中选择“投影”命令，弹出对话框，进行设置，如图16-386所示，单击“确定”按钮。在“图层”控制面板上方，将“形状图片”图层的“混合模式”选项设为“明度”，“不透明度”选项设为30%，如图16-387所示，效果如图16-388所示。

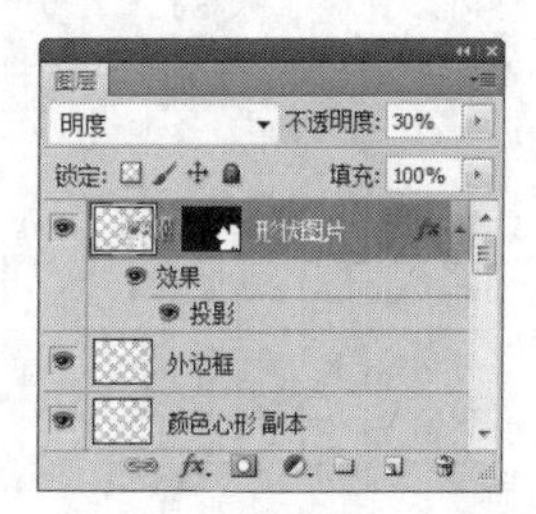

图 16-387

图 16-388

STEP 5 按Ctrl＋O组合键，打开光盘中的“Ch16 > 素材 > 柔情时刻 > 04”文件，将人物图片拖曳到图像窗口中的左方位置，效果如图16-389所示，在“图层”控制面板中生成新的图层并将其命名为“人物1”。单击“图层”控制面板下方的“添加图层蒙版”按钮 ，为“人物1”图层添加蒙版。

图 16-389

STEP 6 选择“渐变”工具 ，单击属性栏中的“点按可编辑渐变”按钮 ，弹出“渐变编辑器”对话框。将渐变色设为从白色到黑色，单击“确定”按钮。按住Shift键的同时在图像窗口中由左至右拖曳渐变。

STEP 7 选择“画笔”工具 ，在属性栏中单击画笔选项右侧的按钮 ，弹出画笔选择面板，在画笔选择面板中选择需要的画笔形状，如图16-390所示。在属性栏中将“不透明度”选项设为20%，在图像窗口中人物的边缘及下方进行涂抹，效果如图16-391所示。

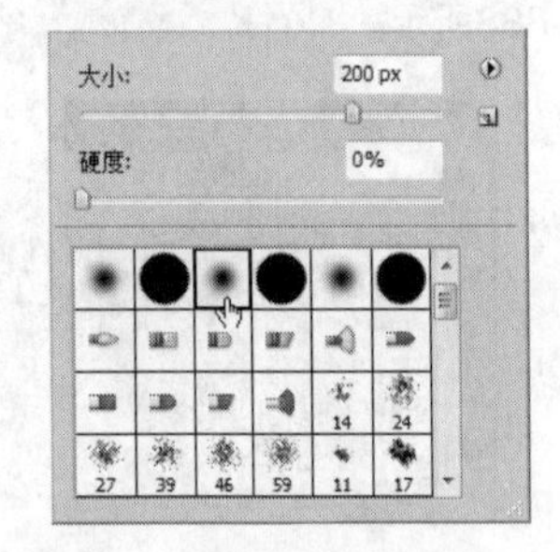

图 16-390

图 16-391

5. 添加装饰星形及文字

STEP 1 新建图层并将其命名为“外边框”。将前景色设为白色。选择“画笔”工具 ，在属性栏中单击画笔选项右侧的按钮 ，弹出画笔选择面板。在画笔选择面板中选择需要的画笔形状，如图16-392所示。适当地调整画笔笔触的大小，在图像窗口中拖曳鼠标指针绘制星星图形，效果如图16-393所示。

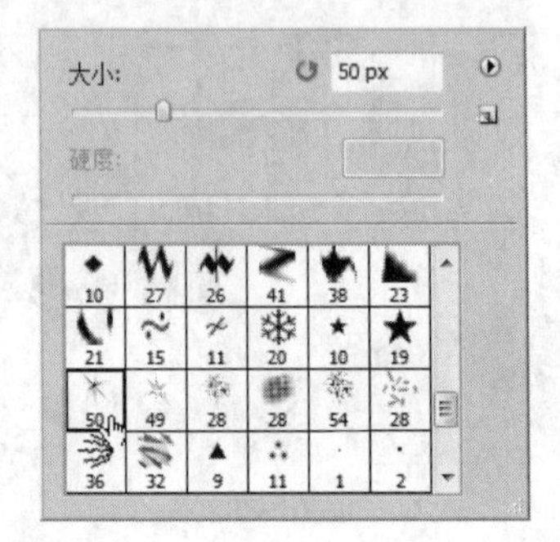

图 16-392

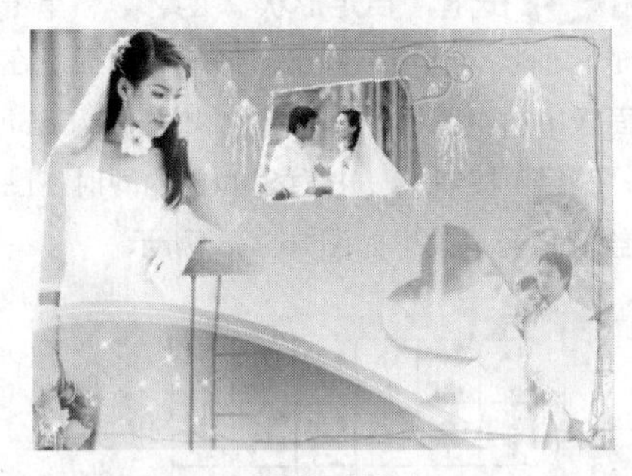

图 16-393

STEP 2 单击“图层”控制面板下方的“创建新组”按钮 ，生成新的图层组并将其命名为“文字”。选择“横排文字”工具 ，分别在属性栏中选择合适的字体并设置大小，分别输入需要的文字，填充文字适当的颜色，如图16-394所示。在“图层”控制面板中分别生成新的文字图层，如图16-395所示。柔情时刻制作完成，效果如图16-396所示。

图 16-394

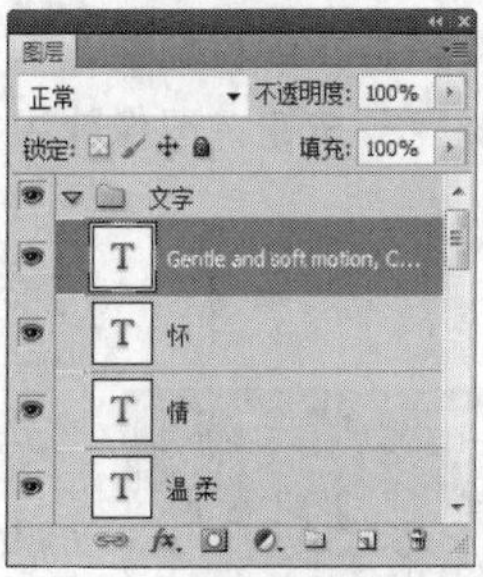

图 16-395

图 16-396

16.6 雅致新娘

16.6.1　案例分析

本例采用绘画风格来展示新娘的照片，表现出新娘的美丽与优雅；使用拼贴的方式来展示照片，为画面增添了新意。

使用“色相/饱和度”命令、“混合模式”选项以及“高斯模糊”滤镜命令制作背景图片的效果，使用“以快速蒙版模式编辑”按钮勾选人物图像，使用“高斯模糊”滤镜命令、“照亮边缘”滤镜命令以及“反相”命令制作人物的淡彩钢笔画效果。

16.6.2　案例设计

本案例设计流程如图 16-397 所示。

图 16-397

16.6.3　案例制作

1. 制作背景

STEP 1 按Ctrl + O组合键，打开光盘中的“Ch16 > 素材 > 雅致新娘 > 01”文件，图像效果如图16-398所示。

图 16-398

STEP 2 选择“图像 > 调整 > 色相/饱和度”命令，在弹出的对话框中进行设置，如图16-399所示。单击“确定”按钮，图像效果如图16-400所示。

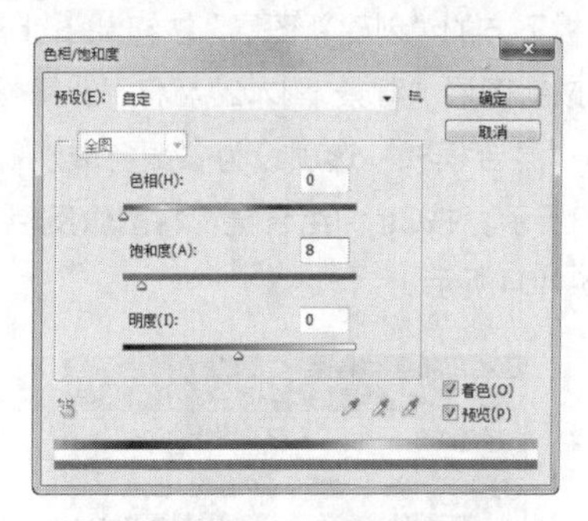

图 16-399

图 16-400

STEP 3 将“背景”图层拖曳到“图层”控制面板下方的“创建新图层”按钮上进行复制，生成新的图层“背景 副本”。在“图层”控制面板上方，将“背景 副本”图层的“混合模式”选项设为“变暗”，如图16-401所示。按Ctrl+Shift+U组合键，将图像去色，效果如图16-402所示。

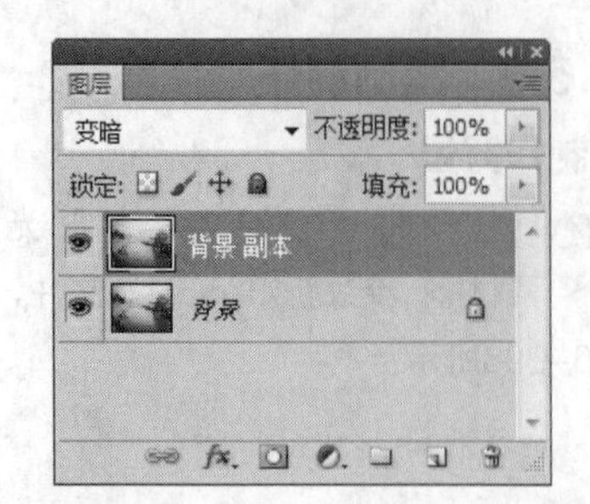

图 16-401

图 16-402

STEP 4 将“背景 副本”图层拖曳到“图层”控制面板下方的“创建新图层”按钮 上进行复制，生成新图层“背景 副本2”。将“背景 副本2”图层的“混合模式”选项设为“颜色减淡”，如图16-403所示。按Ctrl+I组合键，将图像反相，效果如图16-404所示。

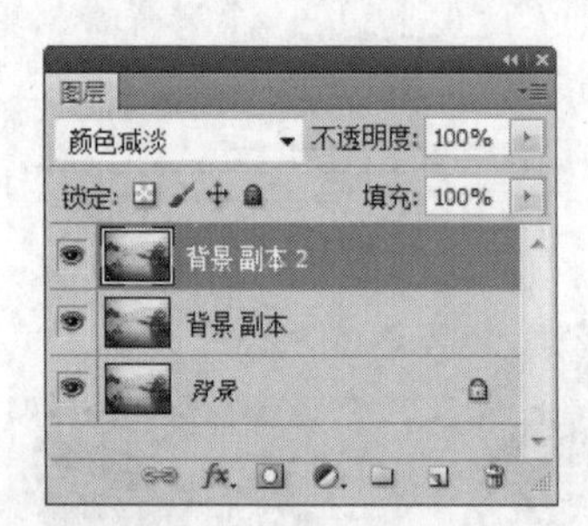

图 16-403

图 16-404

STEP 5 选择“滤镜 > 模糊 > 高斯模糊”命令，弹出对话框，进行设置，如图16-405所示。单击“确定”按钮，图像效果如图16-406所示。

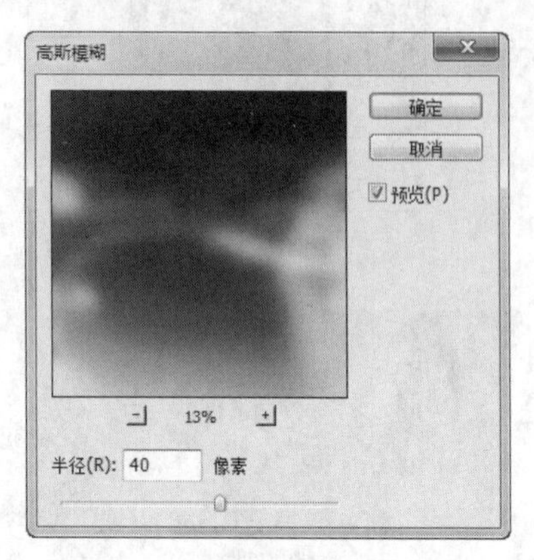

图 16-405

图 16-406

2. 添加图像和文字

STEP 1 按Ctrl + O组合键，打开光盘中的“Ch16 > 素材 > 雅致新娘 > 02”文件，图像效果如图16-407所示。单击工具箱下方的“以快速蒙版模式编辑”按钮，进入快速蒙版编辑状态。选择“画笔”工具，在属性栏中单击画笔选项右侧的按钮，弹出画笔选择面板，在画笔选择面板中选择需要的画笔形状，如图16-408所示。

图 16-407

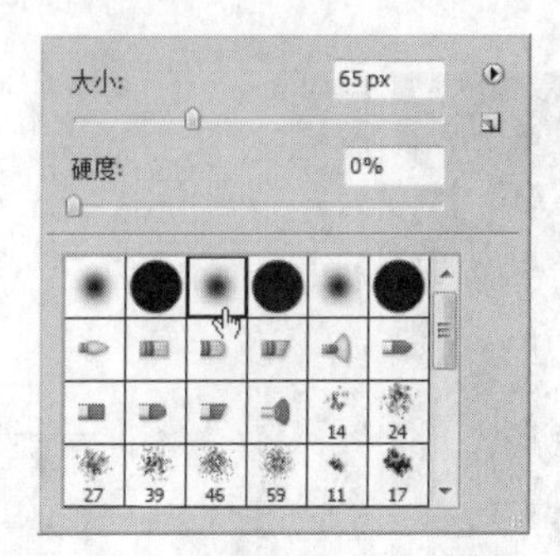

图 16-408

STEP 2 在图像窗口中拖曳鼠标指针涂抹人物及花束的边缘，被涂抹的区域变为红色。单击工具箱下方的“以标准模式编辑”按钮，返回标准模式编辑状态，图像周围生成选区，效果如图16-409所示。

图 16-409

STEP 3 按Ctrl+Shift+I组合键，将选区反选。选择“移动”工具，将选区中的图像拖曳到图像窗口中的适当位置，效果如图16-410所示。在“图层”控制面板中生成新的图层并将其命名为“人物”，如图16-411所示。按Ctrl+T组合键，图像周围出现变换框，在变换框中单击鼠标右键，在弹出的菜单中选择“水平翻转”命令，图像水平翻转，并拖曳图片到适当的位置，按Enter键确定操作。

图 16-410

图 16-411

STEP 4 按Ctrl+Shift+U组合键，将图像去色。将“人物”图层拖曳到“图层”控制面板下方的“创建新图层”按钮上进行复制，生成新图层“人物副本”。将“人物 副本”图层的“混合模式”选项设为“颜色减淡”，如图16-412所示。按Ctrl+I组合键，将图像反相。适当地调整人物位置，效果如图16-413所示。

图 16-412

图 16-413

STEP 5 选择“滤镜 > 模糊 > 高斯模糊”命令，弹出对话框，进行设置，如图16-414所示。单击“确定”按钮，图像效果如图16-415所示。

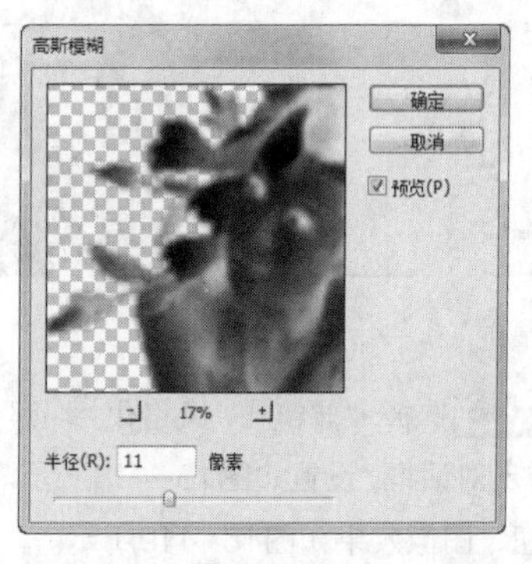

图 16-414

图 16-415

STEP 6 选择打开的02文件，选择“移动”工具 ，将选区中的图像拖曳到图像窗口中的适当位置，在“图层”控制面板中生成新图层并将其命名为“人物 副本2”，将其进行水平翻转、移动操作，效果如图16-416所示。

图 16-416

STEP 7 将“人物 副本2”图层拖曳到“图层”控制面板下方的“创建新图层”按钮 上进行复制，生成新图层“人物 副本2副本”。隐藏复制的图层。选中“人物 副本2”图层，将“混合模式”选项设为“颜色减淡”。按Ctrl+Shift+U组合键，将图像去色，效果如图16-417所示。

图 16-417

STEP 8 选择“滤镜 > 风格化 > 照亮边缘”命令，弹出对话框，设置如图16-418所示。单击“确定”按钮，图像效果如图16-419所示。

图 16-418

图 16-419

STEP 9 按Ctrl+I组合键，将图像反相。适当地调整人物位置，如图16-420所示。显示“人物 副本2副本”图层。在控制面板上方，将“混合模式”选项设为“叠加”，效果如图16-421所示。

图 16-420

图 16-421

STEP 10 按住Shift键的同时选中“人物 副本

2”、“人物 副本2副本”图层，按Ctrl+E组合键，合并图层并将其命名为“人物 副本2”。单击“图层”控制面板下方的“添加图层蒙版”按钮，为“人物 副本2”图层添加蒙版，用黑色填充蒙版区域，如图16-422所示。

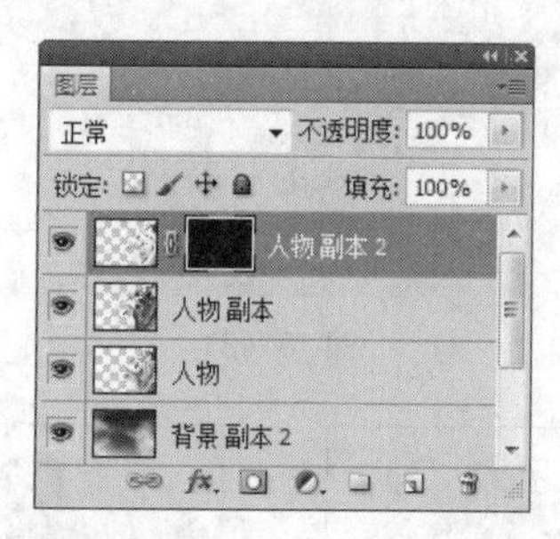

图 16-422

STEP 11 将前景色设为白色。选择“画笔”工具，在属性栏中单击画笔选项右侧的按钮，弹出画笔选择面板，适当地调整画笔的不透明度，在图像窗口的人物部分进行涂抹，效果如图16-423所示。

图 16-423

3. 制作装饰图形并添加人物

STEP 1 单击“图层”控制面板下方的“创建新组”按钮，生成新的图层组并将其命名为“相框”。新建图层并将其命名为“图形1”。将前景色设为浅黄色（其R、G、B的值分别为235、229、177）。选择“矩形”工具，选中属性栏中的“填充像素”按钮，在图像窗口中绘制图形。

STEP 2 按Ctrl+T组合键，图形周围出现变换框，将鼠标指针放在变换框的控制手柄外边，指针变为旋转图标，拖曳鼠标将图形旋转到适当的角度，按Enter键确定操作，效果如图16-424所示。在“图层”控制面板上方，将“图形1”图层的“不透明度”选项设为54%，效果如图16-425所示。

图 16-424

图 16-425

STEP 3 新建图层并将其命名为“图形2”。选择“矩形”工具，在图像窗口中绘制图形。按Ctrl+T组合键，图形周围出现变换框，在变换框中单击鼠标右键，在弹出的菜单中选择“变形”命令，分别拖曳各个控制点到适当的位置，扭曲变形图形，按Enter键确定操作，图像效果如图16-426所示。

图 16-426

STEP 4 在“图层”控制面板上方，将“图形2”图层的“不透明度”选项设为50%，效果如图16-427所示。

图 16-427

STEP 5 新建图层并将其命名为“图形3”。选择“矩形”工具，在图像窗口中绘制图形并旋转适当的角度，效果如图16-428所示。在“图层”控制面板上方，将“图形3”图层的“不透明度”选项设为56%，效果如图16-429所示。

图 16-428

图 16-429

STEP 6 按Ctrl + O组合键，打开光盘中的“Ch16 > 素材 > 雅致新娘 > 03”文件，将人物图片拖曳到图像窗口中的左侧位置，效果如图16-430所示，在“图层”控制面板中生成新的图层并将其命名为“人物2”。

图 16-430

STEP 7 单击“图层”控制面板下方的“添加图层样式”按钮 fx，在弹出的菜单中选择“外发光”命令，弹出对话框，设置如图16-431所示。单击“确定”按钮，效果如图16-432所示。将“人物2”图层拖曳到“图层”控制面板下方的“创建新图层”按钮上进行复制，生成新图层“人物2副本”，效果如图16-433所示。

STEP 8 新建图层并将其命名为“白色边框”。将前景色设为白色。选择“矩形选框”工具，选中属性栏中的“添加到选区”按钮，在图像窗口中绘制选区，如图16-434所示。选中属性栏中的“从选区减去”按钮，绘制选区，如图16-435所示。

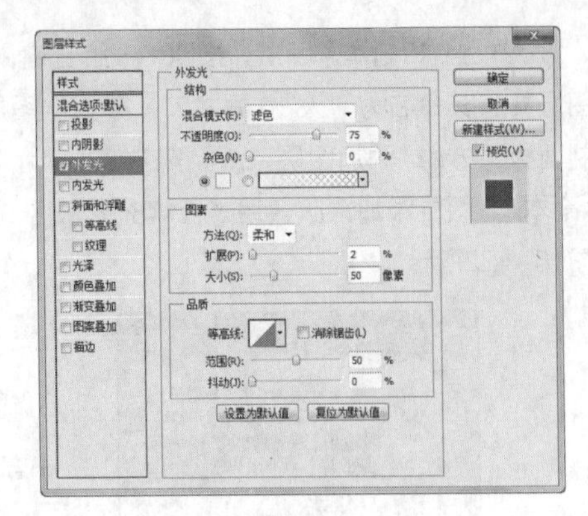

图 16-431

图 16-432

图 16-433

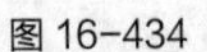

图 16-434

图 16-435

STEP 9 按Alt+Delete组合键，用白色填充选区，按Ctrl+D组合键，取消选区。按Ctrl+T组合键，图形周围出现变换框，将鼠标指针放在变换框的控制手柄外边，指针变为旋转图标，拖曳鼠标将图形旋转到适当的角度，按Enter键确定操作，效果如图16-436所示。

图 16-436

STEP 10 单击“图层”控制面板下方的“添加图层样式”按钮 fx.，在弹出的菜单中选择“投影”命令，弹出对话框，设置如图16-437所示。单击“确定”按钮，图像效果如图16-438所示。

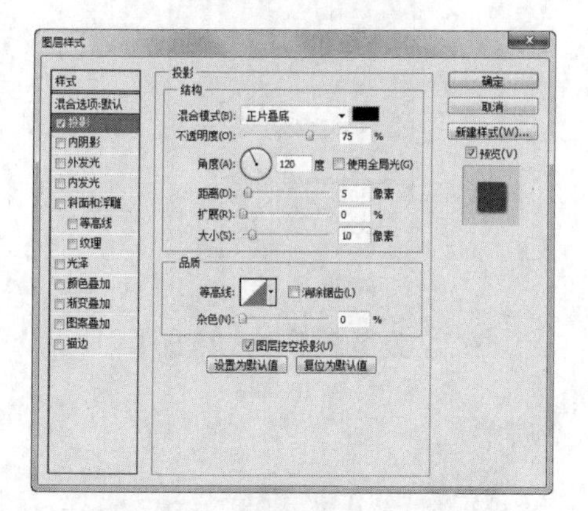

图 16-437

图 16-438

STEP 11 将“白色边框”图层拖曳到“图层”控制面板下方的“创建新图层”按钮 上进行复制，生成新图层“白色边框 副本”。将复制出的副本图形拖曳到适当的位置并调整其大小，图像效果如图16-439所示。

图 16-439

STEP 12 将“白色边框 副本”图层拖曳到“图层”控制面板下方的“创建新图层”按钮 上进行复制，生成新图层“白色边框 副本2”，将其拖曳到“白色边框”图层的下方，如图16-440所示。将复制出的副本图形拖曳到适当的位置并调整其大小，图像效果如图16-441所示。在“图层”控制面板中单击“相框”图层组前面的三角形图标，将“相框”图层组中的图层隐藏。

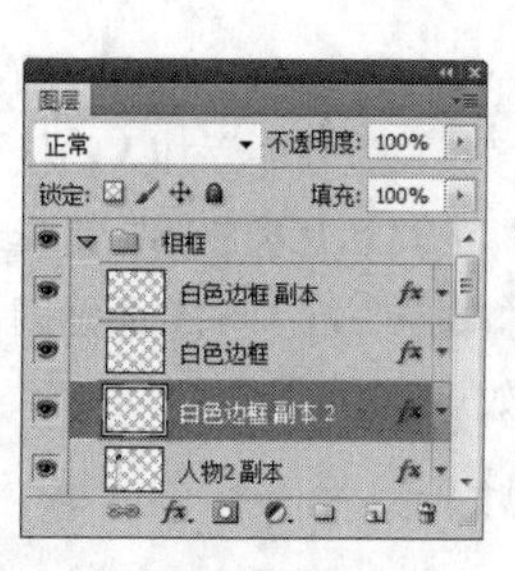

图 16-440　　图 16-441

STEP 13 选择“横排文字”工具 T，分别在属性栏中选择合适的字体并设置大小，分别输入需要的黑色文字，如图16-442所示，在“图层”控制面板中分别生成新的文字图层。雅致新娘制作完成，效果如图16-443所示。

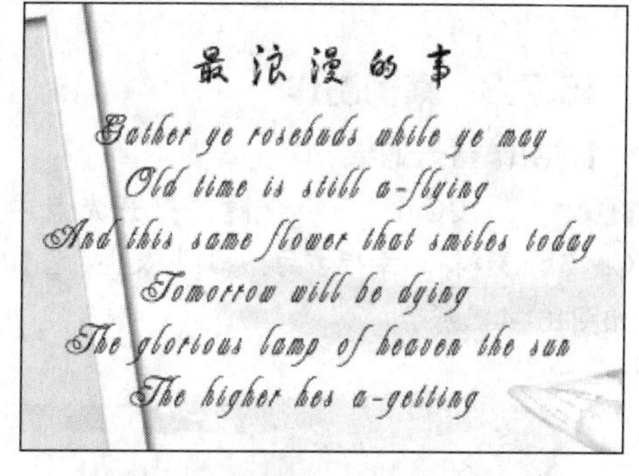

图 16-442

图 16-443

16.7 幸福岁月

16.7.1 案例分析

本例为表现老年生活的照片，重点突出和乐融洽的家庭氛围，画面中穿插多张家庭照片，展示出老年生活的和谐与美满。

使用“色彩平衡”命令调整图片颜色，使用“画笔”工具绘制虚线，使用“投影”命令添加人物投影效果，使用“圆角矩形”工具和“橡皮擦”工具绘制邮票图形，使用“横排文字”工具和“添加图层样式”按钮制作文字特效。

16.7.2 案例设计

本案例设计流程如图 16-444 所示。

图 16-444

16.7.3 案例制作

1. 制作背景效果

STEP 1 按Ctrl + O组合键，打开光盘中的“Ch16 > 素材 > 幸福岁月 > 01”文件，图像效果如图16-445所示。

图 16-445

STEP 2 单击“图层”控制面板下方的“创建新的填充或调整图层”按钮，从弹出的菜单中选择“色彩平衡”命令，在“图层”控制面板中生成“色彩平衡1”图层，同时弹出“色彩平衡”面板，选项的设置如图16-446所示，图像窗口中的效果如图16-447所示。

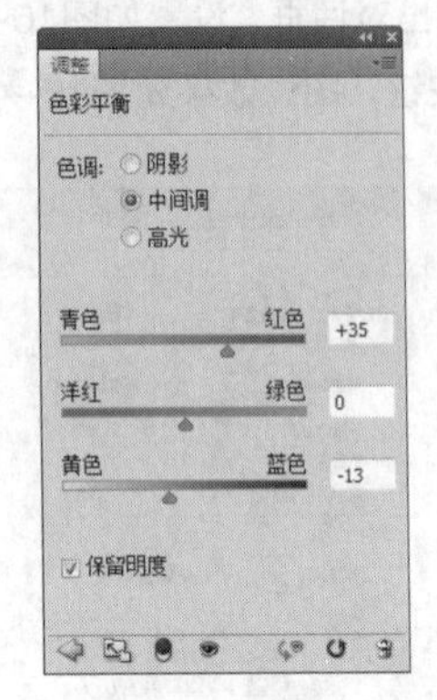

图 16-446

图 16-447

STEP 3 新建图层并将其命名为“白色矩形”。将前景色设为白色。选择“矩形”工具，选中属性栏中的“填充像素”按钮，在图像窗口中绘制图形，图像效果如图16-448所示。

图 16-448

STEP 4 新建图层并将其命名为“虚线”。将前景色设为棕色（其R、G、B的值分别为178、157、39）。选择“画笔”工具，单击属性栏中的“切换画笔面板”按钮，弹出“画笔”控制面板。单击 画笔预设 按钮，弹出“画笔预设”控制面板。单击控制面板右上方的图标，在弹出的菜单中选择“方头画笔”选项，弹出提示对话框，单击“追加”按钮。返回到“画笔”控制面板中选择“画笔笔尖形状”选项，弹出“画笔笔尖形状”面板，在面板中选择需要的画笔形状，其他选项的设置如图16-449所示。按住Shift键的同时拖曳鼠标绘制虚线，效果如图16-450所示。

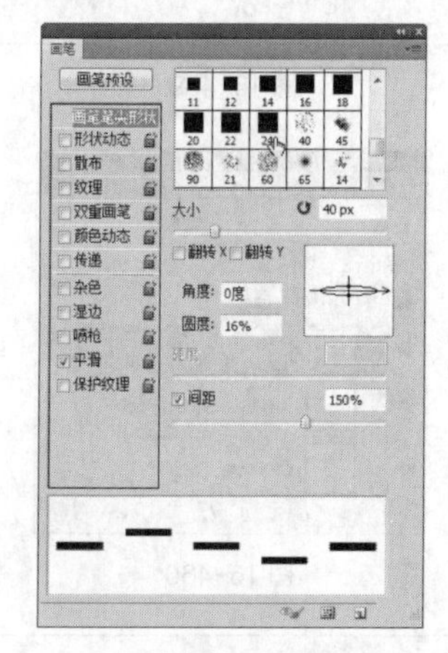

图 16-449

图 16-450

STEP 5 选择“横排文字”工具 T，在属性栏中选择合适的字体并设置大小，输入需要的绿色（其R、G、B的值分别为175、180、42）文字并选取文字，按Ctrl+T组合键，弹出“字符”控制面板，选项的设置如图16-451所示，文字效果如图16-452所示。

图 16-451

图 16-452

2. 添加并编辑人物图片

STEP 1 按Ctrl + O组合键，打开光盘中的“Ch16 > 素材 > 幸福岁月> 02”文件，选择“移动”工具，将人物图片拖曳到图像窗口中的左侧，如图16-453所示，在“图层”控制面板中生成新的图层并将其命名为“人物”。

图 16-453

STEP 2 单击“图层”控制面板下方的“添加图层样式”按钮 fx，在弹出的菜单中选择“投影”命令，弹出对话框，选项的设置如图16-454所示。单击“确定”按钮，效果如图16-455所示。

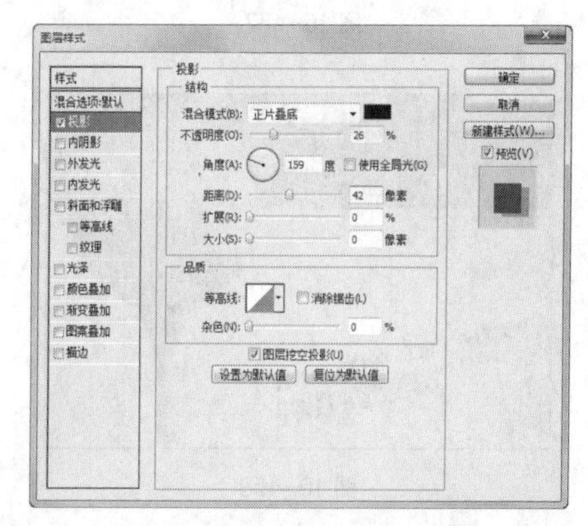

图 16-454

STEP 3 按Ctrl + O组合键，打开光盘中的“Ch16 > 素材 > 幸福岁月 > 03”文件，将人物图片拖曳到图像窗口中的右侧，如图16-456所示，在“图层”控制面板中生成新的图层并将其命名为“球”。

图 16-455

图 16-456

3. 绘制邮票

STEP 1 单击“图层”控制面板下方的“创建新组”按钮，生成新的图层组并将其命名为“图片编辑”。选择“横排文字”工具，分别在属性栏中选择合适的字体并设置大小，分别输入需要的黑色文字并选取文字，调整文字适当的间距，在“图层”控制面板中分别生成新的文字图层，如图16-457所示。分别旋转文字到适当的角度，效果如图16-458所示。选中“with the wonder of your love”文字图层，将“不透明度”选项设为20%，图像效果如图16-459所示。

图 16-457

图 16-458

STEP 2 新建图层并将其命名为“邮票形状”，如图16-460所示。将前景色设为白色。选择“矩形”工具，选中属性栏中的“填充像素”按钮，在图像窗口中绘制矩形，图像效果如图16-461所示。

图 16-459

图 16-460

图 16-461

STEP 3 选择“橡皮擦”工具，单击属性栏中的“切换画笔面板”按钮，弹出“画笔”控制面板。选择“画笔笔尖形状”选项，弹出“画笔笔尖形状”面板，在面板中选择需要的画笔形状，其他选项的设置如图16-462所示。按住Shift键的同时拖曳鼠标涂抹图像，效果如图16-463所示。

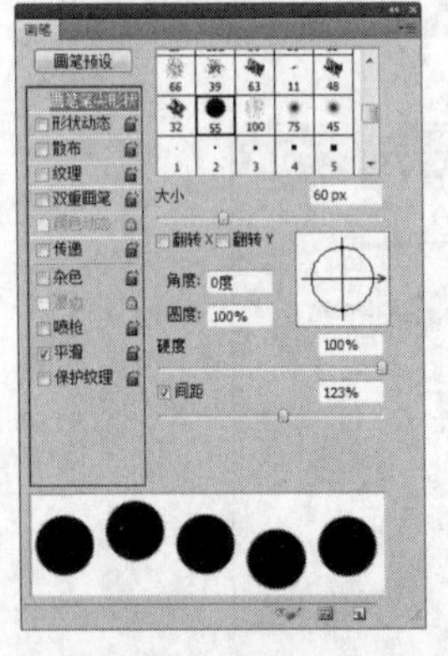

图 16-462

图 16-463

STEP 4 单击“图层”控制面板下方的“添加图层样式”按钮 fx，在弹出的菜单中选择“投影”命令，弹出对话框，选项的设置如图16-464所示。单击“确定”按钮，图像效果如图16-465所示。按Ctrl+T组合键，图形周围出现变换框，将鼠标指针放在变换框的控制手柄外边，指针变为旋转图标↰，拖曳鼠标将图形旋转到适当的角度，按Enter键确定操作，如图16-466所示。

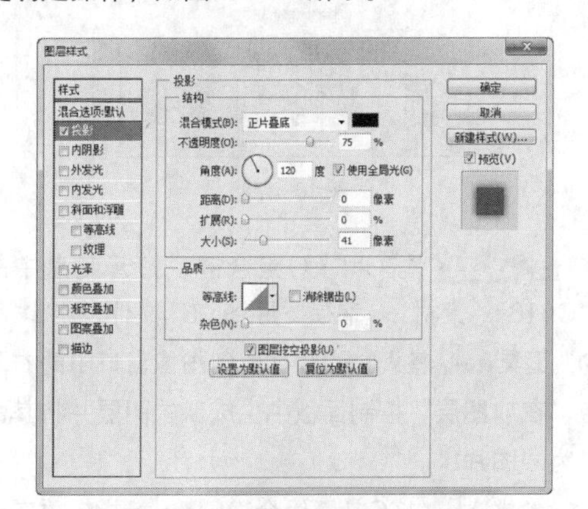

图 16-464

图 16-465

图 16-466

STEP 5 新建图层并将其命名为“圆角矩形”。将前景色设为橙黄色（其R、G、B的值分别为222、144、64）。选择“圆角矩形”工具，选中属性栏中的“填充像素”按钮，将“半径”选项设为40px，在图像窗口中绘制圆角矩形，如图16-467所示。

图 16-467

STEP 6 按Ctrl+T组合键，图形周围出变换框，将鼠标指针放在变换框的控制手柄外边，指针变为旋转图标↰，拖曳鼠标将图形旋转到适当的角度，按Enter键确定操作，效果如图16-468所示。

图 16-468

STEP 7 按Ctrl＋O组合键，打开光盘中的“Ch16 > 素材 > 幸福岁月 > 04”文件，选择“移动”工具，将人物图片拖曳到图像窗口中的右下方，在“图层”控制面板中生成新图层并将其命名为“图片1”。按Ctrl+T组合键，图片周围出现变换框，将鼠标指针放在变换框的控制手柄外边，指针变为旋转图标↰，拖曳鼠标将图像旋转到适当的角度，按Enter键确定操作，效果如图16-469所示。

图 16-469

STEP 8 按住Alt键的同时将鼠标指针放在“圆角矩形”图层和“图片1”图层的中间，鼠标指针变为，单击鼠标，创建剪贴蒙版，图像效果如图16-470所示。

图 16-470

STEP 9 按住Shift键的同时选中“邮票形状”、“圆角矩形”图层，将其拖曳到“图层”控制面板下方的“创建新图层”按钮上进行复制，生成新的副本图层，并将副本图层拖曳到“图片1”图层的上方，如图16-471所示。

图 16-471

STEP 10 将复制出的图片拖曳到图像窗口中的适当位置。按Ctrl+T组合键，图像周围出现控制手柄，向内拖曳控制手柄，将图像缩小并将其旋转到适当的角度，按Enter键确定操作，效果如图16-472所示。

图 16-472

STEP 11 用上述方法选中“邮票形状 副本”、“圆角矩形 副本”图层，将其拖曳到控制面板下方的“创建新图层”按钮上进行复制，生成新的副本图层。单击“邮票形状 副本2”、“圆角矩形 副本2”图层左边的眼睛图标，隐藏图层。选中“圆角矩形 副本”图层，如图16-473所示。

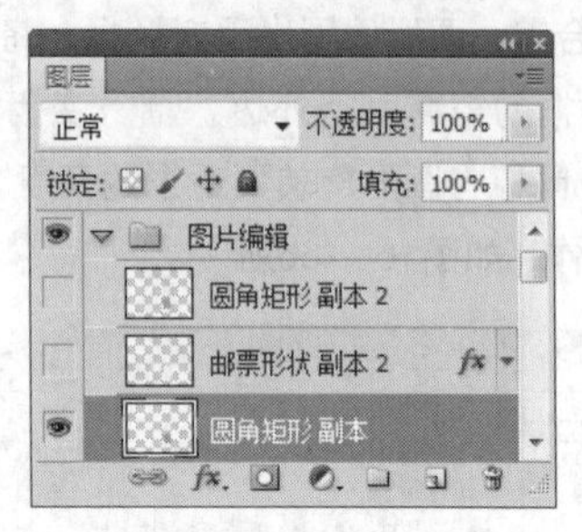

图 16-473

STEP 12 按Ctrl + O组合键，打开光盘中的“Ch16 > 素材 > 幸福岁月 > 05”文件，选择“移动”工具，将人物图片拖曳到图像窗口中的右下方，在“图层”控制面板中生成新的图层并将其命名为“图片2”。

STEP 13 按Ctrl+T组合键，将鼠标指针放在变换框的控制手柄外边，指针变为旋转图标，拖曳鼠标将图像旋转到适当的角度，按Enter键确定操作，效果如图16-474所示。按住Alt键的同时将鼠标指针放在“圆角矩形”图层和“图片1”图层的中间，鼠标指针变为，单击鼠标右键，创建剪贴蒙版，图像效果如图16-475所示。

图 16-474

图 16-475

STEP 14 单击“邮票形状 副本2”、“圆角矩形 副本2”图层左边的空白图标，显示并选取图层。在图像窗口中将副本图形拖曳到适当的位置并调整其大小，效果如图16-476所示。

STEP 15 按Ctrl + O组合键，打开光盘中的“Ch16 > 素材 > 幸福岁月 > 06”文件，选择“移动”工具，将人物图片拖曳到图像窗口中的右上方并将其旋转到适当的位置，在“图层”控制面板中生成新的图层并将其命名为“图片3”。按Ctrl + Alt+G组合键，为“图片3”图层创建剪贴蒙版，图像效果如图16-477所示。

图 16-476

图 16-477

STEP 16 在“图层”控制面板中，按住Shift键的同时选中如图16-478所示的文字图层，将其拖曳到控制面板下方的“创建新图层”按钮上进行复制，生成新的副本图层，并将复制出的副本图层拖曳到“图片3”图层的上方。将复制出的副本文字拖曳到图像窗口中适当的位置并旋转适当的角度，效果如图16-479所示。在“图层”控制面板中单击“图片编辑”图层组前面的三角形图标，将“图片编辑”图层组中的图层隐藏。

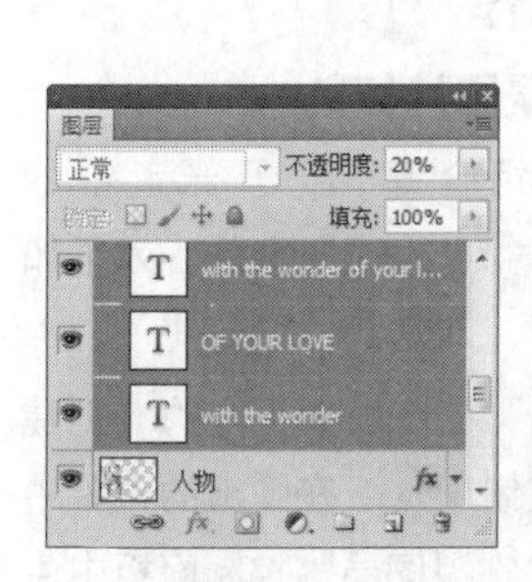

图 16-478

图 16-479

4. 制作文字特殊效果

STEP 1 选择“横排文字”工具，分别在属性栏中选择合适的字体并设置大小，分别输入需要的白色文字和黑色文字，在“图层”控制面板中分别生成新的文字图层，如图16-480所示，图像效果如图16-481所示。

图 16-480

图 16-481

STEP 2 选中“珍惜”文字图层。单击“图层”控制面板下方的“添加图层样式”按钮，在弹出的菜单中选择“投影”命令，弹出对话框，选项的设置如图16-482所示。单击“确定”按钮，效果如图16-483所示。

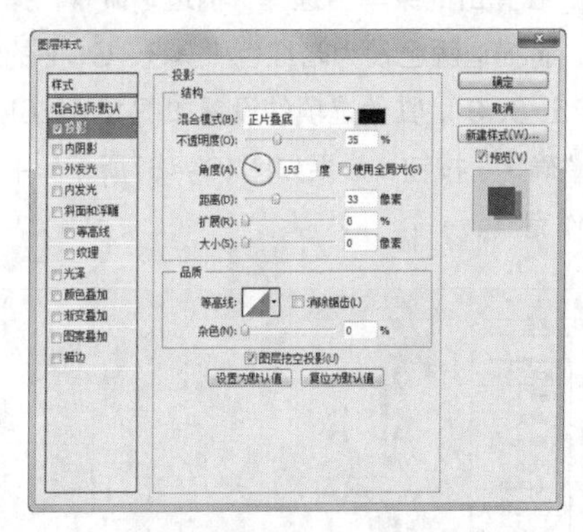

图 16-482

图 16-483

STEP 3 单击“图层”控制面板下方的“添加图层样式”按钮 fx，在弹出的菜单中选择“描边”命令，弹出对话框，将描边颜色设为暗红色（其R、G、B的值分别为85、0、0），其他选项的设置如图16-484所示。单击“确定”按钮，效果如图16-485所示。

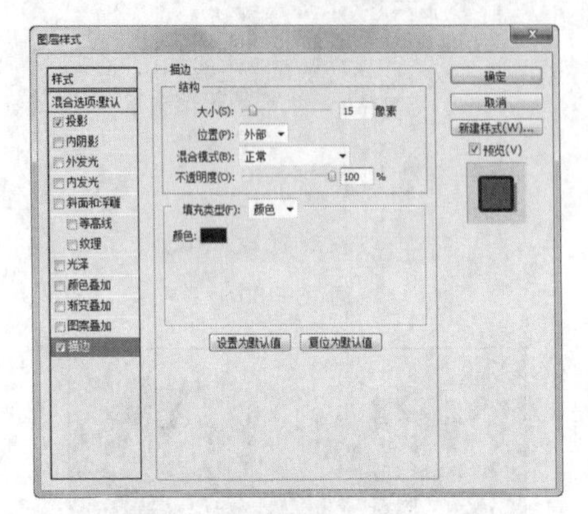

图 16-484

图 16-485

STEP 4 选中“那幸福的日子”文字图层。单击“图层”控制面板下方的“添加图层样式”按钮 fx，在弹出的菜单中选择“描边”命令，弹出对话框，将描边颜色设为暗红色（其R、G、B的值分别为85、0、0），其他选项的设置如图16-486所示。单击“确定”按钮，效果如图16-487所示。幸福岁月制作完成。

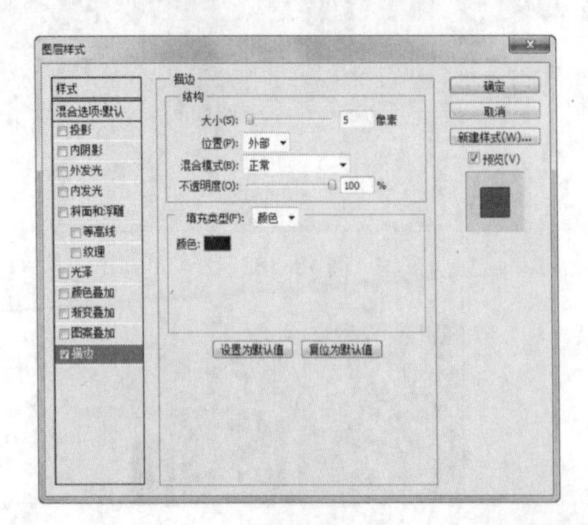

图 16-486

图 16-487

16.8 温馨时刻

16.8.1 案例分析

本例为表现老年人晚年生活的照片，重点突出相互扶持、相濡以沫的生活氛围，画面中图片与照片的巧妙融合，展示出老年生活的幸福与美满。

使用色彩平衡命令调整图像颜色，使用不透明度命令改变图像的透明效果，使用钢笔工具绘制路径。使用混合模式命令改变图像的显示效果，使用投影命令添加白色矩形黑色投影效果，使用羽化命令制作选区羽化效果。

16.8.2 案例设计

本案例设计流程如图 16-488 所示。

图 16-488

16.8.3 案例制作

1. 添加并调整背景图片颜色

STEP 1 按Ctrl + O组合键，打开光盘中的“Ch16 > 素材 > 温馨时刻 > 01”文件，效果如图16-489所示。

STEP 2 单击“图层”控制面板下方的“创建新的填充或调整图层”按钮，在弹出的菜单中选择“色彩平衡”命令。在“图层”控制面板中生成“色彩平衡1”图层，同时弹出的“色彩平衡”控制面板中进行设置，如图16-490所示，图像效果如图16-491所示。

图 16-489

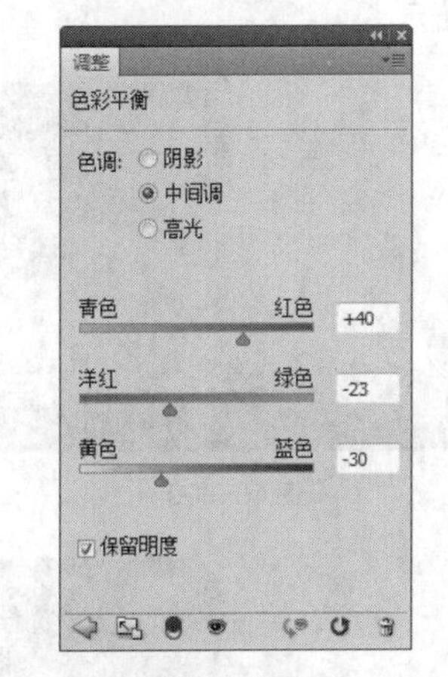

图 16-490

图 16-491

STEP 3 选择“横排文字”工具 T，在属性栏中选择合适的字体并设置文字大小，输入需要白色文字并选取文字，适当文字调整的间距，效果如图16-492所示，在“图层”控制面板中生成新的文字图层。

图 16-492

STEP 4 将“360”文字图层拖曳到控制面板下方的“创建新图层”按钮 上进行复制，将其复制两次，生成新的副本图层。在图像窗口中分别将复制出的副本文字拖曳到适当的位置，并调整副本文字的大小，效果如图16-493所示。

图 16-493

STEP 5 在“图层”控制面板中，将“360副本”、“360副本2”图层的“不透明度”选项设为50%，如图16-494所示，图像效果如图16-495所示。

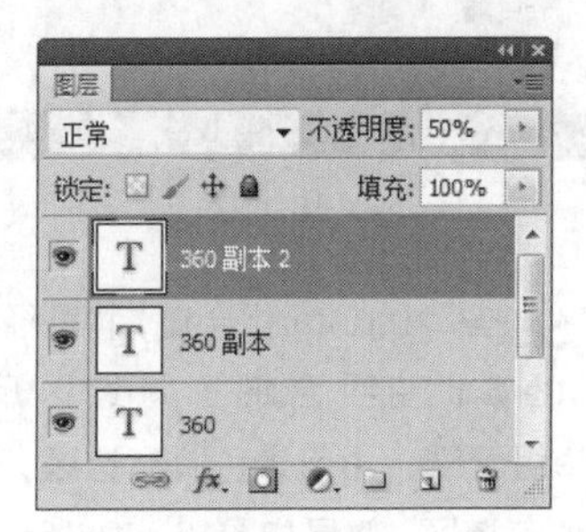

图 16-494

图 16-495

2. 添加并编辑人物图片

STEP 1 按Ctrl + O组合键，打开光盘中的“Ch16 > 素材 > 温馨时刻 > 02”文件，将人物图片拖曳到图像窗口的中心位置，如图16-496所示，在“图层”控制面板中生成新的图层并将其命名为“图片”。单击控制面板下方的“添加图层蒙版”按钮 ，为“图片”图层添加蒙版。

图 16-496

STEP 2 将前景色设为黑色。选择“钢笔”工具，选中属性栏中的“路径”按钮，在图像窗口中拖曳鼠标绘制路径，如图16-497所示。

图 16-497

STEP 3 按Ctrl+Enter组合键，将路径转换为选区。按Ctrl+Shift+I组合键，将选区反选。按Alt+Delete组合键，用前景色填充选区。按Ctrl+D组合键，取消选区，效果如图16-498所示。“图层”控制面板如图16-499所示。

图 16-498

图 16-499

STEP 4 按Ctrl + O组合键，打开光盘中的“Ch16 > 素材 > 温馨时刻 > 03”文件，将人物图片拖曳到图像窗口的中心位置，如图16-500所示，在“图层”控制面板中生成新图层并将其命名为“图片2”。单击控制面板下方的“添加图层蒙版”按钮，为“图片2”图层添加蒙版。选择“椭圆选框”工具，在图像窗口中绘制圆形选区，如图16-501所示。

图 16-500

图 16-501

STEP 5 按Ctrl+Alt+D组合键，弹出“羽化选区”对话框，进行设置，如图16-502所示，单击“确定”按钮。按Ctrl+Shift+I组合键，将选区反选，用黑色填充选区，按Ctrl+D组合键，取消选区，图像效果如图16-503所示。

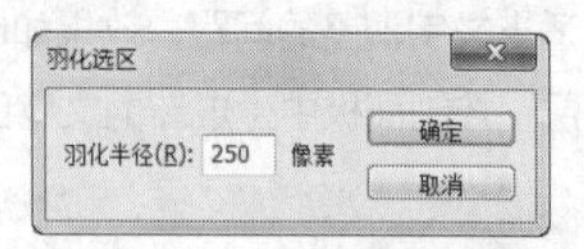

图 16-502

图 16-503

STEP 6 在“图层”控制面板上方，将“图片2”图层的混合模式设为“颜色加深”，图像效果如图16-504所示。

图 16-504

STEP 7 新建图层并将其命名为“白色矩形”。将前景色设为白色。选择“矩形”工具，选中属性栏中的“填充像素”按钮，在图像窗口中绘制矩形，如图16-505所示。

图 16-505

STEP 8 单击“图层”控制面板下方的“添加图层样式”按钮 *fx*，在弹出的菜单中选择“投影”选项，弹出对话框，进行设置，如图16-506所示。单击“确定”按钮，图像效果如图16-507所示。

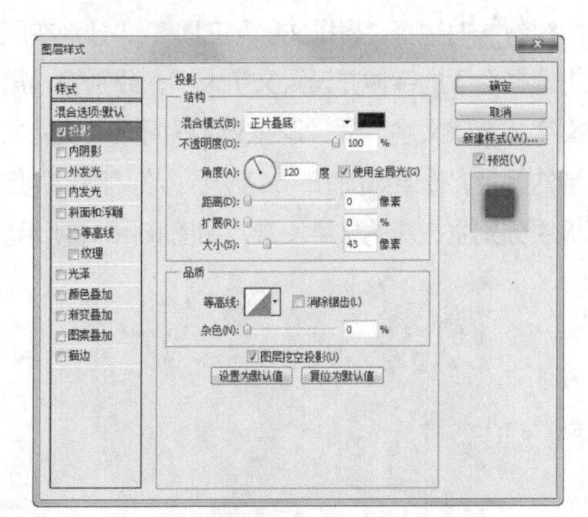

图 16-506

STEP 9 按Ctrl + O组合键，打开光盘中的“Ch16 > 素材 > 温馨时刻 > 04”文件，将人物图片拖曳到图像窗口中的右下方位置，如图16-508所示，在“图层”控制面板中生成新图层并将其命名为“照片”。

图 16-507

图 16-508

STEP 10 将“白色矩形”图层拖曳到控制面板下方的“创建新图层”按钮上进行复制，生成新的图层“白色矩形 副本”，将其拖曳到“照片”图层的上方，如图16-509所示。在图像窗口中将复制出的副本图形拖曳到适当的位置，效果如图16-510所示。

图 16-509

图 16-510

STEP 11 按Ctrl + O组合键，打开光盘中的“Ch16 > 素材 > 温馨时刻 > 05”文件，将人物图片拖曳到图像窗口中的中心位置，如图16-511所示，在“图层”控制面板中生成新的图层并将其命名为“照片2”。

图 16-511

3. 添加文字

STEP 1 选择“横排文字”工具，在属性栏中选择合适的字体并设置文字大小，输入需要的文字并选取文字，适当调整文字的间距，效果如图16-512所示，在“图层”控制面板中生成新的文字图层。

图 16-512

STEP 2 新建图层并将其命名为“线条”。将前景色设为黑色。选择“直线”工具，选中属性栏中的“填充像素”按钮，将“粗细”选项设为3px，按住Shift键的同时，在图像窗口中绘制直线，如图16-513所示。

图 16-513

STEP 3 单击“图层”控制面板下方的“添加图层蒙版”按钮，为“线条”图层添加蒙版。选择“椭圆选框”工具，在图像窗口中绘制椭圆选区，如图16-514所示。

图 16-514

STEP 4 选择菜单“选择 > 修改 > 羽化”命令，在弹出的对话框中进行设置，如图16-515所示，单击“确定”按钮。按Ctrl+Shift+I组合键，将选区反选。按Alt+Delete组合键，用黑色填充选区。按Ctrl+D组合键，取消选区，效果如图16-516所示。

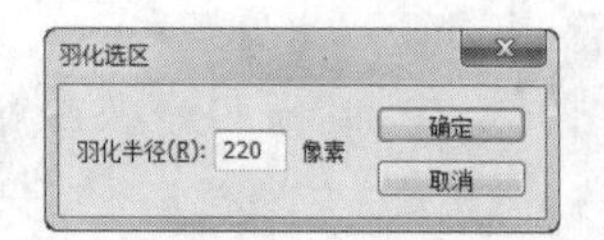

图 16-515

图 16-516

STEP 5 选择“横排文字”工具，分别在属性栏中选择合适的字体并设置文字大小，分别输入需要的文字并选取文字，适当调整文字的间距，填充文字适当的颜色，效果如图16-517所示。在“图层”控制面板中分别生成新的文字图层，如图16-518所示。

图 16-517

图 16-518

STEP 6 选中“D”文字图层。单击“图层”控制面板下方的“添加图层样式”按钮 fx，在弹出的菜单中选择“描边”选项，弹出“描边”对话框。将描边颜色设为红色（其R、G、B的值分别为255、29、29），其他选项的设置如图16-519所示。单击“确定”按钮，效果如图16-520所示。

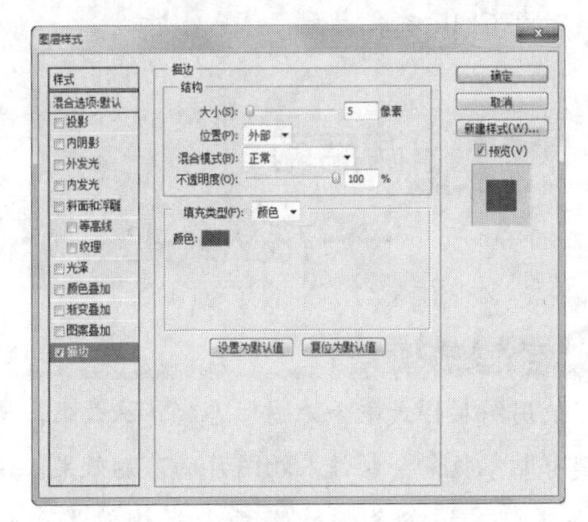

图 16-519

图 16-520

STEP 7 选中“ear”文字图层。单击“图层”控制面板下方的“添加图层样式”按钮 fx，在弹出的菜单中选择“描边”选项，弹出“描边”对话框，将描边颜色设为黑色，其他选项的设置如图16-521所示。单击“确定”按钮，效果如图16-522所示。

STEP 8 选中“my”文字图层。单击“图层”控制面板下方的“添加图层样式”按钮 fx，在弹出的菜单中选择“描边”选项，弹出“描边”对话框，将描边颜色设为深红色（其R、G、B的值分别为97、13、13），其他选项的设置如图16-523所示。单击“确定”按钮，效果如图16-524所示。

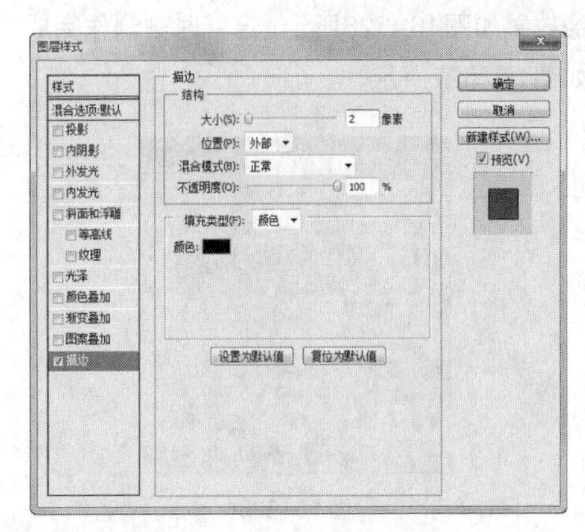

图 16-521

图 16-522

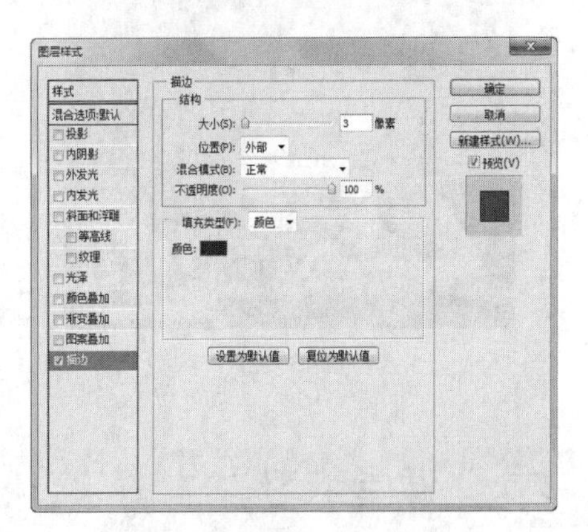

图 16-523

图 16-524

STEP 9 在“my”方字图层上单击鼠标右键，在弹出的菜单中选择“拷贝图层样式”命令。选中“love”文字图层，单击鼠标右键，在弹出的菜单中选择“粘贴图层样式”命令，如图16-525所示，图像效果如图16-526所示。温馨时刻制作完成，效果如图16-527所示。

图 16-525

图 16-526

图 16-527

16.9 课堂练习——超酷年代

练习知识要点

使用渐变工具、混合模式选项制作背景效果，使用画笔工具绘制装饰叶子图形，使用添加杂色滤镜命令、纤维滤镜命令制作特殊效果，使用投影命令添加文字效果，使用自定形状工具绘制装饰图形，效果如图 16-528 所示。

图 16-528

效果所在位置

光盘/Ch16 效果/超酷年代.psd。

16.10 课后习题——花丛公主

习题知识要点

使用图层样式命令为图形添加特殊效果，使用创建剪贴蒙版命令制作人物图片的剪贴效果，使用动感模糊滤镜命令制作人物的模糊效果，如图 16-529 所示。

图 16-529

效果所在位置

光盘/Ch16 效果/花丛公主.psd。